김앤북

KB215199

꿈을 향한 도전,
교육전문 출판사 김앤북이 합격으로 가는 길
든든하게 채워 드리겠습니다.

김앤북의 체계적인
합격 알고리즘

기초 학습 → 문제 풀이 → 실전 적용 → 합격

김영편입 영어

MVP Vocabulary 시리즈

MVP Vol.1   MVP Vol.1 워크북   MVP Vol.2   MVP Vol.2 워크북   MVP Starter

기초 이론 단계

문법 이론   구문독해

기초 실력 완성 단계

어휘 기출 1단계   문법 기출 1단계   독해 기출 1단계   논리 기출 1단계   문법 워크북 1단계   독해 워크북 1단계   논리 워크북 1단계

심화 학습 단계

어휘 기출 2단계   문법 기출 2단계   독해 기출 2단계   논리 기출 2단계   문법 워크북 2단계   독해 워크북 2단계   논리 워크북 2단계

실전 단계

연도별 기출문제 해설집   TOP6 대학 기출문제 해설집

김영편입 수학

편입 수학 이론 & 문제 적용 단계

편입 수학 필수 공식 한 권 정리

미분법   적분법   선형대수   다변수미적분   공학수학

공식집

편입 수학 핵심 유형 정리 & 실전 연습 단계

실전 단계

미분법 워크북   적분법 워크북   선형대수 워크북   다변수미적분 워크북   공학수학 워크북

연도별 기출문제 해설집

김앤북의 완벽한
단기 합격 로드맵

핵심 이론 → 최신 기출 → 실전 적용 → 단기 합격

컴퓨터 IT 실용서

| SQL | 코딩테스트 | 파이썬 | C언어 | 플러터 | 자바 | 코틀린 | 유니티 |

컴퓨터 IT 수험서

| 컴퓨터활용능력 1급실기 | 컴퓨터활용능력 2급실기 | 데이터분석준전문가 (ADsP) | GTQ 포토샵 | GTQi 일러스트 | 리눅스마스터 2급 | SQL 개발자 (SQLD) |

자격증 수험서

| 전기기능사 필기 | 전기기사 필기 필수기출 | 소방설비기사 필기 공통과목 필수기출 | 소방설비기사 필기 전기분야 필수기출 | 소방설비기사 필기 기계분야 필수기출 | 전기기사 실기 봉투모의고사 | 지게차운전기능사 필기 |

김앤북

2026
단 한 권으로 빠르게 합격
지게차
운전기능사 필기

안태수, 조용철, 김성기, 김윤호 편저 / 손길상 검수

김앤북
KIM & BOOK

머리말

안태수

[학력 및 경력]
- 한국항만연수원 인천연수원 교수(1995~현재)
- 한국산업인력공단
  - 건설기계분야 필기/실기 문제출제 및 검토위원
  - 과정평가형 자격 외부평가위원
  - 컨테이너크레인 및 양화장치운전 NCS개발 공동 연구원
- 한국직업능력개발원 컨테이너크레인 및 양화장치 운전 학습모듈개발 집필자
- 한국기술교육대학교 가상훈련콘텐츠(지게차 및 굴착기) 개발 내용 전문가
- 한국해양대학교 기관학과(공학사)
- 인하대학교 기계공학과(공학석사)
- 한국해양대학교 메카트로닉스공학과(공학박사)

[주요 자격 및 면허]
자동차정비기사
기능사(지게차/굴착기/기중기/양화장치/컨테이너 크레인)

반복 출제되는 주요 내용을 중심으로 선택과 집중을 통해 효율적으로 학습하는 것이 중요합니다.

한국항만연수원은 항만과 물류 분야의 전문 인력 양성을 목표로 설립된 국내 대표 교육 기관입니다. 인천연수원은 그 중에서도 현장 실무 중심의 맞춤형 교육을 통해 산업 현장에 꼭 필요한 인재들을 꾸준히 배출해 오고 있습니다.

이번 〈2026 김앤북 지게차운전기능사 필기〉 교재는 인천연수원의 지게차 전문 교수진인 저를 비롯해 조용철, 김성기, 김윤호 교수가 함께 집필에 참여해 현장 경험과 교육 노하우를 집약하였습니다.

저는 이 교재에서 '엔진의 구조와 작동원리'와 '유압장치' 그리고 '전기장치' 부분을 집필하였습니다. 이 영역은 지게차의 구조와 작동 원리를 이해하는 데 매우 중요한 부분으로, 실제 시험에서도 자주 출제됩니다. 최근 시험 경향은 방대한 이론보다는 실무에 가까운 핵심 개념 위주로 출제되고 있어, 반복 출제되는 주요 내용을 중심으로 선택과 집중을 통해 효율적으로 학습하는 것이 중요합니다.

수험생 여러분, 끝까지 포기하지 마시고 이 교재와 함께 차근차근 준비해 나가시길 바랍니다.

조용철

[학력 및 경력]
- 한국항만연수원 인천연수원 교수(2002~현재)
- (사)한국해운물류학회 이사
- 인하대학교 대학원(공학박사)

[주요 자격 및 면허]
물류관리사/전자상거래관리사
기능사(지게차/굴착기)

안전한 작업 환경을 이끄는 밑거름이 되길 진심으로 응원합니다.

지게차운전기능사 필기시험은 단순한 기계 조작 지식을 넘어서, 관련 법규에 대한 기본적인 이해도 요구하는 시험입니다.

저는 이번 교재에서 '건설기계관리법'과 '도로교통법' 부분을 집필하였습니다. 두 과목 모두 지게차 운행에 필요한 법적 기준과 안전 규정을 다루며, 실무와도 밀접하게 연관되어 있는 중요한 내용입니다. 다만 법령 과목 특성상 내용이 방대하고 생소하게 느껴질 수 있으나, 시험에서는 반복적으로 출제되는 조항들이 정해져 있으므로 그 핵심만 잘 파악해도 충분히 고득점을 받을 수 있습니다.

수험생 여러분께서는 부담을 느끼기보다, 실무와 안전을 위한 중요한 기초 지식을 익힌다는 마음으로 접근해 주시길 바랍니다.

이 책이 여러분의 합격에 도움이 되고, 나아가 안전한 작업 환경을 이끄는 밑거름이 되길 진심으로 응원합니다.

모든 수험생 여러분이 시험에 합격하시기를
진심으로 기원합니다.

김성기

[학력 및 경력]
• 한국항만연수원 인천연수원 교수(2021~현재)
• 해양경찰교육원 교육기획팀장/경비안전학과장

• 한국해양대학교(공학사)
• Oklahoma City University(범죄행정석사)
• 인하대학교(행정학박사)

[주요 자격 및 면허]
일반행정사/해사행정사/공인중개사/해기사
기능사(지게차/굴착기)

지게차는 건설 현장과 공장, 물류 창고, 항만 등 다양한 산업 현장에서 화물의 상하차와 운반에 광범위하게 사용되고 있으며, 현장 작업에서 중요한 역할을 수행하고 있습니다.

이에 따라 지게차를 안전하고 효율적으로 조종하기 위해서는 자격을 갖춘 운전자가 필요하며, 지게차운전기능사 자격은 그 첫걸음이라 할 수 있습니다.

〈2026 김앤북 지게차운전기능사 필기〉는 한국산업인력공단의 CBT 방식 필기시험에 반복적으로 출제되는 기출문제를 체계적으로 분석하고 핵심 이론을 정리하여, 수험생 여러분이 단기간에 효율적으로 학습하고 자격증을 취득하실 수 있도록 구성하였습니다.

특히 각 장마다 중요 개념과 관련 용어를 명확하게 설명하고, 실제 시험에서 자주 등장하는 문제 유형을 철저히 분석하여 수록하였습니다. 또한 이해하기 어려운 내용은 그림과 도표를 활용하여 직관적으로 파악할 수 있도록 하였습니다.

지게차운전기능사 자격증 취득은 여러분의 경력 발전과 안전한 작업 환경 조성에 크게 기여할 것입니다.

이 책이 목표를 이루는 든든한 길잡이가 되기를 바랍니다.

김윤호

[학력 및 경력]
• 한국항만연수원 인천연수원 교수(2022.06~현재)
• 한국항만연수원 인천연수원(안전 담당)

• 인하대학교 기계공학과(공학석사)

[주요 자격 및 면허]
기능장(에너지관리/가스/배관)
기사(산업안전/건설안전)
기능사(지게차/굴착기/기중기/양화장치운전/컨테이너크레인)
건설기계조종사면허(지게차/굴착기/기중기)
1종 특수면허(대형견인)

지게차는 항만, 물류, 제조, 건설 현장 등 다양한 산업 현장에서 필수적으로 사용되는 장비입니다. 이에 따라 지게차운전기능사 자격증은 실무 능력과 자격을 겸비한 인재를 양성하기 위한 중요한 첫걸음이라 할 수 있습니다.

〈2026 김앤북 지게차운전기능사 필기〉는 지게차 관련 오랜 경력을 지닌 집필진을 바탕으로 핵심 이론을 체계적으로 정리하고, 기출문제를 반영한 실전형 문제를 함께 수록하였습니다. 반복되는 출제 유형과 핵심 개념을 충분히 숙지한다면, 누구나 단기간에 합격할 수 있습니다.

국가기술자격시험은 필기와 실기가 연계되어 하나의 자격증을 취득하는 과정입니다. 따라서 실기시험은 물론, 취업 후 지게차 운전 실무까지 고려한다면, 본 교재에 수록된 지게차의 구조부터 안전관리까지의 핵심 사항을 철저히 학습하여 온전히 자신의 것으로 만드는 것을 추천합니다.

수험생 여러분의 합격을 진심으로 응원하며, 이 책이 목표를 이루는 든든한 길잡이가 되기를 바랍니다.

자격시험 소개

■ 필기 기본정보

1. 시행처: 한국산업인력공단
2. 필기시험 검정방법: 객관식(전과목 혼합, 60문제)
3. 시험시간: 60분
4. 합격기준: 100점을 만점으로 하여 60점 이상
5. 시험과목: 지게차주행, 화물 적재, 운반, 하역, 안전관리
6. 응시자격: 제한 없음

■ 출제기준
2025.01.01~2027.12.31

	주요항목	세부항목
1	안전관리	1. 안전보호구 착용 및 안전장치 확인 2. 위험요소 확인 3. 안전운반 작업 4. 장비 안전관리
2	작업 전 점검	1. 외관점검 2. 누유 · 누수 확인 3. 계기판 점검 4. 마스트 · 체인점검 5. 엔진시동 상태 점검
3	화물 적재 및 하역작업	1. 화물의 무게중심 확인 2. 화물 하역작업
4	화물운반작업	1. 전 · 후진 주행 2. 화물운반작업
5	운전시야 확보	1. 운전시야 확보 2. 장비 및 주변 상태 확인
6	작업 후 점검	1. 안전주차 2. 연료 상태 점검 3. 외관점검 4. 작업 및 관리일지 작성
7	건설기계관리법 및 도로교통법	1. 도로교통법 2. 안전운전 준수 3. 건설기계관리법
8	응급대처	1. 고장 시 응급처치 2. 교통사고 시 대처
9	장비구조	1. 엔진구조 2. 전기장치 3. 전 · 후진 주행장치 4. 유압장치 5. 작업장치

■ 필기 3개년 (2024~2022) 검정현황

연도	응시자	합격자	합격률
2024	112,929명	84,201명	74.6%
2023	110,279명	81,156명	73.6%
2022	94,822명	70,877명	74.7%

■ 필기시험 응시절차

01 시험일정 확인
큐넷 접속 후 로그인

02 국가기술자격 상시시험 접수
• 원서접수 동의
• 자격선택
• 장소선택
• 결제 및 접수 완료

03 필기시험 응시
• 신분증 지참
• CBT 방식

04 합격자 발표
인터넷, ARS 접수
지사 게시 공고

※ 기타 사항은 큐넷 홈페이지(www.q-net.or.kr)를 방문 또는 1644-8000으로 문의하시기 바랍니다.

■ CBT 자격시험 가이드

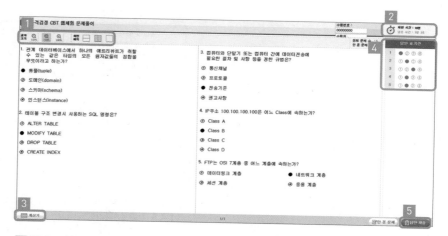

1 **글자크기/화면배치**: 글자크기와 화면배치를 조절할 수 있습니다.

2 **남은 시간 표시**: 현재 남은 시간을 확인할 수 있습니다.

3 **계산기 도구**: 계산기 버튼을 이용할 수 있습니다.

4 **답안 표기 영역**: 문제 번호를 클릭하면 해당 문제로 이동합니다. 선택지 번호를 클릭하면 푸른색으로 마킹됩니다.

5 **답안제출**: 답안제출을 클릭하여 시험을 종료합니다.

▲ CBT 웹체험
바로가기

※ 큐넷 홈페이지 'CBT 체험하기' 메뉴에서 자세한 내용을 확인할 수 있습니다.

■ 구성과 특징

D-14 / D-7일 완성 플래너

책속부록 1

목표 달성 플래너!

딱 한 권으로 단기간에 핵심만 학습하고
싶은 수험생을 위한 학습 플래너

핵심테마 이론

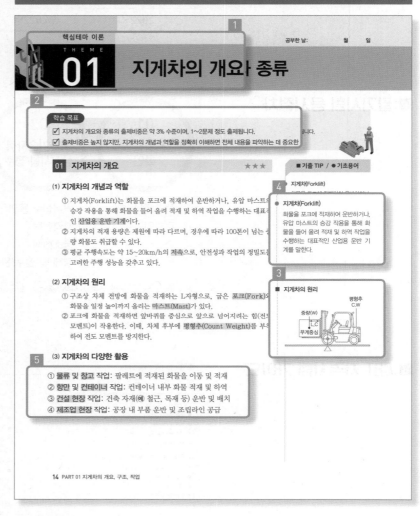

1 핵심테마 이론&기출

오랜 경력의 저자 노하우를 바탕으로 시험에 출제될 내용만 요약하여 20개의 핵심테마
이론과 기출로 정리했습니다.

2 학습 목표

해당 테마의 출제비중과 문제 유형, 최
신 출제경향 등을 점검할 수 있습니다.

4 기초용어

반드시 알고 있어야 할 기본적인 용어
를 별도로 정리하여 수록했습니다.

3 기출 TIP

자주 출제되는 부분만 모아서 암기하
기 쉽게 요약했습니다.

5 형광펜&중요도 표시

반드시 이해해야 하는 부분은 눈에 잘
띄도록 형광펜으로 밑줄, ★로 중요도
를 표시했습니다.

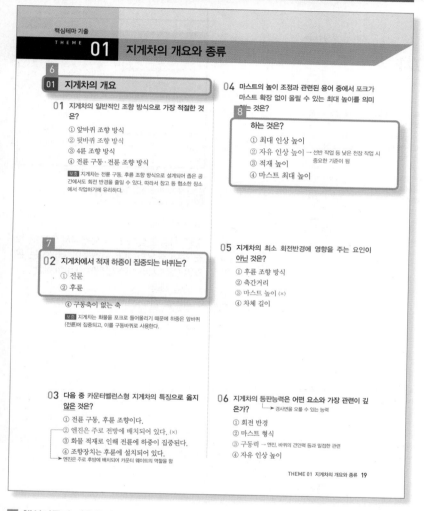

6

핵심테마 기출

THEME 01 지게차의 개요와 종류

01 **지게차의 개요**

01 지게차의 일반적인 조향 방식으로 가장 적절한 것은?

① 앞바퀴 조향 방식
② 뒷바퀴 조향 방식
③ 4륜 조향 방식
④ 전륜 구동·전륜 조향 방식

보충 지게차는 전륜 구동, 후륜 조향 방식으로 설계되어 좁은 공간에서도 회전 반경을 줄일 수 있다. 따라서 창고 등 협소한 장소에서 작업하기에 유리하다.

7

02 지게차에서 적재 하중이 집중되는 바퀴는?

① 전륜
② 후륜

④ 구동축이 없는 축

보충 지게차는 화물을 포크로 들어올리기 때문에 하중은 앞바퀴(전륜)에 집중되고, 이를 구동바퀴로 사용한다.

03 다음 중 카운터밸런스형 지게차의 특징으로 옳지 않은 것은?

① 전륜 구동, 후륜 조향이다.
② 엔진은 주로 전방에 배치되어 있다. (×)
③ 화물 적재로 인해 전륜에 하중이 집중된다.
④ 조향장치는 후륜에 설치되어 있다.
→ 엔진은 주로 후방에 배치되어 카운터 웨이트의 역할을 함

04 마스트의 높이 조정과 관련된 용어 중에서 포크가 마스트 확장 없이 올릴 수 있는 최대 높이를 의미하는 것은?

8

하는 것은?

① 최대 인상 높이
② 자유 인상 높이 → 선반 작업 등 낮은 천장 작업 시 중요한 기준이 됨
③ 적재 높이
④ 마스트 최대 높이

05 지게차의 최소 회전반경에 영향을 주는 요인이 **아닌** 것은?

① 후륜 조향 방식
② 축간거리
③ 마스트 높이 (×)
④ 차체 길이

06 지게차의 등판능력은 어떤 요소와 가장 관련이 깊은가?
→ 경사면을 오를 수 있는 능력

① 회전 반경
② 마스트 형식
③ 구동력 → 엔진, 바퀴의 견인력 등과 밀접한 관련
④ 자유 인상 높이

THEME 01 지게차의 개요와 종류 **19**

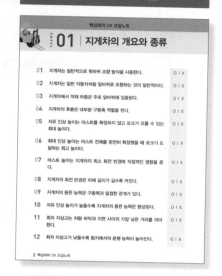

핵심테마 OX 오답노트

THEME 01 지게차의 개요와 종류

01	지게차는 일반적으로 뒷바퀴 조향 방식을 사용한다.	O I X
02	지게차는 일반 자동차처럼 앞바퀴로 조향하는 것이 일반적이다.	O I X
03	지게차에서 적재 하중은 주로 앞바퀴에 집중된다.	O I X
04	지게차의 후륜은 대부분 구동축 역할을 한다.	O I X
05	자유 인상 높이는 마스트를 확장하지 않고 포크가 오를 수 있는 최대 높이다.	O I X
06	최대 인상 높이는 마스트 전체를 완전히 확장했을 때 포크가 도달하는 최고 높이다.	O I X
07	마스트 높이는 지게차의 최소 회전 반경에 직접적인 영향을 준다.	O I X
08	지게차의 회전 반경은 차체 길이가 길수록 커진다.	O I X
09	지게차의 등판 능력은 구동력과 밀접한 관계가 있다.	O I X
10	자유 인상 높이가 높을수록 지게차의 등판 능력은 향상된다.	O I X
11	최저 지상고는 차량 바닥과 지면 사이의 가장 낮은 거리를 의미한다.	O I X
12	최저 지상고가 낮을수록 험지에서의 운행 능력이 높아진다.	O I X

2 핵심테마 OX 오답노트

책속부록 2

시험장에 가지고 갈 마지막 한 권!

빈출지문 OX문제로 마무리하고, 틀린지문은 직접 고쳐서 나만의 오답노트로 만드세요!

6 **핵심이론과 기출문제 100% 매칭**

이론과 기출문제를 완벽하게 매칭하여 수록했습니다. 이해가 잘 되지 않은 부분이 있다면 언제든 관련 이론으로 다시 돌아가서 복습할 수 있습니다.

7 **붉은색 정답 키워드**

문제의 키워드와 정답을 붉은색으로 표시했습니다. 주요 키워드를 눈으로 익히고 암기할 수 있습니다.

8 **친절한 첨삭 해설**

틀린 지문에 대한 해설을 직관적으로 확인할 수 있도록 첨삭으로 표시했습니다.

기출복원 모의고사

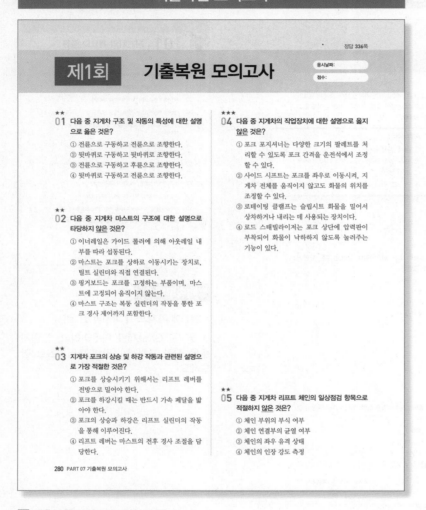

정답 336쪽

제1회 기출복원 모의고사

응시날짜:
점수:

★★
01 다음 중 지게차 구조 및 작동의 특성에 대한 설명으로 옳은 것은?

① 전륜으로 구동하고 전륜으로 조향한다.
② 뒷바퀴로 구동하고 뒷바퀴로 조향한다.
③ 전륜으로 구동하고 후륜으로 조향한다.
④ 뒷바퀴로 구동하고 전륜으로 조향한다.

★★
02 다음 중 지게차 마스트의 구조에 대한 설명으로 타당하지 않은 것은?

① 이너레일은 가이드 롤러에 의해 아웃레일 내부를 따라 섭동된다.
② 마스트는 포크를 상하로 이동시키는 장치로, 틸트 실린더와 직접 연결된다.
③ 핑거보드는 포크를 고정하는 부품이며, 마스트에 고정되어 움직이지 않는다.
④ 마스트 구조는 복동 실린더의 작동을 통한 포크 경사 제어까지 포함한다.

★★
03 지게차 포크의 상승 및 하강 작동과 관련된 설명으로 가장 적절한 것은?

① 포크를 상승시키기 위해서는 리프트 레버를 전방으로 밀어야 한다.
② 포크를 하강시킬 때는 반드시 가속 페달을 밟아야 한다.
③ 포크의 상승과 하강은 리프트 실린더의 작동을 통해 이루어진다.
④ 리프트 레버는 마스트의 전후 경사 조절을 담당한다.

★★★
04 다음 중 지게차의 작업장치에 대한 설명으로 옳지 않은 것은?

① 포크 포지셔너는 다양한 크기의 팔레트를 처리할 수 있도록 포크 간격을 운전석에서 조정할 수 있다.
② 사이드 시프트는 포크를 좌우로 이동시켜, 지게차 전체를 움직이지 않고도 화물의 위치를 조정할 수 있다.
③ 로테이팅 클램프는 슬립시트 화물을 밀어서 상차하거나 내리는 데 사용되는 장치이다.
④ 로드 스태빌라이저는 포크 상단에 압력판이 부착되어 화물이 낙하하지 않도록 눌러주는 기능이 있다.

★★
05 다음 중 지게차 리프트 체인의 일상점검 항목으로 적절하지 않은 것은?

① 체인 부위의 부식 여부
② 체인 연결부의 균열 여부
③ 체인의 좌우 유격 상태
④ 체인의 인장 강도 측정

280 PART 07 기출복원 모의고사

CBT 모의고사

무료 부가서비스 1

실제 시험처럼!

CBT 시험은 실제 시험 환경에서 연습해 보는 것이 중요합니다. 김앤북이 제공하는 온라인 CBT 서비스로 실전에 대비하세요!
+ 해설 제공
+ 과목별 점수 분석

9 기출복원 모의고사 7회분 수록

방대한 기출데이터를 바탕으로 출제 가능성이 높은 문제만을 선별하여 수록했습니다.
모의고사를 통해 실제 출제 경향을 파악하고, 실력을 업그레이드하세요.

무료 부가서비스 2

저자 직강, 핵심요약 강의 제공!

〈2026 김앤북 지게차운전기능사 필기〉 저자 직강 무료강의를 제공합니다.
교재+핵심요약 강의로 합격에 한 걸음 더 다가갈 수 있습니다.

▶ 무료강의 바로가기

기대평

이론을 배우자마자 바로 문제를 풀 수 있어서 이해하기 쉬워요!

최신 출제기준과 20개 핵심 테마 구성 덕분에 정말 효율적으로 공부할 수 있었어요.
어려운 용어도 쉽게 풀어주고 삽화도 들어 있어 초보자도 부담 없이 시작할 수 있어요.
첨삭형 해설, OX 오답노트, 무료 특강까지 포함돼서 정말 알찬 교재라는 생각이 듭니다.

첨삭형 해설 덕분에 오답 정리도 훨씬 편해요!

이론과 관련 문제를 테마별로 연결한 구성이 정말 잘 짜여졌다고 느꼈어요.
학습 흐름이 끊기지 않아서 집중도 높게 공부할 수 있고, 정답과 해설을 바로 확인할 수 있는 첨삭형 해설 덕분에 오답 정리도 편해요.
모의고사와 특강 등 부가 자료도 탄탄해서 한 권으로 충분히 대비 가능할 것 같습니다.

단 한 권으로 준비할 수 있다는 점이 정말 실용적이에요.

핵심 위주로 정리되어 있어 짧은 시간에도 효율적으로 공부할 수 있고요.
정답을 바로 확인할 수 있는 구성이라 혼자 공부하기에 부담이 없어요.
모의고사와 CBT 서비스까지 포함되어 있어 실전 대비에도 큰 도움이 될 것 같아요.

'단 한 권으로 빠르게 합격'이라는 문구만으로도 큰 신뢰가 갔어요.

핵심만 정리돼 있어서 처음 시작하는 사람도 부담 없이 공부할 수 있을 것 같고, 시간이 부족한 수험생에게도 딱 맞는 구성이라고 느꼈어요.
처음 도전하는 자격증이지만 이 한 권만 잘 따라가면 될 것 같은 자신감이 생겼습니다.

위 내용은 〈2026 김앤북 지게차운전기능사 필기〉 교재의 실제 기대평을 정리하여 구성하였습니다.
(관련 링크: https://cafe.naver.com/kimnbook)

Contents

목차

▲ 엔지니어랩 바로가기
http://www.engineerlab.co.kr

제8회~제10회 CBT 모의고사는 온라인으로 응시할 수 있습니다.

D-14 / D-7 완성 플래너

	목차	14일			7일		
			학습일	완료체크		학습일	완료체크
THEME 01	지게차의 개요와 종류	D-14	월　일	☐	D-7	월　일	☐
THEME 02	지게차의 구조와 작업장치						
THEME 03	지게차의 작업 전후 점검	D-13	월　일	☐			
THEME 04	지게차의 하역작업과 주행						
THEME 05	지게차 엔진 개요	D-12	월　일	☐	D-6	월　일	☐
THEME 06	엔진 본체의 구조와 기능						
THEME 07	엔진 부속장치	D-11	월　일	☐			
THEME 08	디젤 엔진의 연료장치						
THEME 09	전기장치(축전지 · 시동장치 · 충전장치)	D-10	월　일	☐	D-5	월　일	☐
THEME 10	섀시장치						
THEME 11	유압 일반 및 작동유	D-9	월　일	☐			
THEME 12	유압기기						
THEME 13	유압 부속기기	D-8	월　일	☐	D-4	월　일	☐
THEME 14	유압 기호 및 회로						
THEME 15	건설기계관리법	D-7	월　일	☐			
THEME 16	도로교통법						
THEME 17	산업안전관리	D-6	월　일	☐	D-3	월　일	☐
THEME 18	안전보호구 및 안전표지						
THEME 19	기계, 기구, 공구 사용 안전	D-5	월　일	☐			
THEME 20	화재 안전						
제1회	기출복원 모의고사	D-4	월　일	☐	D-2	월　일	☐
제2회	기출복원 모의고사						
제3회	기출복원 모의고사						
제4회	기출복원 모의고사	D-3	월　일	☐			
제5회	기출복원 모의고사						
제6회	기출복원 모의고사						
제7회	기출복원 모의고사						
제8회	CBT 모의고사	D-2	월　일	☐	D-1	월　일	☐
제9회	CBT 모의고사						
제10회	CBT 모의고사						
복습	오답노트 만들기 + 올데이 복습	D-1	월　일	☐			

PART 01

지게차의 개요, 구조, 작업

18%

PART 01 지게차의 기본 구조, 점검, 작업 방식 등 운전 실무 전반을 다룬다.

THEME 01
20%

THEME 02
30%

THEME 03
15%

THEME 04
35%

T H E M E

01 지게차의 개요와 종류

☑ 지게차의 개요와 종류의 출제비중은 약 3% 수준이며, 1~2문제 정도 출제됩니다.

☑ 출제비중은 높지 않지만, 지게차의 개념과 역할을 정확히 이해하면 전체 내용을 파악하는 데 중요한 기초가 됩니다.

☑ 반드시 암기해야 할 핵심 용어와 정의가 포함되어 있어 꼼꼼한 학습이 필요합니다.

01 지게차의 개요　　★★★

(1) 지게차의 개념과 역할

① 지게차(Forklift)는 화물을 포크에 적재하여 운반하거나, 유압 마스트의 승강 작용을 통해 화물을 들어 올려 적재 및 하역 작업을 수행하는 대표적인 산업용 운반 기계이다.

② 지게차의 적재 용량은 제원에 따라 다르며, 경우에 따라 100톤이 넘는 중량 화물도 취급할 수 있다.

③ 평균 주행속도는 약 15~20km/h의 저속으로, 안전성과 작업의 정밀도를 고려한 주행 성능을 갖추고 있다.

(2) 지게차의 원리

① 구조상 차체 전방에 화물을 적재하는 L자형으로, 굽은 포크(Fork)와 화물을 일정 높이까지 올리는 마스트(Mast)가 있다.

② 포크에 화물을 적재하면 앞바퀴를 중심으로 앞으로 넘어지려는 힘(전도 모멘트)이 작용한다. 이때, 차체 후부에 평형추(Count Weight)를 부착하여 전도 모멘트를 방지한다.

(3) 지게차의 다양한 활용

① 물류 및 창고 작업: 팔레트에 적재된 화물을 이동 및 적재

② 항만 및 컨테이너 작업: 컨테이너 내부 화물 적재 및 하역

③ 건설 현장 작업: 건축 자재(예 철근, 목재 등) 운반 및 배치

④ 제조업 현장 작업: 공장 내 부품 운반 및 조립라인 공급

⑤ 대형 유통업체 및 물류센터 작업: 대량 화물의 분류 및 적재

■ **기출 TIP / ● 기초용어**

● **지게차(Forklift)**

화물을 포크에 적재하여 운반하거나, 유압 마스트의 승강 작용을 통해 화물을 들어 올려 적재 및 하역 작업을 수행하는 대표적인 산업용 운반 기계를 말한다.

■ **지게차의 원리**

(4) 지게차 관련 용어

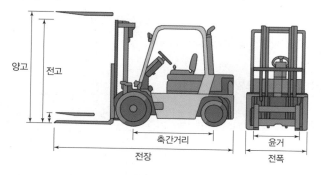

□ 1회독 □ 2회독 □ 3회독

■ 지게차의 주요 제원과 관련된 용어 중 양고, 자유 인상 높이, 최소 회전 반경, 지상고의 정의와 개념을 묻는 유형이 자주 출제된다.

양고 (Maximum Fork Height)	• 최대 인상 높이 • 마스트가 수직인 상태에서 포크를 최대 높이로 상승시켰을 때 지면부터 포크의 윗면까지의 높이 • 고층 적재가능 여부 판단에 사용함
전고 (Overall Height)	• 포크를 지면에 내려놓은 상태에서 지게차의 전체 높이로 창고나 출입문 통과 여부를 판단하는 기준이 됨 • 오버헤드 가드의 높이가 마스트보다 높을 경우 오버헤드 가드까지의 높이를 의미함
자유 인상 높이 (Free Lift Height)	• 마스트가 확장되지 않은 상태에서 포크가 올라갈 수 있는 최대 높이 • 천장이 낮은 공간에서 중요함
전장 (Overall Length)	• 포크를 포함한 지게차 전체 길이 • 협소 공간 운행 시 고려하는 요소임
축간거리 (Wheelbase)	• 전륜과 후륜의 중심 간 거리 • 주행 안정성과 회전반경에 영향을 줌 • 축간거리가 크면 지게차의 안정도가 향상되지만, 선회 반경이 커짐
전폭 (Overall Width)	• 지게차 본체의 좌우 폭 • 지게차를 전면이나 후면에서 보았을 때 타이어, 포크캐리어 등 가장 바깥쪽으로 돌출된 구조물 간 거리
윤거 (Track Width)	지게차를 전면에서 보았을 때, 지게차의 양쪽 바퀴의 중심과 중심 사이의 거리
정격 하중 (Rated Capacity)	• 지게차가 안전하게 들어 올릴 수 있는 최대 하중(kg 또는 ton) • 일반적으로 포크 중심에서의 최대 적재능력 기준
하중 중심거리	포크의 등쪽 면부터 화물의 중심까지의 거리(mm)
최소 회전반경	지게차가 회전할 때 필요한 공간의 반지름(기동성 판단의 기준)
최소 직각교차 통로폭	지게차가 직각으로 회전하여 화물을 적재하거나 꺼내기 위해 필요한 최소한의 통로 폭 지게차 전장 + 회전반경 + 여유 거리(공간)
지상고	지게차 하단과 지면 사이의 거리(턱, 경사로 통과 시 중요함)

등판 능력	경사로를 오를 수 있는 최대 경사각 또는 경사도(%)로, 화물 적재/무적재 시로 나누어 표기함
속도	• 주행속도(km/h), 포크 인상 및 하강 속도(m/s 또는 mm/s) • 작업 속도와 효율성에 영향
자체 중량	• 지게차 본체의 무게(포크 및 배터리 포함) • 운반 및 트레일러 적재 시 중요
포크 길이	포크의 끝에서 등판까지의 길이(화물 크기에 따라 선택 기준)

더 알아보기

1. 지게차의 높이 비교

구분	양고(최대 인상 높이)	자유 인상 높이	전고(전체 높이)
정의	포크가 최대로 올라간 높이 (지면 → 포크 최고점)	마스트가 위로 확장되지 않은 상태에서 포크를 들어 올릴 수 있는 최대 높이	마스트를 완전히 내린 상태에서 지게차 전체의 높이
기준점	지면에서 포크 최상단까지	마스트 연장 없이 들어 올릴 수 있는 높이	마스트 전체를 내렸을 때 지게차의 최고점
적용	적재 가능한 최대 적재높이 파악 시	천장이 낮은 공간(컨테이너 내부 등)에서 작업 시 중요	출입문, 천장 높이 제한을 확인할 때 필요

2. 현장 적용

• 좁은 창고 진입 가능 여부 확인 → 전고, 전폭 확인
• 고층 적재 가능 여부 확인 → 양고 확인
• 경사로 운반 가능 여부 → 등판 능력 확인
• 대형 화물 취급 시 → 정격하중 + 하중 중심거리 고려 필수

(5) 지게차의 특성

① **전륜 구동**: 지게차는 무거운 화물을 적재할 때 하중이 전륜에 집중되므로, 전륜이 구동바퀴 역할을 하여 하중을 지지한다.

② **후륜 조향**: 좁은 공간에서 회전이 용이하도록 후륜 조향 방식으로 사용하며, 후륜 조향은 작은 회전반경으로 방향 전환이 가능하다. 따라서 작업 공간이 좁은 곳에서도 효율적으로 작업할 수 있다.

③ 지게차에 무거운 화물을 적재하는 것은 '시이소오 원리'에 입각하고 있다.
   → 적재능력 초과 시 차체의 뒷부분이 들려서 위험을 초래할 수 있음

• 지게차는 전륜 구동, 후륜 조향 방식을 채택하고 있으며, 화물을 적재할 때 하중은 전륜에 집중된다.
• 정격하중을 초과할 경우 전륜에 과도한 하중이 실려 뒷바퀴가 들리는 현상이 발생할 수 있으며, 이는 작업 안전에 큰 위협이 되므로 각별한 주의가 필요하다.

[화물을 적재하지 않은 상태]

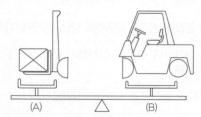

[적재한 화물(A)과 지게차 본체(B) 균형]

(1) 동력원에 따른 분류

구분	엔진식 지게차	전동식 지게차
동력원	내연기관(디젤, LPG, 가솔린 등)	배터리(전기모터 구동)
출력	출력이 크고, 고하중 작업에 유리	출력은 낮지만, 정밀한 작업에 적합
연속 운전	연료 보충 시 장시간 연속 운전 가능	배터리 충전 필요, 장시간 운전 제한
소음/진동	소음과 진동이 크며, 배기가스 발생	소음과 진동이 거의 없음, 친환경적
유지 관리	엔진오일, 필터 등 정기적인 정비 필요	비교적 간단한 유지·보수 (모터 및 배터리 관리 중심)
초기 비용	초기 구입 비용이 비교적 저렴함	초기 구입 비용은 높지만, 운영비는 저렴
작업 환경	주로 실외 작업에 적합 (항만, 야적장, 건설현장 등)	실내 환경에 적합 (물류센터, 식품·제약공장 등)
작업 반응성	빠른 가속과 강한 구동력	부드러운 조작, 미세 제어 가능
친환경성	배출가스와 환경오염 가능성 있음	무공해, 친환경적, 청결한 환경에 적합

(2) 차체 형식에 따른 분류

구분	카운터밸런스형 지게차	리치형 지게차
형식 개요	후방에 카운터웨이트(추)를 장착하여 하중 균형을 맞추는 전형적인 구조	마스트가 앞으로 뻗어 나가거나 들어오는 구조로, 차체가 작아 협소한 공간에 적합
연료 종류	디젤, LPG, 가솔린, 전동식(배터리)	대부분 전동식(배터리)
특징	• 구조가 크고 튼튼하여 실외 작업에 강함 • 다양한 작업 환경에 대응 가능 • 안정성이 높고 하중 처리 능력 우수	• 마스트가 앞으로 전진(Reach)하기 때문에 좁은 공간에서도 화물 적재 가능 • 소형 차체로 회전 반경이 작음
단점	• 차체가 커서 좁은 통로나 실내 작업에 부적합 • 실내 배기가스 문제(내연기관형)	• 최대 적재 하중이 작음 • 경사진 곳이나 실외 주행에는 불리함
적합 환경	• 실외 작업장(공사 현장, 컨테이너 야적장 등) • 중량 화물 운반이 필요한 곳	• 실내 창고, 물류센터, 자동화 창고 등 • 좁은 통로와 높은 선반 적재에 최적화

■ 카운터밸런스형 지게차

■ 리치형 지게차

■ 카운터밸런스형은 넓은 작업장, 리치형은 좁은 공간에 적합하므로, 작업 환경에 따라 구조와 용도를 구분할 수 있어야 한다.

대표 마스트 작동 방식	위로 상승(단순 리프트 업)	앞으로 Reach/뒤로 Retract 가능(리치 동작)

(3) 구동륜 설치에 따른 분류

단륜식 지게차 (Single Wheel Type)	복륜식 지게차 (Dual Wheel Type)
• 앞바퀴 좌우에 타이어가 1개씩 장착됨 • 특징: 기동성이 좋고, 좁은 공간에서 효율적인 운전 가능 • 활용: 4톤 이하의 중·소형 화물 운반	• 앞바퀴 좌우에 타이어가 2개씩 장착됨 • 특징: 하중을 더 견딜 수 있어 대형 화물 운반 가능 • 활용: 10톤 이상의 중량 화물 운반이 필요한 작업장

(4) 타이어 종류에 따른 분류

공기압 타이어식 지게차	솔리드(통) 타이어식 지게차
• 튜브가 있어 공기를 주입하는 방식의 타이어를 장착함 • 노면 충격 흡수가 뛰어나며, 접지력이 좋아 실외의 울퉁불퉁한 노면에 적합함 • 가격이 저렴하고 승차감이 좋음	• 튜브 없이 고무를 압축하여 만든 통타이어를 장착함 • 내구성이 높아 마모가 적으며, 펑크가 나지 않아 유지·보수가 편리함 • 충격 흡수력이 낮아 주로 실내의 평탄한 바닥에서 사용됨 • 가격이 높음

(5) 운전 자세에 따른 분류

좌승식 지게차	입승식 지게차
• 운전자가 앉은 자세로 조작하는 일반적인 형태 • 장시간 운전이나 넓은 작업장에 적합 • 대부분의 중·대형 지게차에 적용	• 운전자가 서서 조작하는 방식 • 좁은 공간에서의 작업이나 단거리 반복 작업에 적합 • 리치형 전동 지게차에서 주로 적용

THEME 01 지게차의 개요와 종류

01 지게차의 개요

01 지게차의 일반적인 조향 방식으로 가장 적절한 것은?

① 앞바퀴 조향 방식
② 뒷바퀴 조향 방식
③ 4륜 조향 방식
④ 전륜 구동·전륜 조향 방식

> **보충** 지게차는 전륜 구동, 후륜 조향 방식으로 설계되어 좁은 공간에서도 회전 반경을 줄일 수 있다. 따라서 창고 등 협소한 장소에서 작업하기에 유리하다.

02 지게차에서 적재 하중이 집중되는 바퀴는?

① 전륜
② 후륜
③ 조향 바퀴
④ 구동축이 없는 축

> **보충** 지게차는 화물을 포크로 들어올리기 때문에 하중은 앞바퀴(전륜)에 집중되고, 이를 구동바퀴로 사용한다.

03 다음 중 카운터밸런스형 지게차의 특징으로 옳지 않은 것은?

① 전륜 구동, 후륜 조향이다.
② 엔진은 주로 전방에 배치되어 있다. (×)
③ 화물 적재로 인해 전륜에 하중이 집중된다.
④ 조향장치는 후륜에 설치되어 있다.
➡ 엔진은 주로 후방에 배치되어 카운터 웨이트의 역할을 함

04 마스트의 높이 조정과 관련된 용어 중에서 포크가 마스트 확장 없이 올릴 수 있는 최대 높이를 의미하는 것은?

① 최대 인상 높이
② 자유 인상 높이 → 선반 작업 등 낮은 천장 작업 시 중요한 기준이 됨
③ 적재 높이
④ 마스트 최대 높이

05 지게차의 최소 회전반경에 영향을 주는 요인이 아닌 것은?

① 후륜 조향 방식
② 축간거리
③ 마스트 높이 (×)
④ 차체 길이

06 지게차의 등판능력은 어떤 요소와 가장 관련이 깊은가? ➡ 경사면을 오를 수 있는 능력

① 회전 반경
② 마스트 형식
③ 구동력 → 엔진, 바퀴의 견인력 등과 밀접한 관련
④ 자유 인상 높이

07 지게차의 최저 지상고가 의미하는 것은?

① 타이어를 포함한 전체 높이
② 포크가 닿을 수 있는 최대 높이
③ 차량 바닥과 지면 사이의 최소 거리
④ 마스트 전체의 최소 높이

보충 최저 지상고는 도로 요철통과 가능성을 판단하는 중요한 기준이다.
① 전고, ② 최대 인상 높이, ④ 마스트 접은 높이에 해당한다.

┌→ 지게차의 기본 성능을 수치로 표현한 항목
08 다음 중 지게차의 제원에 포함되지 않는 항목은?

① 전장 및 전폭
② 최대 인상 속도
③ 제동패드 마모량 (×) → 정비 또는 관리 항목
④ 자유 인상 높이

09 다음 중 카운터밸런스형 지게차에 대한 설명으로 가장 적절한 것은?

① 마스트가 전후로 이동할 수 있다. → 리치형 지게차
② 전륜에 화물, 후륜에 엔진 및 중량추가 있다.
③ 좁은 창고용으로 설계되어 있다. → 리치형 지게차
④ 카운터 웨이트가 없다. → 리치형 지게차

보충 카운터밸런스형 지게차는 전륜에 화물을 실고, 후방에 엔진과 카운터 웨이트를 배치하여 하중의 균형을 유지하는 전형적인 지게차에 해당한다.

10 다음 중 리치형 지게차의 특징으로 가장 적절한 것은?

① 마스트가 고정되어 있다.
② 카운터 웨이트가 크다.
③ 마스트가 전후로 이동한다.
④ 실외에서의 중량물 운반에 적합하다.

보충 ① 마스트 자체가 전후로 이동한다.
② 카운터 웨이트가 작거나 없다.
④ 좁은 창고 내에서도 활용할 수 있다.

THEME 02 지게차의 구조와 작업 장치

학습 목표

☑ 지게차의 구조와 작업 장치에서는 5문제 정도 출제되며, 출제비중은 8.3%로 자주 출제되는 영역입니다.

☑ 지게차의 구조와 각 기능, 작업 장치의 특성 및 용도를 이해하면 문제를 어렵지 않게 풀 수 있습니다.

☑ 기출포인트 중심으로 개념을 정리하고, 구조별 명칭과 역할을 정확히 익히는 것이 가장 효과적인 학습방법입니다.

01 지게차의 구조 ★★★

지게차의 외부 구조와 운전석 내부 조작장치 등을 중심으로 학습한다.

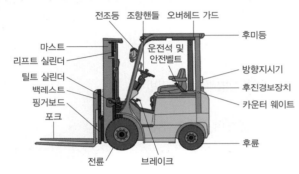

(1) 차체(프레임)

① 차체는 지게차의 모든 구성 요소를 지지하고 연결하는 기본 골격이다.

② 강철 프레임으로 제작되어 하중에 견딜 수 있다. 전후륜, 마스트, 유압 계통, 운전석, 카운터웨이트 등을 고정하고 연결하는 기능을 수행한다.

(2) 마스트(Mast) 및 관련 구성 요소

마스트는 포크가 수직으로 상승하거나 하강할 수 있도록 안내하는 장치로, 지게차 전면에 위치한다. 마스트는 싱글(Stage 1), 더블(Stage 2), 트리플(Stage 3) 마스트로 나뉘며, 내부 슬라이딩 레일 구조를 통해 유압 실린더에 의해 작동한다.

① **외부 마스트(Outer Mast)**: 차체에 고정되는 부분

② **내부 마스트(Inner Mast)**: 상승·하강 시 슬라이드되는 구조

③ **리프트 실린더**: 포크를 상승·하강시키는 역할(단동식 실린더: 리프트를 상승시킬 때만 유압이 가해짐, 포크 및 적재물의 중량으로 하강)

④ **틸트 실린더**: 마스트를 전방 또는 후방으로 기울이게 하는 유압 실린더로, 적재물의 안정성과 작업편의성을 높임(복동식 실린더: 전후 유압 작용)

■ 기출 TIP / ● 기초용어

● **리프트 실린더와 틸트 실린더**

• 리프트 실린더는 포크를 상승시키기 위한 단동식, 틸트 실린더는 마스트의 전후 기울기를 조절하기 위한 복동식이 사용된다.

• 리프트 실린더에는 플로우 레귤레이터(슬로우 리턴)와 플로우 프로텍터(벨로시티 퓨즈)가 장착되어 있으며, 틸트 실린더에는 틸트 록 밸브가 부착되어 있다. 이들 장치는 유압 계통의 손상이나 고장 발생 시 포크가 갑자기 하강하거나, 마스트가 급격히 기울어지는 현상을 방지하는 안정장치로 작동한다.

■ • 플로우 레귤레이터(슬로우 리턴) 밸브는 포크를 천천히 하강하게 함

• 플로우 프로텍터(벨로시티 퓨즈)는 컨트롤 밸브와 리프트 실린더 사이에서 배관이 손상되었을 때 적재물 급강하 방지

• 리프트 실린더의 상승력이 부족한 원인
 – 오일 필터의 막힘
 – 유압 펌프의 불량
 – 리프트 실린더에서 작동유 누출

■ 틸트 록 장치(밸브)는 마스트를 기울일 때 갑자기 엔진의 시동이 정지되면 작동하여 그 상태를 유지시키는 작용을 한다.

⑤ **리프트 체인**: 리프트 실린더의 작동력을 포크에 전달하여 캐리지를 끌어 올리는 역할을 하는 체인

⑥ **백레스트(Backrest)**: 포크 뒤편에 수직으로 설치되어 있어 적재된 화물이 운전자 쪽으로 쏟아지지 않도록 막아주는 안전장치

⑦ **캐리지(Carriage)**와 **핑거보드(Finger Board)**: 캐리지는 지게차에서 포크와 작업 장치를 지지하고, 마스트를 따라 위아래로 이동하는 수평 프레임 구조물로 지게차의 마스트에 직접 연결되어 있으며, 포크를 안정적으로 들어 올리는 역할을 함

더 알아보기

핑거보드(Finger Board)

포크를 걸거나 고정하기 위해 캐리지 전면에 부착된 철판 구조물로, 포크의 간격을 조절하거나 위치를 고정할 수 있는 홈(슬롯)이 마련되어 있다. 즉, 핑거보드는 캐리지의 일부 구성 요소이며, 포크의 세부 위치 조절과 고정을 돕는 보조 역할을 한다. 캐리지가 '책꽂이'라면, 핑거보드는 책꽂이 안에 있는 '책 칸막이 또는 고정 슬롯'에 해당한다고 볼 수 있다.

(3) 포크(Fork)

① 포크는 화물을 받쳐 들어 올리는 지게차의 대표적인 작업부이며, 일반적으로 두 개의 강철 날 형태로 구성된다.

② 포크는 캐리지라고 불리는 수평 프레임에 고정되어 있으며, 폭 조절에 따라 다양한 크기의 화물을 취급할 수 있다.

(4) 카운터 웨이트(Counter Weight)

① 카운터 웨이트는 지게차의 후방에 장착된 무거운 철제 덩어리로, 포크에 무거운 화물을 적재했을 때 발생하는 전방 전도 모멘트를 억제하고 균형을 맞추기 위한 필수 구조물이다.

② 카운터 웨이트의 무게와 배치는 지게차의 적재 능력과 직결된다.

(5) 오버헤드 가드(Overhead Guard)

① 운전석 상단에 설치되는 구조물로, 적재 중 낙하할 수 있는 물체로부터 운전자를 보호한다.

② 지게차 최대 하중의 2배 이상의 강도에 견디며(4톤이 넘는 값인 경우 4톤), 헤드 가드의 개구부 간격은 16cm 미만이다.

■ 지게차 기본 구조 중에서 카운터 웨이트(평형추)와 오버헤드 가드(운전석 보호 장치)의 기능 및 역할에 대해서는 자주 출제된다.

(6) 운전석 및 조작부

운전석은 지게차 조작자가 탑승하여 작업을 수행하는 공간으로, 주요 조작 장치는 다음과 같다.

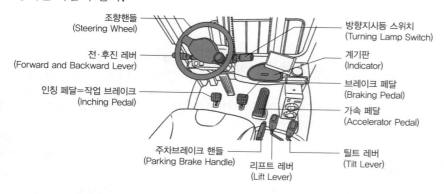

조향핸들 (Steering Wheel)
전·후진 레버 (Forward and Backward Lever)
인칭 페달=작업 브레이크 (Inching Pedal)
주차브레이크 핸들 (Parking Brake Handle)
리프트 레버 (Lift Lever)
방향지시등 스위치 (Turning Lamp Switch)
계기판 (Indicator)
브레이크 페달 (Braking Pedal)
가속 페달 (Accelerator Pedal)
틸트 레버 (Tilt Lever)

조향핸들	후륜 조향 방식으로, 좁은 공간에서 회전에 유리하다.
전·후진 레버	지게차의 주행 방향을 조작하는 변속 레버로, 전진·중립·후진의 세 위치로 조작 가능하다. 레버를 전방으로 밀면 전진, 후방으로 당기면 후진으로 전환된다.
가속 페달	엔진 또는 모터 출력을 제어하며, 밟는 정도에 따라 주행 속도를 조절한다.
브레이크 페달 (작업 브레이크)	주행 중 감속 또는 정지할 때 사용하는 기본 제동장치로, 발로 밟아 작동하며 차량의 브레이크 페달과 유사하다.
주차 브레이크 (Parking Brake)	정지한 상태에서 움직이지 않도록 고정하는 제동장치로, 사이드 브레이크와 동일한 기능을 수행한다. 손으로 작동하며 '핸드 브레이크'라고 부르기도 한다.
인칭 페달 (Inching Pedal)	브레이크와 클러치 기능이 통합된 페달로, 속도를 미세하게 조절하거나 저속 상태에서 정밀한 조작을 수행할 때 사용한다. 주로 하역작업 시 사용되며, 페달을 밟으면 유압이 차단되고 차량은 감속되지만, 신속하게 화물을 상승하거나 적재할 수 있다.
계기판 및 경고등	연료량, 유온, 경고등, 배터리 상태 등 각종 운전 정보가 표시되며, 이상 발생 시 운전자에게 즉시 경고한다.
시트 및 안전벨트	운전자의 피로를 줄이고 안전 확보를 위한 기본 장비이며, 일부 모델에는 충격 흡수를 위한 서스펜션 시트가 탑재되기도 한다.
작업 레버	마스트와 포크를 제어하는 유압 레버로 다음과 같이 구성된다. • 리프트 레버: 포크의 상승 및 하강을 조작한다. 레버를 앞쪽으로 밀면 포크가 하강하고, 몸 쪽으로 당기면 상승한다. • 틸트 레버: 마스트의 전후 기울이기를 조작한다. 레버를 앞쪽으로 밀면 마스트가 전방으로 기울고, 당기면 후방으로 기울어진다. 화물의 낙하 방지나 안정적 적재에 활용된다. • 사이드 시프트 레버: 포크를 좌우로 이동시키는 기능을 담당한다. 레버를 좌측으로 밀면 포크가 좌측으로, 우측으로 밀면 우측으로 이동한다(해당 기능이 장착된 경우).

■ 지게차의 작업 레버 조작법은 필기 시험에서 단골로 출제되는 핵심 항목이므로 반드시 숙지해야 한다.

리프트 레버	포크를 상승·하강시키는 조작 레버 → 앞으로 밀면 포크 하강, 몸 쪽으로 당기면 포크 상승
틸트 레버	마스트를 전·후방으로 기울이는 조작 레버 → 앞으로 밀면 전경, 당기면 후경으로 기울어짐 → 후경 조작은 운반 중 화물의 낙하를 방지하고, 안정성을 높이는 데 매우 중요
인칭 페달	인칭 페달은 트랜스미션 계통과 연동되어 작동하며, 차량 속도는 줄이되 포크 등 작업 장치는 빠르게 작동할 수 있어서 주로 하역 작업 시 저속 주행과 정밀 조작을 위해 사용됨

(7) 외부 부착물 및 시야 보조장치

① 백미러 및 작업등: 시야 확보와 야간 작업을 위한 필수 장비
② 번호판 및 반사경: 등록과 식별을 위한 장치로, 일부 산업용 모델은 법적
요건에 따라 부착됨

02 지게차의 작업 장치 ★★★

지게차는 작업 환경과 화물의 특성에 따라 다양한 작업 장치(Attachments)를
장착하여 보다 효율적이고 안전한 적재 및 운반 작업을 수행할 수 있다.

(1) 고층 적재 및 협소 공간 적재 작업 장치

① 트리플 스테이지 마스트(Triple Stage Mast)

용도	• 작업장 출입구가 낮게 제한되어 있는 장소의 출입 • 천장이 높은 공간에서 높은 적재 작업 수행
특징	3단 마스트로 설계되어 일반 마스트보다 높은 위치까지 화물 적재 가능
사용 장소	대형 창고, 물류센터, 공장 등

② 하이 마스트(High Mast)

용도	비교적 높은 곳에서의 적재 및 하역 작업
특징	포크의 상승이 빠르며, 2단 마스트를 적용하여 높은 공간의 작업 가능
사용 장소	일반 창고 및 실내 작업장 등

③ 로드 익스텐더(Load Extender)

용도	지게차가 가까이 접근하기 어려운 곳에서 화물 적재
특징	포크가 전방으로 뻗어나가는 구조로, 좁은 공간에서도 작업 가능
사용 장소	화물트럭, 협소한 창고, 선반 위 적재 작업 등

(2) 정밀한 화물 적재 및 위치 조정 작업 장치

① 포크 포지셔너 (=포크 무버, Fork Mover)

용도	팔레트 크기나 화물 크기에 맞게 운전석에서 레버를 작동하여 포크 간격을 신속하게 조정하여 적재
특징	규격이 다양한 팔레트 화물을 동시에 처리할 때 용이함
사용 장소	다양한 팔레트 크기가 혼합된 작업장

■ 지게차의 작업 장치(Attachments)는
매 시험마다 빠지지 않고 출제되는
핵심 영역이므로, 각 장치의 명칭. 기
능. 용도를 정확히 구분하여 숙지해
야 한다.
특히 최근 5년간 하이 마스트, 힌지
드 포크, 힌지드 버킷, 로드 스태빌라
이저, 로테이팅 클램프, 잉곳 클램프
는 자주 출제되고 있다.

■ 트리플 스테이지 마스트

■ 하이 마스트

■ 로드 익스텐더

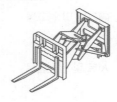

■ 포크 포지셔너

실린더 2개

② 사이드 시프트(Side Shift)

용도	지게차 본체를 이동시키지 않고 백레스트(캐리지)와 포크를 좌우로 움직여 지게차 중앙에서 벗어난 화물을 취급
특징	화물 정렬이 필요한 창고에서 적합함
사용 장소	다양한 팔레트 크기가 혼합된 작업장

■ 사이드 시프트

(3) 원통형 화물(드럼, 롤, 타이어 등) 운반 작업 장치

① 드럼 핸들러(Drum Handler)

용도	드럼통과 같은 원통형 화물을 안전하게 운반
특징	원형 드럼을 잡고 들어 올릴 수 있도록 설계됨
사용 장소	화학 공장, 정유 공장, 식품 가공 공장 등

■ 드럼 핸들러

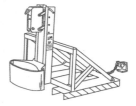

② 롤 클램프 암(Roll Clamp Arm)

용도	컨테이너 내부 또는 높은 위치에서 둥근 화물 취급
특징	긴 클램프 암을 설치하여 일반 지게차가 닿지 않는 공간에 롤 형태의 화물을 클램핑하여 이동 가능
사용 장소	제지(롤 형태) 공장, 항만 및 물류 센터 등

■ 롤 클램프 암

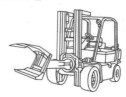

③ 로테이팅 롤 클램프(Rotating Roll Clamp)

용도	롤 형태의 화물을 클램핑 및 회전시켜 위치 조정
특징	롤 클램프 암이 회전하면서 화물의 방향을 조정할 수 있어 공간 활용이 용이함
사용 장소	제지 공장, 펄프 공장 등

■ 로테이팅 롤 클램프

④ 타이어 클램프(Tire Clamp)

용도	타이어와 같은 원통형 화물을 옆에서 클램핑하여 운반
특징	클램핑 압력을 조절하여 다양한 크기의 원통형 화물 운반 가능
사용 장소	타이어 제조 공장, 자동차 부품 창고 등

■ 타이어 클램프

(4) 둥근 목재, 벌크화물이나 특수 화물(운반) 작업 장치

① 힌지드 포크(Hinged Fork)

용도	둥근 목재, 파이프, 원통형 화물 운반 및 적재
특징	포크가 상하로 기울어져서 화물을 안정적으로 고정할 수 있음
사용 장소	건설 현장, 목재 가공 공장, 배관 공사 현장 등

■ 힌지드 포크

② 힌지드 버킷(Hinged Bucket)

■ 힌지드 버킷

용도	모래, 곡물, 비료, 소금 등 분말 형태 화물 운반
특징	버킷이 부착되어 있어 건설 현장에서 활용도가 높음
사용 장소	건설 현장, 곡물 창고, 비료 공장 등

③ 램(Ram)

■ 램

용도	중앙이 빈 원형 화물(예 카페트, 전선 롤 등) 운반
특징	긴 환봉 형태의 장치를 사용하여 원형 화물을 쉽게 이동
사용 장소	코일, 전선롤, 카페트롤 등의 화물 취급장

④ 푸시 풀(Push Pull) vs 인버터 푸시 클램프(Inverter Push Clamp)

■ 푸시 풀

■ 인버터 푸시 클램프

구분	푸시 풀	인버터 푸시 클램프
기능	슬립시트 화물을 밀어서 상하차	클램핑한 화물을 회전(뒤집기) 후 밀어 배출
회전 기능	없음	있음(180도 회전 가능)
주요 용도	슬립시트에 포장된 박스형 제품 운반 예 식품, 제약, 소비재 상자류	포대, 분말, 벌크 등 내용물을 뒤집어 붓는 작업 예 사료, 분말 원료, 곡물 배출
작업 방식	클램프가 슬립시트를 잡고 당긴 뒤 밀어서 상하차 수행	화물을 집어든 뒤 회전시켜 기울여 투입 또는 배출(인버팅)
슬립시트 사용 여부	슬립시트(Slip Sheet) 필수	주로 팔레트 화물 또는 포대 사용
적재 대상	박스, 박스형 포장 제품	포대포장 화물, 벌크류

(5) 화물 고정 및 효율성과 안정성 향상을 위한 작업 장치

① 로드 스태빌라이저(Load Stabilizer)

■ 로드 스태빌라이저

용도	노면의 굴곡이 심하거나 경사진 작업장에서 화물을 적재한 후 이동 시 깨지기 쉬운 화물 또는 불안정한 화물의 낙하 방지
특징	포크 상단에 압력판이 부착되어 상하로 움직이며, 화물 적재 시 압력판으로 화물을 눌러 낙하를 방지하고 안정화함
사용 장소	유리 제품, 세라믹, 전자 제품 운반 등

② 스키드 포크(Skid Fork)

용도	목재, 휴지, 비료, 시멘트 등 포장 화물 운반
특징	포크 상부에 압력판 대신 클램프가 장착되어 상하로 이동, 화물의 미끄러짐이나 낙하 방지
사용 장소	제지 공장, 건축 자재 운반, 물류창고 등

③ 로테이팅 포크, 클램프(Rotating Fork, Clamp)

용도	적재된 화물을 쏟아 붓는 작업, 경사 적재 등
특징	포크 또는 클램프에 360° 회전 가능한 로테이터 부착
사용 장소	식품 가공 공장, 건설 현장, 화학 공장 등

④ 잉고트 클램프(Ingot Clamp)

용도	가열로에서 단조용 소재(잉곳)를 클램핑하거나 회전, 꺼내거나 투입하는 작업
특징	높은 온도에서도 견딜 수 있도록 설계됨
사용 장소	제철소, 금속 가공 공장

■ 스키드 포크

■ 로테이팅 포크, 클램프

■ 잉고트 클램프

THEME **02** 지게차의 구조와 작업 장치

01 지게차의 구조

01 지게차 마스트 구조에 포함되는 주요 구성 요소로 가장 적절한 것은?

① 리치 실린더, 차동기, 타이어
② 백레스트, 롤러, 틸트 실린더
③ 드럼 브레이크, 차축, 변속기
④ 실린더 헤드, 배터리, 주차 브레이크

보충 지게차의 마스트는 화물의 상승·하강과 경사 조절을 담당하는 구조물로, 작업 중 가장 핵심이 되는 장치이다. 마스트에는 백레스트(화물 낙하 방지), 체인 및 롤러(상하 이동을 원활히 하는 역할), 틸트 실린더(전후 기울기 조절), 이너 마스트와 아우터 마스트(슬라이딩 구조) 등이 포함된다.

02 지게차의 각 조작 레버에 대한 설명으로 올바르지 **않은** 것은?

① 전후진 레버를 앞으로 밀면 전진 주행한다.
② 틸트 레버를 앞으로 밀면 마스트가 뒤로 기운다.(×)
③ 리프트 레버를 뒤로 당기면 포크가 상승한다.
④ 전후진 레버를 뒤로 당기면 후진 주행한다.

→ 틸트 레버는 앞으로 밀면 마스트가 앞으로 기울어지고, 뒤로 당기면 마스트가 운전자 쪽(뒤쪽)으로 기울어짐

03 화물 하역을 위해 지게차에 설치된 L자형 구조물로, 핑거보드에 고정된 부품은?

① 사이드 시프트
② 포크
③ 마스트
④ 백레스트

보충 **포크(Fork)**
지게차에서 화물을 직접 떠받치는 금속 구조물로, 일반적으로 L자 형태로 2개가 세트로 장착된다. 핑거보드 또는 포크 캐리어에 체결되어 화물의 무게를 견디며, 크기나 형태에 따라 폭 조절이 가능하다. 포크 간격은 일반적으로 팔레트 폭의 1/2~3/4 정도로 조정하는 것이 안전하다.

04 마스트 조작용 레버가 3개 이상 장착된 지게차에서, 일반적인 설치 순서(좌측부터)로 옳은 것은?

① 리프트 레버 → 틸트 레버 → 부수장치 레버
② 부수장치 레버 → 틸트 레버 → 리프트 레버
③ 틸트 레버 → 부수장치 레버 → 리프트 레버
④ 리프트 레버 → 부수장치 레버 → 틸트 레버

보충 • 리프트 레버: 포크를 상승·하강
• 틸트 레버: 마스트를 전·후로 기울임
• 부수장치 레버: 사이드 시프트, 로테이팅 클램프 등 부가장치 조작

05 지게차의 포크를 상승 및 하강시키는 장치와 이 장치에 사용되는 실린더의 형식으로 바르게 연결된 것은?

① 틸트 실린더 – 단동식 실린더
② 포크 실린더 – 복동식 실린더
③ 리프트 실린더 – 단동식 실린더
④ 리프트 실린더 – 복동식 실린더

보충 리프트 실린더는 포크를 들어 올릴 때는 유압의 힘으로 작동하고, 포크를 내릴 때는 포크 자체의 무게 또는 적재된 하중의 중력을 이용한다. 이처럼 한 방향만 유압으로 작동하는 구조이므로 단동식 실린더가 사용된다. 반면, 마스트를 기울이는 틸트 실린더는 복동식이 사용된다.

06 지게차에서 포크를 하강시키는 가장 올바른 조작 방법은?

① 가속 페달을 밟고 리프트 레버를 앞으로 민다.
② 가속 페달을 밟고 리프트 레버를 뒤로 당긴다.
③ 가속 페달을 밟지 않고 리프트 레버를 뒤로 당 긴다.
④ 가속 페달을 밟지 않고 리프트 레버를 앞으로 민다.

보충 포크를 하강시키기 위해서는 가속 페달을 밟지 않고 리프트 레버를 앞으로 밀어야 한다. 하강 시에는 유압을 공급할 필요 없이 중력에 의해 자연스럽게 내려가기 때문에 별도의 동력이 필요하지 않다. 반대로 포크를 상승시킬 때는 가속 페달을 서서히 밟아 유압을 생성한 후, 리프트 레버를 뒤로 당겨야 포크가 상승한다. 이 원리는 포크 상승과 하강 작동이 서로 반대 방향임을 이해하는 데 중요하다.

07 지게차에서 마스트를 기울이던 중 엔진이 갑자기 정지되었을 때, 마스트가 의도치 않게 움직이지 않도록 하는 장치는 무엇인가?

① 벨 크랭크 기구
② 틸트 록 밸브
③ 체크 밸브
④ 틸트 실린더

보충 **틸트 록 밸브(Tilt Lock Valve)**
마스트를 기울이는 중에 엔진이 갑자기 정지되었을 때, 마스트가 더 이상 움직이지 않도록 유압을 차단하여 현재의 경사 상태를 유지해 주는 장치이다. 반면, 체크 밸브는 유압이 일정 방향으로만 흐르게 제한하는 기능을 하는 것은 체크 밸브로 틸트 록 밸브와는 구분된다.

복동식 유압 실린더로서, 마스트의 경사 방향(앞·뒤)을 ◀── 조절하는 역할

08 마스트의 경사 각도를 조정하는 틸트 실린더에 대한 설명으로 옳은 것은?

① 틸트 레버를 뒤로 당기면 피스톤 로드가 팽창 하여 마스트가 뒤로 기울어진다.
　　　　　　　　　　　　　→ 수축
② 틸트 레버를 앞으로 밀면 피스톤 로드가 수축 되어 마스트가 뒤로 기울어진다.
　　　　　　　　　　　　　→ 팽창
③ 틸트 레버를 앞으로 밀면 피스톤 로드가 팽창 하여 마스트가 앞으로 기울어진다.
④ 틸트 레버를 뒤로 당기면 피스톤 로드가 수축 되어 마스트가 앞으로 기울어진다.
　　　　　　　　→ 뒤로

화물을 적재 또는 하역할 때 마스트를 전방으로 기울이는 각도 ◀──

09 카운터밸런스형 지게차의 일반적인 전경각으로 가장 적절한 것은?

① 약 3~4도
② 약 5~6도
③ 약 7~8도
④ 약 9~10도

보충 카운터밸런스형 지게차의 마스트는 전방(전경)과 후방(후경)으로 기울일 수 있으며, 일반적으로 전경각은 5~6도, 후경각은 10~12도 정도이다. 전경각은 하역 작업 시 화물을 앞쪽에 안전하게 내려놓기 위해 사용되며, 후경각은 운반 중 화물이 앞으로 떨어지는 것을 방지하기 위해 마스트를 뒤로 기울이는 기능이다.

10 지게차 작업 시 화물의 안정성과 작업 편의를 위해 마스트의 전경각 또는 후경각을 조정할 필요가 있다. 이때 사용하는 조작 레버는 무엇인가?

① 전후진 레버 → 지게차의 진행 방향을 조절하는 장치
② 리프트 레버 → 포크의 상승·하강을 담당하는 장치
③ 틸트 레버
④ 변속 레버 → 수동 변속기를 사용하는 지게차에서 기어 변속을 위한 장치
보충 틸트 레버는 지게차 마스트의 전경(앞으로 기울임) 및 후경(뒤로 기울임) 각도를 조절하는 레버이다. 전경각은 화물 적재 또는 하역 시 포크를 쉽게 삽입하거나 적재 위치에 맞출 때 활용된다. 후경각은 화물을 들어 올린 상태에서 후방으로 기울여 운반 시 낙하를 방지하고 안정성을 확보하기 위해 사용된다.

11 다음 중 피스톤 양쪽에 유압유를 교대로 공급하여 양방향 작동을 가능하게 하는 유압 실린더의 형식은?

① 단동식
② 복동식
③ 다동식
④ 편동식

| 보충 | 복동식 유압 실린더와 단동식 유압 실린더 |

복동식 유압 실린더	피스톤 양쪽에 유압을 공급함으로써, 양방향 운동(전진 및 후진) 모두를 유압으로 제어할 수 있는 실린더 형식이다. 이 방식은 틸트 실린더, 버킷 실린더 등 정밀하고 강력한 양방향 작동이 필요한 장치에 주로 사용된다.
단동식 유압 실린더	한쪽 방향만 작동하고, 복귀는 스프링이나 중력에 의존한다. 지게차에서는 포크를 위로 들어 올릴 때만 유압이 작동하고, 하강은 중력에 맡기는 리프트 실린더가 이에 해당한다.

12 지게차 작업 중 화물에 천천히 접근하면서도 포크나 마스트를 신속하게 작동시켜야 할 경우 사용되는 페달은 무엇인가?

① 디셀러레이터 페달
② 인칭 조절 페달
③ 액셀러레이터 페달
④ 브레이크 페달

| 보충 | 인칭 조절 페달(Inching Pedal)

지게차에서 저속 주행과 신속한 작업 장치 작동을 동시에 가능하게 해주는 장치이다. 브레이크 기능과 클러치 제어 기능이 결합된 페달로, 트랜스미션 계통에 설치되어 있다. 페달을 밟으면 변속기 쪽으로 전달되는 유압이 차단되거나 줄어들어 차량의 속도가 줄어들고, 대신 유압이 작업 장치(리프트, 틸트 등)에 집중되므로 작업은 빠르게 수행할 수 있다.
① 엔진 회전수를 낮추어 속도를 줄이는 기능(일부 지게차에만 장착)
③ 일반적인 가속 페달, 엔진 회전수를 증가시켜 주행 또는 유압 작동 속도를 높이는 기능
④ 차량을 정지시키는 기능만 있으며, 작업 장치의 유압 작동 속도와는 관련이 없음

13 다음 중 지게차 리프트 실린더 회로에 장착된 플로우 프로텍터(벨로시티 퓨즈)의 주요 기능에 대한 설명으로 가장 적절한 것은?

① 컨트롤 밸브와 리프트 실린더 사이에서 배관이 파손되었을 때 포크의 급강하를 방지한다.
② 포크가 정상적으로 하강할 때 속도를 일정하게 유지하는 장치이다.
③ 짐을 빠르게 하강할 수 있도록 작용하는 밸브이다.
④ 리프트 실린더 내에서 유압유의 누설을 완전히 방지하는 밸브이다.

| 보충 | 플로우 프로텍터(Flow Protector)

리프트 실린더 유압 회로에 장착되어, 유압 배관이 파손되었을 때 갑작스럽게 유압이 빠져나가는 것을 감지하여 자동으로 유압을 차단하는 안전장치이다. 이를 통해 포크 및 적재물의 급강하 사고를 방지한다. 평상시에는 유체가 자유롭게 흐르다가, 일정 이상의 속도(=유량 초과)를 감지하면 유로를 자동으로 차단한다.
② 하강 속도 조절을 위한 플로우 컨트롤 밸브에 해당하는 설명으로, 벨로시티 퓨즈는 비상 상황용이다.
③ 자동으로 유압을 차단하여 포크 및 적재물이 급강하하는 사고를 방지한다.
④ 리프트 실린더 내부 누유와는 무관하며, 해당 문제는 실린더 자체의 내구성 또는 체크 밸브 문제이다.

14 지게차의 구성 요소 중 차체의 맨 뒤쪽에 설치되어, 화물을 적재하거나 들어 올릴 때 차량의 균형을 유지하도록 설계된 장치는 무엇인가?

① 포크
② 핑거보드
③ 마스트
④ 평형추 → 카운터밸런싱형 지게차에서 핵심적인 구조물

| 보충 | 평형추

지게차는 화물을 차량의 앞쪽에 적재하여 작업을 수행하는 구조이므로, 무게중심이 앞쪽으로 쏠리는 문제가 발생할 수 있다. 이때 차량이 전복되지 않도록 차량의 뒤쪽에 추를 설치하는 데 이를 카운터 웨이트(평형추) 또는 밸런스 웨이트라고 한다.

15 지게차의 구조 중 운전자 머리 위에 설치되어 낙하물로부터 보호하는 안전장치로서, 운전자의 안전 확보를 위해 반드시 설치되어야 하는 장치는?

① 카운터 웨이트
② 오버헤드 가드
③ 핑거보드
④ 리치 실린더

16 지게차가 일반 자동차와 달리 현가 스프링(서스펜션)을 사용하지 않는 주된 이유로 옳은 것은?

① 조향 성능이 떨어지기 때문에
② 롤링 발생 시 화물이 낙하할 수 있기 때문에
③ 하중 배분이 어려워지기 때문에
④ 차체 무게가 무거워서 불필요하기 때문에

> 보충 일반 차량에서는 승차감을 높이고 노면 충격을 완화하기 위해 현가 스프링(서스펜션)을 사용하지만, 지게차는 적재된 화물의 안전한 운반이 최우선이다. 현가장치가 설치되면 지게차가 주행 중에 흔들리는 롤링(Roll) 현상이 발생할 수 있으며, 이로 인해 화물이 불안정하게 되어 낙하할 위험이 높아진다. 따라서 지게차는 안정적인 화물 운반을 위해 현가장치를 생략하고 차체가 고정된 구조로 설계한다.

02 지게차의 작업 장치

17 둥근 형상의 목재나 파이프 등을 안전하게 적재 및 운반하기에 가장 적합한 지게차의 작업 장치는?

① 블록 클램프
② 하이 마스트
③ 힌지드 포크
④ 사이드 시프트

> 보충 **힌지드 포크(Hinged Fork)**
> 곡면을 가진 물체인 둥근 목재나 파이프처럼 일반적인 포크로는 고정이 어려운 화물을 보다 안정적으로 지지하기 위해 고안된 장치이다. 포크가 앞뒤로 작동(힌지 기능)하여 적재된 화물을 보다 유연하게 지지하며, 곡면 물체의 위치나 중심이 틀어져도 안전하게 작업 가능하다.
> ① 콘크리트 블록이나 판상 화물 등을 집어 올리는 데 사용되는 장치
> ② 포크가 높이 상승할 수 있도록 설계된 마스트. 좁은 공간에서도 상하 작업이 용이한 장점이 있으나 곡면 화물과는 무관함
> ④ 마스트나 포크를 좌우로 이동시켜 미세 위치 조정이 가능하게 하는 장치. 작업 효율 향상에 도움이 되지만 곡면 화물 전용은 아님

18 [보기]의 설명에 해당하는 지게차의 작업 장치는 무엇인가?

> ┤ 보기 ├
> • 일반적인 포크 대신 버킷(Bucket)이 부착되어 있다.
> • 포장되지 않아 흘러내리거나 흐트러지기 쉬운 자재를 효율적으로 적재 또는 하역할 수 있다.
> • 건축 자재, 모래, 곡물, 폐기물 운반 작업 등에서 활용된다.

① 힌지드 포크
② 로드 스태빌라이저
③ 힌지드 버킷
④ 드럼 클램프

19 포크 상단에 압력판이 부착되어 있어 깨지기 쉬운 화물이나 불안정한 화물의 낙하를 방지할 수 있는 장치는 무엇인가?

① 하이 마스트
② 사이드 시프트
③ 로드 스태빌라이저
④ 힌지드 포크

보충 로드 스태빌라이저(Road Stabilizer)
포크 상단에 압력판을 장착하여 화물 상부에서 눌러주는 형태로 작동한다. 압력판은 유압 또는 기계 작동식으로, 상하로 움직이며, 적재물 위를 눌러주는 방식으로 작업의 안전성을 크게 향상시킨다.
① 마스트의 길이가 길어 높은 곳에 화물을 적재할 때 유리한 구조, 상단 고정 장치는 없다.
② 좌우로 포크를 미세 이동시켜 적재 위치 조정에 유리하나, 낙하 방지 기능은 없다.
④ 파이프나 둥근 목재용으로 적합한 장치. 낙하 방지를 위한 상단 압력판은 없다.

20 다음 [보기]는 지게차에 장착된 특정 작업 장치에 대한 설명이다. 해당 장치로 가장 적절한 것은?

┤ 보기 ├
• 백레스트 하단에 부착되어 화물을 포크 위로 밀어내거나 끌어들이는 기능을 한다.
• 박스, 포대, 비닐 포장된 제품 등 팔레트 없이도 운반 가능한 작업 장치이다.
• 식품, 제약, 전자부품 산업 등에서 사용 빈도가 높다.

① 힌지드 포크
② 푸시 풀
③ 로테이팅 포크
④ 포크 포지셔너

보충 푸시 풀(Push-Pull)
슬립 시트(Slip Sheet)를 사용하는 방식으로, 팔레트를 사용하지 않고도 화물을 끌어당기거나 밀어내는 기능을 한다. 백레스트 하단에 설치되어 포크 대신 넓은 받침면을 통해 작업을 수행하며, 특히 포장된 제품(예)포대, 상자 등)을 취급하는 데 적합하다. 물류비 절감과 팔레트 절약 효과가 있어 식품 및 경량 물류 산업에서 널리 사용된다.

THEME 03 지게차의 작업 전후 점검

☑ 지게차의 작업 전후 점검에서는 3~4문제 정도 출제되며, 출제비중은 6.6% 수준으로 매 시험마다 꾸준히 출제되는 영역입니다.

☑ 작업 전후 점검 사항, 난기운전의 개념과 방법에 대한 문제가 자주 출제되고 있습니다.

☑ 계기판에서 경고등 표시와 의미, 수송방법 등 실무적인 내용을 정확하게 숙지하는 것이 중요합니다.

01 외관 및 작업 전 점검　　　　★★★

■ 기출 TIP / ● 기초용어

지게차는 크게 '외관 점검 → 작업 전 점검 → 작업 → 작업 후 점검' 순으로 점검한다.

(1) 외관 점검

외관 점검은 주차 상태에서 장비의 외형적 손상이나 이상 여부를 육안을 통해 확인하는 절차이다. 주로 파손, 누유, 이물질 여부 등을 확인하며, 기계 작동 이전에 시각적 이상 유무를 판단하기 위한 기본적인 점검이다.

① **지게차의 주기(주차) 상태**: 주기 장소는 평탄한 지, 마스트는 전경(후경 ✕) 상태인지, 포크는 지면에 정확하게 놓여 있는지 육안으로 점검한다.

② **타이어의 마모 및 손상 여부**: 타이어가 심하게 마모되었거나 균열, 이물질 삽입 등이 있을 경우 조향 및 주행 안전에 큰 영향을 준다.

③ **차체 프레임 손상**: 차체 외곽에 금이 가 있거나 휘어짐이 있는 경우 충돌 또는 전복 위험이 있으므로 주의 깊게 확인해야 한다.

④ **포크 상태 확인**: 포크의 끝단 휨, 금속 피로로 인한 미세 균열, 포크 고정 여부 확인은 하역물의 낙하 방지를 위한 핵심 사항이다.

⑤ **유압 호스 및 배관 누유 여부**: 유압장치의 손상 여부를 확인하고, 기름 자국이 있거나 냄새가 날 경우 즉시 정비를 요청한다.

⑥ **보호 장비 점검**: 작업자의 안전을 위한 백레스트, 마스트 보호 커버, 오버헤드 가드 등의 손상이나 이탈 여부를 확인한다.

■ 외관 점검
① 지게차의 주기(주차) 상태
② 타이어의 마모 및 손상 여부
③ 차체 프레임 손상
④ 포크 상태 확인
⑤ 유압 호스 및 배관 누유 여부
⑥ 보호 장비 점검

(2) 작업 전 점검

작업 전 점검은 실제 장비가 작동이 가능한 상태인지 확인하는 기능 중심의 점검이다. 계기판, 조작부, 연료 상태, 유압 계통 등 각종 기계 장치가 정상적으로 작동하는지를 중점적으로 확인한다.

① **연료 또는 배터리 잔량**: 연료 게이지 또는 배터리 전압계 확인, 연료 게이지가 'E'에 가까울 경우 즉시 주유, 배터리 전압이 낮으면 충전 필요

② **엔진오일, 유압오일, 브레이크오일**: 오일 점검봉 사용 또는 유면 표시기 확인하여 'L'과 'F' 중간에 위치 시 정상, 오일 부족 시 지정된 오일로 보충, 누유 발견 시 사용 중지 후 정비 요청

③ **유압 실린더 및 누유 점검**

 ㉠ **유압유의 유면 표시기**: 유면이 'L'과 'F' 사이에 위치하면 정상, 유면이 'L' 이하일 경우 지정된 유압유를 'F'까지 보충

 ㉡ **유압유의 누유 점검**: 장비 하부 바닥에 기름 자국, 오일 번짐 흔적이 있는지 확인

 ㉢ **유압 실린더 및 호스 누유 상태 점검**: 리프트 실린더, 틸트 실린더, 유압 펌프와 호스 이음새, 컨트롤 밸브 주변의 누유 확인

④ **계기판 및 경고등 확인**

 ㉠ 시동 직후 모든 경고등이 점등되고, 일정 시간 후 소등되면 정상

 ㉡ 점등 상태가 지속되면 관련 계통의 이상 가능성 있음 → 정비 필요

⑤ **조향장치 작동 상태**

 ㉠ 핸들을 좌우로 회전했을 때 부드럽고 이질감이 없으면 정상

 ㉡ 핸들이 무겁거나 헛도는 경우 조향 계통 이상 의심 → 정비 필요

⑥ **제동장치 작동 상태**

 ㉠ 브레이크 페달에 일정한 저항이 느껴지고 안정적으로 정지하면 정상

 ㉡ 페달이 지나치게 가볍거나 밟았을 때 제동력이 약하면 비정상 → 정비 필요

⑦ **가속 페달, 인칭 페달 작동 상태**

 ㉠ **가속 페달**: 밟았을 때 엔진 반응이 즉각적이고 부드러우면 정상

 ㉡ **인칭 페달**: 저속 조작 시 유압 차단 작동 확인하고 딜레이, 튐 현상 등의 이상 반응 시 → 정비 필요

⑧ **경음기, 백미러, 경광등 등 보조장치**

 ㉠ **경음기**: 누르면 즉각적인 경고음 발생

 ㉡ **백미러**: 손상 없이 운전자 시야 확보 및 사각지대 확인이 가능한 상태

 ㉢ **경광등**: 점멸 정상 여부 확인, 미작동 시 전기 계통 점검 필요

⑨ **후진 경보장치 작동 여부**

 ㉠ 후진 기어 작동 시 경고음 발생

 ㉡ 음이 작거나 미작동 시 정비 필요

⑩ **전조등, 후진등, 방향지시등 작동 상태**

 ㉠ 점등 스위치 조작 시 정상으로 점등되고 점멸되어야 함

 ㉡ 작동하지 않으면 전구 또는 회로 점검 필요

⑪ **안전벨트 상태 확인**

 ㉠ 끼웠을 때 고정력 있고, 늘어지거나 마모가 없는 것이 정상

 ㉡ 체결되지 않거나 버클의 고정이 불량할 경우 교체 필요

⑫ **작업 장치 작동 상태**

 ㉠ 리프트·틸트·사이드 시프트 레버를 조작했을 때 매끄럽게 반응하고 이상 진동 또는 소음이 없어야 함

□ 1회독　□ 2회독　□ 3회독

■ **작업 전 점검**

① 연료 또는 배터리 잔량
② 엔진오일, 유압오일, 브레이크오일
③ 유압 실린더 및 누유 점검
④ 계기판 및 경고등 확인
⑤ 조향장치 작동 상태
⑥ 제동장치 작동 상태
⑦ 가속 페달, 인칭 페달 작동 상태
⑧ 경음기, 백미러, 경광등 등 보조장치
⑨ 후진 경보장치 작동 여부
⑩ 전조등, 후진등, 방향지시등 작동 상태
⑪ 안전벨트 상태 확인
⑫ 작업 장치 작동 상태

ⓛ 작동 속도가 불균형하거나 소음 발생 시 유압 계통 또는 밸브 정비 필요

02 게이지 및 경고등 ★★

운전자는 계기판을 통해 지게차의 상태를 파악해야 하며, 이상 징후가 경고등으로 표시될 경우 즉각 대응해야 한다.

(1) 게이지 및 경고등

지게차의 조종석 계기판에는 주로 장비의 상태와 운전 관리를 위한 항목들이 표시된다. 대표적으로 연료계, 냉각수 온도계, 오일압력계, 아워미터(총 운전시간) 등이 있다. 또한 지게차는 통상 시속 20km 이하의 저속으로 운행되므로 차량 속도계는 기본 장착 대상이 아니며, 운전자의 작업 안전성과 장비 상태를 중심으로 한 운전 계기들이 설치된다.

(2) 경고등 및 표시등의 종류와 대책

① 경고등

연료량 경고등

엔진 냉각수 온도 경고등

엔진 오일 압력 경고등

에어크리너 경고등

연료 수분 혼입 경고등

엔진 정지 경고등

트랜스미션 오일 온도 경고등

트랜스미션 오일 압력 경고등

브레이크 오일 레벨 경고등

배터리 충전 경고등

엔진 점검 경고등

통신에러 경고등

■ 지게차 조종석 계기판

■ 지게차의 경고등 심볼과 명칭을 연결하는 문제는 종종 출제되므로, 각 심볼의 의미를 정확하게 숙지해 두는 것이 필요하다.

② 표시등

     OPSS ⬅➡

| 소모품 교환 표시등 | 엔진 예열 표시등 | 연료 예열 표시등 | 주차 브레이크 표시등 | 틸트 락 표시등 | OPSS 표시등 | 좌회전, 우회전 표시 |

N F₁ F₂ R₁ R₂

중립 　전진 1단 기어 　전진 2단 기어 　후진 1단 기어 　후진 2단 기어

더 알아보기

운전자 안전 센싱시스템 기능(OPSS: Operator Presence Sensing System)
운전자가 2초 이상 시트를 비울 때 또는 엔진 정지 상태에서 작업 레버를 동작하여도 마스트(리프트, 틸트) 실린더가 작동하지 않는 유압 컨트롤 밸브를 적용하여 안전성을 확보한다.

---

03 마스트와 체인 점검 및 난기운전 ★★

하역 작업의 중심인 마스트와 체인은 가장 많은 하중을 받는 장치이므로, 사전 점검이 필수적이다.

(1) 마스트 상태 점검

상하 정상 작동, 기둥의 휘어짐, 녹 발생, 용접부 균열 여부 등을 확인해야 한다.

(2) 체인 상태 점검

체인 장력이 너무 느슨하거나 지나치게 당겨진 경우, 연결 부위 이탈 여부 등을 확인해야 한다.

(3) 유압 실린더 점검

리프트 및 틸트 실린더 작동 상태, 외부 오일 누유, 작동 시 비정상적인 소음 발생 여부 등을 확인해야 한다.

(4) 난기운전 실시

① 개념: 본격적인 작업 전 지게차를 시동한 후 각 작업 장치를 반복 작동시켜 엔진과 유압 계통을 정상 작동 온도(약 20~27℃)로 예열하는 운전이다.
② 목적
　㉠ 유압유의 점도 안정화 및 작동성 확보
　㉡ 마스트, 체인, 실린더 등 주요 장치의 초기 작동 상태 확인
　㉢ 주행, 조향, 작업 장치 레버 조작 시 반응 확인
　㉣ 작업 중 발생할 수 있는 위험 요소 사전 차단
　㉤ 작업 전 장비 상태 확인 및 안전 확보

■ ・난기운전은 지게차의 유압 계통을 예열하여 안정적인 작동 상태를 확보하기 위해 수행된다.
・겨울철에는 유압유의 점도가 높아지므로, 포크의 상승・하강 및 틸트 작동을 반복하여 유압유의 온도를 적정 수준으로 높이는 것이 중요하다.
・난기운전의 목적은 작동유 온도 상승, 장비 상태 확인, 사고 예방이다.

③ 각 작업 레버의 조작 상태와 응답성을 확인하고, 경고등 및 계기판의 이상 여부도 함께 점검한다.

> **더 알아보기**
>
> **난기운전 후 작업 시작까지 절차**
>
> 1. 시동 후 공회전(3~5분/겨울철 5~10분)
> 2. 포크 작동 반복(천천히 상승 후 하강 5~10회 반복, 겨울철은 더 많이)
> 3. 마스트 틸트 작동(후경 후 전경 5~10회 반복)
> 4. 작동 레버 조작감 점검(리프트, 틸트 등)
> 5. 계기판 및 경고등 점등 상태의 이상 유무 확인 후 본 작업 시작

(5) 계절별 유압유의 온도 기준 및 유의 사항

① 유압유는 온도에 따라 점도가 달라지므로, 작동성에 큰 영향을 미친다.

겨울철	유압유 점도가 높아 초기 작동 불량 가능 → 충분한 예열 시간 확보
여름철	유압유 온도 상승 시 작동 불안정 → 과열 방지 위해 중간 점검 필요

② 작업 중 유압유의 적정 온도 범위는 45~55℃이며, 80℃를 초과하면 유압유가 열화되어 장비 고장의 원인이 될 수 있다.

04 시동, 종료, 수송 방법 ★★

(1) 엔진 시동

① 주차 브레이크를 작동하고, 변속 레버를 중립(N)에 위치시킨 다음 클러치 페달 밟은 후 시동 걸기
② 시동 후 계기판을 확인하고 이상 유무 판단하기

(2) 엔진 정지

① 포크를 안전하게 지면에 내리고, 마스트는 수직 복귀
② 조작 레버를 중립으로 복귀한 뒤 주차 브레이크 작동
③ 키를 OFF로 돌려 엔진 정지(전동식은 전원 스위치 차단)

(3) 지게차 수송차량 적재 방법

① 장거리 이동 시 주행이 아닌 트럭 또는 트레일러에 적재하여 운송
② 트럭 적재 시 지게차는 사다리 위로 운전(후진)하여 운송차량 위에 정차하고, 주차브레이크 작동
③ 포크는 트럭 바닥에 내리고, 마스트는 수직 상태로 고정
④ 연료 밸브 및 전원 스위치 차단 후 운송
⑤ 타이어 고임목 등의 고정장치와 체인으로 장비 전체를 고박

■ 엔진 정지 시에는 포크와 마스트의 위치, 조작 레버의 중립 여부, 주차 브레이크 작동 상태를 정확히 확인해야 하며, 시동키는 장비에 꽂아 둔 채 방치하지 않고 반드시 분리하여 보관해야 한다.

● 고박(Lashing)
선박 내에서 컨테이너, 화물, 차량 등이 움직이지 못하도록 네트, 와이어, 로프, 쇠사슬 등을 이용하여 선박의 바닥에 있는 디링에 고정하는 것이다.

05 작업 후 점검 및 정리 ★

작업 완료 후에는 다음 사용자의 안전과 장비의 보호를 위해 기본적인 정리 및 점검을 반드시 실시해야 한다.

(1) 포크와 마스트 정리

포크는 지면에 안전하게 내리고, 마스트는 수직 상태로 복귀시킨다.

(2) 연료(에너지) 확인

연료 보충 또는 배터리 충전 상태를 확인한다.

(3) 청결 유지

외부 오염이나 먼지, 이물질 등을 제거한다.

(4) 주차 및 정지

지정된 위치에 정차 후 주차 브레이크를 작동시킨다.

(5) 이상 유무 재확인

작업 중 이상 발견 시 기록으로 남기고 보고한다.

06 점검 기록 및 정비 ★

모든 점검 내용은 기록하여 보관해야 한다. 특히, 이상을 발견한 경우 정비 등의 조치를 취한 후 사용하도록 한다.

(1) 일일 점검표 작성

항목별 체크리스트를 작성하고 점검한다.

(2) 이상 발견 시 조치

정비부서 또는 책임자에게 구두 및 문서로 보고한다.

(3) 정기점검 기록 보관

정기점검 결과를 법정 보관 기간에 따라 보관한다.

(4) 교육 및 안전관리 강화

점검을 실시하지 않았을 때 발생할 수 있는 사고 사례에 대한 교육을 실시한다.

01 외관 및 작업 전 점검

01 다음 중 지게차의 일일 점검 항목으로 보기 어려운 것은?
→ 운행 전 안전 확보를 위해 기본적인 기능과 상태를 점검하는 절차
① 엔진오일의 양과 상태 확인
② 냉각수의 보충 여부 확인
③ 배터리 전해액의 비중 측정 (×) → 정기점검 혹은 충전 시기에 확인하는 항목
④ 연료 잔량 확인

02 자동 변속기가 장착된 지게차를 안전하게 주차하기 위한 방법으로 적절하지 않은 것은?
① 주차 시 주차 브레이크를 확실히 작동시킨다.
② 지게차를 가능한 평탄한 장소에 주차한다.
③ 변속 레버는 'P' 위치에 두어 장비가 움직이지 않도록 한다.
④ 시동 스위치를 'ON' 위치에 놓고 레버만 중립으로 둔다. (×)
→ 시동 스위치를 ON 상태로 유지하는 것은 전원 계통 과부하, 방전, 오작동의 원인이 될 수 있으므로 금지된다. 정상적인 주차 절차에서는 시동을 끄고 시동키를 OFF에 두어야 한다.

03 지게차를 주차할 때 적절한 절차로 보기 어려운 것은?
① 포크를 완전히 지면에 내린다.
② 경사지에서는 바퀴에 고임목을 설치한다.
③ 주차 후 시동키는 열쇠함에 보관한다.
④ 다음 사용을 위해 시동키를 'ON'에 두고 대기한다. (×) → 시동키를 ON 상태로 둔다는 것은 안전수칙 위반으로, 장비 오작동이나 도난, 사고의 원인이 된다.
보충 ① 포크 위치로 인한 낙하사고 방지
② 고임목이나 고임쇠(초크)를 사용해 주차 중 이동 방지
③ 무단 사용이나 오작동 방지

04 다음 중 지게차 작업 장치의 작업 전 점검사항으로 보기 어려운 것은? → 운행 전에 외관상 확인할 수 있는 부품이나, 기능 점검을 통해 안전을 확보하는 절차
① 포크의 균열이나 휨 여부 확인
② 체인 장력과 윤활 상태 확인
③ 마스트, 틸트 및 상승·하강 작동 확인
④ 크랭크샤프트의 구조적 결함 점검 (×)
→ 엔진 내부 구성품으로 분해가 필요한 점검 대상이며, 작업 전 외관 점검으로는 확인할 수 없음
보충 ① 포크의 균열 또는 휨은 작업 중 짐의 낙하 및 장비 전도 위험이 있으므로 반드시 확인해야 한다.
② 체인은 마스트 작동의 핵심 부품으로, 장력이 풀려 있거나 윤활이 되지 않으면 작동 불량이나 사고가 발생할 수 있다.
③ 마스트의 전경·후경 및 리프트 작동 상태는 유압 계통의 정상 여부를 확인하는 필수 점검 항목이다.

05 지게차를 운행하기 위한 작업 전 점검사항으로서 가장 적절하지 않은 것은?
① 전·후진 레버를 중립 위치에 둔 상태에서 시동을 건다.
② 방향지시등, 경광등, 후진경고음 등의 작동 여부를 점검한다.
③ 운행할 장소의 노면 상태나 장애물 여부를 확인한다.
④ 화물 적재를 준비하기 위해 마스트를 후방으로 기울인 상태로 주행 대기한다. (×)
→ 장비의 균형을 해치고 사고 위험을 증가시키는 잘못된 준비 상태
보충 ① 기어 레버가 중립 위치에 있어야 시동 시 안전하며, 오작동을 방지할 수 있다.
② 신호장치(등·경적·경고음)는 작업장 내에서 사람이나 차량 간 충돌 방지를 위해 중요한 점검 요소이다.
③ 지게차는 좁은 공간을 이동하거나 경사진 작업장이 많으므로 노면 상태 사전 점검은 기본적인 안전수칙이다.

06 지게차의 팬 벨트 장력 점검에 대한 설명으로 가장 적절한 것은?

① 팬 벨트 장력은 엔진이 작동 중일 때 확인하여야 한다. → 정지 상태일 때

② 팬 벨트 중앙을 손가락으로 눌러 처짐량을 확인한다.

③ 팬 벨트 장력은 볼트를 조여 측정기를 이용하여 확인한다. (×)→ 손가락 눌림 방식이 통용

④ 팬 벨트를 고정 볼트에서 분리한 후 느슨함 여부를 눈으로 확인한다. (×)→ 정비 시의 분해 점검 방식

보충 **팬 벨트 장력 점검**
지게차 기관부의 회전체(⑩ 발전기, 워터 펌프 등)와 연결되어 회전력을 전달하는 부품으로, 장력이 적절하지 않으면 충전 불량, 냉각 부족, 벨트 파손 등이 발생할 수 있다. 팬 벨트 장력은 엔진이 정지된 상태에서 점검해야 하며, 팬 벨트의 중앙을 엄지손가락으로 약 10kgf의 힘으로 누를 때, 벨트가 13~20mm 정도 처지는 것이 정상 장력 범위이다.

02 **게이지 및 경고등**

07 지게차의 조종석 계기판에 일반적으로 포함되지 않는 계기 항목은 무엇인가?

① 오일압력계
② 냉각수 온도계
③ 진공계 (×)→ 자동차의 엔진이나 브레이크 부스터 진공 상태를 점검하기 위한 장비에 주로 부착되는 계기로, 지게차 등의 저속 운행 건설기계에는 필요성이 낮아 장착하지 않음
④ 아워미터

08 지게차의 충전 경고등이 정상적으로 작동하는지 점검할 수 있는 시점으로 가장 적절한 것은?

① 엔진이 작동 중일 때
② 점화 스위치를 'ON' 위치에 두고 엔진을 시동하지 않았을 때
③ 엔진 정지 후 열이 식은 상태에서
④ 주행 중 브레이크 작동 시

보충 지게차의 충전 경고등은 배터리 충전 상태 및 발전기의 작동 여부를 나타내는 계기이다. 정상적인 작동 여부는 '키 ON' 상태, 즉 점화 스위치를 ON에 놓고 시동을 걸지 않았을 때 경고등이 점등되어야 하며, 이후 엔진 시동이 되면 발전기가 작동하면서 해당 경고등은 자동으로 꺼진다. 만약 엔진이 작동 중인데도 충전 경고등이 계속 켜져 있다면, 발전기 이상 또는 배터리 충전 불량을 의심해야 한다.

09 다음 중 지게차의 상태 표시 계기 및 경고등에 대한 설명으로 틀린 것은?

① 전류계의 지침이 음(−)을 가리키면 방전 상태이다.
② 연료가 바닥나면 연료 게이지는 'E'를 가리킨다.
③ 글로우 플러그의 예열 상태는 히터 시그널 램프로 확인할 수 있다.
④ 오일압력 경고등은 시동 후에도 일정 시간 켜져 있어야 한다. (×)→ 시동 전 점등, 시동 후 바로 소등이 정상

보충 시동 후에도 경고등이 켜져 있다면 윤활계통의 문제(오일 부족, 펌프 고장 등)를 의심해야 하며, 장비를 즉시 점검해야 한다.

10 다음 중 엔진오일 압력 경고등이 점등되는 원인으로 적절하지 <u>않은</u> 것은? → 윤활 계통에서 오일 압력이 낮아지면 점등되는 장치

① 윤활 오일의 부족
② 오일 회로의 막힘
③ 오일 필터의 막힘
④ 엔진의 급가속 (×)

> **보충** 엔진을 급가속하는 상황은 순간적으로 엔진 회전수를 높일 수는 있지만, 윤활 계통의 구조가 정상이라면 오일 압력에 이상이 생겨 경고등이 켜지는 않는다. 따라서 급가속은 경고등 점등의 직접적 원인이 아니다.

---

03 마스트와 체인 점검 및 난기운전

11 지게차를 난기운전(워밍업)할 때 포크를 상하로 움직이거나 틸트 레버를 작동시키는 주된 목적은 무엇인가?

① 유압 실린더 내부의 부식을 방지하기 위해
② 유압 작동유의 온도를 높여 정상 작동 상태를 만들기 위해
③ 오일 탱크 내의 공기를 제거하기 위해
④ 유압 장치 내 금속 분말 및 이물질을 제거하기 위해

> **보충** 지게차를 본격적으로 운전하기 전 난기운전(예열운전)을 실시하는 이유는 유압 작동유의 온도를 적절히 상승시켜 유압 계통이 원활히 작동하도록 준비하는 데 목적이 있다. 유압 작동유는 온도에 따라 점도가 변하므로, 온도가 낮을 경우 흐름이 둔해져 포크의 승강, 마스트 틸팅 등 작동 속도와 반응성이 저하될 수 있다. 따라서 난기운전 시 포크를 올리고 내리거나 틸트 레버를 작동시켜 작동유를 순환시키고 온도를 상승시켜 안전하고 부드러운 작동을 위한 준비 과정을 수행하는 것이다.

---

12 지게차의 리프트 체인에 주유할 때 적합한 오일은 무엇인가?

① 자동 변속기 오일 (×) → 유압 계통에 사용
② 작동유 (×) → 유압 계통에 사용
③ 엔진오일
④ 솔벤트 (×) → 세척제(윤활 용도로 부적절)

> **보충** 리프트 체인은 포크를 상승·하강시키는 데 사용되는 장치로, 정기적인 윤활이 필수적이다. 윤활 시에는 적절한 점도와 부착성을 가진 오일을 사용하는 것이 중요하다. 엔진오일은 금속 접촉을 최소화하면서도 외부 이물질 유입을 방지하는 특성을 갖추고 있어 적합하다.

---

04 시동, 종료, 수송 방법

13 지게차의 포크 양쪽 중 한쪽이 낮아졌을 경우, 그 원인으로 가장 적절한 것은?

① 체인의 늘어짐
② 사이드 롤러의 과다한 마모 (×) ┐ 포크의 기울기보다 승강
③ 실린더의 마모 (×)   ┘ ·수평 이동에 영향
④ 윤활유 불충분 (×) → 전체 작동성 저하는 유발하지만, 한쪽만 낮아지는 현상과 직접 연관은 없음

> **보충** 지게차의 포크는 리프트 체인을 통해 좌우 동일한 높이로 유지되어야 한다. 하지만 한쪽 체인이 늘어나거나 손상되면, 그 체인에 연결된 쪽 포크가 기울어져 낮아질 수 있다. 이는 화물의 균형을 무너뜨려 전도 위험을 증가시키는 심각한 문제가 된다.

14 지게차 포크의 상승 속도가 느린 원인으로 가장 관계가 적은 것은?

⟶ 유압 계통 이상

① 작동유의 부족
② 조작 밸브의 손상 및 마모
③ 피스톤 패킹의 손상
④ 포크 끝의 약간 휨 (×)

보충 '포크 끝의 약간 휨'은 상승 속도와 직접적인 관계가 없다. 포크 끝에 약간의 힘이 가해졌다고 해도 유압 회로나 상승 메커니즘 자체에는 영향을 주지 않으며, 실제로 작동 속도를 떨어뜨릴 정도의 원인이 되지 않는다.
① 유압 생성이 불완전하여 포크의 상승력을 떨어뜨림
② 유압의 흐름이 원활하지 못해 속도 저하 발생
③ 내부 누유로 인해 유압 손실이 생기므로 상승 속도가 느려짐

15 지게차에서 틸트 레버를 당길 때 좌우 마스트 중 한쪽이 늦게 작동하는 주된 원인은?

① 좌·우 틸트 실린더의 작동거리(행정)가 다르다.
② 유압탱크의 유량이 적다.
③ 유압탱크의 유량이 많다.
④ 좌·우 틸트 실린더의 작동거리(행정)가 같다.

보충 지게차 틸트 작동 시 좌·우 마스트가 동시에 기울어야 하며, 양쪽 실린더의 작동거리가 동일해야 균형 있는 동작이 가능하다. 그러나 좌우 틸트 실린더의 작동거리(행정)가 다르면 유압 유량 분배에 차이가 생기면서 한쪽이 먼저 또는 늦게 작동하게 된다. 이는 마스트의 비대칭 경사를 유발하여 위험한 작업 상황을 초래할 수 있다.

16 다음 중 브레이크 오일에 대한 설명으로 옳지 않은 것은?

① 점도지수가 높아야 한다.
② 주성분은 알코올과 피마자유이다.
③ 브레이크에 사용되므로 마찰력이 좋아야 한다. (×)
④ 응고점이 낮고 비점이 높아야 한다.

⟶ 마찰력보다는 유압 전달 성능이 중요함

보충 ① 점도지수가 높아야 온도 변화에도 성능을 유지할 수 있다.
② 알코올류, 피마자유, 글라이콜 기반으로 제조된다.
④ 저온과 고온에서 안정적인 작동이 가능하다.

17 유압작동부에서 오일이 누유될 경우에 가장 먼저 점검해야 할 부위는?

① 오일 실(Seal)
② 피스톤
③ 기어
④ 펌프

보충 유압장치에서 오일 누유가 발생했을 경우, 가장 흔한 원인은 오일 실(Seal)의 노후 또는 손상이다. 오일 실은 유압 작동부의 각 연결 부위에 장착되어 오일이 외부로 새는 것을 방지하는 역할을 한다. 실이 마모되거나 찢어지면, 오일이 압력을 유지하지 못하고 외부로 누출되면서 작동 불량 및 유압 손실이 발생한다. 따라서 누유 발생 시에는 피스톤이나 펌프 자체의 문제보다, 먼저 오일 실을 점검하는 것이 일반적이다.

18 지게차의 유압탱크 유량을 점검하기 전, 포크의 적절한 위치로 알맞은 것은?

① 포크를 지면에 내려놓고 점검한다.
② 최대 적재량의 하중으로 포크는 지상에서 떨어진 높이에서 점검한다.
③ 포크를 최대로 높여 점검한다.
④ 포크를 중간 높이에서 점검한다.

보충 지게차의 유압탱크 유량 점검은 반드시 포크를 지면에 완전히 내린 상태에서 실시해야 한다. 그 이유는 포크가 상승한 상태에서는 유압 실린더 내에 유압오일이 많이 들어가 있는 상태이므로, 탱크 내 오일량이 실제보다 적게 보일 수 있다. 반면, 포크를 지면에 내려놓으면 유압실린더에 있던 오일이 탱크로 복귀하므로 정확한 유량을 확인할 수 있다. 또한 작업 전 안전한 점검 환경 확보를 위해서도 포크를 하강시켜 놓는 것이 원칙이다.

19 다음 중 기관이 작동되는 상태에서 점검할 수 <u>없는</u> 사항은?

① 냉각수의 온도
② 충전 상태 ┐
③ 기관 오일의 압력 ┘ ─ 작동 중 계시판으로 확인 가능
④ 엔진오일의 양(×)
  → 정지된 상태에서 약 5분 이상 지난 후에 딥스틱(오일 게이지)을 이용해 점검해야 정확한 측정이 가능하다. 작동 중에는 오일이 순환 중이기 때문에 정확한 유량 확인이 어렵다.

20 다음 중 지게차 작업 후 점검사항으로 옳은 것은?
  └→ 장비의 안정적인 상태 유지를 위한 기본 절차
① 지게차는 외부 청소 없이 그대로 보관한다.
② 다음 날 작업이 예정되어 있으면 연료는 채우지 않아도 된다.
③ 타이어 공기압과 손상 여부를 점검한다.
④ 유압장치는 시동을 걸어서만 점검해야 한다.

  보충 ① 먼지나 이물질이 장비 손상의 원인이 될 수 있으므로 청결 유지가 필수이다.
  ② 다음 작업 시 연료 부족으로 인해 작업이 지연되거나 응축수가 발생할 수도 있으므로, 연료를 가득 채워 두어야 한다.
  ④ 유압장치 누유는 시동 없이 육안으로도 충분히 점검 가능하며, 오히려 시동 전 점검이 안전하다.

21 휠형 건설기계의 타이어 정비 및 점검에 대한 설명으로 <u>틀린</u> 것은?

① 휠 너트를 풀기 전에 차체에 고임목을 고인다.
② 타이어와 림의 정비는 위험하므로 숙련된 작업자가 수행해야 한다.
③ 적절한 공구를 이용하여 정비 절차에 따라 작업한다.
④ 림 부속품의 균열이 있는 경우, 재가공이나 용접을 통해 재사용한다. (×)
  → 균열된 림은 파손 위험이 높아 안전사고로 이어질 수 있기 때문에 반드시 교환해야 한다.

22 지게차 점검 중 이상이 발견되었을 때 올바른 조치로 가장 적절한 것은?

① 점검표에만 기록하고 계속 사용한다.
② 다음 점검일까지 기다린다.
③ 즉시 정비하거나 책임자에게 보고한다.
④ 운전자가 임으로 판단하여 운행을 계속한다.

  보충 점검 중 이상 발견 시 즉시 정비부서나 책임자에게 보고하고 조지 후에 사용해야 한다.

THEME 04 지게차의 하역작업과 주행

학습 목표

☑ 2~3문제 정도 출제되며, 출제비중은 4.1% 수준입니다.

☑ 화물의 적재와 하역 시 주의사항에 대한 문제가 많이 출제되므로 꼼꼼히 학습해야 합니다.

☑ 포크 깊이에 따른 무게중심 판단, 화물의 무게중심점 판단하기 등 까다로운 부분은 실제 시험에서 많이 출제되지는 않는 경향이므로 가볍게 이해하고 넘어가도 괜찮습니다.

01 화물의 종류와 특성   ★★

■ 기출 TIP / ● 기초용어

(1) 표준화물

① 팔레트(Pallet): 목재 또는 플라스틱 재질로 된 적재용 평판으로 포크 삽입이 쉽다.

② 박스 포장: 박스 또는 박스 단위 포장재는 무게 균일하고 취급이 용이하며, 비정형 화물에 비해 리프트 방향(포크 삽입 방향)이 명확하다.

[팔레트]

[박스 포장]

(2) 비표준화물 및 특수화물

① 드럼통, 컨테이너, 금속봉재, 원형자재 등의 비표준화물 및 특수화물은 중심이 불안정하므로, 적절한 작업 장치를 사용한다.

② 컨테이너는 대형 카운터밸런스형 지게차로 취급한다.

③ 드럼통, 금속봉재, 원형 자재 등은 적절한 보조 작업 장치(클램프, 롤 핸들러 등)에 대한 필요 여부를 판단해야 한다.

[컨테이너]

[컨테이너 하역작업]

표준형(Standard Container) 컨테이너

• 국제 해상 운송에서 가장 널리 사용되는 규격화된 일반 화물 컨테이너로 수송 단위는 TEU (Twenty-foot Equivalent Unit)를 사용한다.

• 1TEU의 크기

길이 20ft (약 6.1m) × 폭 8ft (약 2.4m) × 높이 8.5ft (약 2.6m)

02 화물의 무게중심과 지게차의 안정성 ★★★

(1) 지게차에서 화물의 무게중심

① 모든 지게차에는 정격하중 기준 중심거리(Load Center Distance)가 있다. 일반적인 기준은 500mm(0.5m)이며, 이는 포크 안쪽 끝에서 화물의 중심까지의 거리를 의미한다.

② 화물의 무게중심이 500mm를 초과해 전방으로 멀어질수록, 지게차가 앞쪽으로 전도될 위험이 증가하므로 주의가 필요하다. 특히, 긴 화물이나 무게중심이 치우친 화물을 운반할 경우에는 정격하중보다 적은 중량이라도 불안정해질 수 있다.

③ 포크는 항상 무게중심보다 깊이 삽입된 위치에 두어야 한다.

(2) 화물의 특성에 따른 무게중심

① 액체화물: 주행 중 내부 유체의 움직임으로 인해 중심이 흔들릴 수 있으므로, 출발 전에 후진과 전진을 반복하면서 안정성을 확인해야 한다.

  ㉠ 지게차는 운반물을 포크에 적재하고 주행하므로 차량 앞뒤의 안정도가 매우 중요하다.

  ㉡ 안정도는 마스트를 수직으로 한 상태에서 앞 차축에 생기는 적재화물과 차체의 무게에 의한 중심점의 균형을 잘 판단하여야 한다.

  ㉢ 화물의 종류별 중량 및 밀도에 따라 인양 화물의 무게중심점이 확인되어야 한다.

② 부피는 크고 무게는 가벼운 화물: 바람의 영향을 받기 쉬우므로, 지게차의 속도 조절과 시야 확보가 중요하다.

③ 길이가 긴 자재(철근, 파이프, 목재 등): 포크 간격을 넓게 조절하고, 속도는 느리게 유지하며 이동해야 한다.

④ 묶음 화물이나 개별 포장재: 전체 묶음의 무게중심이 가운데에 몰리도록 조절하고, 결속 상태도 점검해야 한다.

● 정격하중

정격하중은 지게차의 설계상 안전하게 운반할 수 있는 최대 하중을 의미하며, 이를 초과할 경우 뒷바퀴가 들리는 전도 위험, 조향 불능, 브레이크 작동 이상, 장비 파손 등이 발생할 수 있다.

■ 무게중심은 적재화물의 높이(포크 높이)에 따라 변동 폭이 증가될 수 있다.

(3) 지게차에서 무게중심 확인법

① 포크 삽입 후, 서서히 들어 올리면서 지게차의 앞바퀴 또는 화물의 흔들림을 관찰하여 중심이 맞는지 확인해야 한다.
② 이상 징후(기울어짐, 편중, 뒷바퀴 들림 등)가 감지되면 즉시 포크를 내리고 재조정해야 한다.

(4) 지게차의 기준 부하 상태와 안정성

건설기계 안전기준에 관한 규칙에 따라 지게차는 경사진 지면에서 전후 및 좌우 안정성을 유지해야 한다. 구배(%)는 도로나 경사면의 기울기를 백분율로 나타낸 것으로, 수평거리 100m당 상승(또는 하강)하는 높이를 의미한다. 예를 들어 구배 18%는 수평거리 100m에서 높이가 18m 상승 또는 하강하는 경사다.

① 전·후 안정성(길이 방향 안정성): 지게차는 중심선이 지면의 기울어진 방향과 평행할 경우 다음 구배에서 전도되지 않아야 한다.
  ㉠ 최대 하중 상태에서 포크를 가장 높이 올렸을 때

최대 하중	허용 구배	경사각
5톤 미만	4% 이하	약 2.3°
5톤 이상	3.5% 이하	약 2.0°

  ㉡ 기준 부하 상태(포크 30cm, 최대 하중 적재 주행 시): 허용 구배(18% 이하), 경사각(약 10.2°)

$$구배(18\%) = \tan^{-1}(18 \div 100) \approx 경사각 \ 약 \ 10.2°$$

② 좌·우 안정성(횡방향 안정성): 지게차는 지면에서 중심선이 지면의 기울어진 방향과 직각으로 교차할 경우 전도되지 않아야 한다.
  ㉠ 최대 하중 상태에서 포크를 가장 높이 올리고 마스트를 뒤로 기울인 경우
    • 허용 구배: 6% 이하
    • 경사각: 약 3.4°
  ㉡ 기준무부하 상태(화물 없음, 주행 시)

$$구배(\%) = 최고주행속도 \times 1.1 + 15$$
단, 지게차 규격이 5톤 미만인 경우 최대 50%, 5톤 이상인 경우 최대 40%로 제한

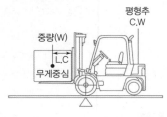

■ 지게차로 화물 인양 시 지게차 뒷바퀴가 들려서는 안 된다.

■ • 전·후 안정성은 기준부하 주행 시 자연구배 18% 이하에서 확보된다.
  • 좌·우 안정성은 최대 하중 상태 포크 높이+마스트 기울임에서 6% 이하로 제한된다.
  • 무부하 주행 시 구배 공식은 속도에 따라 달라짐(단, 상한 제한 있음).

03 적재 작업의 절차 ★★★

(1) 포크 삽입 위치와 각도 조절

① 지게차는 화물에 수직으로 정렬되도록 정차해야 하며, 화물과의 정렬 상태가 기울어지거나 비스듬하지 않도록 한다.

② 포크 삽입 전에는 감속하여 정밀 조작이 가능하도록 하고, 마스트는 수직 상태로 유지한다. 포크는 지면과 수평을 유지한 상태로, 대상 화물의 중앙에 삽입한다.

③ 포크의 간격은 적재 대상(예 팔레트, 컨테이너)의 폭에 맞춰 $\frac{1}{2}$~$\frac{3}{4}$의 범위로 조절한다.

④ 포크는 화물 전체 길이의 약 $\frac{2}{3}$ 이상 깊이로 삽입해야 하며, 포크 끝이 화물을 지나치게 벗어나지 않도록 조절한다.

⑤ 삽입 시에는 급가속이나 충격을 주지 말고, 천천히 밀어 넣어 화물과의 마찰 또는 손상을 방지해야 한다.

⑥ 삽입 완료 후에는 포크가 중심에 정확히 들어갔는지, 삽입 각도에 기울임이나 걸림 현상이 없는지를 확인한다.

더 알아보기

화물 상승 전 순서

① 포크 정렬 → ② 깊이 삽입 → ③ 무게중심 확인 → ④ 마스트 후경 → ⑤ 화물 상승

(2) 화물 인양 및 주행 시작

① 화물을 들어 올릴 때는 먼저 지면에서 약 5~10cm 정도 들어 올려 안정 상태를 확인한다.

② 이상이 없으면 마스트를 뒤로 기울이고, 포크를 지면에서 20~30cm 높이로 유지한다. 그 상태로 약간 후진하면서 브레이크를 밟아 화물이 움직이지 않는지 점검한다.

③ 이후 포크 높이를 유지하면서 주행하고, 적재 상태에 이상이 없는지 다시 확인한다.

④ 화물의 고정이 필요한 경우에는 결착 줄, 와이어, 체인블록 등을 사용하여 조치한다.

■ 화물의 균형을 유지하고 안정적인 하역작업을 위해 포크 간격은 적재물의 폭에 맞춰 1/2에서 3/4 지점에 위치하도록 조정한다.

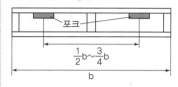

■ 지게차로 화물 운반 주행 시 포크는 지면에서 20~30cm 높이를 유지하고, 마스트는 후경 상태로 기울여야 화물 낙하와 전도를 방지할 수 있다.

마스트: 후경각 최대 10~12°

포크: 지면에서 20~30cm

더 알아보기

화물 인양 및 주행 시 주의사항
• 비정형 화물은 흘러내림, 미끄러짐 방지를 위하여 포크와 화물 사이에 고임목, 바닥이 불균할 경우 포크 보호대를 사용할 것
• 무거운 화물은 밑에, 가벼운 화물은 위에 적재할 것
• 포크 양단이 화물보다 튀어나오지 않도록 조정할 것
• 화물 적재 후 출발 시 급가속 금지

04 하역 작업 전 준비와 작업 순서 ★★★

(1) 하역 전 준비 사항

① 하역 장소가 안전한지 확인하고, 주변에 사람이나 장애물이 없는지 점검한다.
② 바닥이 평탄한지 확인하고, 경사가 있을 경우 전방 적재는 금지된다.
③ 지게차가 안정적으로 이동할 수 있는 작업 환경인지 확인한다.
④ 화물의 무게와 상태를 확인하여, 지게차의 정격하중을 초과하지 않도록 한다.
⑤ 포크 높이, 마스트 상태 등 지게차의 기본 점검 사항을 확인한다.

더 알아보기

마스트 각도 조절의 중요성

1. 전경각과 후경각

전경각	포크가 전방으로 기울어진 상태 → 적재 시 사용
후경각	운반 중 포크가 후방으로 기울어진 상태 → 화물 낙하 방지

2. 카운터밸런스형 지게차의 경우
   마스트 전경각 6°이하, 후경각 12°이하
3. 사이드포크형 지게차의 경우
   마스트 전경각과 후경각은 각각 5°이하

■ **전경각과 후경각**

(2) 하역 작업 순서

① **작업 전 준비**: 하역 장소 및 바닥 상태 점검, 지게차 및 화물 상태 확인, 정격하중 초과 여부 확인
② **지게차 접근**
   ㉠ 하역 장소에 도착하면, 화물 앞에 서행으로 접근한 후 일단 정지
   ㉡ 포크 높이를 화물에 맞추고 중앙에 정확히 정렬
③ **화물 인양**
   ㉠ 포크 삽입 후, 지면에서 5~10cm만 들어 올려 안정 상태 확인
   ㉡ 마스트를 뒤로 기울이고, 포크를 20~30cm 높이로 유지

④ <u>운반</u>: 시야 확보 후 저속으로 이동, 코너에서는 감속, 전방 주의
⑤ <u>화물 하차</u>
  ㉠ 하차 위치에 도착하면 포크를 내릴 위치보다 약간 높은 위치까지 올림
  ㉡ 마스트를 수직으로 세우고, 포크를 천천히 내려 화물을 하차
  ㉢ 후진하여 포크를 천천히 빼냄
⑥ <u>작업 종료 후 이동</u>: 마스트는 수직 상태로 유지, 포크는 지면에서 20~30cm 높이로 조절 후 이동
⑦ <u>작업 종료 점검</u>: 지게차를 안전한 장소에 정차한 후 시동 종료, 장비 이상 여부 확인

05 주행 중 주의사항 ★★★

(1) 기본 자세 및 작동

① 주행 속도는 10km/h를 초과 금지
② 높은 적재화물로 인해 운전자의 시야 확보가 어려운 경우, 후진 주행 원칙
③ <u>포크와 마스트</u>
  ㉠ 포크는 20~30cm 높이로 유지하여 지면과의 충돌 방지
  ㉡ 마스트는 화물이 앞으로 쏠리지 않도록 후경으로 4~6°정도 유지(틸트는 화물이 백레스트에 완전히 닿도록 한 후 주행)
④ 전후진 레버 시 정지 상태에서 조작하기
⑤ 후진 주행 시 경광등과 후진 경고음 작동하기
⑥ 주정차 시 반드시 주차 브레이크를 채우기

(2) 경사지 주행

① 경사지에 내려올 때 기어를 중립 상태로 주행하지 않기
② 화물의 적재 여부와 상관없이 경사지에서는 선회 금지
③ 경사지에서는 가능한 주차 금지
④ 경사지에의 작업 및 주행은 미끄러짐 및 횡전도의 위험이 크므로 주의
⑤ 화물 적재 시에는 포크를 위쪽 방향으로 하여 주행

(3) 방향 전환 및 회전 시 주행

① 회전 시 외측 포크 쏠림에 주의하고, 서행으로 속도 조절
② 좁은 공간에서는 여유 회전 반경 확보하기

(4) 출입구, 코너 진입 시 주행

① 높이나 폭 제한, 개폐 상태, 양쪽 시야 등 확인하기
② 창고 안 진입 전 경음기 사용 또는 경광등 점등하기

■ 경사로에서 화물을 운반할 경우, 내리막 길에서는 후진으로, 오르막 길에서는 전진으로 주행한다.

후진

[내리막 길]

전진

[오르막 길]

(1) 유도자를 배치해야 하는 경우(산업안전보건기준에 관한 규칙 제40조)

① 차량계 하역운반 장비가 전도되거나 굴러 떨어지짐으로써 근로자에 위험을 미칠 우려가 있는 경우
② 지반의 부동침하 및 갓길 붕괴의 위험이 있는 경우
③ 하역 중인 기계나 화물에 근로자가 접촉하여 위험해질 우려가 있는 장소

(2) 유도자의 지정과 역할

① 신호 방법은 해당 작업장의 지게차 운용 지침서 또는 내부 규정에 따르며, 작업 현장 특성에 맞게 통일된 수신호나 경적 등을 활용한다.
② 유도자는 현장 책임자 또는 관리자에 의해 지정된 1인만 수행할 수 있으며, 지정되지 않은 인원의 무단 지시는 금지된다.
③ 유도자는 반드시 지게차의 작동 방식, 제어 범위, 반응 특성 등을 이해하고, 경적이나 손 신호 등 정확한 지시 방법을 숙지해야 한다.
④ 유도자는 신호를 조합하여 사용할 수 있어야 한다.
⑤ 유도자는 항시 작업 현장의 진행 상황을 파악하며, 비상 상황 발생 시 즉각 대응할 수 있는 응급대처 능력도 갖추어야 한다.

■ 사업주는 일정한 신호 방법을 정하여 신호하도록 해야 하며, 운전자나 근로자는 신호 방법이 정해진 경우 이를 준수해야 한다.

(3) 작업 안전을 위한 수신호

■ 지게차 수신호 그림을 제시하고, 그 의미를 묻는 문제가 가끔 출제되므로 각 수신호의 형태와 의미를 정확히 구분해 두어야 한다.

미동 혹은 최저속	포크 폭 확장	포크 폭 축소
두 손바닥을 마주치며 원을 그리듯 문지른다. 이 신호 후에 기타 해당 수신호를 적용한다.	양손을 앞쪽으로 뻗고 (주먹을 쥔 상태) 엄지손가락을 서로 반대 방향으로 유지한다.	양손을 앞쪽으로 뻗고 (주먹을 쥔 상태) 엄지손가락을 마주보는 방향으로 유지한다.
포크 올리기	포크 내리기	작업 중지
한팔을 수평으로 뻗고서 엄지손가락을 위로 향하게 한다.	한쪽 팔을 수평으로 뻗고서 엄지손가락을 아래로 향하게 한다.	양손을 신체 앞쪽 가슴 높이에서 모으고 움켜쥔다.

주행방향 표시	주행(멀어지는 방향)	주행(가까워지는 방향)
한팔을 수평으로 뻗으며 손은 펴고, 손바닥은 아래로 향하게 하여 원하는 방향을 가리킨다.	두팔을 앞쪽으로 펴서 벌리고 두 손은 펴서 손바닥을 아래쪽으로 유지한 상태에서, 두 팔뚝을 위아래로 반복하여 움직인다.	두팔을 앞쪽으로 펴서 벌리고 두 손은 펴서 손바닥을 위쪽으로 유지한 상태에서, 두 팔뚝을 위아래로 반복하여 움직인다.

01 화물의 종류와 특성

01 표준화물에 대한 설명으로 가장 적절하지 <u>않은</u> 것은?

① 박스로 포장된 화물은 무게가 균일하고, 포크 삽입 방향이 명확하여 취급이 용이하다.

② 팔레트는 포크 삽입이 용이한 구조로 되어 있어 운반 작업의 효율이 높다.

③ 박스로 포장된 화물은 일반적으로 원형 구조로 되어 있으며, 주로 컨테이너 단위로 구성된다. (×)→ 사각형

④ 팔레트는 목재나 플라스틱 등으로 제작된 평판 구조의 적재 보조 도구이다.

02 비표준화물 또는 특수 화물에 대한 운반 및 작업 시 주의사항으로 적절하지 <u>않은</u> 것은?

① 원형 자재나 금속봉재는 중심이 불안정하므로 포크로 바로 찍어서 운반하는 것이 효율적이다. (×)→ 포크로 바로 찍어서 운반하는 것은 위험함

② 드럼통이나 컨테이너 등의 운반에는 적절한 보조 작업장치의 사용 여부를 판단해야 한다.

③ 컨테이너는 국제 해상 운송에서 TEU 단위로 분류되며 대형 지게차로 취급해야 한다.

④ 비표준화물의 경우 작업 중 낙하 위험이 있으므로 클램프 또는 롤 핸들러 등의 장비 사용이 필요할 수 있다.

02 화물의 무게중심과 지게차의 안정성

03 지게차 작업 시 화물의 무게중심 특성을 고려한 안전 운행 방법으로 옳지 <u>않은</u> 것은?

① 액체 화물은 내부 유동으로 중심이 흔들릴 수 있으므로, 출발 전 전진·후진을 반복하여 안정성을 확인한다.

② 길이가 긴 자재는 포크 간격을 좁게 하고 속도를 높여 신속히 운반한다.

③ 부피에 비해 가벼운 화물은 바람에 취약하므로 속도를 조절하고 시야를 확보해야 한다.

④ 묶음 화물은 전체 무게중심이 중앙에 오도록 정리하고, 결속 상태를 점검한 후 운반한다.

> **보충** 포크 간격을 넓게 조정하여 균형을 유지하고, 속도를 낮추어 천천히 운반해야 안전하다. 포크 간격을 좁히고 속도를 높이는 것은 중심 붕괴와 낙하 위험을 초래할 수 있다.

04 지게차에 허용 하중을 초과하는 화물을 적재했을 때 발생할 수 있는 현상으로 보기 <u>어려운</u> 것은?

① 과도한 하중으로 인해 조향이 어려워진다.

② 하중이 집중되며 지게차 뒷바퀴가 들릴 수 있다.

③ 차체 및 주요 부품에 과부하가 걸려 손상될 수 있다.

④ 화물을 한 번에 많이 운반하므로 작업 효율이 높아진다. (×)→ '작업 효율이 높아진다'는 생각은 단기적 착각에 불과하며, 실제로는 작업자의 안전을 위협하고 장비 수명 단축 및 사고로 인한 전체 작업 지연으로 이어지게 됨

05 지게차로 화물을 운반할 때 전도사고를 예방하고 안전성을 확보하기 위한 적절한 화물 배치 방법으로 가장 올바른 것은

① 무게중심을 위쪽에 두어 시야를 확보한다.
② 무게중심을 하단에 유지하여 안정성을 확보한다.
③ 무게중심을 좌측에 집중시켜 코너 주행을 대비한다.
④ 무게중심을 적재물의 뒤쪽으로 옮겨 조향이 편하도록 한다.

보충 지게차에서 화물의 무게중심은 가능한 한 낮고 앞쪽에 위치해야 한다. 특히, 무게중심이 높을수록 장비가 불안정해지고 전도사고 발생 위험이 커지며, 곡선 주행 시에는 중심 이탈로 인해 적재물 낙하 및 장비 전복으로 이어질 수 있다.

06 지게차가 무부하 상태로 주행할 때 전·후 안정도 기준에서 자연구배 몇 % 이상에서는 전도되어서는 안 되는가?

① 4%   ② 6%
③ 12%   ④ 18%

보충 지게차는 하중의 유무, 마스트의 상태, 주행 조건에 따라 안정도 기준이 다르게 적용된다.

- 전·후 안정도(무부하 주행 시): 자연구배 18%
- 전·후 안정도(기준 부하 상태)
  - 최대 하중 5톤 미만 → 4%
  - 최대 하중 5톤 이상 → 3.5%
- 좌·우 안정도(부하 상태): 마스트를 뒤로 기울이고, 포크를 최고로 올렸을 때 자연구배 6%

따라서 주행 중 무부하 상태에서의 기준 구배는 18% 이하로 유지되어야 하며, 이를 초과하면 전도 위험이 증가한다.

03 적재 작업의 절차

07 팔레트를 안정적으로 들어올리기 위해 지게차 포크 간격을 조정할 때, 가장 적절한 기준은 무엇인가?

① 팔레트의 전체 폭보다 넓게 벌려야 한다.
② 팔레트 폭의 1/4 정도로 좁혀 중심을 맞춘다.
③ 팔레트 폭의 절반에서 3/4 정도 간격이 되도록 조정한다.
④ 포크 간격은 작업자의 감각에 따라 조절해도 무방하다.

보충 지게차 포크의 간격은 팔레트 폭의 1/2~3/4 범위로 맞추는 것이 가장 안정적이다. 이 간격은 팔레트 중심을 잘 지지할 수 있으므로 작업 중 화물의 흔들림이나 낙하 위험을 줄일 수 있으며, 한쪽으로 쏠리는 것을 방지하여 안전하게 작업할 수 있다. 포크가 너무 좁거나 넓으면 무게중심이 벗어나 위험해질 수 있다.

08 화물을 적재한 지게차가 이동할 때, 포크의 위치로 가장 적절한 것은?

① 도로 요철을 피하기 위해 포크를 최대한 높인 상태로 주행한다.
② 포크를 지면에 가깝게 위치시켜 중심을 낮춘다.
③ 포크를 지면에서 20~30cm 정도 띄우고 이동한다.
④ 포크를 완전히 접은 상태로 움직이며 조작을 최소화한다.

보충 화물을 적재한 채 주행할 경우, 포크는 지면에서 약 20~30cm 정도 띄운 상태가 가장 적절하다. 이는 포크가 지면에 걸리는 것을 방지하면서, 무게중심을 지나치게 높이지 않아 안정적인 주행을 할 수 있다. 포크가 너무 높으면 전복 위험이 커지고, 너무 낮으면 노면과의 충돌 위험이 있다.

09 지게차 운전 중 포크를 하강시키고자 할 때, 가장 정확한 조작 방법은?

① 가속 페달을 살짝 밟으며 리프트 레버를 뒤로 당긴다.

② 리프트 레버를 앞으로 밀고 가속 페달은 밟지 않는다.

③ 리프트 레버를 뒤로 당기고 가속 페달을 동시에 밟는다.

④ 브레이크를 밟은 후 포크를 수동으로 눌러 내린다.

> **보충** 지게차 포크를 하강시키고자 할 때는 가속 페달을 밟지 않은 상태에서 리프트 레버를 앞으로 밀어야 한다. 이를 통해 유압이 해제되며 포크가 중력에 의해 자연스럽게 하강한다. 반면, 포크 상승 시에는 가속 페달을 밟고 레버를 뒤로 당겨야 한다.

10 지게차로 화물을 들어 올리기 전 접근 단계에서 지켜야 할 행동으로 적절하지 <u>않은</u> 것은?

① 화물 앞에 도달했을 때 브레이크를 사용해 일단 정지한다.

② 가속 페달을 사용해 화물 쪽으로 신속히 접근한다. (×) → 가속 페달 사용은 충돌 위험이 있으므로 금지

③ 화물이 팔레트에 안전하게 적재되어 있는지 육안으로 확인한다.

④ 포크가 팔레트의 틈에 원활하게 들어가도록 반듯하게 접근한다.

11 지게차의 조작 및 작업 순서에 대한 설명으로 틀린 것은?

① 화물을 들어올릴 때 포크가 삽입되도록 마스트를 약간 전경시킨다.

② 틸트 레버를 앞으로 밀면 마스트와 포크가 앞으로 기울어진다.

③ 포크를 상승시킬 때는 리프트 레버를 뒤로 당기고, 하강 시에는 앞으로 민다.

④ 화물 하역 시 틸트 실린더를 후경시켜 빠르게 전진하면서 내린다. (×)
→ 후경 상태에서 전진하면서 하역하는 것은 화물 낙하 또는 장비 손상의 위험이 있음

12 다음 중 평탄한 작업장에서 지게차로 하역 작업을 수행할 때, 안전한 화물 취급 방법으로 보기 <u>어려운</u> 것은?

① 적재된 팔레트 위의 짐이 안정적으로 고정되었는지 반드시 확인한 후 운반한다.

② 포크는 운반 중에도 작업환경에 따라 안정적인 높이와 위치로 조절하며 이동한다.

③ 짐이 불안정하게 실려 있을 경우, 그대로 이동하지 않고 포크를 다시 하강시켜 재정비한다.

④ 밧줄이나 체인을 사용하여 짐을 들어야 할 경우, 포크 끝단에 고정된 고리나 장치를 활용한다. (×)
→ 작업안전 기준에 어긋나는 잘못된 방법(포크에 고리를 걸어 직접 짐을 들어 올리는 방식은 짐의 낙하, 장비 손상, 안전사고의 위험이 큼)

> **보충** 지게차는 원칙적으로 포크에 의해 팔레트 위에 적재된 짐을 들어 운반하는 장비이다. 따라서 밧줄이나 체인을 사용하여 포크에 직접 짐을 거는 방식은 매우 위험한 작업 방식에 해당하며, 정식 장비(예 전용 슬링 어태치먼트)가 없는 경우에는 절대 수행해서는 안 된다.
> ① 적재 안정성 확인
> ② 주행 시 포크 위치 조절
> ③ 불안정한 적재의 경우 재조정

13 지게차 운전자가 작업 중 반드시 지켜야 할 안전 수칙에 대한 설명으로 옳지 <u>않은</u> 것은?

① 포크는 주차 시 지면에 완전히 밀착해야 한다.

② 화물을 실은 상태로 경사지를 내려갈 때는 시야 확보를 위해 전진으로 주행한다. (×)
→ 후진

③ 지게차 포크를 이용하여 사람을 들어 올리는 작업은 절대 금지된다.

④ 경사면을 오르거나 내려갈 때는 급하게 방향을 틀지 않는다.

> **보충** ① 포크는 주차 시 반드시 지면에 내려놓아야 안전하며, 포크를 들어 올린 채 방치하면 사고 위험이 증가한다.
> ③ 포크는 화물 운반용이므로, 사람을 들어 올리는 용도로 절대 사용해서는 안 된다. 이는 산업안전보건기준에서도 금지하고 있다.
> ④ 경사로에서는 주행 안정성이 떨어지므로 급회전은 금물이며, 서행하면서 직선으로 이동해야 한다.

04 하역 작업 전 준비와 작업 순서

14 지게차를 주차할 때의 올바른 조작 요령으로 가장 적절한 것은?

→ 반드시 평지에 주차해야 함

① 약간 경사진 장소에서 마스트를 뒤로 틸트하고 포크는 공중에 들어 올려 둔다. (×)

② 평탄한 장소에 주차하고 포크는 지면과 일정 간격을 두고 멈춘다. (×) → 지면에 닿도록 완전 하강

③ 주차 시 포크가 움직이지 않도록 고정시킨 뒤 지면에 닿지 않게 멈춘다. → 지면에 닿도록 완전 하강

④ 평탄한 장소에 주차한 뒤 마스트를 전방으로 틸트하고 포크는 지면에 완전히 내려놓는다.

15 지게차로 화물을 운반하는 중 화물 낙하를 방지하고 안정적으로 이동하기 위한 마스트 조작 방법으로 가장 적절한 것은?

① 댐퍼를 뒤로 3° 정도 경사시켜서 운반한다.

② 마스트를 뒤로 4° 정도 경사시켜서 운반한다.

③ 샤퍼를 뒤로 6° 정도 경사시켜서 운반한다.

④ 바이브레이터를 뒤로 8° 정도 경사시켜서 운반한다.

16 지게차 운전 종료 후 취해야 할 조치로서 **부적절한** 것은?

① 모든 조작 레버를 중립 위치에 둔다.

② 운행 후 연료를 완전히 빼낸다. (×)

③ 주차 브레이크를 작동시킨다.

④ 전원 스위치를 차단하고 키를 분리한다.

→ 연료를 빼는 것은 장기간 사용하지 않을 경우 또는 정비 시에만 필요한 조치이며, 일상적인 운전 종료 후에는 불필요하며 오히려 위험할 수 있음

보충 ① 불필요한 유압 작동을 방지하며, 안전사고를 예방할 수 있다.
③ 주차 중 지게차가 미끄러지거나 움직이지 않도록 고정하는 필수 절차이다.
④ 무단 사용 및 오작동을 방지하기 위한 필수 절차이다.

05 주행 중 주의사항

17 지게차가 짐을 싣지 않고 주행할 때, 포크의 높이로 가장 안전하고 적절한 상태는?

① 포크를 바닥에 밀착시켜 주행한다.

② 포크를 1m 이상 높여 주변 시야를 확보한다.

③ 포크를 지면에서 20~30cm 정도 띄운 상태로 주행한다.

④ 포크를 가장 높은 위치로 올린 상태에서 이동한다. (×) → 높게 올린 상태는 위험함(공회전 시 급하강의 위험이 있음)

보충 노면의 요철에 의해 포크가 지면에 부딪히는 것을 방지하고, 동시에 지게차의 무게중심이 높아지는 것을 피하여 전복 위험을 줄일 수 있다.

18 지게차를 정지시키고자 할 때의 올바른 조작 방법으로 **틀린** 것은?

① 장시간 주차 시 전·후진 레버는 중립에 두고, 저·고속 레버는 저속에 둔다.

② 엔진을 정지할 경우 마스트를 전방으로 틸트하고 포크를 지면에 내린다.

③ 마스트를 후방으로 완전히 기울인 상태에서 포크는 공중에 정지시킨다. (×)

④ 기관이 공전 상태일 경우에도 브레이크를 밟고 포크를 지면에 내려둔다.

보충 지게차를 정지시킬 때는 마스트를 전방으로 기울이고 포크를 지면에 완전히 내리는 것이 원칙이다.

THEME 04 지게차의 하역작업과 주행 **55**

19 좁은 공간에서 지게차의 방향을 전환할 때 가장 유의해야 할 사항은?

① 조향 바퀴인 뒷바퀴의 회전에 주의하며 회전한다.

② 앞바퀴 조향이므로 앞바퀴를 기준으로 회전한다.

③ 포크를 바닥에 완전히 내린 상태로 회전한다.

④ 포크를 높이 올린 후 회전해야 회전 반경이 줄어든다.

보충 지게차는 후륜 조향 방식이므로 회전 시 뒷바퀴의 움직임을 기준으로 방향을 조정해야 한다. 전륜은 고정된 구동축이므로 조향에 영향을 주지 않는다. 따라서 방향 전환 시에는 후륜 회전에 의한 회전 반경을 고려해야 한다.

20 지게차를 운행할 때 기본 안전 수칙에 **어긋나는** 행동은?

① 시야가 가려지는 경우 후진 주행을 고려한다.

② 포크의 끝으로 화물을 들어 올리지 않는다.

③ 포크에 작업자를 태우고 고지에서 작업을 수행한다. (×) → 지게차는 사람의 승차용 장비가 아님

④ 전방 주시를 유지하며 주변 장애물을 수시로 확인한다.

21 다음 중 지게차 운행 중 기본적인 안전 수칙에 해당하지 **않는** 것은?

① 경사로 하강 시 저속 주행과 엔진 브레이크를 함께 활용한다.

② 포크 위에 사람을 태운 상태로 이동하지 않는다.

③ 작업 전 노면 상태나 지반 강도를 미리 확인한다.

④ 전륜 회전에 유의하며 직선 운행을 유지한다. (×)
→ 지게차는 후륜 조향 구조이며, '전륜 회전 주의'는 일반 자동차 기준으로 지게차 관련 안전 수칙에 해당하지 않음

보충 지게차는 후륜 조향 구조로 설계되어 있으므로 주행 시에는 뒷바퀴 궤적을 고려하여 조향해야 한다.

22 지게차를 이용해 공장이나 창고의 출입구를 통과할 때 안전 수칙으로 **부적절한** 행위는 무엇인가?

① 출입 전 입구의 폭과 차량의 폭이 충분히 맞는지 확인한다.

② 포크를 들어 올려야 할 상황에서는 출입구의 천장 높이를 미리 점검한다.

③ 차량 외부의 시야를 확보하기 위해 상체를 창 밖으로 내밀고 운전한다. (×)

④ 출입 전에 주위 작업자와 장애물 유무를 살핀 후 천천히 진입한다.
▶ 지게차 운전자의 기본 수칙(차량 내부에서 조작)을 위반하는 것으로, 중대 사고로 이어질 수 있음

보충 ①과 ②는 지게차 운전 시 기본적인 안전 확인 사항이며, ④는 출입 전 반드시 확인해야 할 주변 안전 상태 점검 절차에 해당한다.

23 지게차 운행 중 안전 확보를 위한 기본 조치로서 **잘못된** 설명은 무엇인가?

① 방향 전환 시 후진할 경우 주변의 사람이나 장애물을 반드시 확인해야 한다.

② 전진에서 후진으로 변속할 때에는 장비가 완전히 정지된 상태에서 변속해야 한다.

③ 작업 중 주차할 경우에는 반드시 주차 브레이크를 작동해야 한다.

④ 장거리 이동 시 화물의 시야 확보를 위해 포크를 최대한 높이 들어서 주행하는 것이 바람직하다. (×)
→ 포크의 위치를 지면에서 약 20~30cm 정도 높이로 유지하는 것이 원칙(포크를 지나치게 높이 올린 상태에서 주행할 경우, 무게중심이 상승해 장비가 불안정해지며, 충돌 및 전도 사고의 위험성이 높아짐)

24 다음 중 지게차의 안전 운전 및 작업 방법에 대한 설명으로 틀린 것은?

① 화물을 적재하고 경사로를 내려올 때는 지게차를 후진하여 내려온다.

② 주행 중 방향을 바꿀 때에는 반드시 정지하거나 저속 상태에서 조작한다.

③ 적재물을 이동 시킬 때는 적재물이 백레스트에 밀착되도록 틸트를 조절한다.

④ 조향륜이 지면에서 약간 들릴 경우 밸런스를 맞추기 위해 카운터 웨이트를 추가한다. (×)
→ 추가해서는 안 된다.

보충 조향륜이 들리는 것은 보통 과적 또는 부적절한 하중 배분으로 인해 발생하는 현상이다. 이때 밸런스 웨이트를 임의로 증가시키는 것은 매우 위험한 행위이며, 지게차의 구조적 안전을 해치고 전복 위험을 높인다.

25 지게차로 화물을 적재한 상태에서 경사진 도로를 내려올 경우, 가장 안전한 운행 방법은 무엇인가?

① 화물이 떨어지지 않도록 포크를 높이 들어 운행한다.

② 저속 기어 상태로 후진하여 내려온다.

③ 엔진 회전 수를 낮추기 위해 변속레버를 중립에 놓고 주행한다.

④ 연료절약을 위해 시동을 끄고 타력 주행을 한다.

보충 지게차는 무게중심이 앞쪽에 있는 구조이기 때문에 화물을 적재하고 경사로를 내려올 때는 전복의 위험이 크다. 따라서 후진 주행을 통해 화물의 방향이 경사면의 위쪽을 향하도록 하여 전복 위험을 줄인다. 또한 저속 기어를 사용하여 엔진 브레이크를 활용하면 속도를 안정적으로 제어할 수 있다.

06 유도자(신호수)와 수신호

26 산업안전보건기준에 관한 규칙 제40조에 따라 지게차 작업 시 유도자를 반드시 배치해야 하는 상황이 아닌 것은?

① 하역 장비가 전도되거나 떨어져 근로자에게 위험이 미칠 우려가 있는 경우

② 지게차가 경사로에서 후진하는 경우 (×)
→ 일반적인 운전 상황

③ 지반 침하나 갓길 붕괴의 위험이 있는 장소에서의 작업

④ 하역 중 기계나 화물에 근로자가 접촉할 우려가 있는 장소

보충 장비의 전도 위험, 지반 붕괴 가능성, 하역 중 근로자 접촉 위험 등이 있는 장소 등에서 작업할 경우 유도자 배치가 의무이다.

27 지게차 작업 시 유도자에 대한 설명으로 적절하지 않은 것은?

① 신호수는 작업장 책임자 또는 관리자에 의해 1인이 지정되어야 한다.

② 여러 명의 신호수가 동시에 현장에서 지게차를 유도할 수 있다. (×) → 혼선 방지를 위해 1명만 지정함

③ 신호수는 지게차의 제어 특성과 반응 시간을 숙지하고 있어야 한다.

④ 신호수는 비상 상황 발생 시 즉각 대응할 수 있는 능력을 갖추어야 한다.

PART

02

엔진의 구조와 작동원리

14%

PART 02 엔진 본체와 부속장치, 연료계통 등 기계 동력의 기초 원리를 다룬다.

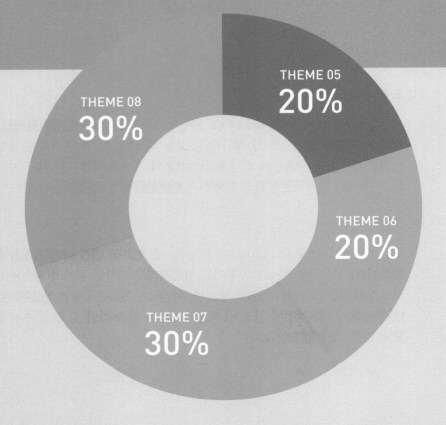

THEME 05
20%

THEME 08
30%

THEME 06
20%

THEME 07
30%

THEME
05
지게차 엔진 개요

☑ 엔진 기초 및 엔진의 분류 부분에서 매회 1~2 문제 정도 출제됩니다.

☑ 특히, 4행정 사이클과 2행정 사이클 엔진의 비교는 항상 출제되는 영역이므로 충분히 학습해야 합니다.

☑ 내연 엔진의 열역학적 사이클 부분에서도 가끔 출제되므로 오토 사이클, 디젤 사이클 및 사바테 사이클 등을 이해하고 암기해야 합니다.

01 엔진 기초   ★ ★

■ 기출 TIP / ● 기초용어

엔진(Engine)이란 연료를 연소시켜 얻어지는 열 에너지를 기계적 에너지로 바꿔주는 장치로서 외연 엔진과 내연 엔진으로 구분된다.

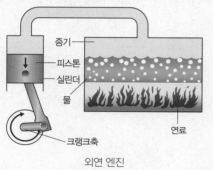

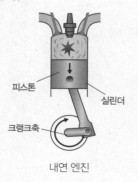

[엔진의 종류]

(1) 외연 엔진

외연 엔진(External Combustion Engine)은 엔진 외부에 설치된 연소장치에서 연료를 연소시켜 열 에너지(증기)를 얻으며, 이 열 에너지를 실린더 내부로 투입하여 피스톤에 압력을 가함으로써 기계적 에너지를 얻는 형식이다. 여기에는 왕복운동형인 증기 엔진과 회전운동형인 증기 터빈이 있다.

(2) 내연 엔진

내연 엔진(Internal Combustion Engine)은 연료를 엔진 내의 연소실에서 연소시켜 그때 발생되는 열로 공기를 팽창시키고 팽창된 공기가 피스톤이나 터빈의 날개를 작동시켜 동력을 얻는다. 여기에는 왕복운동형인 가솔린 엔진, 디젤 엔진, LPG 엔진이 있으며, 회전운동형인 가스 터빈 및 분사 추진형인 제트 엔진, 로켓 엔진이 있다.

(3) 엔진의 구비 조건

① 제작비가 저렴해야 한다.
② 진동과 소음이 작아야 한다.
③ 출력당 질량 및 부피가 작아야 한다.
④ 연료 소비가 적고 경제적이어야 한다.
⑤ 취급이 쉽고 점검과 수리가 편리해야 한다.

(4) 내연 엔진 관련 용어

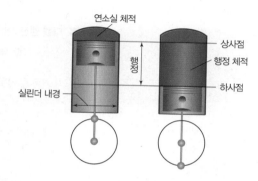

상사점 (TDC)	피스톤은 실린더 안에서 위아래로 직선 왕복 운동을 한다. 이때, 피스톤 운동 위 지점의 한계점을 상사점(Top Dead Center)이라고 한다.
하사점 (BDC)	실린더 안에서 피스톤 운동 아래 지점의 한계점을 하사점(Bottom Dead Center)이라고 한다.
행정	상사점과 하사점 사이의 거리 또는 상사점에서 하사점까지 운동하는 일, 그 자체를 행정(Stroke)이라고 한다.
실린더 내경	실린더의 내경(Bore)은 실린더의 안지름을 말한다.
사이클	사이클(Cycle)은 몇 개의 작동으로 하나의 과정을 완성하는 것이다.
연소실 체적	피스톤이 상사점에 있을 때 피스톤 상부와 실린더 헤드 사이의 부피를 말하며, 간극 체적이라고도 한다.
행정 체적	배기량이라고도 하며, 실린더(또는 피스톤) 단면적과 행정의 곱으로 표현한다. $$V_s = \frac{\pi}{4} D^2 \cdot L$$ V_s: 행정 체적 D: 실린더 안지름(피스톤 바깥지름) L: 행정
총 행정 체적	총배기량이라고도 하며, 실린더의 행정 체적과 실린더 수의 곱으로 표시한다.
압축비	연소실 체적에 행정 체적을 더한 실린더 체적과 연소실 체적과의 비를 말한다. $$\varepsilon = \frac{V}{V_1} = \frac{V_1 + V_2}{V_1} = 1 + \frac{V_2}{V_1}$$ ε: 압축비 V: 실린더 체적 V_1: 연소실 체적 V_2: 행정 체적

(1) 연소 방식에 의한 분류

① 불꽃 점화 엔진: 압축된 혼합기에 점화플러그의 고압·전기불꽃(Spark)을 가하여 점화·연소시키는 방식이며, 가솔린 엔진, LPG 엔진 등에 사용된다.

② 압축 착화 엔진: 공기만을 흡입하여 고온·고압으로 압축한 후 여기에 고압의 연료를 미세한 안개 모양으로 분사시켜 자기 착화시키는 방식이며, 디젤 엔진에 사용되는 점화 방식이다.

더 알아보기

가솔린 엔진과 디젤 엔진

구분	가솔린 엔진	디젤 엔진
압축비	6~11:1	15~22:1
압축 압력(MPa)	0.7~1.1	3.0~45
압축 온도(℃)	120~140	450~550
폭발 압력(MPa)	3.5~4.5	5.5~6.5
점화 방식	전기 불꽃 점화	압축 자기 착화
점화 장치	있다.	없다.
연소실 형성	간단하다.	복잡하다.
사용 연료	가솔린	경유
연료 공급	기화기 또는 인젝터	분사 펌프, 분사 노즐
열효율(%)	25~35	32~38
진동 및 소음	작다.	크다.
출력당 질량(kg/kW)	2.0~6.5	5.0~9.5
배기가스	CO, HC, NOx	매연, 입자장 물질, 이산화황

(2) 기계적 사이클에 의한 분류

엔진의 실린더 안에 공기와 연료의 혼합기(또는 공기만)를 흡입하여 피스톤 상승 행정으로 압축한 다음, 점화(또는 착화) 연소시키면 열 에너지가 발생되어 연소가스는 고온·고압이 된다. 이 고온·고압의 가스가 피스톤 헤드에 작용하여 피스톤을 아래 방향으로 강하게 움직이게 한다. 이러한 엔진이 연속해서 작동하려면 흡입, 압축, 동력(폭발 연소), 배기(연소 가스를 밖으로 배출)의 4개 과정을 반복해야 한다.

■ **디젤 엔진 시동 시 주의 사항**
- 공회전을 필요 이상으로 하지 않는다.
- 기온이 낮을 때는 예열 경고등이 소등된 후 시동한다(예열장치 가동).
- 엔진 시동은 각종 조작 레버가 중립 위치에 있는가를 확인한 후 실시한다.

● **열효율**

엔진에서 만들어 공급된 에너지가 얼마만큼 유효한 일을 했는가를 표시하는 것이며, 실제로 유효한 일로 바뀐 열량과 연소에서 얻어진 전열량과의 비율로 표시한다.
따라서 "열효율이 높다"는 것은 같은 양의 연료를 소비하지만 더 큰 출력을 얻는 것을 말한다.

① 4행정 사이클 엔진

4행정 1사이클 엔진을 지칭하며, 피스톤이 흡입, 압축, 동력, 배기의 4행정을 하여 1사이클(Cycle)을 완성하는 엔진이다. 4행정 사이클 엔진이 1사이클을 완성하면 크랭크 축은 2회전하고 캠 축은 1회전하며, 각각의 흡·배기 밸브는 1번 열린다.

■ 흡입 행정

흡입 행정	흡입 밸브는 열려있고, 배기 밸브는 닫혀 있다. 피스톤이 상사점에서 하사점으로 내려감에 따라 실린더 체적이 커지면서 압력이 저하되기 때문에 흡입 통로를 통하여 공기 또는 혼합기가 실린더 내로 유입된다.
압축 행정	흡·배기 밸브가 모두 닫힌 상태에서 피스톤이 하사점에서 상사점으로 이동하면서 공기 또는 혼합기를 압축한다.
동력 행정 (폭발 행정)	흡·배기 밸브가 모두 닫힌 상태에서 압축된 공기 또는 혼합기를 폭발·팽창시켜 동력을 발생시키는 행정이다.
배기 행정	동력 행정에서 연소하여 일을 마친 가스를 실린더 밖으로 배출하는 행정이다.

■ 압축 행정

② 2행정 사이클 엔진

2행정 1사이클 엔진을 지칭하며, 피스톤의 2행정에 의하여 흡입, 압축, 동력, 배기의 1사이클(Cycle)을 완성하는 엔진이다. 이때, 크랭크 축은 1회전 한다. 피스톤의 2행정은 흡입과 배기를 위한 독립된 행정이 없으며, 흡입은 크랭크케이스 내부로 하고 피스톤은 밸브 작용도 한다.

■ 동력 행정

상승 행정	• 소기 행정과 압축 행정의 결합으로 이루어진다. • 피스톤이 하사점에서 상사점으로 이동하면서 소기공(Scavenging Port)과 배기공을 차례로 막은 후 압축 행정을 시작하여 상사점 부근에서 공기 또는 혼합기가 폭발이 가능하도록 압축된다. • 이때, 크랭크실은 피스톤이 상승한 만큼 체적이 커지므로 진공(부압)이 되어 공기 또는 혼합기가 흡입공을 통하여 크랭크실로 유입하게 된다.
하강 행정	• 동력 행정과 배기 행정 및 소기 행정의 결합으로 이루어진다. • 압축된 공기 또는 혼합기가 자기 착화 또는 불꽃 점화되어 폭발하면, 그 동력에 의하여 피스톤이 상사점에서 하사점으로 하강하면서 배기공을 열어서 연소 가스를 배출시킨다. • 이어서 소기공을 열면 크랭크실에 예압된 혼합기가 소기공을 통하여 실린더 내로 흡입되면서 잔류가스를 밖으로 밀어낸다.

■ 배기 행정

③ 4행정 사이클 엔진의 특징

㉠ 넓은 범위의 속도 변화가 가능하다.

㉡ 시동이 쉽고, 실화(Misfire) 발생율이 낮다.

㉢ 각각의 행정이 완전히 구분되어 동작이 확실하다.

㉣ 블로바이(Blow-by)가 적어 체적 효율이 높고, 연료 소비가 적다.

㉤ 흡입 행정에서의 냉각 효과로 실린더 각 부분의 열적 부하가 적다.

ⓑ 밸브 기구가 복잡하여 부품 수가 많고, 충격이나 기계적 소음이 많이 발생한다.

ⓢ 폭발 횟수가 적기 때문에 실린더 수가 적은 경우에는 운전이 원활하게 되지 않는다.

④ 밸브 개폐 시기

4행정 사이클 엔진에서 흡입 밸브는 상사점(TDC) 이전 약 10°에서 열리고 하사점(BDC) 이후 약 35°에서 닫히며, 배기 밸브는 하사점 이전 약 35°에서 열리고 상사점 이후 약 10°에서 닫힌다. 이 과정에서 흡기 밸브와 배기 밸브가 동시에 열리는 구간인 밸브 오버랩(Valve Overlap)이 발생하며, 이는 과잉 공기의 유입을 통해 연소 효율과 엔진 성능을 향상시킨다.

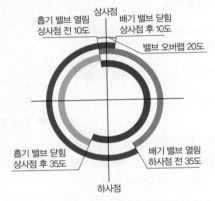

[4행정 사이클 엔진의 밸브 개폐 시기]

(3) 실린더 내경과 행정 비율에 의한 분류

① 장행정 엔진: 실린더 내경보다 피스톤 행정이 큰 엔진을 말한다.

② 정방행정 엔진: 실린더 내경과 피스톤 행정의 크기가 같은 엔진을 말한다.

③ 단행정 엔진

㉠ 실린더 내경보다 피스톤 행정이 작은 엔진을 말한다.

㉡ 장단점

장점	• 엔진의 높이를 낮게 할 수 있다. • 단위 실린더 체적당 출력을 증가시킬 수 있다. • 피스톤 평균 속도를 올리지 않고도 회전 속도를 높일 수 있다. • 흡·배기 밸브의 지름을 크게 할 수 있어 체적 효율을 증가시킬 수 있다.
단점	• 피스톤이 과열하기 쉽다. • 실린더 내경이 커서 엔진의 길이가 길어진다. • 폭발 압력이 커서 엔진 베어링의 폭이 넓어야 한다. • 회전 속도가 증가하면 관성력의 불평형으로 회전 부분의 진동이 커진다.

● 블로 바이, 블로 다운, 블로 백

블로 바이	피스톤의 압축 또는 동력 행정에서 실린더 벽과 피스톤 링 사이의 틈새로 압축 공기나 연소 가스가 크랭크케이스(Crank Case)로 누출되는 현상을 말한다.
블로 다운	동력 행정 끝부분에서 배기 밸브가 열려, 피스톤은 하강하지만 실린더 내의 자체 압력에 의해 배기가스가 자연히 배출되는 현상을 말한다.
블로 백	피스톤의 압축 또는 동력 행정에서 흡기(또는 배기) 밸브와 밸브 시트 사이의 틈새로 압축 공기나 연소 가스가 누출되는 현상을 말한다.

● 실화(Misfire)와 후화(After Fire)

실화	연소실 내에서 연료의 희박 또는 과다, 압축 약함 등으로 인하여 연소가 완료되기 전에 불꽃이 소멸하는 것(실린더 내에서 폭발이 일어나지 못하는 상태)을 말한다. 실화가 발생하면 엔진 회전이 불량해진다.
후화	실화 후 불완전 연소가 소음기에 모였다가 뒤늦게 나온 배기가스의 열에 의해 폭발되는 것을 말한다.

(4) 실린더 수와 배열에 의한 분류

단기통 및 2기통 엔진	주로 원동기 및 소형 건설기계에 사용하며, 중량이 가볍다.
직렬 4기통 엔진	• 4개의 실린더가 일렬로 배열되어 있는 엔진으로 소형 건설기계에 주로 사용한다. • 크랭크 축의 위상차는 180°이며, 폭발순서는 1-3-4-2(우수식) 및 1-2-4-3(좌수식)이다.
직렬 6기통 엔진	• 6개의 실린더가 일렬로 배열되어 있는 엔진으로 건설기계에 많이 사용한다. • 크랭크 축의 위상차는 120°이며, 폭발순서는 1-5-3-6-2-4(우수식) 및 1-4-2-6-3-5(좌수식)이다.
V형 6기통 엔진	• 직렬 3기통 엔진 2조를 V형으로 배열하여 1개의 크랭크 핀에 2개의 커넥팅 로드가 연결되어 작동하는 엔진이다. • 엔진의 전장이 짧고 강성이 크며, 설치면적이 작다. • 크랭크 축의 위상차는 120°, 실린더 블록의 V 각도는 90°이다.

■ **엔진의 기통 수가 많을 때의 특징**

• 엔진의 진동이 적다.
• 가속이 원활하고 신속하다.
• 저속 회전이 용이하고 출력이 높다.
• 구조가 복잡하고 제작비가 높다.

03 내연 엔진의 열역학적 사이클 ★★

(1) 정적 사이클

정적 사이클은 일정한 체적 상태에서 연소되는 것으로, 가솔린 엔진이 이에 해당한다. 정적 사이클은 압력-체적(P-V) 선도에 표시한 것과 같이 0 → 1 흡입, 1 → 2 압축, 2 → 3 연소(정적), 3 → 4 팽창, 4 → 1 배기 시작, 1 → 0 배기를 하여 1사이클을 완성하며, 오토 사이클이라고도 한다.

(2) 정압 사이클

정압 사이클은 일정한 압력 상태에서 연소되는 것으로, 디젤 엔진이 이에 해당한다. 정압 사이클은 압력-체적(P-V) 선도에 표시한 것과 같이 0 → 1 흡입, 1 → 2 압축, 2 → 3 연소(정압), 3 → 4 팽창, 4 → 1 배기 시작, 1 → 0 배기를 하여 1사이클을 완성하며, 디젤 사이클이라고도 한다.

(3) 합성 사이클

합성(복합) 사이클은 정적 및 정압 사이클을 합성한 사이클이며, 일반적으로 고속 디젤 엔진이 이에 해당한다. 합성 사이클은 압력-체적(P-V) 선도에 표시한 것과 같이 0 → 1 흡입, 1 → 2 압축, 2 → 3 연소(정적), 3 → 4 연소(정 압), 4 → 5 팽창, 5 → 1 배기 시작, 1 → 0 배기를 하여 1사이클을 완성하며, 사바테 사이클이라고도 한다.

더 알아보기

• 실제 열효율: 사바테 사이클 > 디젤 사이클 > 오토 사이클
• 압축비가 동일할 경우의 열효율: 오토 사이클 > 사바테 사이클 > 디젤 사이클

● **P-V(압력-체적) 선도**

피스톤 행정에 대하여 실린더 내의 압력을 측정하고 기록하여 도시평균 유효압력 또는 도시마력을 구하는 선도이다.

■ **정적 사이클(오토 사이클)**

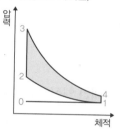

■ **정압 사이클(디젤 사이클)**

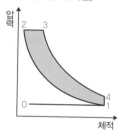

■ **합성 사이클(사바테 사이클)**

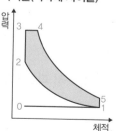

THEME **05** 지게차 엔진 개요

01 엔진 기초

01 열 에너지를 기계적 에너지로 변환시켜 주는 장치는?

① 펌프　　　　　② 모터
③ 엔진　　　　　④ 밸브

보충 엔진(Engine)은 연료를 연소시켜 얻어지는 열 에너지를 기계적 에너지로 바꿔주는 장치이다.

02 내연 엔진의 종류에 해당하지 **않는** 것은?

① 디젤 엔진　　　② 증기 엔진 (×)
③ 제트 엔진　　　④ LPG 엔진

보충 내연 엔진의 종류
• 왕복운동형: 가솔린 엔진, 디젤 엔진, LPG 엔진
• 회전운동형: 제트 엔진, 로켓 엔진

03 엔진에서 피스톤의 행정(Stroke)이란?

① 피스톤의 길이
② 실린더 벽의 상하 길이
③ 상사점과 하사점의 총면적
④ 상사점과 하사점 사이의 길이

04 디젤 엔진의 압축비를 계산하는 공식으로 옳은 것은?

① $압축비 = \dfrac{행정\ 체적 + 연소실\ 체적}{연소실\ 체적}$

② $압축비 = \dfrac{행정\ 체적 - 연소실\ 체적}{연소실\ 체적}$

③ $압축비 = \dfrac{행정\ 체적 + 연소실\ 체적}{행정\ 체적}$

④ $압축비 = \dfrac{행정\ 체적 - 연소실\ 체적}{행정\ 체적}$

보충 압축비란 피스톤이 하사점에 있을 때 피스톤의 윗면에서 실린더 헤드 밑면까지의 체적(실린더 체적)과 피스톤이 상사점에 있을 때 윗부분의 연소실 체적과의 비를 말한다. 실린더 체적은 행정 체적에 연소실 체적을 더한 체적이다.

따라서, $압축비 = \dfrac{실린더\ 체적}{연소실\ 체적} = \dfrac{행정\ 체적 + 연소실\ 체적}{연소실\ 체적}$ 이다.

02 내연 엔진의 분류

05 디젤 엔진의 착화 방법은?

① 소욕 착화　　　② 전기 착화
③ 압축 착화　　　④ 마그넷 착화

보충 디젤 엔진은 공기만을 실린더에 흡입한 뒤 고온·고압으로 압축하고, 여기에 연료를 고압으로 미세하게 분사시켜 스스로 착화(자기 착화)시킨다.

06 디젤 엔진과 관계가 **없는** 것은?

① 압축 착화한다.
② 경유를 연료로 사용한다.
③ 점화장치 내에 배전기가 있다. (×) → 디젤 엔진에는 점화장치가 없다.
④ 압축비가 가솔린 엔진보다 높다.

보충 디젤 엔진의 특징
• 압축 착화한다.
• 경유를 연료로 사용한다.
• 압축비가 가솔린 엔진보다 높다.
• 전기 점화장치가 없다.

07 엔진에서 열효율이 높다는 것이 의미하는 것은?

① 부조가 없고 진동이 적은 것이다.
② 연료가 완전 연소하지 않는 것이다.
③ 엔진의 온도가 표준보다 높은 것이다.
④ 일정한 연료 소비로 큰 출력을 얻는 것이다.
   → 같은 양의 연료를 소비하지만, 더 큰 출력을 얻는 것을 말한다.

08 4행정으로 1사이클을 완성하는 엔진에서 각 행정의 순서는?

① 압축 – 흡입 – 동력 – 배기
② 흡입 – 압축 – 동력 – 배기
③ 흡입 – 압축 – 배기 – 동력
④ 흡입 – 동력 – 압축 – 배기

보충 4행정 1사이클 엔진은 피스톤이 '흡입, 압축, 동력, 배기'의 4행정을 하여 1사이클(Cycle)을 완성하는 엔진이다.

09 4행정 사이클 엔진에서 크랭크 축이 4회전하면, 흡입 밸브는 몇 번 개폐되는가?

① 1번   ② 2번
③ 4번   ④ 8번

보충 4행정 사이클 엔진이 1사이클을 완성하면 크랭크 축은 2회 전하고, 이때 흡입 밸브는 1번 열린다. 크랭크 축이 4회전한다는 것은 2사이클이 진행된다는 뜻이므로 흡입 밸브는 총 2번 열린다.

10 디젤 엔진에서 압축 행정 시 밸브의 상태는?

① 흡입 밸브만 닫힌다.
② 배기 밸브만 닫힌다.
③ 흡입 밸브와 배기 밸브 모두 닫힌다.
④ 흡입 밸브와 배기 밸브 모두 열린다.

보충 압축 행정에서는 흡·배기 밸브가 모두 닫힌 상태에서 피스톤이 하사점에서 상사점으로 이동하면서 공기를 압축한다.

11 4행정 사이클 엔진의 특징으로 틀린 것은?

① 넓은 범위의 속도 변화가 가능하다.
② 시동이 쉽고, 실화(Misfire) 발생률이 낮다.
③ 각각의 행정이 완전히 구분되어 동작이 확실하다.
④ 블로바이(Blow-by)가 생겨 체적 효율이 높고, 연료 소비가 많다. (×)
                        → 적어
                    → 적다

12 실린더 내의 자체 압력에 의해 배기가스가 배기 밸브를 통해 배출되는 현상은?

① 블로 업(Blow Up)
② 블로 바이(Blow By)
③ 블로 백(Block Back)
④ 블로 다운(Blow Down)

보충 블로 다운(Blow Down)
동력 행정 끝부분에서 배기 밸브가 열려, 피스톤은 하강하지만 실린더 내의 자체 압력에 의해 배기가스가 자연히 배출되는 현상을 말한다.

13 연소실 내에서 연소가 완료되기 전에 불꽃이 소멸하는 것을 나타내는 용어는?

① 실화(Misfire)
② 종화(End Fire)
③ 후화(After Fire)
④ 역화(Back Fire)

14 4행정 사이클 엔진에서 밸브 오버랩(Valve Overlap)을 두는 이유는?

① 노크를 방지하기 위하여
② 배기가스를 감소시키기 위하여
③ 엔진 효율을 증진시키기 위하여
④ 밸브의 과열을 방지하기 위하여

보충 4행정 사이클 엔진에서 흡기 밸브와 배기 밸브가 동시에 열리는 것을 밸브 오버랩(Valve Overlap)이라고 한다. 밸브를 오버랩시키면 과잉 공기를 허용하여 엔진의 효율을 증진시킬 수 있다.

15 실린더 내경보다 피스톤 행정이 작은 단행정 엔진의 특징으로 틀린 것은?

① 엔진의 높이가 높아진다. (×) → 낮아진다.
② 피스톤이 과열하기 쉽다.
③ 엔진의 길이가 길어진다.
④ 흡·배기 밸브의 지름을 크게 할 수 있다.

보충 단행정 엔진의 장단점

장점	• 엔진의 높이를 낮게 할 수 있다. • 단위 실린더 체적 당 출력을 증가시킬 수 있다. • 흡·배기 밸브의 지름을 크게 할 수 있어 체적 효율을 증가시킬 수 있다.
단점	• 피스톤이 과열하기 쉽다. • 실린더 내경 커서 엔진의 길이가 길어진다.

16 6기통 엔진이 4기통 엔진보다 좋은 점이 **아닌** 것은?

① 엔진 진동이 적다.
② 가속이 원활하고 신속하다.
③ 저속 회전이 용이하고 출력이 높다.
④ 구조가 간단하여 제작비가 싸다. (×)
  → 복잡   → 비싸다

03 **내연 엔진의 열역학적 사이클**

17 내연 엔진의 열역학적 사이클 중 일정한 압력 상태에서 연소가 되는 것은?

① 정적 사이클
② 정압 사이클
③ 합성 사이클
④ 혼합 사이클

보충 정압 사이클은 일정한 압력 상태에서 연소가 되는 것으로, 디젤 엔진이 이에 해당한다.

18 내연 엔진의 열역학적 기본 사이클 중 '열량의 공급과 엔진 수명 및 최고 압력 억제'에 의한 실제 열효율 비교로 옳은 것은?

① 오토 사이클 > 디젤 사이클 > 사바테 사이클
② 오토 사이클 > 사바테 사이클 > 디젤 사이클
③ 사바테 사이클 > 오토 사이클 > 디젤 사이클
④ 사바테 사이클 > 디젤 사이클 > 오토 사이클

보충 내연 엔진의 열역학적 기본 사이클 중 열량의 공급과 엔진 수명 및 최고 압력 억제에 의한 실제 열효율은 사바테 사이클이 가장 높고, 오토 사이클이 가장 낮다.

THEME 06 엔진 본체의 구조와 기능

학습 목표

☑ 피스톤 어셈블리 부분에서는 피스톤 핀 및 피스톤 간극에 대한 문제가 매회 1~2문제 정도 출제됩니다.

☑ 엔진 본체 전체의 구성뿐만 아니라 나머지 부품들의 역할 및 작동 원리도 이해해야 합니다.

☑ 크랭크 축 및 밸브 기구 부분에서도 매회 1~2문제가 출제되므로 각각의 구조, 역할 및 작동 원리를 이해하고 암기해야 합니다.

01 엔진 본체의 구성 ★★

■ 기출 TIP / ● 기초용어

엔진은 많은 부품이 조합된 복잡한 기계이며, 연료가 가지고 있는 화학 에너지를 동력으로 변환한다. 엔진의 가장 아랫부분은 크랭크 축이 들어 있는 크랭크케이스와 오일 팬, 가운데에는 피스톤이 왕복하는 실린더를 일체로 모은 실린더블록, 가장 위에는 실린더 헤드가 조립된다.

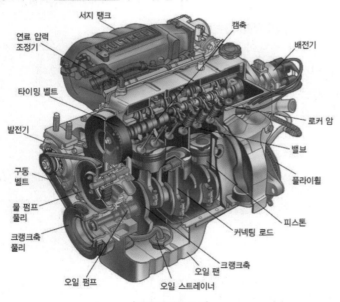

[엔진 본체의 구성]

(1) 실린더 블록

실린더 블록(Cylinder Block)은 엔진의 몸체가 되는 주요 부분으로 몇 개의 실린더를 일체로 주조한 것이다. 일반적으로 주철이 사용되나 경량화와 열전도 향상을 위하여 알루미늄 합금 주물로 만들기도 한다.

(2) 실린더와 라이너

실린더 (Cylinder)	• 피스톤이 왕복 운동을 하는 원통으로, 길이는 행정의 약 2배가 된다. • 실린더 벽은 정밀 가공을 하여 연소 가스의 누설을 방지한다. 실린더 벽에서 마멸이 가장 많이 발생하는 부분은 피스톤이 행정을 바꾸는 상사점 부근이다. • 실린더에 마모가 발생하면 압축 효율 및 출력이 저하되고, 엔진오일의 소모가 많아진다.
실린더 라이너 (Cylinder Liner)	• 실린더 블록과 별개의 재료로 만들어 실린더 부분에 끼워지는 슬리브(Sleeve)이다. • 실린더 라이너에는 건식과 습식이 있으며, 대형 엔진에는 냉각 효율이 좋은 습식 라이너를 주로 사용한다.

□ 1회독 □ 2회독 □ 3회독

■ **워터 재킷(Water Jacket)**

엔진을 냉각시키는 냉각수의 통로로서 실린더 블록과 실린더 라이너 사이의 공간을 말한다.

(3) 실린더 헤드

실린더 헤드(Cylinder Head)는 엔진 상부의 덮개로서 실린더 헤드 개스킷(Gasket)을 사이에 두고 실린더 블록에 볼트로 설치한다. 헤드 볼트를 조일 때는 중앙에서 바깥쪽을 향하여 대각선으로 조이고, 풀 때는 밖에서 안쪽을 향하여 대각선으로 푼다.

실린더 헤드는 압축가스의 밀봉과 윤활유 및 냉각수의 누출을 방지하며, 실린더 및 피스톤과 함께 연소실을 형성한다. 실린더 헤드의 형식은 일체식과 분할식이 있으며, 윗부분에는 실린더 헤드 커버가 장착된다.

● **실린더 헤드 개스킷**

실린더 헤드와 실린더 블록의 접합면 사이에 끼워지며, 양면을 밀착시켜서 압축 가스, 냉각수 및 엔진오일이 누출되는 것을 방지한다.

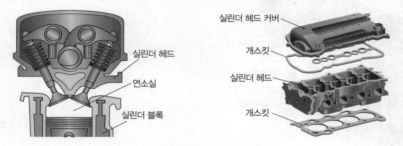

[실린더 헤드의 구성]

(4) 연소실

연소실은 연료가 연소되고 연소가스의 팽창이 시작되는 공간으로, 디젤 엔진의 경우 이곳에 분사 노즐이 설치된다. 연소실 체적은 일반적으로 압축비에 따라 결정된다.

피스톤 어셈블리　　　　★★

피스톤 어셈블리(Piston Assembly)는 피스톤, 피스톤 링, 피스톤 핀, 커넥팅 로드 등으로 구성되며, 연소실에서 발생하는 가스의 폭발 압력을 크랭크 축에 전달하는 역할을 한다.

(1) 피스톤

① **피스톤(Piston):** 실린더 안에서 상하 왕복운동을 하며, 동력 행정에서 발생된 동력을 커넥팅 로드에 전달하여 크랭크 축을 회전시킨다. 또 혼합기를 흡입하고 압축하며, 연소가스를 배출시키는 작용을 한다. 흡입, 압축 및 배기 행정을 할 때는 크랭크 축의 회전력을 받아 작동한다. 피스톤의 구조는 상부의 피스톤 헤드(Piston Head)부, 중앙 부분의 피스톤 핀 보스(Pin Boss)부, 하부의 피스톤 스커트(Skirt)부로 구성된다.

② **피스톤 간극:** 실린더 안지름과 피스톤 바깥지름의 차이로, 엔진이 작동할 때의 열팽창을 고려하여 어느 정도 간극을 둔다. 간극이 규정보다 작으면 실린더와 피스톤의 소결이 발생한다. 또한 간극이 규정보다 크면 블로바이(Blow-by) 및 피스톤 슬랩(Piston Slap)이 발생하고, 오일이 희석 또는 연소되며, 엔진 출력이 저하된다.

(2) 피스톤 링

피스톤 링(Piston Ring)은 압축 및 동력 행정 시 실린더와 피스톤 사이의 기밀을 유지하기 위하여 피스톤의 링 홈에 장착된다. 일반적으로 압축 링 2개, 오일 링 1개로 구성되며, 열팽창을 고려하여 링 이음부에는 간극을 둔다.

① **압축 링:** 실린더 벽에 밀착되어 압축과 팽창가스가 크랭크케이스로 새는 것을 막고(기밀 작용) 피스톤 헤드가 받은 열을 실린더 벽에 전달(열전도 작용)한다.

② **오일 링:** 실린더 벽에 윤활유를 고르게 펴 바르고, 남은 오일을 긁어내리는 오일 제어 역할을 한다.

(3) 피스톤 핀

피스톤 핀(Piston Pin)은 피스톤 보스부에 삽입되어 피스톤과 커넥팅 로드 소단부를 연결해 주는 부품으로, 피스톤이 받은 폭발력을 커넥팅 로드로 전달하는 역할을 한다. 피스톤 핀은 고정 방식에 따라 고정식, 반부동식, 전부동식으로 나뉜다.

① **고정식:** 피스톤과 피스톤 핀이 고정된다.

② **반부동식:** 피스톤 핀과 커넥팅 로드가 고정된다.

③ **전부동식:** 피스톤, 피스톤 핀, 커넥팅 로드의 어느 부위에도 고정되지 않는 방식이며, 피스톤 핀이 이탈되지 않도록 핀의 양 끝을 스냅 링으로 고정한다.

■ **피스톤의 구조**

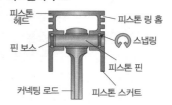

● **소결**

엉기어 굳어진다는 뜻으로, 실린더와 피스톤이 열에 의하여 서로 붙는 현상이다.

● **피스톤 슬랩(Piston Slap)**

피스톤 사이드 노크(Side Knock)라고도 하며, 피스톤 간극이 너무 클 때 피스톤이 행정을 바꾸면서 실린더 벽을 때리는 현상을 말한다.

● **피스톤 측압**

피스톤이 실린더 내에서 행정을 바꿀 때 실린더 벽에 압력을 가하는 현상이다.

■ **피스톤 링의 구조**

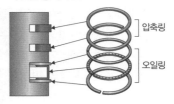

■ **피스톤 링의 구비 조건**

• 열전도성이 좋을 것
• 실린더 라이너보다 경도가 약간 클 것
• 충분한 내열성 및 내마모성이 있을 것
• 설치하기 전의 직경은 실린더 내경보다 클 것

(4) 커넥팅 로드

커넥팅 로드(Connecting Rod)는 피스톤 핀과 크랭크 축을 연결하는 봉 형태의 부품으로, 피스톤의 왕복 운동을 크랭크 축에 전달하는 역할을 한다. 소단부(Small End)는 피스톤 핀에 연결되고, 대단부(Big End)는 크랭크 핀에 결합된다. 소단부 중심과 대단부 중심 사이의 거리를 커넥팅 로드의 길이라고 하며, 이 길이는 일반적으로 피스톤 행정의 1.5배에서 2.3배 정도이다.

03 크랭크 축 어셈블리 ★★

(1) 크랭크케이스

크랭크케이스(Crankcase)에는 크랭크 축이 들어 있으며, 상부 크랭크케이스는 실린더 블록의 아랫부분으로, 실린더 블록과 일체형 주조된다. 하부 크랭크케이스는 오일 팬이며, 개스킷을 사이에 두고 상부 크랭크케이스와 결합되어 엔진오일을 저장하는 역할을 한다. 크랭크케이스 앞면에는 크랭크 축과 연결하여 캠 축을 구동하는 타이밍 기어(Timing Gear)나 체인 스프로킷(Chain Sprocket)이 설치된다.

(2) 크랭크 축

크랭크 축(Crank Shaft)은 크랭크케이스 내부에 설치되어 동력 행정에서 얻은 피스톤의 직선 운동을 회전력으로 변환하여 외부로 전달한다. 동시에 흡입, 압축, 배기 행정을 수행하도록 피스톤에 왕복 운동을 전달하는 역할도 한다. 큰 하중과 고속 회전에 견딜 수 있는 충분한 강도나 강성, 우수한 내마멸성, 동적 및 정적 평형이 확보되어야 한다.

보통 일체형 구조로 제작되며, 크랭크 핀, 크랭크 암, 메인 저널, 평형추(Balancing Weight) 등으로 구성된다.

크랭크 축의 형상은 실린더 수, 실린더 배열, 메인 저널 수, 폭발 순서 등에 따라 다르며, 크랭크 핀의 각도는 직렬 4실린더 엔진은 180°, 직렬 6실린더 엔진은 120°로 배열된다.

크랭크 축 앞쪽에는 캠 축 구동용 스프로킷, 워터 펌프 및 발전기 구동용 크랭크 축 풀리가, 뒤쪽에는 플라이 휠이 설치된다. 내부에는 커넥팅 로드 베어링과 피스톤 핀 베어링에 윤활유를 공급하기 위한 오일 통로가 있다.

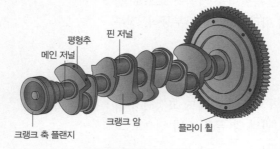

[크랭크 축과 플라이휠]

■ 커넥팅 로드의 구조

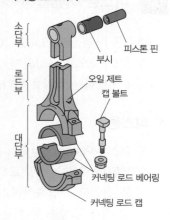

■ 커넥팅 로드의 길이가 길어지면

- 측압이 작아진다.
- 실린더 마멸이 감소된다.
- 엔진의 높이가 높아진다.
- 엔진의 무게가 무거워진다.

(3) 크랭크 축과 점화 순서

4행정 사이클 엔진은 크랭크 축이 2회전할 때 각 실린더는 한 번의 폭발(동력)을 하게 된다. 폭발(착화) 순서는 크랭크 핀의 위치와 여러 요소를 조합하여 정한다.

4기통(4실린더) 엔진의 폭발 순서는 1-3-4-2인 우수식과 1-2-4-3인 좌수식이 있으며, 6기통(6실린더) 엔진은 1-5-3-6-2-4인 우수식과 1-4-2-6-3-5인 좌수식이 있다.

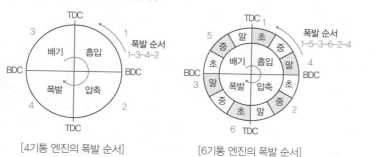

[4기통 엔진의 폭발 순서] [6기통 엔진의 폭발 순서]

(4) 플라이 휠

플라이 휠(Fly Wheel)은 동력 행정 중 저장된 회전력을 이용하여 크랭크 축의 회전 속도를 일정하게 유지시켜주는 장치로, 크랭크 축 뒤쪽에 볼트로 고정된다. 플라이 휠은 크랭크 축의 맥동적인 회전을 완화시켜 원활한 회전을 돕고, 바깥 부분에는 엔진 시동용 링 기어가 설치되어 있다.

(5) 엔진 베어링

엔진 베어링(Engine Bearing)은 엔진에서 하중이 작용하는 회전부에 사용되는 부품으로, 크랭크 축을 지지하고 회전 또는 왕복운동 시 마찰을 감소시킨다. 주로 평면 베어링(Plain Bearing)이 사용되며, 분할형(Split Type)과 부시형(Bush Type)으로 구분된다.

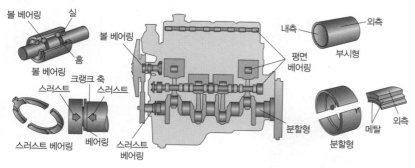

[엔진 베어링의 종류]

● 우수식

크랭크 축의 회전 방향을 기준으로 시계 방향 순서

● 좌수식

크랭크 축의 회전 방향을 기준으로 반시계 방향 순서

■ 폭발 순서 결정 시 고려 사항
  • 폭발(동력) 간격이 일정할 것
  • 크랭크 축에 비틀림 진동이 생기지 않을 것
  • 혼합기가 각 실린더에 일정하게 분배될 것
  • 이웃한 실린더가 연이어 폭발되지 않을 것

■ 플라이 휠의 역할
  • 엔진의 시동을 용이하게 한다.
  • 엔진의 회전력을 균일하게 유지한다.
  • 엔진의 저속 회전을 가능하게 한다.
  • 부하 변동을 완화하고 진동을 흡수한다.

① 베어링 크러시

베어링 크러시(Bearing Crush)는 베어링의 바깥 둘레와 하우징 둘레와의 차이, 즉 베어링의 바깥 둘레가 하우징 둘레보다 조금 큰 상태를 말한다. 베어링에 크러시를 두는 이유는 베어링 체결 시 볼트로 압착시켜 베어링 면의 열전도율을 높이고, 베어링이 하우징 내에서 움직이지 않도록 고정하기 위함이다.

크러시가 너무 크면 안이 찌그러져 저널에 긁힘을 일으키고, 너무 작으면 엔진 작동에 따른 온도 상승으로 베어링이 저널을 따라 움직이게 된다.

② 베어링 스프레드

베어링 스프레드(Bearing Spread)는 베어링 하우징의 내경과 베어링 외경과의 차이, 즉 베어링의 외경이 하우징의 내경보다 조금 큰 상태를 말한다. 분할형 베어링의 양 끝이 약간 벌어진 상태로, 베어링에 스프레드를 두는 이유는 베어링 조립 시 캡에 베어링이 끼워져 있어 작업이 편리하고, 베어링이 제자리에 밀착되도록 하기 위해서이다. 또한, 크러시가 압축되어 안쪽으로 찌그러지는 것을 방지한다.

■ 베어링 크러시

베어링 크러시

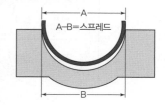

■ 베어링 스프레드

A−B=스프레드

● 하우징(Housing)
베어링이 삽입되는 외부 구조

● 저널(Journal)
크랭크 축 등 회전축의 베어링 접촉면

04 밸브 기구 ★★

(1) 흡기 및 배기 밸브

① 개요: 밸브(Valve)는 연소실의 흡기 및 배기 구멍을 개폐하여 공기의 유입과 연소 가스의 배출을 제어하는 부품이다. 압축 및 동력 행정에서는 밸브가 밸브 시트에 밀착되어 연소실 내의 가스가 누출되지 않도록 기밀 작용을 한다. 밸브는 밸브 헤드, 마진, 밸브 면, 스템 등으로 구성된다.

② 밸브의 구비 조건
  ㉠ 열전도율이 좋을 것
  ㉡ 열에 대한 저항력이 클 것(고온에 대한 내열성)
  ㉢ 열에 대한 팽창율이 작을 것
  ㉣ 고온·고압에 충분히 견딜 수 있는 기계적 강도가 있을 것

(2) 밸브의 구조

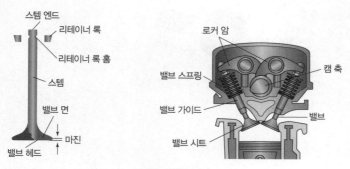

[밸브의 구조]

밸브 헤드 (Valve Head)	높은 온도와 압력에 노출되며, 흡입 효율을 높이기 위해 흡기 밸브 헤드의 지름이 배기 밸브 헤드의 지름보다 크다.
밸브 마진 (Valve Margin)	밸브의 가장자리, 기밀 유지를 위해 보조 충격에 대한 지탱력을 가지며, 밸브의 재사용 여부도 결정한다. 두께가 얇으면 높은 온도와 밸브 작동 시의 충격으로 위로 벌어지게 되므로 기밀 유지가 어렵다.
밸브 면 (Valve Face)	밸브 시트에 밀착되어 기밀 작용을 한다.
밸브 스템 (Valve Stem)	밸브 가이드에 삽입되어 밸브의 직선 운동을 유지하며, 밸브 헤드의 열을 가이드를 통하여 실린더 헤드로 전달하는 일을 한다.
스템 엔드 (Stem End)	밸브의 끝부분, 밸브에 운동을 전달하는 밸브 리프터나 로커 암과 접촉을 하고, 밸브에 운동을 전달한다. 반복적인 충격을 받는 곳으로, 밸브 간극이 설정되기도 한다.
밸브 시트 (Valve Seat)	밸브 면과 밀착되어 연소실의 기밀 유지 작용을 하며, 실린더 헤드나 실린더 블록에 설치된다.
밸브 가이드 (Valve Guide)	흡기 및 배기 밸브의 밀착이 바르게 되도록 밸브 스템의 운동을 안내한다.
밸브 스프링 (Valve Spring)	밸브가 닫히면 밸브를 밸브 시트에 밀착시켜 기밀을 유지하게 하고, 밸브가 열리면 캠의 모양에 따라 밸브가 정확히 작동하도록 복원력을 제공한다.

(3) 캠 축

캠 축(Cam Shaft)은 엔진의 밸브 수와 같은 수의 캠이 배열된 축으로서 흡기 및 배기 밸브를 열거나 닫는 역할을 한다. 부수적으로 오일 펌프, 배전기, 연료 펌프를 구동시키기도 한다. 4행정 사이클 엔진인 경우 크랭크 축이 2회전하면 캠 축은 1회전한다.

캠 축을 구동하는 방식에는 타이밍 체인을 통하여 구동하는 체인구동 방식과 타이밍 벨트로 구동하는 벨트구동 방식이 있다.

(4) 로커 암 축 어셈블리

로커 암 축 어셈블리(Rocker Arm Assembly)는 실린더 헤드에 설치되어 있으며, 로커 암, 스프링, 로커 암 축, 로커 암 축 서포트 등으로 구성된다. 푸시 로드나 캠 축의 작동에 의해 로커 암이 움직여 밸브 스템 엔드를 눌러 밸브를 여는 역할을 한다. 또한 밸브 간극을 조정하기 위한 조정 나사가 로커 암에 설치되어 있다.

■ **밸브 스프링의 서징 방지법**

서징은 고속 회전 시 밸브 스프링이 진동하여 밸브의 닫힘이 불안정해지는 현상이다.
• 부등 피치 스프링을 사용한다.
• 부등 피치의 원뿔형 스프링을 사용한다.
• 고유 진동수가 다른 이중 스프링을 사용한다.

■ **밸브 간극이 너무 작을 때의 현상**

• 밸브가 일찍 열리고 늦게 닫힌다.
• 후화가 일어나기 쉽다.
• 엔진 출력이 감소한다.
• 역화 및 실화가 발생한다.

THEME **06** 엔진 본체의 구조와 기능

01 엔진 본체의 구성

01 연료가 가지고 있는 화학 에너지를 동력으로 변환시키는 것은?

① 펌프   ② 엔진
③ 발전기   ④ 압축기

> **보충** 엔진은 많은 부품이 조합된 복잡한 기계이며, 연료가 가지고 있는 화학 에너지를 동력으로 변환시킨다.

02 실린더 벽이 마멸되었을 때 발생하는 현상으로 옳은 것은?

① 열효율이 증가한다.
② 폭발 압력이 증가한다.
③ 오일 소모량이 증가한다.
④ 엔진의 회전수가 증가한다.

> **보충** 실린더 벽이 마멸되었을 때 발생하는 현상
> • 엔진 출력 저하
> • 압축 효율 저하
> • 엔진오일 소모 증가

03 엔진 냉각수의 통로이며, 실린더 블록과 실린더 라이너 사이의 공간은 무엇인가?

① 워터 재킷
② 워터 쿨러
③ 라디에이터
④ 크랭크케이스

02 피스톤 어셈블리

04 실린더 안에서 직선 왕복 운동을 하는 엔진 부품은?

① 피스톤
② 로커암
③ 크랭크 축
④ 커넥팅 로드

05 피스톤이 상사점이나 하사점에서 운동 방향을 바꿀 때, 크랭크 축의 회전력에 의해 실린더 벽에 압력을 가하는 현상은?

① 피스톤 배압
② 피스톤 유압
③ 피스톤 동압
④ 피스톤 측압

06 피스톤과 실린더 간격이 클 때 일어나는 현상으로 올바른 것은?

① 엔진이 과열한다.
② 블로바이가 생긴다.
③ 엔진의 출력이 증가한다.
④ 엔진의 회전 속도가 증가된다.

> **보충** 피스톤과 실린더 간격이 클 때 일어나는 현상
> • 엔진 출력이 저하된다.
> • 오일이 희석 또는 연소된다.
> • 블로바이(Blow-by)가 발생한다.
> • 피스톤 슬랩(Piston Slap)이 발생한다.

07 피스톤과 실린더 사이의 간극이 너무 클 때 일어나는 현상으로 옳은 것은?

① 실린더의 소결 (×)
② 압축 압력의 증가 (×)→감소
③ 엔진의 출력 증가 (×)→감소
④ 엔진오일의 소비 증가

> **보충** 소결(Sintering)은 고온에서 금속 분말을 가열하여 고체화하는 공정으로, 문제와 관련이 없는 내용이다.

08 엔진에서 피스톤 링의 작용으로 틀린 것은?

① 기밀 작용
② 열전도 작용
③ 오일 제어 작용
④ 완전연소 억제 작용 (×)

> **보충** 피스톤 링의 작용
> • 실린더와 피스톤 사이의 기밀 작용
> • 피스톤 헤드가 받은 열을 실린더 벽에 전달하는 열전도 작용
> • 실린더 벽에 윤활유를 고르게 펴 바르고, 남은 오일을 긁어내리는 오일 제어 역할

09 피스톤 링의 구비 조건으로 틀린 것은?

① 열전도성이 좋을 것
② 실린더 라이너보다 약간 높은 경도를 가질 것 (×)
  → 약간 낮은 경도를 가질 것
③ 충분한 내열성 및 내마모성이 있을 것
④ 설치하기 전의 직경은 실린더 내경보다 클 것

10 커넥팅 로드의 소단부(Small End)가 연결되는 부품은?

① 로커 암
② 피스톤 핀
③ 크랭크 핀
④ 크랭크 암

> **보충** 크랭크 핀에 결합되어 크랭크 축과 연결되는 부품은 대단부(Big End)이다.

11 커넥팅 로드의 길이가 길어졌을 때의 현상으로 틀린 것은?

① 측압이 작아진다.
② 실린더 마멸이 증가한다. (×)
③ 엔진의 높이가 높아진다.
④ 엔진의 무게가 무거워진다.

> **보충** 커넥팅 로드의 길이가 짧아지면 실린더 마멸이 증가한다.

03 크랭크 축 어셈블리

12 크랭크 축에 대한 설명으로 옳은 것은?

① 직선운동을 하는 장치이다.
② 엔진의 진동을 줄이는 장치이다.
③ 원운동을 직선운동으로 변환시키는 장치이다.
④ 직선운동을 회전운동으로 변환시키는 장치이다.

13 다기통 엔진의 폭발 순서를 결정하는 조건으로 **틀린** 것은?

① 폭발(동력) 간격이 일정할 것

② 크랭크 축에 비틀림 진동이 생기지 않을 것

③ 서로 이웃한 실린더를 연이어 폭발시킬 것 (×)
→ 폭발되지 않을 것

④ 혼합기가 각 실린더에 일정하게 분배될 것

14 착화 순서가 1-3-4-2인 디젤 엔진의 제1번 실린더가 압축 행정일 때 제3번 실린더는 어떤 행정을 하는가?

① 흡입 행정

② 압축 행정

③ 폭발 행정

④ 배기 행정

> **보충** 4기통(실린더) 엔진의 폭발(착화) 순서
> 1번 실린더가 압축 행정일 때: 3번 실린더는 흡입, 4번 실린더는 배기, 2번 실린더는 폭발 행정을 한다.

15 크랭크 축에 의해서 구동되지 **않는** 것은?

① 캠 축

② 발전기

③ 물 펌프

④ 와이퍼 모터 (×)

> **보충** 크랭크 축 앞쪽에는 캠 축 구동용 스프로킷, 워터 펌프, 발전기 구동용 크랭크 축 풀리가 설치된다.

04 밸브 기구

16 흡기 및 배기 밸브의 구비 조건으로 **틀린** 것은?

① 열전도율이 좋을 것

② 열에 대한 팽창율이 작을 것

③ 열에 대한 저항력이 작을 것 (×) → 클 것

④ 고온 및 고압에 충분히 견딜 수 있는 강도가 있을 것

17 디젤 엔진에서 밸브의 개폐를 돕는 장치는?

① 너클 암

② 로커 암

③ 피트먼 암

④ 스티어링 암

18 밸브 간극이 너무 작을 때 발생하는 현상으로 **틀린** 것은?

① 엔진 출력이 감소한다.

② 실화가 일어날 수 있다.

③ 밸브 시트의 마모가 심하다. (×) → 밸브 간극과 밸브 시트의 마모는 인과 관계 없음

④ 밸브가 일찍 열리고 늦게 닫힌다.

> **보충** 밸브 간극이 너무 작을 때의 현상
> • 밸브가 일찍 열리고 늦게 닫힌다.
> • 후화가 일어나기 쉽다.
> • 엔진 출력이 감소한다.
> • 역화 및 실화가 발생한다.

THEME 07 엔진 부속장치

☑ 윤활장치 및 냉각장치에서 매회 2~3문제 정도 출제됩니다.

☑ 특히, 윤활의 목적이나 윤활 방식 등은 항상 출제되는 영역이므로 집중하여 학습해야 합니다.

☑ 흡기 및 배기장치에서도 매회 1~2문제가 출제되므로 과급기 특성 및 배기가스의 성질 등을 이해하고 암기해야 합니다.

01 윤활장치 ★★★

■ 기출 TIP / ● 기초용어

(1) 개요

윤활장치는 운전 중인 엔진의 베어링 등이 마찰로 인하여 발생할 수 있는 소결을 방지하기 위한 장치이다. 엔진의 마찰부에 오일을 공급하여 유막(Oil Film)을 형성함으로써 마멸을 감소시키고, 기계 효율을 향상시켜 준다.

● 윤활

마찰력이 큰 고체 마찰을 마찰력이 작은 유체 마찰로 바꾸는 것이다.

(2) 윤활 작용

윤활 작용에는 강인한 유막을 형성하여 운동부의 표면 마찰을 감소시켜 마멸을 방지하는 감마 작용, 피스톤 링과 실린더 벽 사이에서 압축 가스의 누출을 방지하는 밀봉 작용, 오염물질과 불순물을 흡수하여 윤활부를 깨끗하게 하는 세정(청정) 작용, 마찰열 및 연소열을 흡수·방출하는 냉각 작용, 산화 및 부식을 방지하는 방청 작용, 순간적인 부분 압력을 분산시키는 응력 분산 작용 등이 있다.

■ 윤활 작용
• 감마 작용
• 밀봉 작용
• 세정(청정) 작용
• 냉각 작용
• 방청 작용
• 응력 분산 작용

(3) 윤활유의 성질

① 개요

윤활유, 즉 엔진오일은 원유를 정제하여 만들며, 여러 가지 첨가제를 첨가하여 윤활 성능을 향상시킨다. 윤활유의 첨가제는 산화 방지제, 부식 방지제, 유성 향상제, 점도지수 향상제, 극압제, 소포제(거품 방지제) 등이 있다.

② 건설기계용 엔진오일은 점도 및 용도에 따라 다양하게 분류되며, 최근에는 4계절용 엔진오일과 비교적 점도가 낮은 10W-30을 많이 사용하고 있다. 미국자동차기술협회(SAE: Society of Automotive Engineers)에서는 엔진오일을 점도에 따라 분류하였으며, 미국석유협회(API: American Petroleum Institute)에서는 엔진의 용도와 운전 조건에 따라 분류하였다.

■ 주요 첨가제
• 산화 방지제: 고온에서 산화되는 것을 방지 (오일 수명 연장)
• 부식 방지제: 금속 부식 억제
• 유성 향상제: 금속 간 윤활 성능 향상
• 점도지수 향상제: 온도 변화에 따른 점도 변화 억제
• 극압제(EP제): 높은 하중·압력에서 마찰 방지
• 소포제: 거품 방지로 윤활성 유지

엔진오일의 분류

가솔린 기관		디젤 기관	
SAE 점도 번호	사용 온도 범위	SAE 점도 번호	사용 온도 범위
5W-20	-10℃ 이하	5W-30	-10℃ 이하
10W-30	-20~10℃	10W-30	-20~10℃
10W-40/50	-20~30℃	10W-40/50	-20~30℃
15W-40/50	-15~30℃	15W-50	-15~30℃
20W-40/50	0~30℃	20W-50	0~30℃

③ 윤활유(엔진오일) 구비 조건
 ㉠ 항유화성일 것
 ㉡ 유동점이 낮을 것
 ㉢ 인화점이 높을 것
 ㉣ 점도지수가 높을 것
 ㉤ 산화안정성이 있을 것

(4) 엔진 윤활 방식

비산식	커넥팅 로드 대단부에 있는 주걱을 이용하여 오일을 윤활부로 뿌리는 방식으로, 단기통이나 2기통의 소형 엔진에 사용된다.
압송식	• 압송식(또는 압력식)은 오일 펌프로 오일 팬 안에 있는 엔진오일을 흡입·가압하여 각 윤활부에 보내는 강제 급유 방식이다. • 오일 펌프에 의해 압송된 엔진오일은 실린더 블록의 오일 통로를 통하여 크랭크 축의 메인 베어링을 비롯하여 각 윤활부에 압송된다.
비산 압송식	• 비산 압송식(또는 비산 압력식)은 비산식과 압송식의 조합형으로 크랭크 축, 캠 축, 밸브 기구 등은 압송식에 의해 윤활되고 실린더 벽, 피스톤 핀 등은 비산식에 의해 윤활된다. • 건설기계용 엔진의 윤활에 많이 사용된다.

(5) 윤활장치의 구성

오일 팬 (Oil Fan)	• 엔진오일이 담긴 용기로 크랭크케이스 하단에 설치된다. • 오일의 방열작용을 하며, 엔진이 기울어졌을 때에도 오일이 충분히 남아있게 하는 섬프(Sump) 구조를 갖추고 있다. 오일 팬 섬프 내의 흡입 여과기(오일 스트레이너)가 오일 속에 포함된 비교적 큰 불순물을 여과한 후 오일을 펌프로 유도한다. • 급제동 시 오일의 유동을 경감시키기 위해 배플(Baffle)을 설치하기도 한다. 오일 팬 아래쪽에는 엔진오일을 교환할 때 오일을 배출시키기 위한 드레인 플러그(Drain Plug)가 있다.

■ 엔진오일의 색에 따른 오염 상태
• 흑색: 심한 오염
• 우유색: 냉각수 혼입
• 적색, 황색: 가솔린 유입
• 회색: 연소 생성물(4에틸납) 혼입

● 점도지수

오일의 온도 변화에 대한 점도의 변화 정도를 나타내는 지수로써 점도지수가 높은 오일은 온도 변화에 따른 점도의 변화가 적다.

■ 윤활장치(압송식)

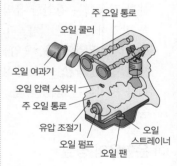

주 오일 통로
오일 쿨러
오일 여과기
오일 압력 스위치
주 오일 통로
유압 조절기
오일 펌프
오일 팬
오일 스트레이너

■ 오일 팬의 구성 요소

• 섬프
• 오일 스트레이너
• 배플(칸막이)
• 드레인 플러그

오일 펌프 (Oil Pump)	• 일반적으로 크랭크 축 또는 캠 축에 의해 기어나 체인으로 구동되며, 오일 팬 내의 오일을 흡입·가압하여 각 윤활부에 압송하는 기능을 한다. • 기어 펌프, 베인 펌프, 로터리 펌프, 플런저 펌프가 있으며, 4행정 엔진은 주로 기어 펌프가 사용된다.
유압 조절 밸브	• 유압 조절 밸브(Oil Pressure Control Relief Valve; 릴리프 밸브)는 윤활 회로 안에서 압력이 지나치게 높아지는 것을 방지하며, 유압이 스프링의 힘보다 커지면 밸브가 열려 펌프에서 토출된 오일이 오일 팬으로 되돌아가는 구조이다. • 회로 내의 유압을 일정하게 유지하는 기능을 하며, 유압 조절 밸브의 조정 스크류를 조여 회로의 압력을 높이거나 조정 스크류를 풀어 회로의 압력을 낮춰 규정 압력으로 설정하여 사용한다.
오일 여과기	엔진오일 안에는 엔진 각 부분의 마찰에 의한 마모로 생기는 금속 분말, 연료와 엔진오일의 연소에 의하여 생성되는 탄소성분 및 침전물 등의 불순물이 있다. 오일 여과기는 이를 깨끗하게 여과하여 각 윤활부에 엔진오일을 압송함으로써 엔진 각부의 마모를 방지한다.

(6) 엔진오일 여과 방식

분류식	오일 펌프에서 토출된 여과되지 않은 오일이 직접 윤활부에 공급되어 윤활 작용을 수행한 후, 나머지 오일은 여과되어 오일 팬으로 되돌아가는 방식이다. 이 방식은 윤활부로 불순물이 유입될 가능성이 있어 각 윤활부의 손상이 우려된다.
전류식	• 오일 펌프에서 토출된 모든 오일을 여과기를 통해 완전히 여과한 후 윤활부에 공급하는 방식이다. • 깨끗한 오일을 공급하여 윤활부 손상을 방지할 수 있는 장점이 있다. • 여과기 엘리먼트가 막혀 오일 공급이 차단되는 상황에 대비하여 바이패스 밸브(Bypass Valve)를 설치하여 윤활유의 흐름을 유지하도록 한다.
샨트식	분류식과 전류식을 병용한 복합식 여과 방식이다. 두 방식의 단점을 보완하여 오일의 청정 작용을 향상시킨 여과 방식이며, 디젤 엔진에 많이 사용된다.

02 냉각장치 ★★★

(1) 냉각장치 개요

실린더 안의 연소 온도는 약 2,000℃에 이른다. 이 열은 실린더 벽, 실린더 헤드, 피스톤, 밸브 등에 전도된다. 온도가 너무 높아지면 윤활 불충분으로 유막의 파괴, 부품의 변형, 연소 불량으로 노킹이나 조기 점화 등이 발생하여 엔진의 출력이 저하된다. 반면, 너무 냉각되면 냉각으로 손실되는 열량이 크기 때문에 엔진 효율 저하, 연료 소비 증대, 오일이 희석되어 베어링부의 마멸이 빨라진다. 냉각장치는 연소실에서 발생하는 높은 열을 적절히 냉각시켜 디젤 엔진의 온도를 약 80~90℃로 유지한다.

(2) 냉각장치의 종류

공냉식 (Air Cooling Type)	주행 중에 받는 공기로 엔진을 냉각시키며, 실린더나 실린더 헤드부에 일체로 주조된 냉각 핀(Cooling Fin)이 있다. 주로 오토바이 또는 경비행기 엔진에 사용된다.	
	장점	구조가 간단하고 냉각수의 보충과 누수 및 동결의 우려가 없으며, 취급이 간단하다.
	단점	운전 상태에 따라 엔진의 온도가 변화되기 쉽고 냉각이 균일하지 않아 과열되기 쉽다.
수냉식 (Water Cooling Type)	냉각수로 엔진을 냉각시키며, 냉각수의 순환 방식에 따라 자연 순환식과 강제 순환식으로 구분된다. 대부분의 디젤 엔진은 강제 순환식 냉각 방법이 적용한다.	
	자연 순환식	냉각수를 대류에 의해 순환시켜 냉각하는 방식이다.
	강제 순환식	냉각수를 물 펌프를 이용하여 강제로 순환시켜 냉각하는 방식이다.

(3) 수냉식 냉각장치의 구성

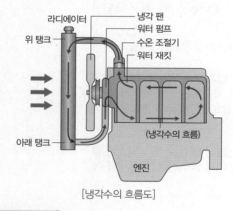

[냉각수의 흐름도]

① 워터 재킷(Water Jacket)

냉각수가 순환하는 통로로서 실린더 헤드 및 실린더 블록과 일체구조로 되어 있다. 워터 재킷을 통과하는 냉각수가 실린더 벽, 밸브 시트, 밸브 가이드 및 연소실 등의 열을 냉각시킨다.

② 워터 펌프(Water Pump)

㉠ 워터 펌프는 실린더 헤드 및 실린더 블록의 워터 재킷 내로 냉각수를 순환시키는 원심 펌프로서 크랭크 축의 회전력에 의해 구동된다.

㉡ 워터 펌프와 크랭크 축은 구동벨트로 연결되어 있으며, 워터 펌프가 고장나면 엔진이 과열된다.

③ 라디에이터(Radiator : 방열기)

　㉠ 엔진의 열에 의해 가열된 냉각수를 차가운 공기와 열교환을 시켜 냉각
　　시키는 장치이며, 냉각수를 저장하는 역할도 한다.

　㉡ 단위 면적당 발열량이 크고 공기와 냉각수의 유동 저항이 작으며, 소형
　　경량이어야 한다.

　㉢ 구조

위 탱크	라디에이터 캡(냉각수 주입구), 오버플로우 호스, 상부 호스 등
라디에이터 코어	• 냉각수가 흐르는 튜브(Tube)와 냉각 핀으로 구성 • 코어 막힘률 20% 이상 시 라디에이터 교환
아래 탱크	하부 호스 및 드레인 콕 설치

④ 라디에이터 캡

　㉠ 냉각수 주입구의 뚜껑으로, 일반적으로 압력식(가압식)을 사용한다. 압
　　력식 라디에이터 캡을 사용하면 냉각장치 내의 압력을 $0.2 \sim 0.9 kgf/cm^2$
　　로 올릴 수 있으며, 이때 냉각수의 비점은 약 113℃이다.

　㉡ 압력 밸브와 진공 밸브(또는 부압 밸브)가 내장되어 있으며, 냉각 계통
　　의 압력 변화를 조절하여 냉각수의 손실 방지 및 순환을 원활하게 한다.
　　• 냉각수의 온도가 올라가 냉각 계통 내의 압력이 규정 압력보다 높아
　　　지면 압력 밸브가 스프링을 누르고 통로를 열어 냉각수를 오버플로
　　　우 호스를 통해 보조 탱크로 배출시킨다.
　　• 엔진의 온도가 내려가 라디에이터 내부의 압력이 대기압 보다 낮아지
　　　면 진공 밸브가 열려 보조 탱크로 배출되었던 냉각수를 빨아올린다.
　　• 라디에이터 내의 압력이 대기압보다는 높고 규정 압력보다는 낮을
　　　때에는 캡에 설치되어 있는 스프링의 장력에 의해 압력 밸브와 진공
　　　밸브는 모두 닫혀 있다.

　㉢ 라디에이터 캡의 스프링이 파손되면 냉각수의 비등점이 낮아져 냉각수
　　의 증발이 활발해진다.

⑤ 냉각 팬(Cooling Fan)

엔진과 라디에이터 사이에 설치되어 라디에이터 내부의 냉각수를 냉각시
키고 엔진 과열을 방지한다. 구동 방식에는 벨트에 의해 구동되는 기계식
과 전기 모터에 의해 구동되는 전동식이 있다.

기계식 냉각 팬	• 크랭크 축 풀리와 벨트를 통해 직접 구동된다. • 라디에이터의 온도가 높으면 팬이 강하게 회전하고, 낮으면 약하게 회전한다. • 엔진이 고속일 때만 냉각 성능이 충분하다.
전동식 냉각 팬	• 전기 모터로 작동한다. • 라디에이터 또는 엔진 본체에 부착되어 있으며, 냉각수의 온도가 규정보다 높으면 이를 감지하는 수온 센서와 ECU 등에 의해 냉각 팬이 구동되고 규정 온도 이하로 내려가면 팬이 정지하게 된다. • 엔진 회전수와 관계없이 효율적인 냉각이 가능하다.

● 라디에이터 코어 막힘률

$$\frac{신품용량 - 구품용량}{신품용량} \times 100$$

■ 라디에이터의 구조

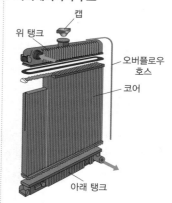

■ 압력식 라디에이터의 장점

• 냉각수의 손실이 적다.
• 방열기를 작게 할 수 있다.
• 냉각수의 비등점을 높일 수 있다.

■ 전동식 냉각팬

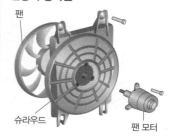

● 슈라우드(Shroud)

라디에이터와 냉각 팬을 감싸고 있
는 판으로써 공기 흐름 빠르게 하여
냉각 효과를 증진시킨다.

⑥ 수온 조절기(Thermostat: 정온기)

    ㉠ 실린더 헤드의 워터 재킷 출구 부분에 설치되어 냉각수의 온도 변화(엔진 냉각수의 정상 온도는 80℃ 전후)에 따라 냉각수 통로를 개폐하여 엔진의 온도를 적절히 유지하는 기구이다.

    ㉡ 수온 조절기가 폐쇄되면 규정 온도보다 냉각수 온도가 높아져서 엔진이 과열된다.

    ㉢ 수온 조절기가 낮은 온도에서 완전히 열리면 엔진의 워밍업 시간이 길어진다.

(4) 구동 벨트

구동 벨트(Drive Belt)는 팬 벨트 또는 V 벨트라고도 하며 크랭크 축, 발전기, 물 펌프 등의 풀리를 연결하여 각 장치를 구동시킨다. 내구성 향상을 위해 재질은 섬유질 또는 고무를 사용한다. 구동 벨트의 장력이 너무 크면 발전기 베어링 등이 소손되며, 장력이 너무 느슨하면 엔진 과열, 충전 부족 현상이 발생한다.

(5) 부동액

① 냉각수가 동결되는 것을 방지하기 위하여 냉각수와 혼합하여 사용하는 액체이다. 에틸렌글리콜을 주성분으로 하는 부동액이 널리 사용된다.

② 부동액의 구비 조건

    ㉠ 내부식성이 클 것: 금속 부식을 방지해야 함

    ㉡ 휘발성이 없을 것: 고온에서 쉽게 증발하지 않아야 함

    ㉢ 물과 혼합이 잘될 것: 냉각 성능이 고르게 유지됨

    ㉣ 빙점이 물보다 낮을 것: 겨울철에도 얼지 않아야 함

    ㉤ 비등점이 물보다 높을 것: 여름철에도 끓지 않아야 함

(6) 엔진 과열의 원인

① 냉각수의 양이 부족할 때

② 냉각 팬의 통풍이 불량할 때

③ 워터 펌프의 작동이 불량할 때

④ 워터 펌프의 벨트 장력이 느슨할 때

⑤ 수온 조절기의 열림 온도가 높을 때

⑥ 수온 조절기가 닫힌 채로 고장났을 때

⑦ 라디에이터의 누수 및 코어가 막혔을 때

⑧ 엔진오일이 불량하여 마찰열이 증대될 때

⑨ 팬 모터의 고장 또는 팬 벨트의 장력이 약할 때

(1) 공기청정기

① 엔진 작동 시 실린더 내부로 흡입되는 공기에는 먼지와 이물질 등이 섞여 있으며, 이들은 실린더 내면, 피스톤, 피스톤 링, 흡·배기 밸브 등을 마모 시킬 뿐만 아니라 윤활유에도 혼합되어 윤활 부분의 마모를 증가시킨다. 공기청정기(Air Cleaner)는 흡입 공기 내에 포함된 먼지와 이물질 등을 여과하고 엔진이 공기를 흡입하면서 생기는 강한 소음을 감소시켜 주는 기능을 한다. 공기청정기가 막히면 흡입 효율이 저하되어 연소가 불량해 지고 출력이 감소한다. 이때 불완전 연소로 인해 흑색의 배기가스가 배출 된다.

② 공기청정기의 종류

■ 공기청정기의 역할
• 여과 기능
• 소음 감소
• 윤활유 보호
• 연소 효율 향상

구분	건식 공기청정기	습식 공기청정기
구성	케이스+여과 엘리먼트(섬유질, 종이 등)	케이스+엘리먼트+케이스 하부 윤활유
세척 방법	압축 공기로 엘리먼트를 안쪽에 서 바깥쪽으로 불어냄	엘리먼트 세척 또는 윤활유 교환 필요
여과 원리	먼지를 여과지에 부착	공기를 윤활유에 통과시켜 이물 질 제거
장점	간편한 관리와 저렴한 유지비	우수한 여과 성능과 흡기 소음 감소

(2) 흡기 다기관

흡기 다기관(Intake Manifold)은 혼합기를 실린더 내로 유도하는 통로이 며, 실린더 헤드 측면에 설치되어 있다. 각 실린더에 혼합기가 균일하게 분배 되도록 하며, 공기 충돌 방지 및 흡입 효율이 감소되지 않도록 굴곡이 없어야 한다. 또한 연소가 촉진되도록 혼합기에 와류를 일으켜야 한다.

(3) 과급기

① 과급의 원리

㉠ 과급기는 배기량이 일정한 상태에서 공기를 압축하여 실린더에 공급하 는 장치로서 엔진의 충전 효율을 높여 힘과 출력을 증대시킨다. 과급기 에 의해 가압된 흡입 공기는 폐쇄된 공간에서 압축되기 때문에 온도는 상승하고, 부피를 팽창시켜 흡입 공기의 밀도가 낮아지므로 연소실에 공급되는 터보 공기의 양에는 한계가 있다.

㉡ 배기가스의 압력을 이용하는 터보차저(Turbocharger)와 크랭크 축의 회전력을 이용하는 슈퍼차저(Supercharger)가 있으며, 일반적으로 배기 다기관과 흡기 다기관 사이에 설치된다.

■ 디퓨저(Diffuser)
과급기에서 공기의 속도 에너지를 압 력 에너지로 변환시킨다.

② 과급기의 효과

　ㄱ 과급에 의한 출력 증가로 운전성이 향상된다.

　ㄴ 충전 효율의 증가로 연료 소비율이 낮아진다.

　ㄷ 엔진 소음의 감소로 운전 정숙성이 향상된다.

　ㄹ CO, HC, NO_x 등의 배기가스 배출이 줄어든다.

　ㅁ 단위 마력당 출력의 증가로 엔진 크기와 중량을 줄일 수 있다.

(4) 인터쿨러

① 인터쿨러(Intercooler)는 흡기 다기관과 과급기 사이에 설치되며, 공기를 냉각시켜 체적 효율을 높이는 냉각기이다. 냉각 방법에 따라 공냉식과 수냉식이 있다.

② 가솔린 엔진은 공기가 압축되어 흡기 온도가 올라가면 노킹이 발생하므로, 이때 인터쿨러는 흡입되는 공기 온도를 낮추어 노킹을 방지한다. 디젤 엔진은 공기가 압축되어 온도가 상승하면 공기 밀도가 낮아져 출력이 감소되므로 이때 인터쿨러가 이를 냉각하여 밀도를 회복시키는 일을 한다.

■ **인터쿨러의 냉각 방식**
- 공냉식: 주행풍 또는 팬을 이용해 냉각
- 수냉식: 냉각수를 이용해 냉각

---

04 배기장치 ★★

[배기장치의 구조]

(1) 배기 다기관

배기 다기관(Exhaust Manifold)은 배출 가스를 하나의 배기 파이프 방향으로 모으는 것으로 2기통 이상 엔진에서 사용된다. 배기 다기관의 내부는 흡기와 같이 흐름 저항으로 동력 손실이 생기지 않도록 매끈하게 다듬질되어 있다. 고온의 배기가스를 처리하므로 주철 들의 내열성이 높은 소재로 제작된다.

(2) 배기관

배기가스를 대기 중으로 내보내는 1개 또는 2개의 강관이다. 최근에는 가변 장치가 개발되어 저속에서는 소음을 줄이고, 고속에서는 통로를 단축하여 배기 저항을 줄여 엔진의 출력을 높이는 것도 있다.

■ **배기관이 불량하여 배압이 높으면**
- 엔진이 과열된다.
- 엔진 출력이 감소한다.
- 피스톤의 운동을 방해한다.

(3) 소음기

고온·고압의 배기가스를 대기로 바로 배출시키면 가스의 급격한 팽창으로 인하여 큰 폭발음이 발생한다. 소음기(Muffler)는 배기가스의 온도와 압력을 감소시켜 배기 소음을 줄여주는 장치이다. 배기관이나 소음기 내부에 카본 등이 부착되면 배압(Back Pressure)이 높아져 엔진 과열 및 출력이 저하한다.

(4) 배기가스

배기가스(Exhaust Gas)란 연료가 실린더 내에서 연소하여 배기 머플러를 통해 배출되는 가스를 말한다. 배기가스의 주성분은 무해 물질인 수증기(H_2O), 질소(N), 이산화탄소(CO_2)이며, 유해 물질로는 일산화탄소(CO), 탄화수소(HC), 질소 산화물(NO_X)과 약간의 납산화물, 탄소 입자(흑연) 등이 있다.

■ **배기가스의 색에 따른 연소 상태**
- 무색: 완전 연소
- 백색: 윤활유의 연소
- 엷은 자색: 희박한 혼합비
- 흑색: 농후한 혼합비(불완전 연소)

THEME **07** **엔진 부속장치**

01 윤활장치

01 엔진오일의 윤활 작용에 해당하지 <u>않는</u> 것은?

① 냉각 작용
② 밀봉 작용
③ 방청 작용
④ 응력 증가 작용 (×)
　　　　→ 감소

> **보충** 윤활유는 피스톤이나 베어링 등이 접촉하여 운동하는 사이에 들어가 압력 전달 면적을 넓혀서 응력을 분산(감소)시키는 작용을 한다. 윤활 작용의 종류는 다음과 같다.
> • 냉각 작용
> • 밀봉 작용
> • 방청 작용
> • 응력 감소 작용
> • 마멸 방지 작용

02 엔진에서 윤활유 사용 목적이 <u>아닌</u> 것은?

① 마찰을 적게 하기 위하여
② 발화성을 좋게 하기 위하여 (×)
③ 마찰열을 방출시키기 위하여
④ 실린더 내의 기밀을 유지하기 위하여

03 SAE 점도 번호에 따른 윤활유 사용 방법으로 옳은 것은?

① 모든 윤활유의 SAE 번호는 일정하다.
② 계절과 윤활유 SAE 번호는 관계가 없다.
③ 겨울은 여름보다 SAE 번호가 큰 윤활유를 사용한다.
④ 여름은 겨울보다 SAE 번호가 큰 윤활유를 사용한다.

> **보충** SAE 점도 번호는 표준 온도(15℃)에서의 윤활유 점도를 나타낸다. 따라서 여름에는 겨울에 비하여 SAE 번호가 큰 윤활유를 사용해야 한다.

04 내연 엔진에 사용되는 윤활유의 구비 조건으로 옳은 것은?

① 항유화성일 것
② 유동점이 높을 것 (×) → 낮을 것
③ 인화점이 낮을 것 (×) → 높을 것
④ 점도지수가 낮을 것 (×) → 높을 것

05 다음 〈보기〉의 괄호에 들어갈 용어로 알맞은 것은?

┌─ 보기 ├────────────────────────┐
점도지수란 오일의 (㉠) 변화에 대한 (㉡)
의 변화 정도를 나타내는 지수이다.
└──────────────────────────────┘

① ㉠: 압력 ㉡: 점도
② ㉠: 온도 ㉡: 점도
③ ㉠: 점도 ㉡: 압력
④ ㉠: 점도 ㉡: 온도

06 윤활 방식 중 오일 펌프로 급유하는 방식은?

① 비산식
② 압송식
③ 분사식
④ 비산분무식

보충 압송식(또는 압력식) 윤활 방식은 오일 펌프로 오일 팬 안에 있는 엔진오일을 흡입·가압하여 각 윤활부에 보내는 강제 급유 방식이다.

07 오일 레벨 게이지로 크랭크케이스 내의 오일 양을 점검할 때 오일 게이지의 정상 표시 기준은?

① MIN(또는 L) 선
② MAX(또는 F) 선 보다 위
③ MIN(또는 L) 선 보다 아래
④ MAX와 MIN(또는 F와 L) 선의 중간

보충 엔진의 오일 양은 엔진 정지 상태에서 유면 표시기의 상한(MAX 또는 F)과 하한(MIN 또는 L) 지점의 사이에 있어야 정상이다.
유면 표시기(Dip Stick)
크랭크케이스 안의 엔진오일을 점검하는 금속 막대로서 아랫부분에 F(또는 max)의 상한 지점과 L(또는 min)의 하한 지점이 표시되어 있다. 엔진오일 양은 엔진 정지 상태에서 유면 표시기의 상한과 하한 지점의 사이에 있어야 정상이다.

08 오일량은 정상이나 오일 압력계의 압력이 규정보다 높을 때의 조치 사항으로 옳은 것은?

① 오일을 보충한다.
② 오일을 배출한다.
③ 유압 조절 밸브를 푼다.
④ 유압 조절 밸브를 조인다.

09 윤활장치에서 오일 여과기의 역할은?

① 오일의 압송
② 오일의 순환 작용
③ 오일의 세정 작용
④ 연료와 오일의 정유 작용

10 오일 펌프에서 토출된 모든 오일을 여과하여 윤활부에 공급하는 여과 방식은?

① 분류식 여과 방식
② 전류식 여과 방식
③ 샨트식 여과 방식
④ 합류식 여과 방식

02 냉각장치

11 디젤 엔진의 정상적인 냉각수 온도는?

① 35~45℃

② 55~65℃

③ 80~90℃

④ 95~105℃

12 냉각수 순환용 물 펌프가 고장이 난 경우 엔진에 나타날 수 있는 현상으로 가장 중요한 것은?

① 엔진 과열

② 시동 불능

③ 발전기 작동 불능

④ 축전지의 비중 저하

13 라디에이터는 코어 막힘률이 몇 % 이상이면 교환해야 하는가?

① 5%

② 10%

③ 15%

④ 20%

14 엔진의 냉각장치에 압력식 라디에이터 캡을 사용하는 목적은?

① 엔진 온도를 높이기 위하여

② 엔진 온도를 낮추기 위하여

③ 압력밸브의 고장 방지를 위하여

④ 냉각수의 비점을 높이기 위하여

보충 압력식 라디에이터 캡을 사용하면 냉각장치 내의 압력을 약 0.2~0.9kgf/cm^2 올릴 수 있으며, 이때 냉각수의 비점은 약 113℃ 높아진다.

15 냉각장치에 사용되는 전동 팬에 대한 설명으로 틀린 것은?

① 팬 벨트가 필요 없다.

② 냉각수 온도에 따라 작동한다.

③ 엔진 동작 중에는 항상 회전한다. (×)

④ 라디에이터 또는 엔진 본체에 부착되어 있다.

보충 전동 팬은 엔진의 냉각수 온도나 에어컨 작동 여부 등에 따라 필요한 경우에만 회전한다. 따라서 엔진이 작동 중이라도 냉각수 온도가 낮으면 작동하지 않을 수 있다.

16 냉각장치의 수온 조절기가 너무 낮은 온도에서 완전히 열릴 경우 발생할 수 있는 현상은?

① 엔진이 과열되기 쉽다.
② 엔진의 회전 속도가 빨라진다.
③ 워밍업 시간이 길어지기 쉽다.
④ 워터 펌프에 부하가 걸리기 쉽다.

> 보충 ① 수온 조절기가 일찍 열리면 오히려 냉각이 빨리 이루어져 과열되기 어렵다.
> ② 엔진의 회전 속도는 스로틀 제어장치, 아이들 제어장치에 의해 결정되므로 관련이 없다.
> ④ 워터 펌프의 부하는 온도와 크게 관련이 없고, 냉각 회로의 압력 손실에 더 영향을 받는다.

17 엔진의 구동 벨트의 장력이 너무 강할 때 발생할 수 있는 현상은?

① 엔진이 과열된다.
② 충전 부족 현상이 생긴다.
③ 발전기 베어링이 손상된다.
④ 워터 펌프의 회전이 불량해진다.

> 보충 구동 벨트의 장력이 너무 크면 발전기 베어링 등이 소손되며, 장력이 너무 느슨하면 엔진 과열 및 충전 부족 현상이 발생한다.

18 부동액의 주요 성분으로 옳은 것은?

① 그리스
② 암모니아
③ 엔진오일
④ 에틸렌글리콜

19 부동액의 구비 조건으로 틀린 것은?

① 부식성이 없을 것
② 물과 쉽게 혼합될 것
③ 빙점이 물보다 낮을 것
④ 비등점이 물보다 낮을 것 (×) → 높을 것

20 엔진 과열 시 우선적으로 점검해야 할 사항은?

① 연료량
② 피스톤 마모량
③ 유압장치의 유량
④ 라디에이터의 냉각수량
　　→ 과열 시 가장 먼저 확인해야 할 기본 항목

03 흡기장치

21 공기청정기(Air Cleaner)의 설치 목적은?

① 공기의 가압 작용
② 공기의 여과와 소음 방지
③ 연료의 여과와 소음 방지
④ 연료의 여과와 가압 작용

22 운전 중인 디젤 엔진의 공기청정기가 막혔을 때 나타나는 현상으로 옳은 것은?

① 배기가스 색은 백색, 출력은 정상

② 배기가스 색은 흑색, 출력은 감소

③ 배기가스 색은 무색, 출력은 감소

④ 배기가스 색은 청백색, 출력은 증가

보충 공기청정기가 막히면 흡입 효율이 저하되어 연소가 불량해지고 출력이 감소한다. 이때 불완전 연소로 인해 흑색의 배기가스가 배출된다.

23 터보차저의 기능으로 옳은 것은?

① 윤활유 온도를 높여주는 장치이다.

② 냉각수 유량을 조절하는 장치이다.

③ 엔진 회전수를 증가시키는 장치이다.

④ 공기를 압축하여 실린더에 공급하는 장치이다.

24 터보차저는 무엇에 의해서 구동되는가?

① 엔진의 동력

② 엔진의 열

③ 엔진의 흡입가스

④ 엔진의 배기가스

보충 터보차저(Turbocharger)는 배기가스의 압력을 이용하는 과급기, 슈퍼차저(Supercharger)는 크랭크 축의 회전력을 이용하는 과급기이다.

04 배기장치

25 배기관이 불량하여 배압이 높을 때 엔진에 생기는 현상 중 틀린 것은?

① 엔진이 과열된다.

② 엔진 출력이 감소한다.

③ 냉각수 온도가 내려간다. (×) → 올라간다

④ 피스톤의 운동을 방해한다.

보충 배압이 높으면 연소 온도가 상승므로, 냉각수 온도도 올라간다.

26 머플러(소음기)와 관련된 내용을 모두 고르시오.

ㄱ 카본이 많이 끼면 엔진이 과열된다.
ㄴ 머플러를 제거하면 배기음이 커진다.
ㄷ 카본이 쌓이면 엔진 출력이 떨어진다.
ㄹ 배기가스의 압력을 높여서 열효율을 증가시킨다.

① ㄱ, ㄹ

② ㄴ, ㄷ, ㄹ

③ ㄱ, ㄴ, ㄷ

④ ㄱ, ㄴ, ㄷ, ㄹ

27 배기가스에 포함된 유해 물질이 아닌 것은?

① CO ② HC

③ NO_x ④ H_2O (×)

보충 배기가스의 주성분은 무해 물질인 수증기(H_2O), 질소(N), 이산화탄소(CO_2)이며, 유해 물질로는 일산화탄소(CO), 탄화수소(HC), 질소 산화물(NO_x)과 약간의 납산화물, 탄소 입자(흑연) 등이 있다.

THEME 08 디젤 엔진의 연료장치

01 디젤 연료의 특성 ★★★

■ 기출 TIP / ● 기초용어

(1) 경유의 특성

디젤 엔진용 경유는 등유와 비슷하지만, 등유에 비하여 약간 탁하고 점성을 띤다. 연료 비중은 0.83~0.89이고 착화점은 358℃이다. 경유 1kg이 완전 연소할 때 필요한 공기량은 14.4kg이다.

> **더 알아보기**
>
> 연료 속에 포함된 유황이 산소와 화합하여 연소할 때 발생하는 연소 생성물은 아황산가스이다.

(2) 세탄가

세탄가(Cetane Number)는 디젤 연료의 착화성을 정량적으로 표시한 것이다. 세탄가가 높으면 연료가 쉽게 착화되어 연소 효율이 증가하고 소음 및 진동이 감소하여 부드러운 주행이 가능하다. 세탄가가 낮으면 연소가 지연되면서 디젤 노크가 발생할 수 있다. 디젤 연료의 일반적인 세탄가는 45~70 정도이다.

■ 세탄가가 높을수록 연료는 빨리 착화되고, 엔진이 조용하고 부드럽게 작용한다.

> **더 알아보기**
>
> 기준 물질
> • 세탄(Cetane): 점화성이 매우 좋은 기준 물질로, 세탄가 100
> • 알파메틸나프탈렌: 점화성이 나쁜 기준 물질로, 세탄가 0

(3) 디젤 연료의 구비 조건

① 발열량이 커야 한다.
② 미립화가 좋아야 한다.
③ 인화점이 높고 착화성이 낮아야 한다.
④ 연소 후 카본 또는 매연의 발생이 적어야 한다.
⑤ 온도 변화에 대한 점도의 변화가 작고, 적정한 점도를 유지해야 한다.

(1) 개요

디젤 엔진(Diesel Engine)은 '압축 착화 엔진'이라고도 한다. 실린더 안에서 공기만을 압축하여 450~550℃에 달하는 고온·고압의 압축 공기를 생성한 후, 여기에 분사 노즐을 통해 연료를 분사시켜 자기 착화 연소하는 엔진이다.

(2) 장단점

장점	단점
• 열효율이 높다. • 연료가 경제적이다. • 실린더 지름을 크게 할 수 있다. • 인화점이 높아 화재의 위험이 적다. • 점화장치가 없어 고장률이 낮고 무선 통신 방해가 적다. • 평균 유효 압력의 변화는 거의 없으며, 토그 변동이 적다.	• 운전 중 소음 및 진동이 크다. • 동일한 출력일 경우 배기량이 커진다. • 정밀한 분사장치로 인하여 엔진 가격이 비싸다. • 최고 폭발 압력이 크기 때문에 엔진 중량이 무겁다. • 압축비가 높기 때문에 용량이 큰 기동 전동기가 필요하다.

(3) 디젤 엔진의 진동 원인

① 연료 라인에 공기 침입 시
② 크랭크 축의 무게가 불평형일 때
③ 실린더 상호 간의 안지름 차이가 클 때
④ 피스톤 및 커넥팅 로드의 무게 차이가 클 때
⑤ 연료 분사 압력, 분사량 및 분사 시기가 틀릴 때
⑥ 다기통 엔진에서 어느 한 개의 분사 노즐이 막혔을 때

(4) 디젤 엔진의 출력 저하 원인

① 노킹이 일어날 때
② 연료 분사량이 적을 때
③ 연료 여과기가 막혔을 때
④ 실린더 내 압축 압력이 낮을 때
⑤ 연료 분사 시기가 부정확할 때

(5) 디젤 엔진의 연소 과정

실린더 내의 고온·고압으로 압축된 공기에 연료를 무화 상태로 분사하면 연료 입자가 공기와 접촉하여 증발·확산하면서 착화되어 연소하게 된다. 디젤 엔진의 연소 과정에서 연료 분사를 시작하는 지점은 BTDC 22~23° 부근이며, 연료가 분사되어 착화 지연 기간, 화염 전파 기간, 직접 연소 기간, 후기 연소 기간을 거치면서 연소가 완성된다.

● 디젤 엔진
압축 착화식 내연기관으로, 공기를 압축하여 고온·고압 상태로 만든 후 연료(경유)를 분사하여 자연 착화시키는 방식의 엔진이다.

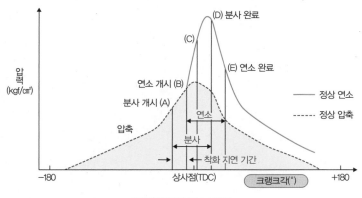

[디젤 엔진의 연소 과정]

연소 과정	특징
착화 지연 기간 (A–B)	• 연료가 노즐 또는 인젝터에 의해 연소실에 분사(A 지점)되고 자기 착화가 시작되기 전까지의 기간이다. • 연료 입자가 뜨거운 공기로부터 열을 흡수하여 서서히 가열되어 가연성 혼합기를 형성한다. • 연소가 바로 일어나지 않기 때문에 온도나 압력 변화가 거의 없다. • 착화 지연 기간은 짧을수록 좋고, 길어지면 디젤 노크가 발생한다.
화염 전파 기간 (B–C)	• 연료가 착화 온도(약 400℃)에 도달(B 지점)하여 자기 착화하면 착화 지연 기간 동안 형성된 혼합기 대부분이 한꺼번에 연소되면서 실린더 내부의 압력과 온도가 급격히 상승한다. • 디젤 엔진의 폭발적인 힘이 나오는 기간으로 확산 연소 기간이라고도 한다.
직접 연소 기간 (C–D)	• 제어 연소 기간이라고도 하며, 불이 붙어 있는 실린더 내에 신규로 분사되는 연료가 화염과 만나 바로 연소되는 기간이다. • 연료 분사량에 따라 출력 조절이 가능한 기간으로 실린더 내부 압력은 최고치를 나타낸다.
후기 연소 기간 (D–E)	연료의 분사가 끝나는 점(D 지점)에서 연소되지 못한 연료가 연소하는 기간이다. 이 기간에 연소된 열은 유효하게 이용되지 못하고 배기 온도와 배압을 상승시켜 엔진의 열효율을 저하시킨다.

(6) 디젤 노크

① 개요

디젤 엔진은 연료가 분사되는 순간 착화하여 연소가 시작되는 것이 이상적이다. 분사된 연료 입자는 고온으로 압축된 공기로부터 열을 받아 증발이 시작되고, 연료 증기가 고온의 공기와 접촉하여 자연 발화점에 도달할 때까지 지연되어 착화된다. 이때 착화 지연 기간이 너무 길어지면 착화가 일어날 때까지 분사된 연료의 양이 많아지고, 착화가 시작되면서 일시에 연소되어 실린더 내에 급격한 압력 상승이 일어난다. 이때 피스톤이나 실린더 벽에 충격과 압력 파동을 주어 소음과 진동이 발생하며, 이 현상을 디젤 노크(Diesel Knock)라고 한다.

● 디젤 노크

착화 지연으로 인해 분사된 연료가 한꺼번에 연소되어 실린더 내 압력이 급격히 상승하면서 발생하는 소음과 진동 현상이다. 연소가 정상보다 늦어지면 충격파가 생겨 피스톤과 실린더 벽에 손상을 줄 수 있다.

② 디젤 노크가 엔진에 미치는 영향
　　㉠ 흡기 효율이 저하된다.
　　㉡ 엔진 회전수가 감소한다.
　　㉢ 엔진이 손상될 수도 있다.
　　㉣ 엔진이 과열되고 출력이 저하된다.
③ 디젤 노크의 방지법
　　㉠ 압축비를 높게 한다.
　　㉡ 흡기 압력을 높게 한다.
　　㉢ 연료 입자를 미립화시킨다.
　　㉣ 연료의 착화 지연을 짧게 한다.
　　㉤ 흡기, 실린더 벽, 연소실 내의 온도를 높인다.
　　㉥ 세탄가가 높고 착화 온도가 낮은 연료를 사용한다.

03 디젤 엔진의 연소실　★★★

(1) 연소실 개요

연소실은 공기와 연료의 연소 및 연소 가스의 팽창이 시작되는 부분이다. 디젤 연소실에는 흡·배기 밸브, 분사 노즐 또는 인젝터가 설치되어 있으며, 연소실 체적은 압축비에 따라 결정된다.

(2) 연소실의 종류

단실식 연소실	하나로 된 연소실에 연료를 직접 분사하여 연소시키는 형식으로 직접 분사식이 있다.
복실식 연소실	주연소실 위쪽에 부연소실을 두어 부연소실에 연료를 분사하는 것으로 예연소실식, 와류실식, 공기실식이 있다.

(3) 직접 분사식 연소실의 장단점

장점	단점
• 냉각 손실이 적다. • 연료 소비량이 적대(열효율이 높다). • 연소실의 구조가 간단하다. • 시동이 쉽다. • 예열 플러그가 필요 없다.	• 가격이 비싸다. • 노크를 일으키기 쉽다. • 사용 연료 변화에 민감하다. • 분사 압력이 높아 분사 노즐의 수명이 짧다. • 엔진의 회전 속도 및 부하의 변화에 민감하다.

■ 예연소실식 연소실의 특징
- 분사 압력이 낮다.
- 예열 플러그가 필요하다.
- 사용 연료의 변화에 둔감하다.
- 예연소실은 주연소실보다 작다.

(4) 예열장치

예열장치(Preheating System)는 디젤 엔진에만 설치되며, 기온이 낮을 때 시동을 원활하게 하기 위해 흡입 공기를 가열하는 장치이다. 디젤 엔진은 흡입 공기를 압축하면서 발생한 열로 착화 연소하기 때문에 온도가 낮으면 착화가 어려워 예열장치를 설치해야 한다. 예열장치는 실린더에 흡입되는 공기를 흡기 다기관에서 미리 가열하여 연소실에 공급되도록 하는 흡기 가열식과 연소실 내의 압축 공기를 직접 가열하는 예열 플러그식이 있다. 특히 예열 플러그식은 예연소실식과 와류식 디젤 엔진에 사용된다.

04 분사 펌프식 디젤 엔진의 연료장치(독립식) ★★

(1) 개요

분사 펌프식 디젤 엔진의 연료장치는 연료 탱크의 연료를 공급 펌프가 흡입·가압·토출하여, 여과기에서 이물질을 제거한 뒤 분사 펌프에 공급한다. 분사 펌프는 엔진의 크랭크축에 의해 구동되며, 연료를 고압으로 압축해 분사 파이프를 거쳐, 적절한 시기에 실린더 헤드에 설치된 분사 노즐을 통해 연료를 분사한다. 분사 펌프에는 두 가지 주요 보조장치가 있다.
① 한쪽에는 조속기(Governor)가 설치되어 최고 회전 속도를 조절하고,
② 반대쪽에는 타이머(Timer)가 설치되어 분사 시기를 조절한다.
분사 펌프식 디젤 연료장치는 구조에 따라 다음 두 가지로 구분된다.

독립형	각 실린더마다 1개의 분사 펌프를 갖는 방식
분배형	1개의 분사 펌프로 모든 실린더에 연료를 분사하는 방식

(2) 연료 탱크

디젤유를 저장하는 탱크이며, 작업 중 경유의 출렁거림을 방지하기 위하여 내부에 칸막이 판(Baffle Plate)이 설치되어 있다. 겨울철에는 공기 중의 수증기가 응축된 물이 연료 탱크에 들어갈 수도 있으므로 탱크에 연료를 가득 채워 두어야 한다.

(3) 연료 공급 펌프

연료 공급 펌프(Fuel Feed Pump)는 연료 탱크에 있는 연료를 연료 여과기를 거쳐 분사 펌프에 공급하는 장치이다. 연료 분사 펌프에 의해 구동되며, 일부는 연료 속의 공기 빼기 등에 사용되는 수동식 프라이밍 펌프를 갖추고 있다.

■ 분사 펌프식 디젤 연료장치

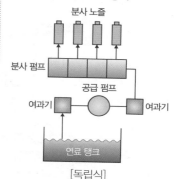

[독립식]

[분배식]

■ 공기 빼기 작업

디젤 엔진은 연료 라인에 공기가 있으면 시동이 걸리지 않으므로 프라이밍 펌프를 작동시키면서 '연료 공급 펌프 → 연료 여과기 → 분사 펌프'의 순서로 공기 빼기 작업을 해야 한다.

(4) 연료 여과기

연료 여과기(Fuel Filter)는 연료 속에 들어 있는 먼지와 수분을 제거하고 분리하는 역할을 한다. 디젤 연료는 분사 펌프의 플런저 배럴, 플런저, 분사 노즐 등의 윤활 기능도 수행하기 때문에 여과 성능이 높아야 한다. 여과기는 엘리먼트, 중심 파이프, 오버플로우 밸브, 드레인 플러그 등으로 구성되며, 오버플로우 밸브는 엘리먼트가 막혀 여과기 내의 압력이 규정값 이상으로 상승하면 열리고 과잉 압력의 연료를 연료 탱크로 되돌려 보낸다.

(5) 분사 펌프

분사 펌프(Injection Pump)는 엔진의 크랭크 축에 의해 구동되며, 연료 공급 펌프에서 전달된 연료를 고압으로 압축한 후, 이를 분사 파이프를 통해 분사 노즐로 보낸다.

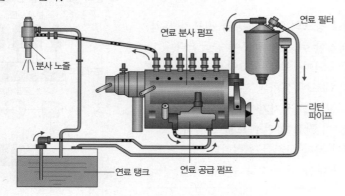

[독립형 분사 펌프식 디젤 연료장치의 구성]

① 펌프 하우징
분사 펌프의 본체로서, 상부에는 딜리버리 밸브와 그 홀더가 설치되어 있다. 중앙부에는 플런저 배럴과 플런저, 조절 래크 및 피니언, 조절 슬리브가 장착되며, 하부에는 캠 축이 설치되어 있다.

② 캠 축
분사 펌프 캠 축은 엔진의 크랭크 축 기어로 구동된다. 4행정 사이클 엔진에서는 크랭크 축의 1/2 속도로 회전하고, 2행정 사이클 엔진에서는 크랭크 축과 같은 속도로 회전한다. 캠 축에는 태핏을 통해 플런저를 작동시키는 캠과 연료 공급 펌프를 구동하기 위한 편심륜이 설치되어 있다. 캠의 수는 실린더 수와 같으며, 구동 부분에는 타이머가, 반대쪽에는 조속기가 장착되어 있다.

③ 플런저 배럴과 플런저
플런저 배럴은 펌프 하우징에 고정되어 있으며, 그 내부에서 플런저가 상하 미끄럼 운동을 하면서 고압의 연료를 형성한다. 플런저가 스프링의 힘에 의해 하강하면 플런저 헤드가 흡입 구멍을 열어 연료가 플런저 배럴 속으로 유입된다. 이후, 플런저가 캠의 작용으로 상승하면서 흡입 및 배출 구멍을 막으면 배럴 내부의 연료가 가압되기 시작한다.

■ 여과기에 설치된 오버플로우 밸브의 역할
• 여과기 각 부분을 보호한다.
• 운전 중 공기 빼기 작용을 한다.
• 공급 펌프의 소음을 억제한다.

■ 플런저 유효 행정
연료를 분사 노즐로 송출하는 행정으로서 플런저 헤드가 연료 공급을 차단한 후부터 리드가 플런저 배럴의 흡입 구멍에 도달할 때까지 플런저가 이동한 거리이다. 플런저의 유효 행정이 길면 연료의 분사량이 많아지고, 유효 행정이 짧으면 연료의 분사량이 적어진다.

이 연료가 일정 압력에 도달하면 딜리버리 밸브가 열려 연료가 분사 노즐로 전달되어 분사된다.

④ 플런저 회전 기구

플런저 회전 기구(분사량 조절 기구)는 분사량을 조절하는 장치로, 가속 페달이나 조속기의 움직임을 플런저로 전달하여 연료 분사량을 조절하는 역할을 한다. 가속 페달을 밟으면 '조절 래크 → 조절 피니언 → 조절 슬리브 → 플런저 회전(분사량 변화)' 순서로 작동하여, 플런저의 회전에 따라 분사량이 변화된다.

⑤ 딜리버리 밸브

딜리버리 밸브(Delivery Valve)는 플런저가 상승하면서 배럴 내부의 연료 압력이 규정값에 도달하면 열려, 연료를 분사 파이프 쪽으로 압송하는 역할을 한다. 플런저의 유효 행정이 끝나고 배럴 내의 연료 압력이 급격히 낮아지면, 밸브는 스프링의 힘에 의해 신속하게 닫혀 연료가 분사 노즐에서 펌프로 역류하는 것을 방지한다. 또한, 밸브가 밸브 시트에 완전히 밀착될 때까지 하강함으로써 그 체적만큼 분사 파이프 내 압력을 떨어뜨려, 분사 노즐의 후적(後滴)을 방지하는 기능도 수행한다.

⑥ 조속기

조속기(Governor)는 엔진의 회전 속도나 부하의 변동에 따라, 자동으로 조절 래크를 움직여 분사량을 가감하는 장치로서, 엔진의 최고 회전 속도를 조절하고 동시에 저속 운전을 안정시키는 역할을 한다.

> **더 알아보기**
>
> **앵글라이히 장치(Angleichen Device)**
> 조속기에 설치된 앵글라이히 장치는 엔진의 모든 속도 범위에서 공기와 연료의 비율이 알맞게 유지되도록 하는 장치이다.

⑦ 분사 시기 조정기(타이머)

분사 시기 조정기는 엔진의 회전 속도나 부하에 따라 연료 분사 시기를 조정하는 장치이다. 이 장치는 분사 펌프 캠 축을 엔진 크랭크 축에 대해 일정 각도 만큼 빠르게 또는 느리게 회전시켜 연료 분사 시점을 앞당기거나 늦추는 방식으로 작동한다.

(6) 분사 파이프

분사 파이프는 분사 펌프의 각 출구와 분사 노즐을 연결하는 고압 파이프이다. 연료의 분사 지연을 줄이기 위해 가능한 한 짧게 설치하는 것이 바람직하며, 모든 실린더의 분사 시점이 동일해지도록 각 파이프의 길이를 같게 한다.

■ **후적(Dribbling)**
분사가 완료된 후에도 분사 노즐 팁에 연료 방울이 남아 연소실에 떨어지는 것을 말한다. 후적이 생기면 배압이 발생되어 엔진의 출력이 저하되고 후기 연소 기간에 연소되면서 엔진 출력이 저하되고 과열하는 원인이 된다.

(7) 분사 노즐

분사 노즐(Injection Nozzle)은 분사 펌프로부터 공급된 고압의 연료를 규정된 분사 압력으로 미립화시켜 연소실 내에 분사하는 장치이다. 노즐의 섭동면은 연료(경유)를 윤활제로 사용하여 마모를 방제한다. 연료 분사의 주요 특징은 다음과 같다.

무화	연료 입자를 미세하게 분해하여 안개처럼 만드는 현상이다.
관통력	연소실에 분사된 연료가 압축된 공기층을 통과하여 먼 곳까지 도달할 수 있는 힘을 말한다.
분포(분산)	연료의 입자가 연소실 구석구석까지 균일하게 퍼져, 어느 곳에서나 적정한 공기-연료혼합비가 이루어져야 한다.

■ 분사 노즐의 요구 조건

• 연료를 미세한 안개 모양으로 만들어 착화를 쉽게 한다.
• 분무를 연소실 구석구석까지 뿌려지게 한다.
• 분사 끝을 완전히 차단하여 후적 (After Drop)이 없어야 한다.
• 고온·고압의 가혹한 조건에서 장시간 사용할 수 있어야 한다.

05 커먼레일식 디젤 엔진의 연료장치 ★★

(1) 개요

커먼레일식 디젤 엔진(Common Rail Diesel Engine)은 고압 연료 저장장치인 커먼레일에 연료를 저장한 뒤, 일정 압력 이상의 초고압(1,350bar)에서 연료를 직접 연소실(피스톤 상단부)로 분사해 연소하는 방식의 디젤 엔진이다. 커먼레일에 저장된 고압 연료는 인젝터로 공급되며, ECU(전자제어장치)의 펄스 신호에 따라 분사량, 분사율, 분사 시기가 결정된다.

연료 공급은 '연료 탱크 → 연료 필터 → 저압 펌프 → 고압 펌프 → 커먼레일 → 인젝터' 순으로 이루어 진다.

■ 연료 공급 순서

① 연료 탱크 ┐
② 연료 필터 ├ 저압 계통
③ 저압 펌프 ┘
④ 고압 펌프 ┐
⑤ 커먼레일 ├ 고압 계통
⑥ 인젝터 ┘

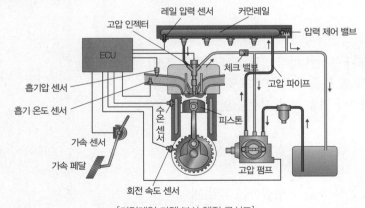

[커먼레일 디젤 분사 엔진 구성도]

(2) 커먼레일식 디젤 엔진의 장단점

장점	단점
• 엔진 출력이 향상된다. • 소음 및 진동이 적어 조용하다. • 연비가 뛰어나 유지 비용이 절약된다. • 완전연소로 매연이 감소되어 환경친화적이다.	• 고장 시 수리비가 비싸다. • 고압의 연료를 이용하므로 부품 가격이 비싸다. • 전자제어시스템을 사용하므로 잔고장이 발생할 수 있다.

(3) 저압 연료 펌프

커먼레일식 디젤 엔진의 저압 연료 펌프는 연료 탱크로부터 연료를 흡입하여 고압 펌프로 이송하는 역할을 하며, 구동 방식에 따라 전기식과 기계식으로 분류된다. 전기식 저압 연료 펌프는 연료 탱크와 고압 펌프의 중간에 설치되며, ECU에 의해 구동된다. 기계식 저압 연료 펌프는 고압 펌프와 일체식으로 구성되어 있다.

(4) 연료 여과기

연료 여과기는 연료 내 이물질 및 수분을 제거하는 장치로, 저압 스트레이너와 고압 연료 필터로 구성된다.

저압 스트레이너	연료 탱크 내부에 설치되어 있으며, 비교적 큰 입자의 이물질을 걸러낸다.
고압 연료 필터	연료 라인 상에 설치되며, 고압 펌프로 유입되기 전 연료를 정밀하게 여과한다.

상부에는 수동 공기 제거용 프라이밍 펌프가 부착되어 으며, 다음 부속 장치들이 포함된다.

서머 스위치 (Thermo Switch)	연료 온도를 감지한다.
연료 가열 히터 (Heater)	공급 연료를 가열해 동결을 방지하고 왁스 등의 석출물 형성을 억제한다.
수분 센서 (Water Sensor)	• 연료에 포함된 수분을 감지하고, 수분 축적 여부를 경고한다. • 일부 모델은 연료에서 수분을 자동 분리하는 기능도 갖춘다.

(5) 고압 펌프

고압 펌프는 커먼레일식 디젤 엔진에서 고압의 연료를 발생시켜 커먼레일에 공급하는 핵심 장치로, 인젝터에 연료를 분사할 수 있도록 필요한 연료 압력을 형성한다.

① 구동 방식: 엔진의 크랭크 축, 타이밍 체인, 벨트, 또는 캠 축에 의해 구동된다.

② 작동 원리: 저압 연료 펌프에서 송출된 연료를 받아 고압으로 압송하여 커먼 레일로 공급하며, 이 과정에서 인젝터의 윤활 및 냉각용 여분 연료도 함께 토출된다.

③ 구성: 일부 고압 펌프는 저압 펌프와 압력 조절 밸브가 일체형으로 구성되어 있으며, 이 압력 조절 밸브는 ECU(전자제어장치)의 신호에 의해 작동한다.

④ 제어 방식: ECU는 엔진 회전 중 목표 연료 압력을 설정하고, 레일 압력 센서로부터 실제 연료 압력을 입력받아 이를 비교하여 압력 조절 밸브를 통해 펌프의 토출 압력을 조절한다.

(6) 커먼레일

커먼레일(Common Rail)은 고압 펌프에서 이송된 연료를 일정한 압력으로 저장하고, 각 인젝터에 동일한 압력으로 연료를 공급하는 고압 연료 저장 장치이다.

① 주요 기능

압력 균등 공급	각 인젝터에 동일한 압력의 연료를 공급함으로써 정밀한 분사 제어가 가능하다.
축압(蓄壓) 작용	연료의 탄성과 레일 내부 용적에 의해 압력 변동이 줄어들고, 일정한 압력을 유지할 수 있다.(고압 펌프의 펄스와 인젝터 분사에 따른 압력 변화가 흡수됨)

② 구성 요소

레일 압력 센서	레일 내부의 순간적인 연료 압력을 측정하여 ECU에 전달한다.
레일 압력 제어 밸브	ECU의 제어에 따라 작동하여 레일 내부 연료 압력을 일정하게 유지한다.

(7) 인젝터

① 커먼레일 디젤 엔진의 인젝터(Injector)는 고압 연료 펌프로부터 송출된 고압의 연료가 레일을 통해 인젝터까지 공급되고, 공급된 연료를 연소실에 직접 분사하는 DI(Direct Injection) 방식이다. ECU에서 코일에 전류를 공급하면 밸브가 연료의 압력으로 들어 올려진 후 컨트롤 챔버를 통해 연료를 배출하고 그와 동시에 니들과 노즐이 상승하면서 고압의 연료가 연소실로 분사된다.

② 인젝터의 작동 원리

　ⓐ 전자제어장치(ECU)로부터의 신호

　　• 인젝터의 작동은 자동차의 전자제어장치(ECU)에 의해 제어된다.

　　• ECU는 엔진의 다양한 센서로부터 정보를 받아 최적의 연료 분사량을 계산한다.

■ 커먼레일의 압력 제어 밸브 (Pressure Control Valve)

고압의 연료를 ECU의 목표 압력으로 분사하기 위해 커먼레일에 축압된 연료의 압력을 일정하게 유지하고 제어하는 역할을 한다. 레일의 연료 압력이 목표 압력보다 높으면 밸브를 열어 연료의 일부분을 연료 탱크로 복귀시킨다.

ⓛ 솔레노이드 밸브 작동
- ECU가 인젝터의 솔레노이드 밸브에 신호를 보내면, 밸브가 열리거나 닫혀 연료의 흐름을 제어한다.

ⓒ 압력에 의한 연료 분사
- 분사 펌프가 작동하면, 압축된 연료가 인젝터로 공급된다.
- 연료는 인젝터 노즐을 통해 정확한 타이밍에 엔진 실린더 내부로 미세하게 분사되어 높은 발화 효율을 가진다.

ⓔ 분사된 연료의 연소
- 분사된 연료는 실린더 내의 공기와 혼합되어 연소된다.
- 이때 점화플러그에서 발생한 불꽃이 연료 혼합물을 점화시켜 폭발이 일어나고, 그 힘으로 피스톤이 움직인다.

(8) 전자제어 디젤 엔진의 센서

공기 유량 센서 (AFS)	- 공기 유량 센서(Air Flow Sensor)는 흡입 공기량 센서 또는 MAF(Mainfold Air Flow Sensor)라고도 하며, 엔진에 흡입되는 공기량을 계측하는 센서이다. - 작동 방식에 따라 질량 계측 방식, 체적 계측 방식 및 간접 계측 방식으로 분류되며, 건설기계에는 질량 계측 방식의 일종이 열막(Hot Film) 방식을 많이 사용한다. - 배기가스의 재순환 피드백 제어 기능을 하며, 스모그 제한 부스터의 압력 제어용으로 사용한다.
흡기 온도 센서 (ATS)	- 흡기 온도 센서(Air Temperature Sensor)는 흡입 공기의 온도를 검출하기 위한 것으로서 부특성 서미스터(Negative Temperature Coefficient)를 이용한다. 이것은 반도체 소자의 온도 변화에 따른 저항값의 변화를 검출하는 것으로 온도가 상승함에 따라 저항값이 작아지는 특성을 이용한 것이다. - 연료 분사량, 분사 시기, 시동 시 연료량 제어 등에 보정 신호로 사용된다. - 흡기 온도 센서가 불량하면 연료 소모가 많아지고 주행 가속성이 나빠지며, 엔진 부조 현상 및 노킹이 발생할 수 있다.
가속 페달 포지션 센서 (APS)	- 가속 페달 포지션 센서(Accelerator Position Sensor)는 가속 페달 센서라고도 하며, 가속 페달의 밟는 양을 감지하는 센서이다. - 가속 페달 모듈과 일체로 구성되어 있으며, ECU는 이 신호를 기본으로 하여 연료 분사량과 분사 시기를 제어한다. - 센서는 2개로 구성되어 있으며, 센서 1은 연료 분사량과 분사 시기를 결정하는 주된 역할을 하고 센서 2는 센서 1의 이상 신호 감지 및 건설기계의 급발진을 방지한다.

수온 센서 (WTS)	• 수온 센서(Water Temperature Sensor)는 엔진의 냉각 수 온도를 측정하는 센서이다. • 측정값은 엔진의 공회전 속도를 적절하게 유지시키고 연 료 분사량을 보정하며, 냉각 팬의 제어 신호로 사용된다. • 수온 센서가 불량하면 냉간 시동성 불량, 공회전 시 엔진 부조 발생, 공회전 및 주행 중 엔진 시동이 꺼질 수 있다.
연료 압력 센서 (FPS)	• 연료 압력 센서(Fuel Pressure Sensor)는 레일 압력 센 서(RPS; Rail Pressure Sensor)라고도 하며, 커먼레일 내의 연료 압력을 검출하는 센서이다. • ECU는 연료 압력 센서 신호를 이용하여 엔진 상태에 따 른 최적 연료 분사량 및 분사 시기를 결정한다. 또한, 레 일 압력 센서 신호는 최적의 엔진 상태를 유지하기 위해 커먼레일의 압력 제어 밸브와 고압 펌프의 압력 조절 밸 브의 피드백 신호로 사용된다. • 커먼레일의 끝단에 부착되어 실시간으로 변하는 연료 압 력을 센서의 다이어프램에 부착된 피에조 압력 소자에 의 해 감지하며, 고장 발생 시 시동 꺼짐 현상이 발생할 수 있다.
연료 온도 센서 (FTS)	• 연료 온도 센서(Fuel Temperature Sensor)는 고압 펌프 입구의 연료 온도를 감지하여 ECU로 보내준다. • 커먼레일식 디젤 엔진은 리턴되는 연료의 온도가 상승하 면 윤활막이 파괴되어 고압 펌프가 손상되기 쉽다. 이를 방지하기 위해 연료 온도가 규정 이상으로 높아지면 연료 분사량을 제한하여 엔진 회전수가 상승하지 않도록 제어 한다. • 고장 시에는 연료 분사량의 제한으로 엔진 출력이나 토크 가 감소하게 된다.
브레이크 스위치	• 브레이크 스위치(Brake Switch)는 브레이크 페달의 작동 여부를 감지하여 엔진 ECU로 보낸다. • 2개의 스위치가 조합된 이중 구조이며, 브레이크 스위치 1과 2 신호가 있다. 엔진 ECU는 이 두 개의 신호가 입력 되어야 정상적인 브레이크 신호로 인식한다. 이 스위치 신호는 엑셀 페달 센서의 작동 여부와 관련되어 있으며, 제동 시 연료량 제어에 이용된다. 즉, 가속 페달이 밟힌 상태에서 브레이크 페달 작동 시 연료량을 감량시켜 건설 기계의 급발진을 방지한다.
산소 센서	산소 센서(O$_2$ Sensor)는 배기 매니폴드에 부착되어 배기 가스 중의 산소 농도를 전기적으로 검출하는 장치이다.

THEME 08 디젤 엔진의 연료장치

01 디젤 연료의 특성

01 디젤 엔진에 사용되는 연료는?

① 경유
② 등유
③ 중유
④ 휘발유

02 디젤 연료의 착화성을 정량적으로 표시하는 것은?

① 메탄가
② 세탄가
③ 에탄가
④ 옥탄가

> **보충** ① 천연가스 연료의 특성 수치
> ③ 존재하지 않는 지표
> ④ 가솔린 엔진용 수치

03 디젤 연료의 구비 조건으로 <u>틀린</u> 것은?

① 인화점이 낮을 것 (×) → 높을 것
② 착화점이 낮을 것
③ 세탄가가 높을 것
④ 발열량이 많을 것

02 디젤 엔진 일반

04 디젤 엔진의 장점으로 <u>틀린</u> 것은?

① 열효율이 높다.
② 사용 연료의 인화점이 높다.
③ 실린더 지름을 크게 할 수 있다.
④ 점화장치가 있어 고장 가능성이 높고, 무선 통신에 방해를 줄 수 있다. (×)

> **보충** 디젤 엔진에는 점화장치가 없다.

05 디젤 엔진에서 발생하는 진동의 원인으로 <u>틀린</u> 것은?

① 분사량의 불균형
② 분사 시기의 불균형
③ 분사 압력의 불균형
④ 프로펠러 샤프트의 불균형 (×)
 → 디젤 엔진의 진동과 관계 없음

> **보충** 디젤 엔진의 진동 원인
> • 연료 라인에 공기가 침입했을 때
> • 크랭크 축의 무게가 불평형일 때
> • 피스톤 및 커넥팅 로드의 무게 차이가 클 때
> • 연료 분사 압력, 분사량 및 분사 시기가 틀릴 때

06 디젤 연료의 연소 과정 중 연료가 노즐 또는 인젝터에 의해 연소실에 분사되고 자기 착화가 시작되기 전까지의 기간을 뜻하는 것은?

① 제어 연소 기간
② 착화 지연 기간
③ 후기 연소 기간
④ 화염 전파 기간

07 디젤 연료의 연소 과정 중 연료의 분사가 끝나는 지점에서 연소되지 못한 연료가 연소하는 기간을 뜻하는 것은?

① 착화 지연 기간
② 화염 전파 기간
③ 직접 연소 기간
④ 후기 연소 기간

08 디젤 연소 과정 중 착화 지연 기간이 길어지면서 그간에 분사된 연료가 동시에 착화하여 엔진에서 소음과 진동이 발생하는 현상은?

① 노크
② 후적
③ 세탄
④ 블로 백

> 보충 디젤 노크(Diesel Knock): 착화 지연 후 급격한 연소로 발생하는 이상 연소 현상

09 디젤 엔진의 노크 방지 방법으로 틀린 것은?

① 압축비를 높게 한다.
② 흡기 압력을 낮게 한다. (×) → 높게 한다.
③ 연료 입자를 미립화시킨다.
④ 연료의 착화지연을 짧게 한다.

10 엔진의 출력을 저하하는 직접적인 원인이 <u>아닌</u> 것은?

① 노킹이 일어날 때
② 클러치가 불량할 때 (×)
③ 연료 분사량이 적을 때
④ 실린더 내 압축 압력이 낮을 때

> 보충 디젤 엔진의 출력 저하 원인
> • 노킹이 일어날 때
> • 연료 분사량이 적을 때
> • 연료 여과기가 막혔을 때
> • 연료 분사 시기가 부정확할 때
> • 실린더 내 압축 압력이 낮을 때

03 디젤 엔진의 연소실

11 디젤 엔진의 복실식 연소실에 해당하지 <u>않는</u> 것은?

① 공기실식
② 와류실식
③ 예연소실식
④ 직접 분사식 (×) → 단실식 연소실

12 디젤 엔진에서 직접 분사식 연소실의 장점으로 <u>틀린</u> 것은?

① 열효율이 높다.
② 냉각 손실이 적다.
③ 연료의 분사 압력이 낮다. (×) → 높은 압력으로 연소를 분사해야 함
④ 연소실의 구조가 간단하다.

> 보충 직접 분사식 연소실의 장점
> • 냉각 손실이 적다.
> • 연료 소비량이 적다.
> • 연소실의 구조가 간단하다.
> • 시동이 쉬우며, 예열 플러그가 필요 없다.

13 디젤 엔진의 예열장치에서 연소실 내의 공기를 직접 예열하는 방식은?

① 맵 센서식
② 흡기 가열식
③ 예열 플러그식
④ 공기량 계측기식

보충	디젤 엔진의 예열장치
흡기 가열식	실린더에 흡입되는 공기를 흡기 다기관에서 미리 가열하여 연소실에 공급
예열 플러그식	연소실 내의 압축 공기를 직접 예열

15 겨울철에 연료 탱크 내에 연료를 가득 채워야 하는 이유는?

① 연료의 인화점이 낮아지므로
② 연료가 적으면 출렁거림이 증가하므로
③ 연료가 적으면 휘발하여 손실이 증가하므로
④ 공기 중의 수중기가 응축된 물이 들어갈 수도 있으므로

16 연료 여과기의 구성품인 오버플로우 밸브의 역할로 틀린 것은?

① 여과기 각 부분을 보호한다.
② 운전 중 공기 빼기 작용을 한다.
③ 분사 펌프의 압송 압력을 높인다. (×)
④ 공급 펌프의 소음 발생을 억제한다.

보충 오버플로우 밸브는 분사 펌프의 압력을 높이는 역할을 하지 않고, 오히려 공급 압력을 조절하여 과도하게 압력이 상승하는 것을 막는다. 분사 압력은 분사 펌프 자체 구조에 의해 결정된다.

04 분사 펌프식 디젤 엔진의 연료장치(독립식)

14 디젤 엔진의 연료 탱크에서 분사 노즐까지 연료 이송 순서로 옳은 것은?

① 연료 탱크 → 공급 펌프 → 분사 펌프 → 여과기 → 분사 노즐
② 연료 탱크 → 여과기 → 분사 펌프 → 공급 펌프 → 분사 노즐
③ 연료 탱크 → 공급 펌프 → 여과기 → 분사 펌프 → 분사 노즐
④ 연료 탱크 → 분사 펌프 → 여과기 → 공급 펌프 → 분사 노즐

17 분사 펌프의 플런저 유효 행정을 길게 하였을 때 발생하는 현상은?

① 연료 토출량이 적어진다.
② 연료 토출량이 많아진다.
③ 연료 토출 압력이 낮아진다.
④ 연료 토출 압력이 높아진다.

보충 플런저의 유효 행정이 길면 연료의 분사량이 많아지고, 유효 행정이 짧으면 연료의 분사량이 적어진다.

18 디젤 엔진에서 조속기가 하는 역할은?

① 분사량 조정
② 분사율 조정
③ 분사 시기 조정
④ 분사 압력 조정

19 디젤 엔진은 연소실에 연료를 어떤 상태로 공급하는가?

① 연료를 기화시켜 분사한다.
② 연료를 액화시켜 분사한다.
③ 연료를 응고시켜 분사한다.
④ 연료를 미립화시켜 분사한다.

> **보충** 디젤 엔진의 분사 노즐(Injection Nozzle)은 분사 펌프로부터 공급된 고압의 연료를 미립화시켜 연소실 내에 분사한다.

20 분사 노즐(Injection Nozzle)의 요구 조건으로 **틀린** 것은?

① 분무를 연소실 구석구석까지 뿌려지게 한다.
② 연료를 미세한 안개 모양으로 만들어 착화를 쉽게 한다.
③ 고온·고압의 가혹한 조건에서 장시간 사용할 수 있어야 한다. → 차단
④ 분사 끝을 완전히 개방하여 후적(After Drop)이 많아야 한다. (×)
　　 → 없어야 한다

---

21 커먼레일 디젤 엔진의 연료 공급 순서로 옳은 것은?

① 연료 탱크 → 저압 펌프 → 고압 펌프 → 연료 필터 → 커먼레일 → 인젝터
② 연료 탱크 → 연료 필터 → 저압 펌프 → 고압 펌프 → 커먼레일 → 인젝터
③ 연료 탱크 → 저압 펌프 → 연료 필터 → 커먼레일 → 고압 펌프 → 인젝터
④ 연료 탱크 → 연료 필터 → 저압 펌프 → 커먼레일 → 고압 펌프 → 인젝터

22 커먼레일 디젤 엔진에서 크랭킹은 되는데 엔진이 시동되지 않을 때의 점검 부위로 **틀린** 것은?

① 인젝터
② 레일 압력
③ 연료 탱크 유량
④ 분사 펌프의 압축 압력 (×)
　　 → 커먼레일 디젤 엔진은 분사 펌프가 없음

23 전자제어 디젤 분사장치의 특징으로 <u>틀린</u> 것은?

① 정숙 운전
② 엔진 소음 감소
③ 연료 소비 증대 (×) → 연료 소비 감소
④ 배출가스 규제 수준 충족

24 커먼레일 디젤 연료 분사장치의 고압 펌프에 부착된 것은?

① 압력 조절 밸브
② 연료 압력 센서
③ 유량 조정 밸브
④ 레일 온도 센서

보충 고압 펌프는 커먼레일의 현재 연료 압력을 입력받아 고압 펌프의 토출 압력을 압력 조절 밸브로 조절한다.

25 디젤 연료장치의 커먼레일에 대한 설명으로 <u>틀린</u> 것은?

① 커먼레일 내의 연료 압력은 항상 일정하게 유지되며, 전혀 변동되지 않는다. (×)
② 고압 펌프로부터 이송된 연료를 저장하는 역할을 한다.
③ 모든 인젝터에 같은 압력의 연료를 공급한다.
④ 연료는 유량 제어 밸브를 거쳐 고압 펌프에서 압축된 후 커먼레일로 들어간다.

보충 커먼레일 내부의 연료 압력은 항상 일정하지 않고, 엔진 부하, RPM, 운전 조건 등에 따라 지속적으로 ECU(전자제어장치)가 조절한다.

26 커먼레일 디젤 엔진의 공기 유량 센서(AFS)에 대한 설명으로 <u>틀린</u> 것은?

① 연료량 조절용으로 사용한다.
② 열막(Hot Film) 방식을 많이 사용한다.
③ 배기가스의 재순환 피드백 제어 기능을 한다. (×)
④ 엔진에 흡입되는 공기량을 계측하는 센서이다.

보충 공기 유량 센서(AFS)는 배기가스 재순환 제어 장치가 아니며, 직접적으로 피드백 제어 기능을 수행하지 않는다. 다만, 배기가스 재순환 제어에 활용될 수 있는 보조 신호로 사용된다.

27 커먼레일의 연료 압력 센서(RPS)에 대한 설명으로 <u>틀린</u> 것은?

① 피에조 압력 소자에 의해 감지한다.
② 고장 발생 시 급발진 현상이 발생할 수 있다. (×)
③ 고장 발생 시 시동 꺼짐 현상이 발생할 수 있다.
④ 연료 분사량 및 분사 시기를 조정하는 신호로 사용한다.

보충 RPS 고장 시에는 압력 정보를 제대로 전달받지 못해 연료 분사가 적절히 이루어지지 않아 시동이 꺼지거나 출력 저하, 비정상 작동 등의 현상이 발생할 수는 있지만 급발진과는 관련이 없다.

핵심테마 이론&기출

PART

03

전기 및 섀시장치

출제비중

11%

PART 03 축전지, 시동·충전장치, 제동장치 등 전기와 하부장치의 기능을 설명한다.

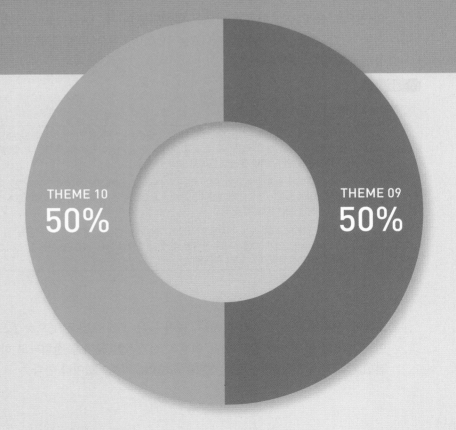

THEME 10
50%

THEME 09
50%

THEME 09 전기장치(축전지 · 시동장치 · 충전장치)

01 전기 일반 ★★★

■ 기출 TIP / ● 기초용어

(1) 전기 개요

전기(Electricity)는 자연 현상의 하나로, 자연계에 존재하는 양전하와 음전하라는 두 종류의 전하가 나타내는 다양한 성질을 말한다. 전하는 전기라고도 불리며, 양전하와 음전하는 각각 양전기와 음전기라고도 한다.

① 전류

전류(Electric Current, 기호: I)는 전하가 이동하는 현상으로, 전류의 세기는 어떤 단면을 통해 1초 동안 흐르는 전하(기호: Q, 단위: C, 쿨롱)의 양으로 측정된다. 전류의 단위는 암페어(A)이며, 1A는 1초 동안 1C의 전하가 흐르는 전류를 의미한다(1A = 1C/s). 전류의 방향은 양전하가 이동하는 방향으로 정의한다.

더 알아보기

전류의 3대 작용

발열작용	전류가 전기 저항이 있는 물질을 흐를 때 열이 발생하는 현상을 말한다. 이때 발생하는 발열량은 전류의 세기가 클수록, 그리고 도체의 전기 저항이 클수록 증가한다. 발열작용은 전열기, 전구, 예열 플러그 등에서 널리 활용된다.
화학작용	전해질 용액에 전류를 흐르게 하면, 이온이 전극에 도달해 방전하면서 기체가 방전하고 금속이 석출되는 전기분해 현상이 일어난다. 이러한 현상을 화학작용이라 하며, 축전지나 전기 도금 등에 활용된다.
자기작용	도체에 전류가 흐르면 그 주위에 자기장이 형성되는 현상을 말하며, 이 작용을 통해 전기 에너지를 기계적 에너지로 변환할 수 있다. 자기작용은 발전기, 전류계, 전동기, 솔레노이드 장치 등에서 널리 활용된다.

② 전압

도체에 전류를 흐르게 하려면, 마치 물이 높은 곳에서 낮은 곳으로 흐르듯이 전기적인 전위차가 필요하다. 이때의 전기적인 높이를 전위라고 하고, 전위 간의 차이를 전위차 또는 전압(Voltage, 기호: E)이라 한다.

전압의 단위는 볼트(V)이며, 1V는 1옴(Ω)의 저항에 1암페어(A)의 전류를 흐르게 할 수 있는 전기적인 압력을 의미한다.

③ 저항

저항(Resistance, 기호: R)이란 도체 내에서 전류의 흐름을 방해하는 저항력을 말하며, 단위는 옴(Ω)을 사용한다. 도선 양끝에 걸린 전위차 E와 흐르는 전류의 세기 I 사이에는 옴의 법칙이 성립하며, 이때의 비례상수 R은 전기저항이다. 전기저항은 전류의 세기나 전위차에는 의존하지 않으며, 도선의 종류, 굵기, 길이, 온도 등에 따라 결정된다.

■ **옴의 법칙**

$$I = \frac{E}{R}$$

전류는 전압에 비례하고, 저항에 반비례한다.

$$R = \rho \frac{l}{A}$$

R: 도체의 저항(Ω)
l: 도체의 길이(cm)
ρ: 도체의 단면 고유저항(Ω·cm)
A: 도체의 단면적(cm²)

도체의 저항은 길이에 비례하고, 단면적에 반비례한다.

④ 전원

전원이란 전류를 발생시키는 기전력(電動力)을 가진 장치를 말한다. 직류 전원에는 건전지, 축전지, 태양전지, 직류 발전기 등이 있으며, 교류 전원에는 주로 교류 발전기가 있다.

전원에서 공급되는 전기 에너지는 다양한 형태로 변환된다. 예를 들어, 저항에서는 열 에너지로, 코일에서는 자기 에너지로, 전동기에서는 역학적(기계적) 에너지로 바뀐다.

⑤ 전력과 전력량

전력(Electric Power, 기호: P)은 전기가 단위 시간당 하는 일의 양, 즉 전기 에너지가 일을 할 수 있는 능력을 말한다. 예를 들어, 전구나 전동기에 전압을 가해 전류가 흐르면, 전기는 빛이나 열을 발생시키거나 기계적인 일을 수행하게 된다. 전력은 전기설비의 전력 소비 능력, 발전기의 발전 용량, 송전선의 송전 능력 등을 나타낼 때 사용되며, 출력이라고도 부른다. 단위는 와트(Watt, 기호: W)를 사용한다.

■ 전기가 실제로 하는 일의 크기를 전력이라 하며, 보통 $P = E \times I$와 같이 전압(E)과 전류(I)의 곱으로 나타낸다.

$$P = EI$$

P: 전력 또는 출력(W)
I: 도체에 흐르는 전류(A)
E: 도체에 가해진 전압(V)

전류 I가 저항 R속을 흐르고 있다면, 저항에서 소비되는 전력은 다음과 같이 구할 수 있다.

P = EI에서 (E = IR이므로)

$$P = I^2 R \ \text{또는} \ \frac{E^2}{R}$$

(2) 저항의 연결 방법

① 직렬 연결

저항(또는 부하)이 전선 상에 한 줄로 차례대로 연결된 상태를 말한다. 이때 전체 저항(R)은 각각의 저항 값을 단순히 합한 것과 같다.

$$R = R_1 + R_2 + R_3 + \cdots + R_n$$

② 병렬 연결

저항(부하)들이 2개 이상의 전선을 통해 전원에 연결된 상태를 말한다. 이때 전체 저항(총 저항, R)은 각 저항의 역수들의 합의 역수로 계산된다.

$$\frac{1}{R} = \frac{1}{R_1} + \frac{1}{R_2} + \frac{1}{R_3} + \cdots + \frac{1}{R_n}$$

■ 저항의 직렬 연결 예시

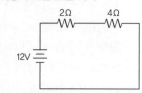

■ 저항의 병렬 연결 예시

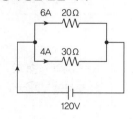

(3) 직류와 교류

① 직류

직류(DC: Direct Current)는 시간에 관계없이 크기와 방향이 일정한 전류 또는 전압을 말한다. 발전, 송전, 배전 등에서는 대부분 교류가 사용되지만, 전자 회로나 전기 분해처럼 직류가 필요한 경우도 있다. 전동차의 동력은 속도 제어 면에서 직류 전동기가 교류 전동기보다 우수하며, 송전에서도 리액턴스에 의한 전압 강하가 없어 교류보다 유리하다. 최근에는 반도체 기술의 발달로 교류를 직류로 변환하는 것이 쉬워졌기 때문에, 발전과 송배전에는 교류를 사용하고, 필요한 기기에서는 직류로 변환하여 사용하고 있다.

■ 직류의 파형

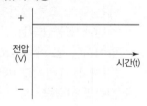

② 교류

교류(AC: Alternating Current)는 시간에 따라 크기와 방향이 주기적으로 변하는 전류 또는 전압을 말한다. 일반적으로 주기적인 파형을 가지며, 그 평균값은 0이 된다. 대표적인 교류는 사인파 형태를 띠며, 이를 사인파 교류라고 한다. 하나의 파형이 반복되는 시간 간격을 주기(T), 1초 동안 반복되는 횟수를 주파수(Hz)라고 한다.

■ 교류의 파형

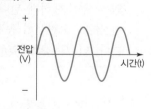

더 알아보기

교류의 특징

• 변압기를 이용하여 전압을 쉽게 변경할 수 있다.
• 전기화학적 작용이 적어 도선에 부식이 잘 일어나지 않는다.
• 전류가 주기적으로 0이 되는 지점이 1주기에 2번 있어 회로 차단이 용이하다.

(4) 퓨즈

① 퓨즈(Fuse)는 규정값 이상의 과전류가 흐를 때, 퓨즈 자체가 녹아 끊어짐으로써 전류를 자동으로 차단하는 장치이다. 일반적으로 회로에 직렬로 연결되어 전기기기나 배선을 과전류로부터 보호하는 역할을 한다.

② 재료로는 납, 납과 주석의 합금처럼 녹는점이 낮은 금속이나, 텅스텐처럼 녹는점이 높은 금속도 사용된다. 텅스텐은 녹는점은 높지만 정밀한 가공이 가능해 사용되며, 가는 텅스텐 선을 유리 원통에 넣은 형태는 밀리암페어(mA) 수준의 미소 전류용으로 쓰인다.

(5) 반도체

① 반도체의 개념과 동작 원리

　㉠ 반도체란 전기 전도도가 도체와 부도체의 중간 정도인 물질을 말한다. 도체는 전기가 잘 흐르고, 부도체는 전기가 거의 흐르지 않는 물질이다. 반도체는 도체처럼 전기가 흐를 수 있지만, 부도체처럼 전기 저항이 높아 일부 전자를 통과시키는 동시에 일부 전자를 차단하는 특성을 갖는다. 이러한 특성 덕분에 전류의 흐름을 조절할 수 있다.

　㉡ 반도체 소자는 주로 실리콘(Silicon)을 재료로 사용하며, '웨이퍼(Wafer)'라 불리는 얇은 판 형태의 기판 위에 다양한 공정을 통해 제작된다. 일반적으로 트랜지스터(Transistor)라 불리는 작은 전자 스위치로 구성되며, 이 스위치는 전기 신호를 제어하여 정보를 처리하는 역할을 한다.

② 반도체의 종류

　㉠ 순수 반도체: 불순물이 전혀 섞이지 않은 반도체로, 전기 전도도가 매우 낮아 전류가 거의 흐르지 않는다.

　㉡ 불순물 반도체: 순수 반도체에 극소량의 불순물을 첨가해 전기적 특성을 변화시킨 것이다. 첨가하는 불순물의 종류에 따라 P형 반도체와 N형 반도체로 나뉜다.

P형 반도체	실리콘에 3가 원소인 붕소(B) 등을 첨가하여 만든다.
N형 반도체	실리콘에 5가 원소인 인(P) 등을 첨가하여 만든다.

　㉢ PN 접합: P형 반도체와 N형 반도체를 접합한 구조로, 접합부에서는 정공과 자유 전자가 서로 확산되면서 전위 장벽이 형성되고, 외부 전압이 가해지면 전류가 흐를 수 있게 된다.

③ 반도체의 특성

　㉠ 전원에 접속하면 빛이 발생한다.

　㉡ 교류를 직류로 바꾸는 정류 작용을 한다.

　㉢ 금속은 가열하면 저항이 커지지만, 반도체는 가열하면 저항이 감소한다.

　㉣ 반도체에 섞인 불순물의 양에 따라 저항 크기를 조절할 수 있다.

　㉤ 빛을 받으면 저항이 감소하거나 전기를 발생시키는데, 이를 광전 효과라고 한다.

■ 퓨즈의 일반적인 특징

• 정격 용량에 맞게 사용해야 한다.
• 용량은 암페어(A) 단위로 표시된다.
• 퓨즈 대신 일반 철사를 사용하는 것은 위험하므로 금지된다.
• 표면이 산화되면 끊어지기 쉬워진다.

● 반도체

전자를 이용해 전기 신호를 제어하고 정보를 처리하는 전자 소자로, 현대 전자 기기의 핵심 부품이다.

■ 실리콘

순수 반도체의 대표적인 예로는 실리콘(Si)이 있으며, 실리콘은 원자핵 주위에 총 14개의 전자를 가지고 있다. 그중 최외각 궤도에는 4개의 전자가 있으며, 이들은 다른 원자와 공유 결합하여 안정된 결정 구조를 형성한다.

■ 반도체의 장점

• 극히 소형이고 경량이다.
• 내부 전력손실이 매우 적다.
• 기계적으로 강하고 수명이 길다.
• 예열을 요구하지 않고 곧바로 작동한다.

■ 반도체의 단점

• 온도가 상승하면 특성이 매우 불량해진다.
• 정격 전류 이상으로 흐르면 파괴되기 쉽다.
• 게르마늄은 85℃, 실리콘은 150℃ 이상에서 파손되기 쉽다.

(6) 다이오드

① 다이오드는 두 개의 전극(단자)을 가진 반도체 소자로, 옴의 법칙에 따라 순방향 전압에서는 전류를 한 방향으로만 흐르게 하고, 그 역방향으로는 거의 흐르지 못하게 하는 성질을 가진다.

② 다이오드의 전류가 공급되는 단자는 애노드(Anode), 전류가 유출되는 단자는 캐소드(Cathode)라고 한다. 다이오드는 P-N 접합으로 구성되어 있으며, 이는 양극성(P)과 음극성(N)의 반도체를 접합시킨 구조이다. P층의 과잉 전하와 N층의 부족 전하가 만나 전극 간 전위차를 형성한다.

(7) 트랜지스터

① 개요

㉠ 트랜지스터는 3개의 주요 구성 요소(단자)로 이루어져 있다. 각각 베이스(Base), 컬렉터(Collector), 이미터(Emitter)라고 불리며, 이들은 p형 반도체와 n형 반도체로 만들어진다. 각 단자는 서로 접촉하여 전기 신호를 전달하고 처리하는 역할을 한다.

㉡ 트랜지스터는 크게 PNP형과 NPN형으로 분류된다. NPN형 트랜지스터에서 접지 단자는 이미터(Emitter) 단자이다.

② 트랜지스터의 역할

전력 제어	전력 공급 회로에서 전류와 전압을 조절한다.
전류 증폭	약한 입력 전류를 강한 출력 전류로 증폭한다.
스위칭	회로의 전류 흐름을 제어하여 전자 스위치로 사용한다.
신호 변환	아날로그 신호를 디지털 신호로 변환하거나 그 반대로 변환한다.

③ 트랜지스터의 회로

증폭 회로	약한 베이스 전류를 이용하여 큰 컬렉터 전류로 증폭시키는 회로
스위칭 회로	베이스 전류를 ON/OFF 시켜 컬렉터 전류를 단속하는 회로
발진 회로	전원의 전력으로 지속적인 전기 진동을 발생시키는 회로
전력 제어	스위칭 전원 공급 장치에서 전력 변환과 제어를 수행하는 회로
RF 회로	고주파 신호를 증폭하고 처리하는 무선 주파수 회로
센서 회로	온도, 빛 등 환경 변화를 감지하고 신호를 처리하는 회로
모터 제어	모터의 속도와 방향을 제어하는 회로

■ 다이오드는 전류가 한 방향으로만 흐를 수 있도록 하는 정류 작용을 한다.

■ PNP 트랜지스터

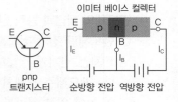

이미터 베이스 컬렉터

pnp 트랜지스터

순방향 전압 역방향 전압

■ NPN 트랜지스터

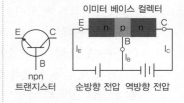

이미터 베이스 컬렉터

npn 트랜지스터

순방향 전압 역방향 전압

(1) 축전지 개요

① 축전지의 정의

축전지(Battery)는 전기적 에너지를 화학적 에너지로 변화시켜 저장하고, 필요에 따라 전기적 에너지를 낼 수 있게 하는 장치이다. 전류의 화학작용을 이용한 것으로 건설기계에는 납산 축전지를 사용한다. 축전지의 가장 중요한 역할은 엔진 시동장치에 전기를 공급하는 것이다.

② 축전지의 역할

㉠ 엔진 시동 시 시동전동기 등에 충분한 전기적 에너지를 공급한다.

㉡ 엔진의 회전수가 낮아 발전기 출력이 부족할 때에는 라디오, 히터, 라이트 등 각종 전기장치에 전기적 에너지를 공급한다.

㉢ 건설기계의 모든 전기장치에 대하여 공급 전력의 전압 안전장치 기능을 한다. 즉, 건설기계의 주행상태에 따른 발전기 출력과 부하 상태의 불평형을 조정한다.

㉣ 발전기의 여유출력을 저장한다.

(2) 납산 축전지의 구조

이온화 경향이 다른 두 종류의 금속 전극을 전해액이 들어 있는 합성수지의 용기에 넣고 두 전극 사이에 부하를 걸면, 전극과 전해액 사이에 화학반응이 일어난다. 이때, 두 전극 사이에 생긴 전위차에 의해 전류가 흐르게 되는데, 이러한 원리를 이용한 것이 축전지이다. 건설기계용 납산 축전지는 양극에는 과산화납(PbO_2), 음극에는 해면상납(Pb), 전해액은 묽은 황산(H_2SO_4)을 사용한다.

용기 (Case)	합성수지 또는 에보나이트 등의 재질로 제작되며, 극판과 전해액을 보관한다. 12V용 축전지는 6개의 셀(Cell)로 나누어져 있으며, 각각 직렬로 연결되어 있다.
극판 (Plate)	• 극판에는 양극판과 음극판의 두 종류가 있다. 납과 안티몬의 합금으로 주조되어 있는 격자에 양극판은 과산화납(PbO_2)을, 음극판은 납 가루(Pb)를 묽은 황산에 개어 발라 놓은 것이다. 이 극판의 매수가 늘어나면 용량이 증가된다. • 양극판과 음극판은 1장씩 서로 엇갈리게 조합되고, 비교적 결합력이 강한 음극판이 양극판보다 1장 더 많다.
격리판 (Separators)	• 양극판과 음극판이 서로 단락(접촉)되는 것을 방지하기 위하여 두 극판 사이에 넣은 것으로 전해액이 잘 통하도록 수많은 작은 구멍과 홈이 있다. • 두 극판이 단락되면 저장되어 있던 전기 에너지가 소멸된다.

■ **축전지의 역할**

• 시동 시 시동전동기에 전기를 공급한다.
• 발전기 출력이 부족할 때 각종 전기장치(라이트, 히터 등)에 전기를 공급한다.
• 전압을 안정시키고, 발전기 출력과 부하의 불균형을 조절한다.
• 여유 전력을 저장한다.

■ **축전지의 구조**

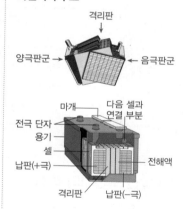

전해액 (Electrolyte)	• 황산을 증류수에 부어 희석시킨 무색, 무취의 묽은 황산으로 극판과 접촉하여 셀 내부의 전류 전도작용과 전류를 발생시키거나 저장하는 역할을 한다. • 전해액이 부족하면 증류수를 보충하여 사용한다. 축전지가 과충전되면 물의 전기분해로 인하여 증류수를 자주 보충시켜야 한다.
커버와 마개 (Cover & Vent Plug)	• 합성수지로 제작된 커버(Cover)는 케이스와 접착제로 접착되어 축전지 내부의 기밀을 유지한다. • 축전지 상부에는 전해액 또는 증류수를 주입하거나 비중계 또는 온도계 등을 넣기 위한 구멍이 있으며, 이 구멍을 막기 위한 마개가 있다. 축전지 내부에서 발생한 산소나 수소 가스는 이 마개의 중앙이나 옆에 뚫려 있는 작은 구멍으로 방출된다. • 축전지의 용기나 케이스 커버는 탄산나트륨(소다) 용액이나 물로 청소한다.
전극 단자 (Electrode Terminal)	축전지 커버에 노출되어 있는 기둥을 말하며, 단자 기둥(Terminal Post)이라고도 한다. 전극 단자는 외부 회로와 확실하게 접속되도록 테이퍼로 되어 있다.

더 알아보기

전극 단자의 식별 방법

구분	양극 단자	음극 단자
부호	$\oplus$	$\ominus$
색	적색	흑색
직경	굵다.	가늘다.
문자	P 또는 POS	N 또는 NEG
부식물	많다.	적다.

(3) 납산 축전지의 특성

① 충전과 방전 작용

축전지의 (+), (−) 양 단자 사이에 부하를 접속시켜 축전지로부터 전류를 흐르게 하는 과정을 방전이라 하고, 반대로 충전기나 발전기 등의 직류 전원을 접속하여 축전지에 전류가 흐르도록 하는 과정을 충전이라 한다. 방전 또는 충전을 할 때, 축전지 내부에서는 (+)극판, (−)극판 및 전해액 사이에서 다음과 같은 화학반응이 일어난다.

$$\underset{(+)}{PbO_2} + 2H_2SO_4 + \underset{(-)}{Pb} \underset{\text{충전}}{\overset{\text{방전}}{\rightleftarrows}} \underset{(+)}{PbSO_4} + 2H_2O + \underset{(-)}{PbSO_4}$$

충전 시의 충전전류는 전해액 중의 물(H_2O)를 전기 분해하여 양극에서는 산소를, 음극에서는 수소를 발생시킨다.

② 방전량과 전해액 비중

전해액의 비중은 방전량에 비례하여 감소하며, 축전지의 방전량을 구하는 식은 다음과 같다.

$$방전량(\%) = \frac{완전\ 충전\ 시의\ 비중 - 측정\ 시의\ 비중}{완전\ 충전\ 시의\ 비중 - 완전\ 방전\ 시의\ 비중} \times 100$$

③ 전해액의 비중과 온도

전해액의 비중은 전해액의 온도에 따라 달라지며, 온도가 높아지면 비중은 낮아지고, 반대로 온도가 낮아지면 비중은 높아진다. 축전지의 충·방전 상태를 정확히 판단하기 위해서는 측정한 비중을 표준온도(20℃)에서의 비중으로 환산해야 하며, 그 환산식은 다음과 같다.

$$S_{20} = St + 0.0007(t - 20)$$

여기서, S_{20}: 표준온도(20℃)로 환산한 비중

St: 임의 온도(t) 일 때의 비중

t: 측정할 때의 전해액 온도

0.0007: 온도계수

> ■ 온도가 1℃ 변화할 때 비중이 변화하는 정도를 온도계수라고 하며, 일반적으로 0.0007을 사용한다.

더 알아보기

축전지의 충전 상태와 비중과의 관계

충전 상태	전해액의 비중(20℃)
완전 충전	1.260~1.280
75% 충전	1.220~1.240
50% 충전	1.190~1.210
25% 충전	1.150~1.170
완전 방전	1.110 이하

> ■ **방전 시의 전압 강하**
>
> 납산 축전지의 셀(cell)당 기전력은 그 크기에 관계없이 2~2.2V이므로, 12V용 축전지의 기전력은 12~13.2V가 된다.
>
> 축전지를 어느 한도까지 방전시키면 전압은 급격하게 떨어지기 시작하는데, 방전 한계 전압을 넘어서까지 방전을 계속하면 전압이 너무 낮아질 뿐만 아니라 축전지의 성능이 저하된다.
>
> 방전 한계 전압을 방전 종지 전압이라 하며, 12V용 납산 축전지의 방전 종지 전압은 10.5V(1.75V/cell)이다.

④ 자기 방전

㉠ 자기 방전량은 환경에 따라 달라지며, 전해액의 비중이나 주위 온도가 높을수록 방전량이 많아진다. 또한, 오래된 축전지는 이 현상이 더 심하게 나타난다.

㉡ 자기 방전의 주요 원인으로는 전해액 중의 불순물로 인해 극판 사이에 국부전지가 형성되거나, 극판에서 떨어져 나간 물질에 의한 극판의 단락, 그리고 축전지 표면의 불순물에 의해 누설전류가 흐르는 것이다.

㉢ 축전지를 장기간 방전 상태로 두면 극판이 영구적으로 황산납으로 변해 사용할 수 없게 된다.

⑤ 축전지의 용량

㉠ 축전지의 용량은 셀당 극판의 수, 극판의 크기, 셀의 크기, 전해액의 양에 의해 결정된다. 완전히 충전된 축전지를 일정 전류로 연속 방전시켜, 방전 중의 단자전압이 방전종지전압(1.75V)에 도달할 때까지 축전지에서 나오는 총 전기량을 축전지 용량이라고 한다.

> ● **자기 방전**
>
> 축전지는 사용하지 않더라도 자연 방전되어 용량이 서서히 감소하는데, 이를 자기 방전 또는 내부 방전이라고 한다.

$$\boxed{\text{축전지 용량(AH) = 방전 전류(A) × 방전 시간(H)}}$$

ⓒ 일반적으로 용량은 20시간 방전율로 표시된다. 예를 들어, 20시간율 100AH의 축전지는 5A의 일정 전류로 20시간 동안 계속 방전시킬 수 있다는 의미이다.

(4) 축전지 연결

① 축전지 결선

축전지를 건설기계의 전기 회로에 결선할 때는 플러스(+) 선을 먼저 축전지의 플러스 단자에 연결한 후, 마이너스(-) 선을 축전지의 마이너스 단자에 연결해야 한다. 축전지를 전기 회로에서 분리할 때는 결선할 때와 반대로, 즉 마이너스 선을 먼저 분리하고, 그 다음에 플러스 선을 분리해야 한다. 또한 축전지의 마이너스 선은 접지선이다.

② 직렬 연결

2개 이상의 축전지를 직렬로 연결할 때는 메인 플러스 단자와 메인 마이너스 단자를 기준으로 나머지 축전지들의 플러스 단자와 마이너스 단자를 연결한다. 직렬 연결 시 각 축전지의 전압은 달라도 되지만, 용량은 동일해야 한다.

⑩ 12V 100AH의 축전지 2개를 직렬로 연결하면, 전압은 2배(24V)가 되지만, 용량은 변하지 않고 100AH로 유지된다.

③ 병렬 연결

2개 이상의 축전지를 병렬로 연결할 때는 플러스 단자끼리, 마이너스 단자끼리 연결한다. 병렬 연결 시 각 축전지의 용량은 달라도 되지만, 전압은 동일해야 한다.

⑩ 12V 100AH의 축전지 2개를 병렬로 연결하면, 전압은 동일하게 12V가 되고, 용량은 2배(200AH)로 증가한다.

(5) 축전지 충전

정전류 충전 방법	• 축전지의 충전 전류를 처음부터 끝까지 일정한 전류로 유지하는 방법이다. 가장 일반적으로 사용되는 충전 방법으로, 충전 초기에는 전압을 낮게 설정한 후 점차적으로 높여 축전지의 전위차를 일정하게 유지해야 한다. • 일반적으로 축전지 용량의 10% 전류를 사용하는 방식이다.
정전압 충전 방법	• 축전지의 단자에 일정한 전압을 가하여 충전하는 방법이다. 충전 초기에는 충전 전압과 축전지 단자 간 전압 차이가 커 많은 전류가 흐르지만, 시간이 지나면서 충전 전압과 단자 간 전압 차이가 줄어들며 충전 전류가 감소한다. • 충전 후반부에서 전류가 감소하여 다량의 가스 방출 없이 단시간에 충전할 수 있다는 장점이 있다. 건설기계의 발전기에 의한 충전이 이 방법에 속한다.

● **방전 시간**

완전 충전 상태에서 방전종지전압에 도달할 때까지의 연속 방전 시간을 말하며, 이때 표시되는 용량을 암페어시 용량이라고 한다.

■ **축전지(배터리) 직렬 연결 시**

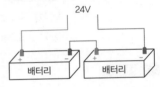

■ **축전지(배터리) 병렬 연결 시**

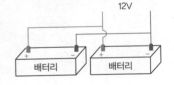

■ **축전지 충전 시 주의 사항**

• 충전 시간을 가능한 짧게 할 것
• 충전 중 축전지에 충격을 가하지 말 것
• 축전지의 벤트 플러그를 전부 열고 충전할 것
• 축전지 주위에 불꽃이 발생되지 않도록 주의할 것
• 전해액의 온도가 45℃ 이상이 되면 충전을 중지할 것
• 충전 중 수소가스가 발생하므로 통풍이 잘되는 곳에서 충전할 것
• 발전기의 실리콘 다이오드 파손 방지를 위하여 축전지 케이블(선)을 떼어 내고 충전할 것

단별전류 충전	충전 중에 전류를 단계적으로 줄여 가는 방법으로, 충전 효율을 높이고 전해액의 온도 상승을 완만하게 한다.
급속 충전	시간이 부족할 때 사용하는 충전 방법이다. 급속 충전기를 사용하여 축전지 용량의 1/2 전류로 빠르게 충전한다. 그러나 급속 충전은 축전지에 나쁜 영향을 미칠 수 있으므로 자주 사용해서는 안 된다.

03 시동장치 ★★★

(1) 시동장치의 개요

시동장치(또는 기동장치)는 엔진을 시동하는 장치로, 시동키를 돌리면 축전지에서 전류가 흐르고, 이 전류로 시동전동기가 회전하게 된다. 시동 전동기의 회전으로 피니언(Pinion)이 엔진의 크랭크 축에 연결된 플라이 휠 외부의 링 기어(Ring Gear)와 맞물려 회전하며, 이를 통해 엔진이 시동된다.

① 시동 전동기의 원리

　㉠ 시동 전동기는 엔진의 시동을 위한 모터로, 전기적 에너지를 기계적 에너지로 변환하는 역할을 한다. 축전지에서 전원을 공급받아 회전하며, 이 회전으로 피니언 기어가 엔진의 플라이 휠에 있는 링 기어와 맞물려 회전하게 된다. 이 회전력이 크랭크 축에 전달되어 엔진을 시동시킨다.

　㉡ 시동 전동기는 전류의 자기작용을 이용한 장치로, 계자철심 내에 설치된 전기자에 전류를 공급하면 전기자는 플레밍의 왼손법칙에 따라 특정 방향의 힘을 받는다. 전기자에 전류를 흐르게 하면, 전기자 양쪽의 전류 방향이 역으로 변하면서 회전력이 발생한다. 이 회전력은 계자철심의 자력과 전기자에 흐르는 전류의 곱에 비례하여, 전기자가 회전 운동을 하게 된다.

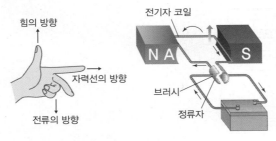

[플레밍의 왼손법칙과 전동기의 원리]

■ 시동장치의 감속비는 약 10:1로, 시동 전동기의 고속 회전이 엔진 크랭크 축의 낮은 속도 회전으로 변환된다.

■ 플레밍의 왼손법칙

전류가 흐르고 있는 도선에 대해 자기장이 미치는 힘의 작용 방향을 정하는 법칙이다.
즉 "왼손의 엄지, 검지, 중지를 서로 직각이 되게 펴고 검지를 자력선의 방향으로, 중지를 전류의 방향으로 향하게 하면 도체에는 엄지의 방향으로 힘이 작용한다."는 법칙으로 시동 전동기, 전류계, 전압계 등에 사용된다.

② 시동 전동기의 종류

종류	회로	설명
직권 전동기	스위치 계자코일 · 전기자	• 전기자 코일과 계자 코일이 직렬로 접속된 것이다. 시동 회전력이 크고, 고속 회전할 수 있다. • 부하 변화에 따라 자동적으로 회전 속도가 증감하므로 고부하에서 과대 전류가 흐르지 않는다. • 회전 속도의 변화가 큰 단점이 있다.
분권 전동기	스위치 계자코일 · 전기자	전기자 코일과 계자 코일이 직렬로 접속된 것이다. 회전 속도가 일정한 장점이 있는 반면, 회전력은 작다.
복권 전동기	직권 계자코일 + 전기자 fa 분권 계자코일 τf V −	• 전기자 코일과 계자 코일이 직렬과 병렬로 연결된 것으로 직권과 분권의 중간적인 특성을 나타낸다. • 시동 시에는 직권 전동기와 같이 회전력이 크고, 시동 후에는 분권 전동기와 같이 일정 속도를 유지하는 특성을 나타낸다. • 직권 전동기에 비해 구조가 복잡한 단점이 있다.

■ 직류 전동기는 전기자 코일과 계자 코일의 접속 방법에 따라 직권 전동기, 분권 전동기, 복권 전동기로 구분된다. 건설기계의 시동 전동기에서는 주로 축전지를 전원으로 사용하는 직류 직권 전동기가 많이 사용된다.

(2) 시동 전동기의 구조와 기능

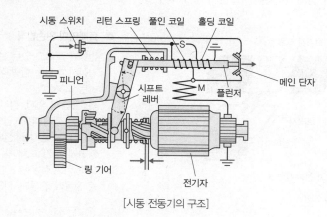

[시동 전동기의 구조]

① 회전자

시동 전동기에서 회전력을 발생시키는 부분으로, 전기자축, 전기자 철심, 전기자 코일, 정류자로 구성되어 있다. 전기자축 양쪽은 베어링으로 지지되어 자계 내에서 회전한다.

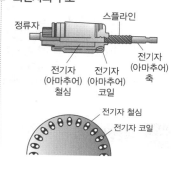

■ 회전자의 구조

전기자축	큰 회전력을 받기 때문에 절손, 변형, 굽힘 등이 발생하지 않도록 특수강으로 제작된다. 또한, 피니언의 섭동 부분에는 스플라인이 만들어져 있어 회전 시 회전력 전달이 원활하게 이루어진다.
전기자 철심	전기자 코일을 유지하며, 계자 철심에서 발생한 자력선을 잘 통과시키는 역할을 한다. 또한, 맴돌이 전류를 감소시키기 위해 0.35~1.0mm의 규소 강판이 성층되어 있다. 이러한 구조는 전기자 철심의 효율성을 높이고, 불필요한 손실을 줄이는 데 중요한 역할을 한다.
전기자 코일	정류자편에 납땜되어 있어, 모든 코일을 통해 전류가 흐르며, 각 코일에서 발생하는 전자력이 합쳐져 전기자를 회전시킨다. 전기자 코일은 하나의 홈에 두 개씩 설치되어 있으며, 이러한 구조는 전기자의 회전력을 극대화하고, 안정적인 회전을 유지하는 데 중요한 역할을 한다.
정류자	정류자는 브러시에서 공급되는 전류를 한 방향으로만 흐르게 하는 역할을 한다. 정류자는 경동판을 절연체로 싸서 원형 형태로 만들어져 있으며, 각 정류자편 사이에는 약 1mm 두께의 운모가 절연체로 사용되어 있다. 이러한 구조는 전류의 방향을 일관되게 유지시켜 전기자의 안정적인 회전운동을 지원한다.

② 고정자

시동 전동기에서 회전하지 않는 부분으로 계철, 계자철심, 계자코일로 이루어져 있다.

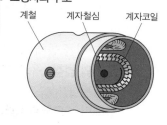

■ 고정자의 구조

계철	자력선의 통로와 시동 전동기의 틀이 되는 부분이다. 안쪽면에 계자철심이 볼트로 고정되어 있다.
계자철심	계자철심은 주위에 계자코일이 감겨져 있으며, 전류가 흐르면 전자석이 되어 자계를 형성한다. 계자철심의 수에 의해 극수가 정해지며, 4개이면 4극이다.
계자코일	계자코일은 계자철심에 감겨져 있으며, 전류가 흐르면 자력을 일으켜 계자철심을 자화시키는 역할을 한다. 큰 전류가 흐르기 때문에 평각 구리선을 사용하며, 자력의 크기는 전류의 크기에 따라 좌우된다.

③ 브러시와 브러시 홀더

■ 브러시의 구성

브러시 (Brush)	정류자에 미끄럼 접촉을 하여 전기자 코일에 전류를 공급하는 역할을 한다. 보통 4개의 브러시가 설치되며, 그중 2개는 (+), 나머지 2개는 (−) 브러시이다. 브러시는 스프링 장력에 의해 정류자와 접촉하며, 홀더 내에서 미끄럼 운동을 한다. 이 미끄럼 운동은 브러시가 회전하면서 전류를 안정적으로 전달할 수 있도록 도와준다.

브러시 홀더 (Brush Holder)	브러시를 지지하는 부품으로, 2개는 절연되어 있고, 2개는 접지되어 있다. 이 홀더는 계자철심 사이의 중간 위치인 중성축 상에 조립된다. 브러시 홀더는 브러시가 정류자에 접촉하고, 스프링 장력으로 브러시가 정류자에 압착되어 섭동 운동을 할 수 있게 한다.

04 충전장치 ★★★

(1) 충전장치의 개요

충전장치는 건설기계의 운행 중 다양한 전기장치에 전력을 공급하는 전원으로, 동시에 축전지에 충전전류를 공급하는 역할을 한다. 충전장치는 엔진의 크랭크 축에 의해 구동되는 발전기, 발전 전압과 전류를 조정하는 발전 조정기, 그리고 충전 상태를 알려주는 전류계로 구성된다.

① 충전장치의 역할

충전장치의 주요 역할은 엔진이 작동한 후 지게차 내부의 전기장치에 전원을 공급하며, 축전지에 전력을 충전하는 것이다. 또한 발전기에서 생성된 전력을 정류하고 정압하여 안정적으로 공급하는 역할도 수행한다. 이를 통해 기계의 전기 시스템이 안정적으로 동작할 수 있도록 돕는다.

② 발전기 작동 원리

발전기의 작동 원리는 도체와 자력선이 교차할 때 발생하는 기전력에 의존한다. 이 현상을 전자 유도 작용이라고 하며, 도체에 기전력이 발생하는 원리를 설명한다. 유도 기전력은 자력선의 변화를 방해하는 방향으로 발생하며, 이를 통해 흐르는 전류는 유도 전류로 불린다.

㉠ 렌츠의 법칙: 유도 기전력의 방향은 자속의 변화를 방해하는 방향으로 생성된다.

㉡ 플레밍의 오른손 법칙: 전자유도에 의해 생기는 유도 전류의 방향을 카 타내는 법칙이다. 오른손의 엄지, 검지, 중지를 서로 직각에 되게 펴고, 검지를 자력선의 방향으로, 엄지를 도체의 방향으로 향하게 하면, 중지의 방향으로 유도 전류가 흐른다. 이 원리가 발전기의 원리에 사용된다.

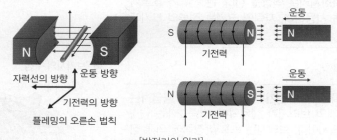

[발전기의 원리]

(2) 직류 발전기

① 개요

ㄱ 직류 발전기(DC 발전기)는 일반적으로 분권식으로 설계되어 있다. 이 방식에서 전기자 코일과 계자 코일은 병렬로 접속된다.

ㄴ 발전기의 작동 원리는 발전기가 회전하면 계자철심의 잔류자기에 의해 전기자 코일에 작은 기전력이 발생한다. 이 초기 기전력으로 계자전류가 흐르고, 계자전류는 계자철심의 자속을 증가시킨다. 그 결과, 발전기 내에서 생성되는 기전력도 점차 증가한다.

② 직류 발전기의 구성 요소

계자코일		자계를 형성하며, 고정(회전하지 않음)되어 있다.
전기자		계자코일 내에서 회전하며 교류 기전력을 발생시킨다.
브러시와 정류자		브러시가 정류자 위에서 섭동하며 교류를 직류로 변환한다.
발전기 조정기	컷 아웃 릴레이	축전지에서 발전기로 전류가 역류되는 것을 방지한다.
	전압 조정기	계자코일에 흐르는 전류를 제어하여 발전기의 출력 전압을 일정하게 유지한다.
	전류 조정기	발전기의 발생 전류를 조정하며, 과전류로 인한 소손을 방지한다.

(3) 교류 발전기

① 개요

교류 발전기(AC 발전기)는 직류 발전기와는 반대로 도체(스테이터 코일)를 고정시키고 자력(로터)을 회전시켜 교류 전류를 발생시킨다. 직류 발전기와는 달리 교류 발전기에서는 전류를 직류로 정류해주는 장치가 필요하다. 따라서 다이오드식의 정류기를 장착하여 다이오드에서 직류로 정류시킨 다음 출력한다.

② 교류 발전기의 구조

로터	DC 발전기의 계자철심에 해당한다. 로터 코일, 슬립링, 로터 철심 및 로터 축으로 구성되어 있다.
스테이터	DC 발전기의 전기자에 해당한다. 로터 철심에서 발생된 자속을 끊어 기전력을 발생하게 한다.
브러시	2개의 브러시를 브러시 홀더에 끼우고 스프링으로 눌러 슬립링 위를 접촉하면서 섭동하게 한다. 브러시 1개는 여자 전류를 로터 코일에 공급하며, 1개는 접지되어 전류를 유출시킨다.
정류기	교류 전류를 직류 전류로 바꾸어 출력한다.
발전기 조정기	AC 발전기의 로터에 흐르는 여자 전류를 트랜지스터 스위칭 작용으로 단속·제어하여 발생 전압을 일정하게 유지한다.

■ 직류 발전기의 특성

전압 발생이 초기에는 느리고, 저속일 때는 충전 특성이 좋지 않다. 즉, 발전기의 회전 속도가 낮을수록 초기 전압 발생이 부족하고, 효율적인 충전이나 전력 공급이 이루어지지 않기 때문에 저속에서의 성능이 제한적이다.

■ 단상 발전기와 3상 발전기로 구분할 수 있으며, 건설기계는 거의 모두 3상 교류 발전기를 사용한다.

■ 교류 발전기의 구성 요소

브러시 홀더에 내장된 전압 조정기
V 벨트
브러시
정류기 히트 싱크 어셈블리
로터 (회전자)
스테이터(고정자)

■ 교류 발전기의 장점

• 출력에 비해 소형이며 경량이다.
• 저속 시에도 충전 특성이 양호하다.
• 발전기 조정기는 전압 조정기뿐이다.
• 카본 브러시와 정류자가 없어 수명이 길다.
• 다이오드로 정류하기 때문에 전기적 용량이 크다.

(1) 예열장치

예열장치는 디젤 엔진에만 설치되는 장치로, 겨울철이나 추운 날씨에서 엔진 시동을 쉽게 하기 위해 흡기 다기관이나 연소실 내의 공기를 미리 가열하여 시동을 보조하는 역할을 한다. 예열장치는 실린더에 흡입되는 공기를 미리 예열하여 예열된 공기가 실린더에 공급되도록 하는 흡기 가열식과 연소실 내의 압축 공기를 직접 예열하는 예열 플러그(Glow Plug)식이 있다.

흡기 가열식	• 직접 분사식 디젤 엔진에 사용된다. • 흡기 다기관에 히터나 히트 레인지를 설치하여 흡입되는 공기를 가열하고, 가열된 공기가 실린더에 공급된다. • 연소열을 이용한 흡기 히터나 가열 코일을 이용한 히트 레인지 방식이 있다.	

예열 플러그식	㉠ 특징
	  • 연소실 내의 압축 공기를 직접 가열한다.
	  • 예연소실식과 와류실식 디젤 엔진에 사용한다.
	  • 예열 플러그, 예열 플러그 파일럿, 예열 플러그 저항기, 히트 릴레이 등으로 구성된다.
	  • 코일형(Coil Type) 예열 플러그와 실드형(Shield Type) 예열 플러그가 있다.
	㉡ 구성 요소	

	예열 플러그 파일럿	운전석에 적열 상태 점검이 가능한 장치
	예열 플러그 저항기	코일형 예열 회로 내에 삽입되는 저항기
	히트 릴레이	시동 전동기 스위치의 손상을 방지하는 장치

더 알아보기

코일형과 실드형 예열 플러그 비교

코일형 예열 플러그	실드형 예열 플러그
• 직렬로 결선되어 있다. • 히트 코일이 굵은 열선으로 되어 있다. • 흡입 공기 속에 히트 코일이 노출되어 있다. • 예열 시간이 짧다. • 기계적 강도가 약하다. • 예열 플러그 저항기가 필요하다.	• 병렬로 결선되어 있다. • 히트 코일이 가는 열선으로 되어 있다. • 히트 코일이 보호 금속 튜브 내에 설치되어 있다. • 예열 시간이 길다. • 내구성이 좋다. • 예열 플러그 저항기가 필요 없다.

(2) 등화장치

① 등화 관련 용어

광원	빛을 발산하는 물체나 장치로, 빛의 종류나 특성에 따라 다양한 형태의 광원이 있을 수 있다. **예** 태양, 전구, 형광등 등
광속	• 광원에서 방출되는 총 빛의 양. 즉, 눈에 보이는 빛의 에너지 흐름을 측정한 것으로 단위는 루멘(lumen, 기호; lm)이다. • 높은 광속을 가진 광원은 더 많은 빛을 발산한다.
광도	• 특정 방향으로 방출되는 빛의 강도. 즉, 어떤 특정 방향에서 감지되는 빛의 강도를 측정하는 것으로 단위는 칸델라(cd)이다. • 광도는 빛이 방출되는 방향에 따라 달라지며, 광원의 방향성에 중요한 영향을 미친다. **예** 손전등의 빛이 한쪽 방향으로 강하게 방출되는 경우, 그 방향의 광도가 더 강하다.
조도	• 빛을 받는 면(피조면)의 밝기를 말하며, 단위는 럭스(lux, 기호; lx)이다. • 1lx는 1m² 면적에 1lm의 광속이 균일하게 비추는 것을 말하며, 조도를 구하는 공식은 다음과 같다. $$조도(lx) = \frac{광속(lm)}{[거리(m)]^2}$$

등화 관련 기출 용어
- 광원: 빛을 발산하는 물체
- 광속: 총 빛의 양(루멘 단위)
- 광도: 특정 방향으로 방출되는 빛의 강도(칸델라 단위)
- 조도: 면적에 비쳐지는 빛의 양(럭스 단위)

② 단선식 배선과 복선식 배선

단선식 배선	복선식 배선
• 전원(입력) 쪽에만 전선을 이용하여 배선한다. • 접지 쪽은 건설기계의 차체나 금속부에 의해서 자체적으로 접지된다. • 접지 쪽에 접촉 불량 개소가 있거나 큰 전류를 흐르게 하는 경우, 전압 강하가 크게 발생한다. • 주로 정격 전압이 낮은 회로에 사용된다.	• 전원(입력) 쪽 및 접지 쪽 모두 전선을 사용하여 배선한다. • 접촉 불량 등이 발생하지 않도록 확실하게 접지하는 방식이다. • 전조등 회로와 같이 비교적 큰 전류가 흐르는 회로에 사용한다. • 접지 불량에 의한 전압 강하가 없다.

③ 세미 실드빔 전조등의 특징

㉠ 렌즈와 반사경은 일체로 되어 있고, 전구(필라멘트)는 별개로 설치한다.

㉡ 밀봉되어 있지 않으며, 공기의 유동에 따라 반사경이 흐려진다.

㉢ 필라멘트가 끊어지면 전구만 교환할 수 있다.

④ 실드빔 전조등의 특징

㉠ 반사경에 필라멘트를 붙이고 렌즈를 녹여 붙인 전조등이다.

㉡ 내부에 불활성 기체를 넣어 그 자체가 1개의 전구가 되도록 한 것이다.

㉢ 밀봉되어 있기 때문에 광도의 변화가 적다.

㉣ 대기 변화에도 반사경은 흐려지지 않는다.

㉤ 필라멘트가 끊어지면 전조등 전체를 교환하여야 한다.

THEME 09 전기장치(축전지 · 시동장치 · 충전장치) **127**

⑤ 방향 지시등의 특징

   ㉠ 전류를 일정한 주기로 단속하여 점멸시키거나 광도를 증감시킨다.

   ㉡ 플래셔 유닛을 사용하여 램프에 흐르는 전류를 일정 주기로 단속하여 램프를 점멸시킨다.

   ㉢ 방향 지시등의 단선 등 회로에 문제가 발생하면 점멸 횟수가 증가한다.

■ **좌우 방향 지시등의 점멸 횟수가 다른 원인**
- 전구의 접지가 불량할 때
- 하나의 전구가 단선되었을 때
- 전구의 용량이 규정 용량과 다를 때

(3) 계기장치

① 계기장치 일반

   건설기계에는 조종 편의성과 작업 안전을 위해 조종실 계기판에 속도계, 엔진 회전계, 연료계, 수온계 등 다양한 계기류가 설치된다. 건설기계에서 사용하는 유압계, 연료계, 수온계는 전기식이며, 계기부와 유닛부로 구성된다.

② 계기장치 구비 조건

   ㉠ 소형이고 경량일 것

   ㉡ 가격이 저렴할 것

   ㉢ 지침을 읽기 쉬울 것

   ㉣ 지시가 안정되어 있고 확실할 것

   ㉤ 구조가 간단하고 내구성이 있을 것

③ 계기장치의 종류

유압계	엔진의 윤활 회로 내의 유압을 확인하기 위한 계기이며, 계기식과 유압 경고등식이 있다. 유압 경고등은 건설기계 조종 중 엔진오일의 압력이 규정 이하로 떨어지면 경고등이 점등하는 방식이다.
연료계	연료 탱크 내의 연료량을 표시하는 계기이며, 대부분 전기식을 사용한다.
수온계	실린더 헤드에 설치된 물재킷 내부의 냉각수 온도를 표시하는 것이다. 75~95℃이면 정상이다.
전류계	충전 및 방전되는 전류량을 나타낸다. 발전기에서 축전지로 충전될 때는 지침이 (+)방향을 지시하고, 축전지에서 부하로 방전될 때는 지침이 (−)를 지시한다. 또한 전조등, 에어컨 및 예열장치 등을 동작시키면 지침이 (−)를 지시한다.

(4) 공조장치

① 환기장치

   조종실의 환기장치는 창문이 닫힌 상태에서도 외부의 신선한 공기를 여과하여 유입시키고, 이를 가열하거나 냉각하여 조종실 내부의 오염된 공기와 교체하는 장치이다. 이때 실내 공기압은 외기보다 약간 높게 유지되며, 찬 공기가 조종실 내에 정체되지 않도록 설계되어야 한다.

② 난방장치

   실내를 따뜻하게 하고, 동시에 앞 유리가 수분 등에 흐려지는 것을 방지한다. 난방장치는 온수식, 배기열식, 연소식 등이 있으며, 온수식이 가장 많이 사용된다.

③ 냉방장치
　㉠ 작동 원리
　　먼저 저온·저압 상태의 냉매가스가 압축기를 지나면서 고온·고압의
　　냉매가스로 변한다. 이 냉매는 응축기로 이동해 외부 공기에 의해 식으
　　면서 고온·고압의 냉매 액으로 바뀐다. 이후 건조기를 통과하면서 수
　　분이 제거되고, 팽창 밸브를 지나면서 압력과 온도가 급격히 낮아진다.
　　이렇게 된 저온·저압의 냉매는 증발기로 들어가 주변 열을 흡수하며
　　다시 기체 상태로 증발하고, 이 과정에서 냉방 효과가 발생한다. 증발
　　된 냉매가스는 다시 압축기로 돌아가 이 과정을 반복한다.
　㉡ 냉방장치 구성 요소

■ 냉방장치의 작동 원리

압축기 → 응축기 → 건조기 → 팽창
밸브 → 증발기 → 다시 압축기

압축기	증발기에서 증발한 저압의 냉매 증기를 고압으로 압축하여 응축기로 보내는 역할을 한다.
응축기	엔진 룸 앞면에 설치되어, 압축기에서 전달된 고온·고압의 기체 상태 냉매의 열을 대기 중으로 방출하여, 이를 고온·고압의 액체 상태로 변화시킨다.
건조기	용기, 여과기, 튜브, 점검창(Sight Glass) 등으로 구성된다. 건조기의 주요 역할은 적절한 양의 냉매를 저장하고, 액체 냉매 속의 기포를 분리하는 것이다. 또한, 흡수제가 알루미늄 원통에 봉입되어 있어 냉매 속 수분과 먼지를 제거한다. 윗부분에는 냉매의 흐름 상태를 확인할 수 있는 점검창이 설치되어 있다.
팽창 밸브	냉방장치가 정상적으로 작동할 때, 냉매가 중간 정도의 온도와 고압 상태에서 팽창밸브로 유입된다. 냉매는 이후 오리피스 밸브를 통과하면서 저온·저압 상태로 변화한다.
증발기	팽창 밸브를 통과한 냉매가 저압의 안개 모양으로 변하고, 증발기 튜브를 지나면서 송풍기에서 불어오는 공기에 의해 증발하여 기체로 변한다. 이 과정에서 기화열이 튜브 핀을 냉각시켜, 결과적으로 조종실 내 공기가 차가워지게 된다.
냉매	냉방장치에서 냉방 효과를 얻기 위해 사용되는 물질이다. 건설기계에서는 주로 R-134a라는 냉매가 사용된다.

THEME 09 전기장치(축전지 · 시동장치 · 충전장치)

01 전기 일반

01 전류의 3대 작용이 <u>아닌</u> 것은?

① 발열작용
② 화학작용
③ 물리작용 (×)
④ 자기작용

02 전압이 24V, 저항이 2Ω일 때의 전류는?

① 12A
② 24A
③ 26A
④ 48A

> **보충** 전압(E)이 24V, 저항(R)이 2Ω이므로 옴의 법칙은
> $I = \dfrac{E}{R}$에서 $\dfrac{24V}{2Ω}$ = 12A이다.

03 저항(R)에 대한 설명으로 <u>틀린</u> 것은?

① 저항 $= \dfrac{전압}{전류}$으로 구할 수 있다.
② 저항의 단위는 옴(Ω)을 사용한다.
③ 도체 내에서 전류의 흐름을 방해하는 저항력을 말한다.
④ 저항은 도체의 길이에 반비례하고, 단면적에 비례한다. (×)
　　　　　　　　　　　　　　　　　→ 비례
　→ 반비례

04 교류(AC)의 특징을 설명한 것으로 <u>틀린</u> 것은?

① 회로의 차단이 곤란하다. (×) → 용이하다.
② 도선에 부식이 쉽게 일어나지 않는다.
③ 변압기를 사용해서 간단히 전압을 변경할 수 있다.
④ 시간에 따라 그 크기와 방향이 변하는 전류 또는 전압을 말한다.

05 다음 [보기]의 회로에서 퓨즈에는 몇 A가 흐르는가?

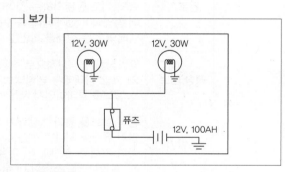

| 보기 |

① 5A
② 10A
③ 12A
④ 36A

> **보충** 12V, 30W의 전력(P) 2개가 병렬로 연결되어 있으므로 합성 전력은 60W이다. P = EI에서 $I = \dfrac{P}{E}$이므로
> $I = \dfrac{P}{E} = \dfrac{60W}{12V}$ = 5A

06 반도체의 일반적인 특성으로 <u>틀린</u> 것은?

① 수명이 길다.
② 소형 · 경량이다.
③ 내부 전압강하가 적다.
④ 고온 · 고전압에 강하다. (×)

02 축전지

07 건설기계 엔진에 사용되는 축전지의 가장 중요한 역할은?

① 시동장치의 전기적 부하를 담당한다.
② 주행 중 등화장치에 전류를 공급한다.
③ 주행 중 점화장치에 전류를 공급한다.
④ 주행 중 발생하는 전기부하를 담당한다.

보충 축전지의 가장 중요한 역할은 엔진 시동장치에 전기를 공급하는 것이다.

08 12V용 납 축전지의 셀에 대한 설명으로 옳은 것은?

① 6개의 셀이 직렬로 접속되어 있다.
② 6개의 셀이 병렬로 접속되어 있다.
③ 3개의 셀이 직렬과 병렬로 혼용하여 접속되어 있다.
④ 6개의 셀이 직렬과 병렬로 혼용하여 접속되어 있다.

보충 12V용 축전지는 6개의 셀(Cell)로 나누어져 있으며, 각각 직렬로 연결되어 있다.

09 황산과 증류수를 이용하여 전해액을 만들 때의 설명으로 옳은 것은?

① 황산을 증류수에 부어야 한다.
② 증류수를 황산에 부어야 한다.
③ 황산과 증류수를 동시에 부어야 한다.
④ 철제용기를 사용한다.

10 축전지 터미널의 식별 방법으로 틀린 것은?

① 탄력의 유무로 구분한다. (×)
② P와 N의 문자로 구분한다.
③ 굵고 가는 것으로 구분한다.
④ ⊕와 ⊖의 표시로 구분한다.

보충 축전지 터미널의 식별 방법
• P와 N의 문자로 구분한다(P; 양극, N; 음극).
• 굵고 가는 것으로 구분한다(굵다; 양극, 가늘다; 음극).
• ⊕와 ⊖의 표시로 구분한다(⊕; 양극, ⊖; 음극).
• 적색과 흑색으로 구분한다(적색; 양극, 흑색; 음극).

11 배터리의 충전 및 방전 과정은 다음 중 어떤 원리를 이용한 것인가?

① 발열작용
② 자기작용
③ 화학작용
④ 발광작용

보충 방전 또는 충전을 하면 축전지 내부에는 (+)극판, (-)극판 및 전해액 사이에서 화학반응이 일어난다.

12 20℃에서 전해액의 비중이 1.280이면 어떤 상태인가?

① 반 충전
② 1/2 방전
③ 완전 충전
④ 완전 방전

보충 축전지의 전해액 비중이 20℃에서 1.260~1.280 사이이면, 완전 충전된 상태이다.

13 축전지의 자기 방전 원인으로 **틀린** 것은?

① 전해액의 양이 많아짐에 따라 용량이 커지기 때문에 (×)

② 전해액에 포함된 불순물이 국부전지를 구성하기 때문에

③ 탈락한 극판 작용물질이 축전지 내부에 퇴적되기 때문에

④ 음극판의 작용물질이 황산과의 화학작용으로 황산납이 되기 때문에

14 같은 축전지 2개를 직렬로 접속하면 어떻게 되는가?

① 전압과 용량 모두 2배가 된다.

② 전압과 용량 모두 변화가 없다.

③ 전압은 같고 용량은 2배가 된다.

④ 전압은 2배가 되고 용량은 같다.

보충 12V 100AH의 축전지 2개를 직렬 연결하면 전압은 2배 (24V)가 되고 용량은 변화가 없다(100AH).

15 건설기계의 축전지 케이블 탈거에 대한 설명으로 옳은 것은?

① (+) 케이블을 먼저 탈거한다.

② 아무 케이블이나 먼저 탈거한다.

③ 절연되어 있는 케이블을 먼저 탈거한다.

④ 접지되어 있는 케이블을 먼저 탈거한다.

보충 축전지 케이블(선) 탈거 시에는 축전지 마이너스 단자에서 접지선인 마이너스 선을 먼저 탈거해야 한다.

16 납산용 일반 축전지가 방전되어 충전할 때의 주의 사항으로 **틀린** 것은?

① 충전 시 벤트 플러그를 모두 열 것

② 충전 시 가스가 발생하므로 화기에 주의할 것

③ 충전 시 전해액 온도를 45℃ 이하로 유지할 것

④ 충전 시 배터리 용량보다 조금 높은 전압으로 과충전할 것 (×)

보충 **축전지 충전 시 주의 사항**
• 축전지의 벤트 플러그를 전부 열고 충전할 것
• 축전지 주위에 불꽃이 발생되지 않도록 주의할 것
• 전해액의 온도가 45℃ 이상이 되면 충전을 중지할 것
• 충전 중 수소 가스가 발생하므로 통풍이 잘되는 곳에서 충전할 것

17 건설기계에 장착된 축전지를 급속 충전할 때 축전지의 접지 케이블을 떼는 이유로 옳은 것은?

① 과충전을 방지하기 위해

② 기동 전동기를 보호하기 위해

③ 조정기의 접점을 보호하기 위해

④ 발전기의 다이오드를 보호하기 위해

18 축전지 취급에 대한 설명으로 옳은 것은?

① 축전지를 보관할 때는 가능한 한 방전시키는 것이 좋다.

② 2개 이상의 축전지를 직렬로 배선할 경우 (+)와 (+), (−)와 (−)를 연결한다.

③ 축전지의 방전이 거듭될수록 전압이 낮아지고 전해액의 비중도 낮아진다.

④ 축전지의 용량을 크게 하기 위해서는 다른 축전지와 직렬로 연결하면 된다.

보충 **축전지 취급**
① 축전지를 보관할 때는 가능한 완전 충전시키는 것이 좋다.
② 2개 이상의 축전지를 직렬로 배선할 경우 (+)와 (−)를 연결한다.
④ 축전지의 용량을 크게 하기 위해서는 다른 축전지와 병렬로 연결하면 된다.

03 시동장치

19 엔진 시동 전 최초의 흡입과 압축 행정에 필요한 에너지를 외부로부터 공급하여 엔진을 회전시키는 장치는?

① 충전장치
② 흡입장치
③ 시동장치
④ 폭발장치

20 건설기계에서 가장 큰 전류가 흐르는 것은?

① 콘덴서
② 배전기
③ 시동모터
④ 발전기 로터

21 디젤 엔진의 시동장치 구성 요소로 틀린 것은?

① 축전지
② 기동 전동기
③ 밸러스트 저항 (×)
④ 예열·시동 스위치

22 일반적으로 지게차 엔진의 시동용으로 사용하는 전동기는?

① 직권식 전동기
② 분권식 전동기
③ 복권식 전동기
④ 교류 혼합식 전동기

> **보충** 건설기계의 시동 전동기는 축전지를 전원으로 하는 직류 직권 전동기를 많이 사용한다. 직권식 전동기는 간단하고 강력한 시동 성능을 제공하며, 지게차와 같은 건설기계에서 효율적으로 엔진을 시작하는 데 적합하다.

23 엔진 시동장치에서 링 기어를 회전시키는 구동 피니언은 어느 곳에 부착되어 있는가?

① 클러치
② 크랭크 축
③ 플라이 휠
④ 시동 전동기

> **보충** 시동 전동기가 축전지의 전원을 공급받아 회전하며, 시동 전동기의 피니언 기어와 플라이 휠의 링 기어가 맞물려 시동 전동기의 회전력을 크랭크 축에 전달한다.

24 디젤 엔진의 시동 전동기에서 정류자를 통하여 전기자 코일에 전류를 공급하는 것은?

① 브러시
② 계자철심
③ 전류 조정기
④ 컷 아웃 릴레이

25 시동이 걸린 후에도 시동 키(key)를 계속 돌리고 있으면 어떻게 되는가?

① 충전이 잘 된다.
② 전기자가 소손된다.
③ 베어링이 소손된다.
④ 피니언 기어가 소손된다.

보충 시동이 걸려 엔진이 회전하면 플라이 휠 링 기어의 회전 속도와 회전력이, 시동 전동기의 피니언 기어 보다 빠르고 크기 때문에 피니언 기어의 이가 파손된다.

26 겨울철에 시동 전동기의 크랭킹 회전수가 낮아지는 원인으로 틀린 것은?

① 엔진오일의 점도 상승
② 시동 스위치의 저항 증가 (×)
③ 기온 저하로 시동 부하 증가
④ 온도에 의한 축전지의 용량 감소

27 시동 전동기가 회전하지 않는 원인으로 틀린 것은?

① 계자코일이 손상되었을 때
② 축전지 전압이 너무 낮을 때
③ 전기자 코일이 단선되었을 때
④ 브러시와 정류자가 밀착되어 있을 때 (×)
　　　　　　　　→ 밀착이 불량할 때

04 충전장치

28 건설기계의 충전장치인 발전기는 어떤 축에 의해 구동되는가?

① 캠 축
② 추진축
③ 크랭크 축
④ 변속기 입력축

29 플레밍의 오른손 법칙에서 손가락과 작용 요소의 방향이 바르게 연결된 것은?

① 엄지 – 유도 전류, 검지 – 자력선, 중지 – 도체의 운동
② 엄지 – 자력선, 검지 – 유도 전류, 중지 – 도체의 운동
③ 엄지 – 유도 전류, 검지 – 도체의 운동, 중지 – 자력선
④ 엄지 – 도체의 운동, 검지 – 자력선, 중지 – 유도 전류

보충 플레밍의 오른손 법칙
전자유도에 의해 생기는 유도 전류의 방향을 나타내는 법칙이다. 오른손의 엄지, 검지, 중지를 서로 직각이 되게 펴고, 검지를 자력선의 방향으로, 엄지를 도체의 운동 방향으로 향하게 하면, 중지의 방향으로 유도 전류가 흐른다.

30 교류 발전기의 특징이 아닌 것은?

① 브러시가 필요 없다. (×) → 포함된다.
② 다이오드로 정류한다.
③ 저속에서도 충전이 가능하다.
④ 고속에서의 내구성이 우수하다.

31 AC 발전기의 작동 중 소음 발생 원인으로 **틀린** 것은?

① 고정볼트가 풀렸다.
② 벨트 장력이 약하다.
③ 베어링이 손상되었다.
④ 축전지가 방전되었다. (×)

보충 방전된 축전지는 발전기의 작동에 영향을 줄 수 있지만, 소음의 주요 원인은 아니다.

32 교류(AC) 발전기에서 전류가 발생되는 곳은?

① 로터
② 정류기
③ 전기자
④ 스테이터

보충 교류(AC) 발전기의 스테이터 코일은 직류(DC) 발전기의 전기자 코일에 해당되며, 발전기 출력 전류가 발생되는 곳이다.

33 AC 발전기의 출력은 무엇을 변화시켜 조정하는가?

① 로터 전류
② 축전지 전압
③ 스테이터 전류
④ 발전기의 회전 속도

보충 로터 전류를 조정하면 자속이 변하고, 이에 따라 스테이터에서 유도되는 전압이 변화한다. 이 방법으로 출력 전압을 제어할 수 있다. 발전기의 회전 속도는 일정하게 유지되는 경우가 많고, 스테이터 전류나 축전지 전압은 출력의 직접적인 조정 요소가 아니다.

34 AC 발전기의 다이오드가 하는 역할은?

① 전류를 조정하고 교류를 정류한다.
② 전압을 조정하고 교류를 정류한다.
③ 교류를 정류하고 역류를 방지한다.
④ 여자전류를 조정하고 역류를 방지한다.

35 교류 발전기에서 전압 조정기의 역할이 **아닌** 것은?

① 축전지와 전기장치를 과부하로부터 보호한다.
② 발전기의 회전 속도에 따라 전압을 변화시킨다. (×)
③ 전압 맥동에 의한 전기장치의 기능 장애를 방지한다.
④ 발전기의 부하에 관계없이 발전기의 전압을 항상 일정하게 유지한다.

보충 발전기의 부하와 회전 속도에 관계없이 발전기의 전압을 항상 일정하게 유지한다.

36 발전기 출력 및 축전지 전압이 낮을 때의 원인이 **아닌** 것은?

① 다이오드의 단락
② 조정 전압이 낮을 때
③ 축전지 케이블 접속 불량
④ 충전 회로에 부하가 적을 때 (×)

보충 충전 회로에 부하가 적으면, 충분한 충전이 가능하여 축전지 전압이 올라간다.

05 기타 전기장치

37 동절기에 사용하는 것으로서 디젤 엔진에 흡입되는 공기의 온도를 상승시켜 시동을 원활하게 하는 장치는?

① 예열장치
② 연료장치
③ 충전장치
④ 고압 분사장치

38 디젤 엔진의 예열장치에 사용되는 예열 플러그(Glow Plug)에 대한 설명 중 **틀린** 것은?

① 흡기 히터와 히트 레인지로 구분된다. (×)
② 연소실 내의 압축 공기를 직접 예열한다.
③ 주로 예연소실식과 와류실식에 사용한다.
④ 예열 플러그, 예열 플러그 파일럿, 예열 플러그 저항기 등으로 구성되어 있다.

> **보충** 흡기 히터와 히트 레인지는 흡기 가열식 예열장치에 속하는 부품들이다.

39 실드형 예열 플러그에 대한 설명으로 옳은 것은?

① 병렬로 결선되어 있다.
② 히트 코일이 노출되어 있다.
③ 발열량은 크나 열용량은 적다.
④ 축전지의 전압 강하를 위하여 저항기를 직렬로 접속한다.

> **보충** ② 히트 코일이 보호 금속 튜브 내에 설치되어 있다.
> ③ 발열량이 상대적으로 작고, 열용량이 적다.
> ④ 저항기 없이 작동한다.
> **히트 코일의 결선**
> • 실드형 예열 플러그: 병렬 결선
> • 코일형 예열 플러그: 직렬 결선

40 조명과 관련된 용어의 설명으로 **틀린** 것은?

① 빛의 세기는 광도이다.
② 광도의 단위는 칸델라이다.
③ 빛을 받는 면(피조면)의 밝기는 조도이다.
④ 조도의 단위는 루멘이다. (×) → 럭스(lux, 기호; lx)

41 실드빔식 전조등에 대한 설명으로 **틀린** 것은?

① 필라멘트를 갈아 끼울 수 있다. (×) → 전체 교환해야 함
② 내부에 불활성 가스가 들어있다.
③ 사용에 따른 광도의 변화가 적다.
④ 대기조건에 따라 반사경이 흐려지지 않는다.

> **보충** 실드빔 전조등의 특징
> • 필라멘트가 끊어지면 전조등 전체를 교환하여야 한다.
> • 내부에 불활성 기체를 넣어 그 자체가 1개의 전구가 되도록 한 것이다.
> • 밀봉되어 있기 때문에 광도의 변화가 적다.
> • 대기가 변화하여도 반사경은 흐려지지 않는다.

42 방향지시등의 점멸이 한쪽 등만 빨리 점멸할 때의 원인으로 옳은 것은?

① 배선의 접촉이 불량하다.
② 플래셔 유닛이 고장 났다.
③ 배터리의 (+)선과 (−)선이 바뀌었다.
④ 램프의 용량(W)이 규정 용량보다 작다.

> **보충** 좌우 방향 지시등의 점멸 횟수가 다른 원인
> • 전구의 접지가 불량할 때
> • 하나의 전구가 단선되었을 때
> • 전구의 용량이 규정 용량과 다를 때

43 건설기계의 전류계 지침이 (−) 방향을 지시하고 있을 때의 원인으로 **틀린** 것은?

① 전조등이 켜져 있다.
② 배선에서 누전되고 있다.
③ 엔진의 예열장치를 동작시키고 있다.
④ 발전기에서 축전지로 충전되고 있다. (×)
　　→ 발전기가 축전지로 충전하는 경우, 전류는 축전지로 흘러가며
　　　 전류계 지침은 (+) 방향

> **보충** **전류계 지침이 (−) 방향을 지시**
> • 전조등이 켜져 있다.
> • 배선에서 누전되고 있다.
> • 엔진의 예열장치를 동작시키고 있다.
> • 축전지에서 부하로 방전되고 있다.

44 운전실 내의 환기장치에 대한 설명으로 **틀린** 것은?
　　　　　　　　　　　　　 → 충돌하지 않아야 함
① 유입되는 공기는 창문에 직접 충돌하여야 한다. (×)
② 사용한 공기는 출구를 통해 곧바로 배출시켜야 한다.
③ 조종실 내의 공기압은 대기압 보다 약간 높은 것이 좋다.
④ 조종실 내의 찬 공기는 어디에도 정체되어 있어서는 안 된다.

45 건설기계의 냉방장치에서 응축기에 대한 설명으로 **옳은** 것은?

① 고압 기체 상태의 냉매를 고압 액체 상태로 변화시킨다.
② 저압 기체 상태의 냉매를 고압 기체 상태로 변화시킨다.
③ 고압 액체 상태의 냉매를 저압 액체 상태로 변화시킨다.
④ 저압 액체 상태의 냉매를 저압 기체 상태로 변화시킨다.

> **보충** **냉방장치 구성 요소별 작동 원리**
> • 압축기: 저압 기체 상태의 냉매를 고압 기체 상태로 변화
> • 응축기: 고압 기체 상태의 냉매를 고압 액체 상태로 변화
> • 팽창 밸브: 고압 액체 상태의 냉매를 저압 액체 상태로 변화
> • 증발기: 저압 액체 상태의 냉매를 저압 기체 상태로 변화

THEME 10 섀시장치

학습 목표

- ☑ 섀시장치는 매 시험마다 5~6문제가 출제되며, 출제비중은 10% 내외 수준입니다.
- ☑ 동력 전달 장치, 조향장치, 제동장치, 주행장치의 역할과 기본 구조, 작동 원리를 중심으로 학습하는 것이 중요합니다.
- ☑ 명칭과 구성요소 간 연결 관계 또는 기능을 구분하는 문제가 주로 출제되므로, 개념 위주로 정확하게 이해해야 합니다.

01 동력 전달 장치 ★★★

■ **기출 TIP** / ● **기초용어**

(1) 개념

① 동력 전달 장치는 엔진에서 발생한 회전력을 바퀴까지 전달하는 장치로, 지게차가 움직이거나 화물을 운반할 수 있도록 하는 핵심 구동 계통이다.
② 클러치, 변속기, 추진축, 차동 기어 등이 이에 포함된다.

(2) 동력 전달 순서

■ **동력 전달 순서 암기법**

- 클러치식 : 변기앞에서
- 유압 조작식 : 토 파워(힘) 있게~ 변기 앞에서
- 토크 컨버터식 : 토~ 변기앞에서
- 전동식 : 축제 구~ 변기 앞에서

구분	동력원	전달순서
클러치식	엔진	엔진 → 클러치 → 변속기 → 종감속 기어 및 차동 장치 → 앞차축 → 앞바퀴
유압 조작식		엔진 → 토크 컨버터 → 파워시프트 → 변속기 → 종감속 기어 및 차동 장치 → 앞차축 → 앞바퀴
토크 컨버터식		엔진 → 토크 컨버터 → 변속기 → 종감속 기어 및 차동 장치 → 앞구동축 → 차륜
전동식	축전지	축전지 → 제어기구 → 구동모터 → 변속기 → 종감속 기어 및 차동 장치 → 앞바퀴

플라이 휠　다이어프램 스프링　마스터 실린더
크랭크 축
릴리스 포크
릴리스 베어링
변속기 입력 축
릴리스 실린더
클러치 페달
클러치판
압력판
클러치 스프링

[동력의 전달 및 차단]

02 클러치의 구조와 기능 ★★

☐ 1회독 ☐ 2회독 ☐ 3회독

(1) 클러치의 역할

① 엔진과 변속기 사이에 설치되어 동력을 연결하거나 차단하는 단속 장치이다.
② 클러치 페달을 밟으면 입력 및 출력 축의 연결이 해제되어 동력의 전달이 중단된다.
③ 클러치가 없다면 갑작스러운 충격으로 인한 엔진 정지 가능성이 있다.

[동력차단 상태]   [반클러치 상태]   [동력 전달 상태]

(2) 반클러치 상태

① 클러치 디스크가 플라이 휠과 완전히 밀착되지 않은 상태이다.
② 경사로나 정지 후 출발 시 회전력이 점진적으로 전달 → 충격 완화
③ 작업 중 포크에 화물이 걸린 상태에서 천천히 가속하는 경우에 활용한다.

● **반클러치**
클러치 페달을 완전히 떼지 않고 일부만 연결된 상태로, 회전력이 서서히 전달되므로 충격 없이 출발할 수 있다.

03 클러치의 구성 요소별 작용 원리 ★★

(1) 클러치 판(디스크)

① 동력을 마찰력으로 변속기에 전달하는 마찰판이다.
② 중앙의 스플라인 허브가 변속기 입력축과 연결된다.
③ 비틀림 코일(댐퍼) 스프링: 회전 충격 흡수
④ 쿠션 스프링: 편마모 방지 및 진동 완화
⑤ 페이싱: 고무, 합성 수지 등의 마찰재를 통해 마찰력을 높임

● **플라이 휠**
엔진 크랭크 축 후단에 장착된 회전 부품으로, 엔진의 회전력을 저장(관성 유지)하고 클러치 디스크와 접촉하여 변속기로 동력을 전달하는 역할을 한다.

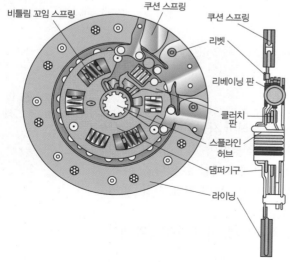

[클러치의 구조]

(2) 압력판

① 플라이 휠과 압력판 사이에 클러치 디스크가 끼워져 있다.
② 압력판은 플라이 휠과 함께 회전하며, 클러치 스프링의 힘으로 디스크를 압착한다.
③ 스프링 장력이 약하면 급가속 시 클러치가 미끄러져 회전력을 제대로 전달하지 못하는 문제가 발생할 수 있다.

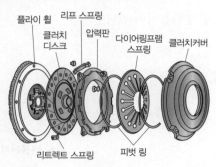

플라이 휠   리프 스프링
클러치 디스크   압력판   다이어링프램 스프링   클러치커버
리트렉트 스프링   피벗 링

[압력판의 구조]

■ '플라이 휠 – 클러치 디스크 – 압력판'의 연결 순서를 이해하고, 각 부품의 작용과 마찰 전달 구조를 정확히 파악해야 한다.

(3) 릴리스 레버와 릴리스 베어링

① 릴리스 레버: 클러치 페달을 밟으면 릴리스 포크가 릴리스 베어링을 움직여 압력판 스프링을 누르고, 릴리스 레버는 이 힘을 받아 압력판을 분리시켜 동력 전달을 차단함
② 릴리스 베어링: 회전하면서 마찰을 최소화하여 클러치 압력판의 스프링을 부드럽게 눌러 동력 전달을 차단하며, 베어링이 없으면 마찰이 증가해 클러치 작동 불량 및 부품 수명 단축을 초래함

> **더 알아보기**
>
> **릴리스 레버 높이 차이 문제**
> 릴리스 레버들의 높이가 균일하지 않으면, 클러치 접속이 고르게 이루어지지 않아 차량 출발 시 진동이 발생할 수 있다.

04 클러치 페달 유격과 미끄러짐 ★★

(1) 클러치 페달 유격(자유 간극)

클러치 페달을 놓았을 때 릴리스 베어링과 릴리스 레버 사이의 틈으로, 간극은 보통 20~30mm이다. 클러치 페달의 유격이 적당해야 정상적으로 분리되고 접속되어, 변속이 부드럽고 부품의 수명을 오래 유지할 수 있다.
① 유격 작으면: 민감 → 클러치 디스크의 빠른 마모, 동력 전달 손실, 발열 증가로 인한 클러치 수명 단축, 미끄러짐 현상
② 유격 크면: 둔감 → 동력 차단 불량, 변속 충격 발생, 기어 변속 시의 마모 및 손상, 운전 피로 증가

■ 클러치 페달의 유격은 클러치 링키지 로드로 조정한다.

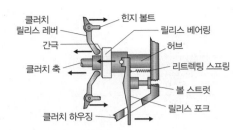

[릴리스 레버와 릴리스 베어링 간 간극]

(2) 클러치 미끄러짐(슬립)의 원인

① **클러치 디스크 마모**: 디스크 마찰재가 닳아 얇아지면 충분한 마찰력이 나오지 않아 미끄러짐이 발생함

② **압력판 스프링 약화**: 스프링 힘이 약해지면 디스크를 제대로 눌러주지 못해 동력이 제대로 전달되지 않고 미끄러짐이 발생함

③ **오일 또는 이물질 오염**: 디스크에 오일이나 먼지가 묻으면 마찰력이 크게 떨어져 미끄러짐이 발생함

④ **릴리스 베어링 또는 레버 문제**: 릴리스 장치가 제대로 복귀하지 않으면 디스크가 완전히 밀착되지 않아 미끄러짐이 발생함

■ 클러치의 미끄러짐 현상은 가속 시 현저하게 발생한다.
→ 급가속 시 차속이 곧바로 따라오지 않을 때 미끄러짐 현상 발생

05 변속기 ★★★

(1) 필요성 및 역할

① **회전력 증대**: 엔진 회전수를 줄이고 회전력을 높여 차량이 쉽게 출발하고 가속할 수 있게 함

② **주행 조건에 맞는 회전력 조정**: 주행 상황에 따라 엔진의 힘(회전력)을 알맞게 조절해 다양한 속도와 조건에 대응할 수 있게 함

③ **무부하 운전 및 후진 가능**: 차량이 정지한 상태에서도 엔진이 작동할 수 있게 하고, 기어 변환으로 후진 주행을 가능하게 함

④ **변속 시 입력·출력축 분리 필요**: 기어를 변경할 때 클러치를 이용해 엔진과 구동축(바퀴)을 일시적으로 분리해야 함

(2) 수동 변속기

① 클러치 작동을 통해 입출력을 분리한다.

② 운전자가 변속 조작 → 단순 구조, 고효율, 저비용

(3) 자동 변속기

① 클러치 없이도 연속적인 변속이 가능하다.

② 토크 컨버터 + 유성 기어장치 + 유압제어장치로 구성된다.

③ 토크 컨버터는 연비 향상을 위해 토크비를 작게 설정한다.

■ **유성 기어장치의 구조**

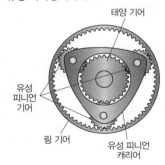

● **토크비**
• 입력과 출력토크 변환율
• 토크는 가속성능(경유차), 마력은 최고속도(가솔린차)와 관련이 큼

수동 변속기와 자동 변속기 비교

구분	수동 변속기	자동 변속기
구조	단순	복잡
내구성	높음	낮음
수리 난이도	낮음	높음
비용	저비용	고비용
연비	높음	낮음
조작	수동 조작	자동 조작(편리)
변속 시	불편한 동력 전달	매끄러운 동력 전달

(4) 토크 컨버터

① 토크 컨버터: 유체의 흐름을 이용해 엔진의 회전력을 변속기로 전달하고 저속 시 토그를 약 2~3배로 증대시켜 부드러운 출발과 가속을 돕는 장치이다.

② 구성

펌프	엔진 회전에 따라 오일을 퍼 올림(오일 흐름 생성으로 동력 발생)
터빈	펌프에서 나온 오일의 힘을 받아 회전하며, 변속기로 동력 전달
스테이터	돌아호는 오일의 힘을 조절해 토크 증폭과 효율 향상을 돕는 장치

③ 토크 변환율: 약 2~3 : 1(유체클러치 1 : 1 대비 우수)

④ 장단점

장점	부드러운 동력 전달, 출발·정차 시 엔진 꺼짐 방지(클러치 조작 필요 없음)
단점	내부 슬립으로 인한 연비 저하 및 출력 손실 → 락업 클러치로 보완

⑤ 동작 원리: 엔진의 회전운동 → 오일 흐름(펌프 임펠러가 오일을 원심력으로 회전시킴) → 터빈 회전 → 변속기로 동력 전달

더 알아보기

댐퍼 클러치와 스테이터

댐퍼 클러치	• 자동차의 주행속도가 일정 값에 도달하면 토크 컨버터의 펌프와 터빈을 기계적으로 직결시켜 미끄러짐에 의한 손실을 최소화하여 정숙성을 도모하는 장치 • 터빈과 토크 컨버터 커버 사이에 설치되어 있음(동력 전달: 엔진 → 앞커버 → 댐퍼 클러치 → 변속기 입력축)
스테이터(리액터)	오일의 흐름을 바꾸어 회전력을 증대시키며, 한 방향으로만 회전함

■ **토크 컨버터식 클러치의 특징**

• 토크 컨버터식 지게차는 클러치 조작 없이 가속 페달을 밟아 출발 → 토크 컨버터는 동력을 유체로 전달하므로 부드러운 출발이 가능하다.

• 토크 컨버터는 유체 클러치와 달리 스테이터(리액터)를 포함한다는 점이 자주 출제된다.

※ 유체 클러치에는 스테이터가 없다.

(1) 역할

변속기에서 전달된 회전력을 종감속 기어 장치로 전달하는 장치이다.

(2) 구성

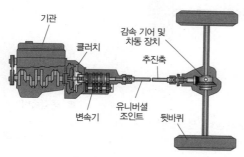

[드라이브 라인의 구조]

추진축 (Propeller Shaft)	회전력을 실제로 전달하는 축 본체
슬립 이음 (Slip Joint)	스플라인 슬립 조인트를 사용하여 추진축 길이 변화를 전후 방향으로 보정(요철 주행 대응)
자재 이음 (Universal Joint)	유니버설 조인트(십자축)를 사용하여 추진축의 각도 변화를 흡수하여 회전력 전달

추진축은 동력을 전달하는 주축이고, 슬립 이음과 자재 이음은 추진축을 보조하는 연결 부품이다. 슬립 이음과 자재 이음은 주로 주행 중 차체 움직임(길이, 각도 변화)을 보정하는 데 사용된다.

(3) 추진축의 진동 원인

① 니들 롤러베어링 파손 또는 마모
② 추진축 휨, 슬립 이음(스플라인) 마모
③ 밸런스 웨이트 분실, 요크 불균형
④ 연결볼트 풀림

추진축에서 슬립 이음은 길이 방향 변화, 자재 이음은 각도 변화에 대응하고, 밸런 스웨이트는 추진축의 진동 방지 역할을 한다.

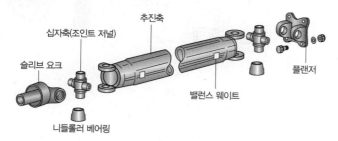

[추진축의 구조]

(1) 종감속 기어

① 변속기에서 나온 회전력을 속도는 줄이고 힘은 키워서 바퀴로 전달한다.

② 구성: 링 기어+피니언 기어

[종감속 기어의 구조]

■ 종감속비가 크면
힘↑, 속도↓

■ 종감속비가 작으면
힘↓, 속도↑

> **더 알아보기**
>
> **종감속비**
> • 회전수를 줄이고 힘을 키우는 비율로, 중량, 등판 성능(언덕길 주행 능력), 엔진출력, 가속 성능
>   등에 의해 결정되며, 범위는 승용차 4~6:1, 건설기계 5~8:10이다.
> • 종감속비가 작으면 고속성능 향상, 등판 성능 및 가속 성능 저하(연비 상승)
> • 종감속비가 크면 고속성능 저하, 등판 성능 및 가속 성능 향상(연비 저하)
> • 종감속비는 나누어지지 않는 값으로 정하여 기어의 마멸을 고르게 한다(항상 같은 기어 이빨
>   과 닿지 않도록 하기 위함).

■ 종감속비

$$\frac{\text{링 기어 이빨 수}}{\text{구동 피니언 기어 이빨 수}}$$

(2) 차동 기어

① 코너링을 할 때 좌우 바퀴 회전 수의 차이를 조정하여 미끄러짐을 방지한
다(회전력 ×).

② 기어의 맞물림 구조는 랙과 피니언의 원리(직선–회전운동 관계)를 적용
한다.

(3) 액슬축(차축)

① 차동 기어에서 구동바퀴까지 회전력을 전달
하는 축으로, 주행 성능과 관련이 있다(회전
수 ×).

② 주행 중의 충격이나 진동을 흡수하고, 차체
하중을 견디며 바퀴에 힘을 전달하는 역할을
한다.

■ 차동 기어 측면도와 정면도

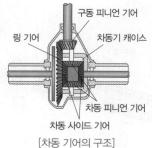

[차동 기어의 구조]

(1) 조향장치의 개요

지게차의 진행 방향을 직진 또는 좌우로 전환하기 위한 장치로, 조향 핸들,
조향 기어박스, 링크 기구로 구성된다. 조향 핸들(스티어링 휠)을 돌리면 앞
바퀴가 회전하면서 진행 방향이 변경된다.

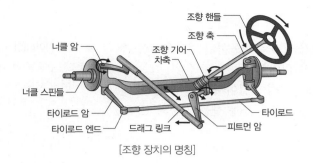

[조향 장치의 명칭]

(2) 조향력의 전달순서

조향암(너클암)은 타이로드의 조향력을 바퀴로 전달하며, 킹핀은 너클암과 너클스핀들 사이에 위치하여 바퀴 회전축의 중심축 역할을 한다.

(3) 조향장치의 원리

① 애커먼 조향 원리 적용
  ㉠ 좌우 바퀴가 서로 다른 각도로 움직여 동일한 회전중심(동심원)을 회전하게 만든다.
  ㉡ 선회할 때 바퀴마다 조향각이 달라 미끄러짐(타이어 슬립) 없이 자연스럽게 회전한다.
② 조향각 차이: 안쪽 바퀴가 바깥쪽 바퀴보다 조향각이 더 크다(안쪽은 더 많이 꺾이고, 바깥쪽은 적게 꺾임).
③ 핸들 조작 시: 너클 스핀들(바퀴 연결 부위) 중심이 후방 차축 연장선과 만나도록 설계된다.

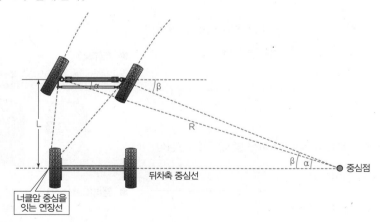

■ 조향력 전달 순서를 묻는 문제에서는 피트먼 암과 타이로드의 위치를 혼동하기 쉬우므로 정확한 순서를 숙지해야 한다.

※ 암기팁 – 조조~피드~타조~바

● 드래그 링크

• 조향 기어에서 나온 피트먼 암의 운동을 타이로드로 전달하는 길고 곧은 봉 형태의 링크로, 조향력을 좌우 바퀴 방향으로 안정적으로 분산 전달하며, 중대형 차량이나 지게차처럼 조향력이 크고 견고한 연결이 필요한 장비에 적합하다.

• 링키지식 조향장치에서만 사용하고, 랙 앤 피니언식 조향장치(승용차)에서는 사용되지 않는다.

(4) 조향장치의 유격

① 운전자가 조향 핸들을 돌렸을 때 바퀴가 실제로 반응하기 전까지 조향 핸들이 움직이는 자유 구간(헛도는 범위)을 의미한다.

② 유격이 과도하면 조향 반응이 늦어지고 정확성이 떨어져 작업 중 불안정한 운행을 초래한다. 일반적으로 유격 허용 기준은 조향 핸들 지름의 12.5% 이내로 유지되어야 한다.

③ 유격이 발생하는 원인
  ㉠ 조향 기어 내부, 베어링, 타이로드 볼 조인트 마모 또는 조향 핸들의 백래시 증가
  ㉡ 조향 기어 링키지 조정 불량, 피트먼 암, 조향 너클 암의 조정 불량, 조인트(연결 부위)의 헐거움 등

(5) 동력 조향장치(Power Steering)

① 무거운 조향 조작을 유압에 의해 보조하여 핸들 조작으로 가볍게 해주는 장치로, 엔진 동력으로 오일 펌프를 돌려 유압을 만들어 조향을 보조한다.

장점	단점
• 가벼운 조작 • 조향 기어비 선택이 자유로움 • 노면 충격 흡수 • 킥백 방지 • 시미현상 감소	• 구조가 복잡한 구조 • 고장 시 수리 어려움 • 엔진 출력 일부 소비

② 조향 핸들이 무거워지는 원인은 유압 계통의 공기 유입, 유압펌프 벨트 이완, 호스 손상, 조향 계통 마모, 윤활 부족, 타이어 공기압 저하 등 다양한 기계적·유압적 요인이 있다.

(6) 휠 얼라인먼트의 3요소

휠 얼라인먼트의 3대 요소는 토(Toe), 캠버(Camber), 캐스터(Caster)이며, 이는 바퀴 정렬 상태와 직진성, 조향 안정성 등에 영향을 미친다.

① 토(Toe) : 바퀴를 위에서 봤을 때의 모임 정도

구분	• Toe-in : 앞쪽이 좁음 • Toe-out : 앞쪽이 넓음
지게차 적용	약간의 Toe-in 적용 → 하중 시 바퀴 벌어짐 방지, 직진 안정성 유지 ※ Toe-in은 타이로드 길이로 조정

② 캠버(Camber) : 바퀴를 앞에서 봤을 때의 기울기

구분	• + 캠버 : 바퀴 상단이 바깥쪽 • − 캠버 : 바퀴 상단이 안쪽
지게차 적용	0°(수직)에 가깝게 설정 → 균형 잡힌 접지력과 조향 안정성 확보

● 조향 기어비(Steering Gear Ratio)

조향 핸들을 몇 바퀴 돌렸을 때 바퀴가 1회전하는지를 나타내는 비율이다.
(= 조행핸들의 회전수 : 바퀴의 회전수)

● 킥백(Kickback)

노면의 충격이 조향 핸들로 반발되어 튀는 현상으로 조향 안정성을 저하시키는 원인이 된다.

● 시미(Shimmy)

노면상태, 타이어 불균형, 타이로드·킹핀 마모 등으로 인해 핸들이 좌우로 흔들리는 진동 현상으로 주행 불안감을 유발한다.

■ 토(Toe)

토-인 (Toe-in)　토-아웃 (Toe-out)

■ 캠버(Camber)

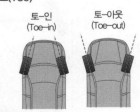

네거티브 캠버 (Negative Camber)

포지티브 캠버 (Positive Camber)

③ 캐스터(Caster): 조향축을 옆에서 봤을 때의 기울기

구분	• + 캐스터: 축이 뒤로 기울어짐 • − 캐스터: 축이 앞으로 기울어짐
지게차 적용	플러스(+) 캐스터 적용 → 핸들 자동 복귀력과 직진 안정성 확보

■ 캐스터(Caster)

네거티브 캐스터
(Negative Caster)

포지티브 캐스터
(Positive Caster)

■ 지게차는 Toe-in, 0도 Camber,
+ Caster로 안정성과 복원력을
확보한다.

09 제동장치 ★★★

(1) 제동장치의 개요

① 지게차가 주행 중 속도를 줄이거나 완전히 멈추도록 제어하는 장치이다.
② 차량의 운동 에너지를 마찰력을 통해 열 에너지로 바꾸어 제동 작용이 이루어진다.

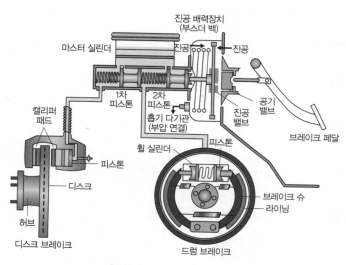

[유압식 브레이크 장치의 구조]

(2) 제동 성능 조건과 성능 저하(이상)의 원인

구분	제동 성능 조건	성능 저하(이상) 원인
제동력	필요한 만큼 차량을 멈출 수 있어야 함 (제동력이 충분해야 함)	브레이크 패드 마모, 드럼/디스크 마모, 드럼 간극 과다, 브레이크액 부족, 공기 혼입, 유압 누유 등
안정성	반복 사용에도 일정한 제동 성능 유지	페이드 현상, 베이퍼 록, 브레이크 라인 과열, 냉각 불량 등
내구성	장시간 사용에도 성능 유지, 고장 없이 작동	패드나 라이닝의 과도한 마모, 오일 노화, 실린더 내부 마모 등
조작 편의성	적은 힘으로도 제동 가능, 점검·정비 쉬움	마스터 실린더 불량, 유압 계통 막힘, 밸브 고장, 조정 불량 등

(3) 마스터 실린더의 구성과 기능

① 마스터 실린더는 운전자의 페달 조작을 유압으로 바꿔주는 장치로, 실린 더와 오일탱크로 구성된다. 1차 및 2차 컵은 실린더 내부에서 오일의 누출을 방지하고 압력을 유지하는 밀폐 역할을 수행한다.

② 체크 밸브는 제동 계통 내의 유압이 일정하게 유지되도록 하여, 제동 반응 성을 안정적으로 확보하는 기능을 한다.

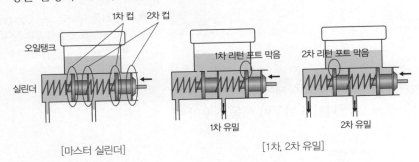

[마스터 실린더]　　　　[1차, 2차 유밀]

(4) 페이드 현상과 베이퍼 록

구분	페이드 현상(Brake Fade)	베이퍼 록(Vapor Lock)
정의	마찰계수 저하로 제동력이 약해지는 현상	브레이크액이 가열되면서 생긴 기포로 인해 압력 전달이 안 되는 현상
원인	브레이크의 과도한 사용으로 마찰부가 고온 상태로 지속	브레이크 계통 과열로 브레이크액이 기화되어 기포 발생
발생 위치	마찰부 (브레이크 드럼, 패드 등)	제동 계통 내부 (유압 라인, 마스터 실린더 등)
영향	제동거리가 길어지고 제동력이 저하됨	압력 전달이 되지 않아 제동이 잘되지 않음
대응 방법	• 엔진 브레이크 사용 • 브레이크 냉각 강화	• 브레이크 반복 사용 자제 • 엔진 브레이크 병행

10 주행 장치　　★★★

(1) 타이어의 개요

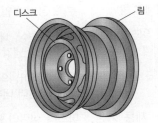

① 타이어는 노면과 접촉하여 지게차의 구동·제동·조향·승차감에 영향을 준다.

② 고무로 된 타이어는 림에 결합되어 차량 하중을 지지한다.

● 디스크와 림

• 디스크(Disc): 림의 중앙에 위치하며, 차축과 림을 연결하는 부분

• 림(Rim): 타이어가 끼워지는 부분으로, 타이어의 외곽을 고정하는 금속 원형 구조

(2) 타이어의 종류

솔리드 타이어 (Solid Tire)	• 고무로만 이루어진 통타이어(무압식) • 내구성이 좋지만 충격 흡수력이 낮고 승차감이 떨어짐
공기압 타이어 (Pneumatic Tire)	• 내부에 공기를 주입하여 사용 • 고압·저압·초저압 타이어로 구분할 수 있음 • 충격 흡수력과 승차감이 좋지만 펑크의 위험이 있음

(3) 타이어의 구조

구성 요소	역할
트레드	노면과 접촉, 마모 저항, 접지력 증가
브레이커	충격 흡수, 트레드 손상이 카커스에 전달되는 것을 방지
카커스	타이어의 골격 형성
비드	림과의 결합 부위로 타이어가 림에서 빠지는 것을 방지
사이드 월	측면 보호 및 타이어 정보 표시

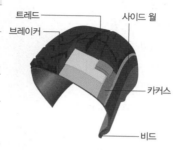

(4) 타이어 패턴과 성능

① 미끄럼 방지, 배수성, 제동성, 조향성, 구동력 향상에 영향을 준다.
② 트레드의 홈(그루브)은 접지력과 방향 안정성 확보에 기여한다.
③ 타이어의 균열이나 절상(찢김) 등의 손상이 확대되는 것을 억제한다.
④ 작업 중 발생하는 진동과 소음 완화에 기여한다.

(5) 타이어 표기방식과 편평비

① 저압 타이어
  폭(inch)−내경(inch)−PR
② 고압 타이어
  외경(inch)×폭(inch)−PR
③ 편평비(%)
  단면 높이(H)÷단면 폭(W)

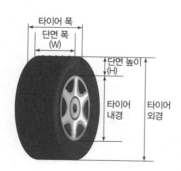

■ 타이어 패턴

■ 타이어 표기 방식에서는 저압 타이어와 고압 타이어의 표기 형식 차이 (하이픈 −, 곱하기 ×)를 구분할 수 있어야 한다.
  예 10−20−15PR의 경우 저압 타이어로, 폭 10인치, 내경 20인치, 15겹 등급을 의미

■ 편평비가 낮을수록 조향 응답성과 선회 안정성이 향상된다.

더 알아보기

플라이 수(Ply Rating, PR)
• 타이어 내부의 섬유층(보강층, 케이싱)의 수 또는 강도를 나타내는 등급
• 숫자가 높을수록 하중 지지능력과 내구성이 뛰어남
• 10PR은 면섬유 10겹에 해당하는 강도를 가진 타이어라는 의미

01 동력 전달 장치

01 전동 지게차의 동력 전달 순서에 대한 설명으로 옳은 것은?

① 축전지 → 구동모터 → 제어기구 → 변속기 → 종감속 기어 및 차동 장치 → 앞바퀴
② 축전지 → 제어기구 → 구동모터 → 변속기 → 종감속 기어 및 차동 장치 → 앞바퀴
③ 축전지 → 제어기구 → 변속기 → 구동모터 → 차동 장치 → 뒷바퀴
④ 축전지 → 변속기 → 제어기구 → 구동모터 → 종감속기 → 앞바퀴

보충 전동식 지게차는 내연기관 대신 축전지를 동력원으로 하며, 제어기구를 통해 전류를 조절하여 구동모터에 전달한다. 이후 모터의 회전력이 변속기를 거쳐, 종감속 기어 및 차동 장치를 통해 앞바퀴로 전달된다.

02 다음 중 유압식 지게차의 올바른 동력 전달 경로로 가장 적절한 것은?

① 엔진 → 클러치 → 변속기 → 차동 장치 → 앞차축 → 앞바퀴 →'클러치식 지게차'의 동력 전달 경로
② 엔진 → 토크 컨버터 → 파워시프트 → 변속기 → 차동 장치 → 앞차축 → 앞바퀴
③ 엔진 → 토크 컨버터 → 변속기 → 차축 → 차동 장치 → 앞바퀴
④ 엔진 → 파워시프트 → 토크 컨버터 → 변속기 → 차동 장치 → 앞바퀴

02 클러치의 구조와 기능

03 다음 중 클러치의 기능 또는 필요성에 대한 설명으로 옳지 <u>않은</u> 것은?

① 기어 변속 시 동력을 잠시 차단할 수 있도록 한다.
② 엔진 시동 시 부하 없이 시동이 가능하게 한다.
③ 주행 중 관성운동을 가능하게 한다.
④ 전·후진 방향 전환 시 동력의 방향을 바꾸기 위해 사용된다. (×)→ 변속기의 역할

해설 클러치는 엔진과 변속기 사이에서 회전력을 연결하거나 차단하는 장치이다. 기어 변속 시 엔진의 회전을 잠시 차단해 부드럽게 변속되도록 하고, 엔진 시동 시 변속기 등 다른 계통과 분리하여 무부하 상태로 시동이 가능하도록 한다. 주행 중 클러치를 밟으면 동력이 끊기고 관성 운동 상태가 되어 연료를 절약하거나 속도를 줄일 수 있다.

04 다음 중 클러치의 주된 역할로 가장 적절한 것은?

① 차량의 제동력 향상
② 엔진 동력을 일시적으로 차단
③ 회전력 증폭
④ 차동 장치와 연결

05 클러치가 미끄러질 경우 나타나는 현상으로 옳은 것은?

① 출력이 증가한다.
② 동력 전달이 불안정해진다.
③ 제동 성능이 향상된다.
④ 윤활이 원활해진다.

03 클러치의 구성 요소별 작용 원리

06 다음 중 클러치 디스크에 대한 설명으로 옳지 않은 것은?

① 마찰재로 덮여 있다.
② 회전력을 전달하는 부품이다.
③ 미끄럼 방지를 위해 사용된다.
④ 항상 엔진과 직결되어 있다. (×)
→ 플라이 휠에 해당하는 표현

07 다음 중 클러치의 작동 원리에 대한 설명으로 틀린 것은?

① 클러치 페달을 밟으면 플라이 휠과 클러치판이 분리된다.
② 클러치 페달을 떼면 압력판이 클러치판을 밀착시킨다.
③ 클러치 페달을 밟으면 동력이 차단된다.
④ 클러치 페달을 밟으면 플라이 휠과 클러치판이 밀착된다. (×) → 분리된다

보충 클러치 페달을 밟으면 압력판이 클러치판과 분리되면서 플라이 휠과의 접촉이 끊기고, 동력이 차단된다. 반대로 페달을 떼면 압력판이 클러치판을 플라이 휠에 밀착시켜 동력이 전달된다.

04 클러치 페달 유격과 미끄러짐

08 클러치를 반복적으로 반쯤 밟고 있을 경우 나타날 수 있는 문제는?

① 출력 증가
② 디스크 과열 및 마모
③ 조향각 증가
④ 윤활 저하

보충 클러치를 반쯤 밟는 상태가 지속되면 디스크가 미끄러지면서 과열 및 마모된다.

09 다음 중 마찰 클러치의 구성 요소에 해당하지 않는 것은?

① 클러치판
② 압력판
③ 릴리스 베어링
④ 오버러닝 클러치 (×) → 기동전동기(스타터) 계통에 사용되는 부품

보충 마찰 클러치는 클러치판, 압력판, 릴리스 베어링, 릴리스 포크, 릴리스 레버 등으로 구성된다.

05 변속기

10 다음 중 변속기의 역할과 거리가 가장 먼 것은?

① 엔진 시동 시 부하를 줄이는 데 기여한다.
② 엔진의 회전력을 증대시켜 바퀴에 전달한다.
③ 차량의 전진과 후진을 가능하게 한다.
④ 장비의 방향 전환을 빠르게 하기 위해 사용된다.
(×) → 방향 전환(좌우 방향 변경)은 조향 장치의 기능이므로 변속기와는 직접적인 관련이 없음

보충 변속기는 엔진 시동 시 무부하 상태 유지를 도와주고, 주행 시에는 엔진의 회전력을 증속하거나 감속시켜 바퀴에 전달하며, 전·후진 전환을 가능하게 한다.

11 수동식 변속기가 장착된 지게차에서 기어 작동 중 이상음(이상 소음)이 발생하는 주요 원인으로 보기 어려운 것은?

① 백래시가 과도하게 클 경우
② 기어오일이 부족한 경우
③ 변속기 내부 베어링이 마모된 경우
④ 웜과 웜기어가 마모된 경우 (×)
→ 일반적인 수동식 변속기 구성 요소가 아님(기계 구동용 감속기나 특수 기기에 사용됨)

보충 기어의 이상음은 주로 백래시 과다, 기어오일 부족, 베어링 마모, 기어 이면 마모 등에서 발생한다.

12 자동 변속기의 특성에 대한 설명으로 옳지 <u>않은</u> 것은?

① 주행 중 진동을 오일이 흡수하여 부드러운 운전이 가능하다.

② 차량을 밀거나 끌 경우 변속기에 손상이 갈 수 있다.

③ 클러치 페달 조작 없이도 차량을 출발시킬 수 있다.

④ 연료 효율은 일반적으로 수동 변속기보다 우수 하다. (×) → 연료 소비율은 수동 변속기에 비해 높은 편임

보충 자동 변속기는 클러치 조작 없이도 출발이 가능하며, 오일 (유압)에 의해 충격과 진동을 흡수하므로 운전이 부드럽다. 그러나 연료 소비율은 수동 변속기에 비해 높은 편이므로, 자동 변속기의 효율성은 편리함에서 오는 것이지 연료 절약 측면은 아니다. 또한 주행 중 차량을 밀거나 끄는 행위는 고장의 원인이 될 수 있으므로 피해야 한다.

13 수동 변속기에서 록킹 볼의 역할에 이상이 생겼을 때 발생할 수 있는 현상으로 가장 적절한 것은?

① 변속 시마다 이중 기어물림이 발생한다.

② 기어봉(변속레버)의 조작 범위가 제한된다.

③ 주행 중 기어가 저절로 빠지는 현상이 생긴다.

④ 기어를 체결할 수 없게 되어 시동이 꺼진다.

보충 록킹 볼은 변속 레일의 고정 홈에 스프링의 탄성으로 눌러서 고정함으로써, 기어가 체결된 후 저절로 빠지지 않도록 하는 장치이다. 록킹 볼이 불량하면 기어가 제대로 고정되지 않아 주행 중 기어가 빠지는 현상이 발생할 수 있다. 이중 기어물림이나 시동 꺼짐과는 직접적인 관련이 없다.

14 수동식 변속기를 장착한 건설기계에서 급가속 시 회전수는 증가하나 속도가 늘지 않는다면, 가장 가능성 높은 원인은?

① 릴리스 포크가 휘어져 기어가 체결되지 않는다.

② 클러치 디스크가 과도하게 마모되어 동력 전달이 약화된다.

③ 클러치 페달이 짧아 클러치가 완전히 분리되지 않는다.

④ 파일럿 베어링이 마모되어 회전부가 과열된다.

보충 클러치 디스크는 엔진과 변속기 사이에서 회전력을 전달하는 역할을 하며, 과도하게 마모되면 회전력이 제대로 전달되지 않아 회전수만 올라가고 속도는 증가하지 않는 미끄러짐 현상이 발생한다. 이러한 상태에서는 클러치 디스크를 교체하지 않으면 주행 효율이 크게 떨어진다.

15 다음 중 토크 컨버터식 지게차를 출발시킬 때의 올바른 조작 방법은?

① 클러치 페달을 완전히 밟고 기어를 넣은 후, 가속 페달을 밟는다. → 수동 변속기 방식

② 저단으로 기어를 놓은 후, 브레이크를 밟은 채 출발한다. → 출발 동작으로 적절치 않음

③ 클러치 조작 없이 가속 페달만 서서히 밟아 출발한다.

④ 클러치 페달을 밟은 후 브레이크 페달을 서서히 떼며 출발한다. → 수동 변속기 방식

보충 토크 컨버터식 지게차는 일반적인 수동 변속기와 달리 클러치 페달이 필요 없는 자동 변속 방식이다. 따라서 출발 시 클러치 조작 없이 가속 페달만 서서히 밟아도 출발이 가능하며, 이 방식은 조작의 편의성과 주행의 부드러움을 제공한다.

16 자동 변속기에서 메인 압력이 저하되지 <u>않는</u> 원인은?

① 오일 펌프 내부의 공기 발생
② 오일 필터의 막힘 현상
③ 윤활유의 부족
④ 클러치 디스크의 마모 (×) → 마찰 성능에 영향을 줄 수 있으나 메인 압력 저하와는 직접적인 관련이 없음

17 토크 컨버터의 구성 요소 중 유체 흐름의 방향을 되돌려 토크를 증가시키는 역할을 수행하는 부품은 무엇인가?

① 펌프 임펠러
② 터빈 러너
③ 스테이터
④ 토크 플레이트

보충 스테이터는 토크 컨버터의 핵심 부품 중 하나로, 유체의 흐름을 되돌리는 작용을 통해 토크를 증대시키는 기능을 한다. 이는 터빈 러너가 회전하는 힘을 더 강하게 받아낼 수 있도록 도와주며, 효율적인 동력 전달을 가능하게 한다.

18 엔진의 크랭크 축과 직접 연결되어 회전하면서 유체를 회전시켜 토크 컨버터 내에서 에너지를 생성하는 부품?

① 펌프 임펠러
② 스테이터
③ 유압 밸브
④ 터빈 러너

보충 펌프 임펠러는 내부 유체를 회전시켜 유체 에너지를 발생시키며, 이 에너지가 터빈 러너로 전달되어 동력 변환이 이루어진다.

19 토크 컨버터가 엔진의 회전력을 변속기로 전달할 때 사용하는 동력 전달 매체로 가장 적절한 것은?

① 기어
② 유압 작동유
③ 벨트
④ 클러치판 → 기계식 동력 전달 방식, 토크 컨버터에 적용 ×

보충 토크 컨버터는 유체를 매개로 회전력을 전달하는 유체 커플링 장치이다. 펌프 임펠러, 터빈 러너, 스테이터로 구성되며, 엔진의 회전운동은 유압유(작동유)를 통해 터빈에 전달되어 차량을 움직인다.

06 드라이브 라인(추진축)

20 지게차의 추진축 회전 시 발생할 수 있는 진동을 억제하기 위해 설치되는 구성 요소는?

① 추진축의 스플라인
② 클러치 디스크
③ 밸런스 웨이트 → 고속 회전 시 발생할 수 있는 진동을 줄여 장비의 안정성을 확보하는 역할
④ 자재 이음

21 추진축 앞·뒤에 자재 이음을 설치하는 주된 이유로 옳은 것은?

① 추진축의 길이 조절을 가능하게 하기 위해
② 회전 속도의 불균형을 방지하기 위해
③ 회전 각속도의 차이를 보정하기 위해
④ 기어의 맞물림 상태를 유지하기 위해

보충 자재 이음(유니버설 조인트)은 추진축이 비스듬하게 설치될 때 발생하는 회전 각속도 차이를 상쇄하기 위해 사용된다. 이를 통해 동력 전달이 매끄럽게 이루어진다.

22 드라이브 라인의 구성 요소 중 추진축의 길이 변화에 따라 유연하게 작동하도록 설계된 부품은?

① 슬립 이음
② 자재 이음
③ 종감속 기어
④ 변속기

보충 슬립 이음(스플라인 슬립 조인트)은 축과 축을 연결할 때 회전력(토크)은 전달하되, 길이 방향(축 방향)으로는 미끄러질 수 있게 만든 이음 방식이다.

---

07 종감속 기어와 차동 기어

23 지게차의 동력 전달 계통에서 바퀴에 전달되는 최종 회전수를 줄여 토크(구동력)를 증가시키는 주요 장치는?

① 유압 실린더
② 종감속 기어
③ 조향 기어
④ 릴리스 포크

보충 종감속 기어는 변속기 또는 차동 장치 이후에 위치하며, 링 기어와 피니언 기어의 잇수 차이를 이용하여 최종적으로 바퀴에 전달되는 회전수를 줄이고 구동력을 증대시키는 역할을 한다. 등판 능력과 저속에서의 힘을 확보하는 데 필수적이다.

↱ 구동 피니언과 링 기어의 비율
24 종감속비에 대한 설명 중 <u>잘못된</u> 것은 무엇인가?

① 종감속비는 링 기어의 톱니 수를 피니언 기어의 톱니 수로 나눈 비율이다.
② 종감속비가 크면 등판 성능이 향상된다.
③ 종감속비가 작으면 최고속도는 증가하지만 구동력은 줄어든다.
④ 종감속비가 작을수록 등판 성능은 향상된다. (×)   → 저하된다

보충 종감속비의 수치가 클수록 회전수를 줄여 고속성능은 저하되지만, 더 큰 토크를 바퀴에 전달하게 되어 등판 성능과 가속 성능이 향상된다. 반대로 종감속비가 작으면 고속 주행은 유리하지만 출력 전달 효율이 낮아지므로 등판 능력은 저하된다.

25 지게차의 차동 기어 장치(Differential Gear)에 대한 설명으로 옳지 않은 것은?

① 차량이 회전할 때 바깥쪽 바퀴가 더 빠르게 회전할 수 있도록 도와준다.
② 좌우 바퀴에 전달되는 회전수를 차별화하여 원활한 선회를 가능하게 한다.
③ 노면 상태에 따라 회전 저항이 낮은 바퀴 쪽으로 동력이 더 전달될 수 있다.
④ 차동 기어는 엔진 회전력을 증폭시켜 바퀴에 직접 전달하는 기능을 한다. (×)
   → 차동 기어가 아닌 종감속 기어의 역할에 해당하며, 차동 기어는 회전력 증폭보다는 회전 분배 조절 기능에 가깝다.

보충 차동 기어 장치는 주로 선회 시 좌우 바퀴의 회전 차이를 조절해 주는 장치로, 코너를 돌 때 바깥쪽 바퀴가 더 많은 거리를 회전해야 하므로 해당 바퀴에 더 빠른 회전을 허용한다. 또한 지면 저항이 낮은 쪽으로 회전이 집중되는 특성이 있어, 일부 조건에서는 접지력 손실이 발생할 수도 있다.

26 타이어식 지게차에서 차동 장치에 이상 발열이 발생할 경우 그 원인으로 보기 <u>어려운</u> 것은?

① 윤활유가 부족하여 기어 마찰이 증가한 경우
② 차동 기어 내 오염된 오일로 인해 윤활 기능이 저하된 경우
③ 구동 피니언과 링 기어의 맞물림 상태가 불량한 경우
④ 차축 하우징의 체결 볼트가 과도하게 조여진 경우 (×) → 차동 기어 내부에서 발생한 열과 직접적인 관련 없음

08 조향장치

27 동력 조향장치의 장점으로 보기 <u>어려운</u> 것은?

① 조향 핸들에 전달되는 외부 충격을 흡수한다.

② 작은 힘으로도 조향 조작이 가능하다.

③ 조향 기어비를 자유롭게 설계할 수 있다.

④ 조향 핸들의 유격이 자동 조정되어 연결부의 수명이 영구적으로 유지된다. (×)

　　→ 유격 조정은 정비 과정에서 수동으로 조정해야 하며, 연결부의 수명도 사용 조건에 따라 달라짐

28 다음 중 조향 핸들이 무겁게 느껴지는 원인에 해당 하지 <u>않는</u> 것은?

① 조향 기어 박스의 오일이 부족한 경우

② 조향 기어의 백래시가 너무 작은 경우

③ 타이어의 공기압이 낮은 경우

④ 바퀴 정렬 상태가 양호한 경우 (×)

　　→ 바퀴 정렬이 잘 되어 있으면 조향이 부드러워지므로, 조작력이 무거워지는 원인과 관련이 없음

29 지게차 주행 중 조향 핸들에 진동이 발생하는 직접 적인 원인이 <u>아닌</u> 것은?

① 노면이 고르지 않고 요철이 있는 경우

② 타이어의 밸런스가 맞지 않은 경우

③ 휠에 휘어짐이 발생한 경우

④ 포크가 휘어진 경우

　보충 핸들 떨림의 원인은 대부분 노면 상태, 휠의 변형, 타이어 밸런스 이상 등과 같이 차체 하단 구동부와 관련된 문제에서 비롯 된다. 반면, 포크의 휘어짐은 조향 계통과 무관하다.

30 지게차의 조향 바퀴에 적용되는 휠 얼라인먼트의 요소로 보기 <u>어려운</u> 것은?

① 캠버(Camber)

② 캐스터(Caster)

③ 토인(Toe in)

④ 부스터(Booster) (×) → 조향력을 보조하는 장치
　　　　　　　　　　　　　　(동력 조향 장치)

31 타이어식 건설기계의 토인(Toe-in)에 대한 설명으 로 옳지 <u>않은</u> 것은?

① 토인은 바퀴의 앞쪽이 뒤쪽보다 벌어진 상태
　　　　　　　　　　　　　　→ 좁은 상태
를 의미한다. (×)

② 토인은 직진성을 향상하는 데 도움을 준다.

③ 토인은 반드시 직진 상태에서 측정해야 한다.

④ 토인이 잘못 조정되면 타이어의 편마모가 발 생할 수 있다.

　보충 토인(Toe-in)은 직진 안정성을 확보하고, 타이어의 편마모 를 방지하는 데 도움이 된다. 바퀴의 앞쪽이 벌어진 상태는 토아 웃(Toe-out)이라고 한다.

09 제동장치

32 지게차의 제동 방식 중 기관 자체의 작용으로 감속 효과를 얻는 방식은?

① 진공 보조식 브레이크

② 유압식 브레이크

③ 엔진 브레이크

④ 공기압 브레이크

　보충 엔진 브레이크는 기관의 압축 압력을 이용해 기관에 부하를 주는 방식으로, 연료 공급 없이도 감속 효과를 얻는 제동 시스템 이다. 내리막길이나 장시간 제동이 필요한 상황에서 사용된다.

33 브레이크 드럼에 요구되는 조건으로 **부적절**한 것은?

① 내마모성이 뛰어나야 한다.

② 열 방산성이 좋아야 한다.

③ 회전 시 평형을 유지해야 한다.

④ 무게가 무거울수록 안정적이다. (×) → 가벼울수록 안정적

보충 브레이크 드럼은 회전 시의 정·동적 평형, 열의 방산성, 마모 저항성이 중요하며, 회전 관성 저감과 제동 응답성 향상에 유리하도록 가능한 한 가볍고 강한 재질이어야 한다.

34 베이퍼 록 현상의 주된 원인으로 보기 어려운 것은?

① 브레이크 과다 사용으로 인한 드럼 과열

② 제동액 내부 기포 발생

③ 잔압 유지 불량

④ 라이닝과 드럼 간극이 큰 상태 (×)

→ 제동이 잘 걸리지 않는 원인이 되지만, 베이퍼 록 현상의 원인과는 관련이 없음

보충 베이퍼록은 브레이크액이 과열되어 기화되면서 생긴 기포로 인해 유압이 전달되지 않는 현상이다. 이는 반복된 제동, 드럼 과열, 잔압 저하 등에 의해 발생한다.

35 브레이크를 반복해서 사용했을 때 발생할 수 있는 페이드(Fade) 현상에 대한 설명으로 가장 적절한 것은?

① 브레이크 오일에 수분이 섞여 기포가 생기는 현상

② 브레이크 드럼이 깨지면서 제동이 불가능해지는 현상

③ 마찰열로 인해 마찰계수가 감소하면서 제동력이 약해지는 현상

④ 브레이크 패드가 마모되어 제동 시 이상음이 발생하는 현상

보충 페이드 현상의 주요 원인은 드럼이나 디스크의 과열, 패드의 성능 저하 등이다. 이 현상이 발생하면 제동거리가 길어지고 위험 상황에 대응이 어려워지므로, 엔진 브레이크 병행 사용이나 열 방출을 위한 냉각 대책이 필요하다.

36 지게차에 가장 일반적으로 채택되는 제동 방식은 무엇인가?

① 공기압식 브레이크 → 대형 차량

② 진공식 브레이크 → 대형 차량

③ 유압식 브레이크

④ 기계식 브레이크 → 보조 제동 방식으로 일부 적용

보충 지게차에는 제동력이 강하고 구조가 단순하며 제동 조작이 부드러운 유압식 브레이크가 일반적으로 가장 많이 사용된다.

37 하이드로 백(진공 배력장치)에 대한 설명으로 **잘못**된 것은?

① 진공과 대기압 차이를 이용해 제동력을 보조한다.

② 외부 누출 없이도 작동 불량의 원인이 될 수 있다.

③ 흡기다기관의 진공을 사용하는 방식이다.

④ 고장이 나면 브레이크 작동이 완전히 중단된다.

(×) → 제동 페달을 밟는 힘이 커질 뿐 작동이 완전히 멈추는 것은 아님

보충 하이드로 백은 운전자가 브레이크를 쉽게 밟을 수 있도록 보조하는 장치이므로, 고장 시에도 유압식 브레이크 자체는 작동한다.

38 지게차 타이어의 구조 중 타이어의 형태를 유지하고, 하중과 충격에 대응하는 골격을 형성하는 부분은?

① 트레드
② 비드
③ 카커스 → 고무로 코팅된 코드층이 여러 겹 겹쳐진 구조
④ 숄더

39 〈보기〉의 저압 타이어의 표기 방법으로 옳은 것은?

┤ 보기 ├
폭 12인치, 안지름 20인치, 플라이 수 18

① 12.00 – 20 – 18PR
② 20.00 – 12 – 18PR
③ 12.00 × 20 × 18PR
④ 20.00 × 12 × 18PR

40 타이어 트레드에 대한 설명으로 적절하지 <u>않은</u> 것은?

① 트레드 마모는 구동력 저하로 이어질 수 있다.
② 공기압이 과도하면 트레드 중앙부의 마모가 커진다.
③ 마모가 심하면 제동력이 떨어지고 안전에 위협이 된다.
④ 트레드가 마모되면 접지 면적이 증가하여 제동력이 높아진다. (×)
     → 떨어진다   → 감소

보충 트레드가 마모되면 접지력이 저하되고, 물기 있는 도로에서는 미끄럼이 심해져 제동력이 오히려 떨어진다. 즉, 접지 면적이 넓어지는 것이 아니라 패턴이 사라져 미끄럼 저항이 감소한다.

PART

04

유압장치

18%

PART 04 유압 회로와 밸브 작동 등 지게차 힘 전달과 제어 핵심을 배우는 파트다.

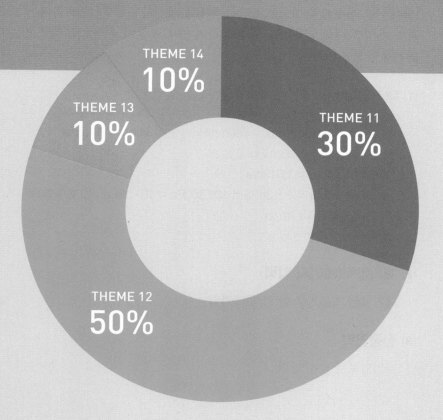

THEME 14 10%

THEME 13 10%

THEME 11 30%

THEME 12 50%

THEME

11 유압 일반 및 작동유

01 유압의 정의   ★

'유압'이란 액체에 능력을 주어 요구된 일을 시키는 것을 말한다. 즉, 원동기(엔진이나 전동기 등)가 가진 동력 에너지를 실제 일 에너지로 변화시키기 위한 에너지 전달 기관이다. 외부의 기계적인 에너지를 유체 에너지로 변환시켜 주는 유압장치는 '유압 펌프'이며, 유체 에너지를 이용하여 실제 기계적인 일을 하는 유압장치는 '유압 작동기'이다.

02 압력의 종류   ★★

'압력'이란 면적에 수직으로 작용하는 힘을 말한다. 즉, 두 개의 물체가 서로 접촉하고 있을 때의 접촉면을 경계로 하여 양측 부분이 수직으로 서로 미는 단위 면적당의 힘을 말한다.

(1) 대기압(atm): 공기가 지표면을 누르는 압력

1atm = 1.0332kgf/cm^2 = 760mmHg = 1,013mbar = 14.7psi

단, 760mmHg = 76cmHg

    1,013mbar = 1.013bar

    1,013mbar = 1013hPa = 101,300Pa = 101.3kPa = 0.1013MPa

    14.7psi = 14.7lb/in^2

(2) 계기압력(게이지 압력)

대기압을 기준으로 한 압력(대기압 = 0)

(3) 진공압력

대기압보다 낮은 압력

■ 기출 TIP / ● 기초용어

● **유체(流體, Fluid)**

고체에 비해 형상이 일정하지 않아 변형이 쉽고 자유로이 흐를 수 있는 기체와 액체를 총칭하는 말이다. 일반적으로 기체는 압축성 유체라 하고, 액체는 비압축성 유체라고 한다.

■ **유압의 정의**

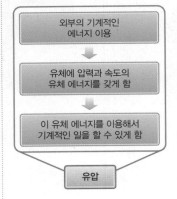

● **압력(P)**

압력은 면적당 힘으로서, 다음과 같이 표시한다.

$$압력(P) = \frac{힘(F)}{면적(A)}$$

(4) 절대압력

완전진공을 기준으로 한 압력

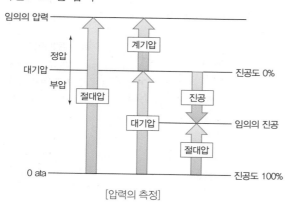

[압력의 측정]

☐ 1회독   ☐ 2회독   ☐ 3회독

■ 절대압력 = 계기압력 + 대기압
= 대기압 − 진공압력

03 유압장치의 장단점   ★★★

장점	단점
① 구조가 간단하다. ② 작동이 원활하다. ③ 무단변속이 용이하다. ④ 자동 제어가 가능하다. ⑤ 소형이면서도 출력이 크다. ⑥ 정확한 위치 제어가 가능하다. ⑦ 힘의 조정이 용이하고 정확하다. ⑧ 과부하(Overload)에 대한 안전장치가 확실하다.	① 고장원인의 발견이 어렵다. ② 오일의 속도에 제한이 있다. ③ 배관이 까다롭고 오일 누설이 많다. ④ 오일이 연소 및 비등되므로 위험하다. ⑤ 원동기의 마력이 커진다(동력 손실이 많다). ⑥ 오일의 온도에 의해 작동기의 속도가 변한다.

04 유압의 원리   ★★★

(1) 파스칼(Pascal)의 원리

파스칼의 원리는 밀폐된 용기 속에 있는 액체의 일부에 압력을 가하면 동일한 세기로 액체의 모든 곳에 전달되고, 용기면에 수직으로 작용하는 것을 말한다. 파스칼의 원리를 응용하면, 액체를 사용하여 힘의 증대와 감소가 용이하다. 이를 정리하면 다음과 같다.

① 유압은 면에 대하여 직각으로 작용한다.
② 유압은 모든 방향으로 일정하게 전달된다.
③ 유압은 각 부에 동일한 세기로 전달된다.

(2) 베르누이(Bernoulli)의 정리

① 액체는 속도(운동) 에너지, 압력 에너지, 위치 에너지의 3가지 다른 에너지를 갖고 있다. 정상 흐름에서는 도중에 에너지 변화가 없을 경우 에너지 보존의 법칙이 성립한다.

② 파이프 직경이 변하면 속도가 변화한다. 그러나 에너지는 소멸되거나 생성될 수 없기 때문에 동역학적 에너지가 증가하거나 감소한다. 즉, 유로가 수평하고 유량이 일정할 때 파이프의 단면적이 작은 곳에서는 유속이 증가하지만, 압력은 낮아진다. 이것은 압력 에너지의 일부가 속도(운동) 에너지로 변하기 때문이다.

유압장치의 각종 현상　★★★

(1) 캐비테이션(공동) 현상

① 일반적인 석유계 작동유에서는 약 6~12%(체적비)의 공기가 용해되어 있다. 액체의 흐름에서 유속이 크면, 그 결과로 압력이 저하되는 부분이 생긴다. 이 압력이 작동유의 포화증기압보다 낮아지면 액체 중에 용해되어 있던 공기가 분리되어 기포를 만들어 공동(空洞)이 발생한다. 이 현상을 캐비테이션(Cavitation) 현상, 즉 공동 현상이라고 한다.

② 캐비테이션 발생에 의해 생긴 기포는 고압의 영역에 이르렀을 때 갑자기 파괴되어 다시 작동유 속으로 용해되어 소멸된다. 기포가 파괴될 때에는 심한 충격을 동반하고 소음과 진동을 초래한다. 공동 현상이 생기면 오일 순환이 불량해지고 유온이 상승하며, 용적효율이 저하된다.

(2) 채터링 현상

채터링(Chattering) 현상은 스프링에 의해 압력을 설정하고 있는 릴리프 밸브 등에서 발생하는 현상이다. 회로의 압력이 높았다 낮았다 함에 따라 밸브가 밸브 시트를 때리는 일종의 자려진동이다.

(3) 서지 압력

유체의 흐름이 제어 밸브 등의 조작에 의해 급격히 변화할 때, 그 유체의 속도 에너지가 압력 에너지로 변하면서 일시적으로 큰 압력 증가 현상이 발생한다. 이와 같이 유압회로 내에 과도적으로 발생하는 이상 압력 변동의 최대치를 서지 압력이라고 한다.

● 베르누이의 정리

유량이 일정하면 모든 위치에서의 속도(운동) 에너지, 압력 에너지, 위치 에너지의 합은 일정하다는 것이다.

■ 유량(Q)의 단위

유량(Q)은 액체가 관로 내에서 단위 시간 동안 이동한 양을 말하며, 관의 면적(A)과 액체의 이동속도(V)의 곱으로 표시한다($Q = A \times V$).
- GPM
- LPM
- m^3/min

● 공동 현상

유압장치 내에 국부적인 높은 압력으로 인하여 소음 및 진동이 발생하는 현상을 말한다.

■ 유압장치에 공동 현상 발생 시
- 오일 순환이 불량하고 유온 상승
- 용적 효율이 저하되고 소음이나 부식이 발생
- 압력이 순간적으로 상승하여 기포에 충격력이 가해지면 기포가 터지면서 소음과 진동 발생

● 자려진동

어떤 자극을 통해 기계 내부에 발생하는 진동을 말한다.

● 서지 압력

유압회로 내에 과도적으로 발생하는 이상 압력의 최댓값을 서지 압력이라 한다.

06 작동유 ★★★

(1) 작동유의 선정과 관리

유압기기는 비압축성 유체(액체)를 작동유체로 하여 에너지를 전달하는 장치이다. 일(Work)은 작동유체의 압력과 유량을 이용하여 전달되며, 특별한 경우를 제외하고는 석유계 작동유가 사용된다. 유압장치 전체의 성능, 효율, 수명에 중대한 영향을 주기 때문에 작동유의 선정과 관리는 유압기기의 선정과 마찬가지로 중요하다.

(2) 액체의 일반적인 성질

① 압축할 수 없다.
② 힘을 전달할 수 있다.
③ 운동을 전달할 수 있다.
④ 작용력을 증대 또는 감소시킬 수 있다.

(3) 작동유의 역할

작동유는 유압장치에서 압력 전달의 매체로서 다음의 역할을 한다.
① **동력의 전달**(압력에너지의 이송): 파스칼의 원리에 의한 힘(압력)의 전달 및 유량에 의한 운동량과의 곱으로서의 오일 마력(PQ) 전달
② **습동부의 윤활**: 유압 기기 및 부품 간의 마모 방지
③ **유밀성**(밀봉성): 작동유의 점성효과에 의해 부품 간의 좁은 간극에서의 누유 방지
④ **열 에너지 분산**(냉각 작용): 유압기기의 마모, 압력 손실, 내부 누유 등에 기인한 발열 및 과열 방지

(4) 오일의 온도와 점도와의 관계

① **유체의 점도**(점성계수): 물질 고유의 흐름에 대한 점착성을 말하며, 유체가 전단력을 받을 때 이것에 저항하는 성질(점성)을 수치로 표현한 것이다. 일반적으로 작동유를 선택할 때 고려해야 할 가장 중요한 요소이며, 온도가 상승하면 점도는 낮아지고, 반대로 온도가 내려가면 점도는 높아진다.
② **점도지수**: 오일의 온도 변화에 대한 점도의 변화 정도를 표시하는 지수이다. 점도지수가 높은 오일은 온도 변화에 대한 점도의 변화 정도가 작고, 점도지수가 낮은 오일은 온도 변화에 대한 점도의 변화 정도가 크다. 건설기계에 사용하는 작동유의 일반적인 점도지수는 78~150VI이다. 점도지수가 낮은 작동유를 사용하면 저온에서 그 점도가 증가하여 펌프 시동이 나쁘고 마찰 손실이 커서 흡입 측에 공동 현상을 발생시킨다.

■ **작동유의 온도에 따른 점도 변화**
• 온도 상승 → 점도 낮아짐
• 온도 하락 → 점도 높아짐

● **점성과 점도**
• 점성: 액체가 흐름에 저항하는 정도(내부 마찰)
• 점도: 점성의 정도를 표시하는 값

● **점도지수(VI)**
오일의 온도 변화에 대한 점도의 변화 정도

1. 점도의 단위(cgs 단위계로 표현)

$$1g/cm \cdot s = 1P(Poise) = 100cP$$

2. 작동유의 점도가 유압장치에 미치는 영향

점도가 너무 높을 때	점도가 너무 낮을 때
• 시동저항 증가 • 내부마찰 증대에 의한 온도 상승 • 유동저항 증대로 인한 압력 손실 • 펌프의 흡입저항 증가 • 동력손실 증가, 기계효율 저하	• 오일의 내·외부 누설 증가 • 유압 펌프, 유압 모터 등의 용적효율 저하 • 압력유지의 곤란(유압 감소) • 윤활성 저하로 운동부분 마모 증가 • 회로 압력 저하로 정확한 작동 불가

(5) 작동유의 구비 조건

① 밀도가 낮을 것
② 점도가 적당할 것
③ 발화점이 높을 것
④ 점도지수가 높을 것
⑤ 체적탄성계수가 클 것
⑥ 산화안전성이 있을 것
⑦ 윤활성과 방청성이 있을 것
⑧ 수분을 쉽게 분리시킬 수 있을 것
⑨ 기포를 쉽게 분리시킬 수 있을 것

(6) 작동유의 온도 상승

유압장치 내에서는 관로의 저항이나 릴리프 밸브 등의 작동으로 인하여 열이 발행한다. 과도한 발열은 효율을 저하시킬 뿐만 아니라 작동유의 온도를 상승시켜서 저질화를 촉진시킨다. 따라서 과부하, 공동 현상, 태양의 직사광선 등 고온 물체와의 접근에 의한 이상 고온현상을 피해야 한다. 일반적으로 유압장치의 운전에 적합한 작동유의 온도는 30~80℃이며, 한계 작동 온도는 80~100℃이다. 100℃ 이상의 고온은 위험 범위에 해당한다.

● **방청성**
금속의 표면에 녹이 스는 것을 방지하는 성질이다.

(7) 작동유의 보수

외관	새로운 작동유와 사용 중인 작동유의 색, 냄새, 점도를 비교하는 것이 가장 간단하고 확실하다.
여과	여과지에 사용 중인 작동유 약간(3~4 방울)을 떨어뜨려, 그 색의 변하는 정도로 판정한다.
연소	사용 중인 작동유를 가열한 철판 위에 떨어뜨렸을 때 수분을 함유하고 있으면 수분이 증발한 다음에 발화하지만, 수분을 함유하지 않은 오일은 그대로 발화한다.
침전	유압장치 사용 후 즉시 작동유를 채취하여 시험관에 넣는다. 시험관의 작동유에서 발생하는 침전물의 종류, 양, 상태 등을 관찰하여 판정한다.

(8) 유압장치의 고장 원인

① 작동유의 과도한 온도 상승
② 이물질, 공기, 물 등의 혼입
③ 기기의 기계적 고장
④ 조립 및 접속 불량

THEME 11 유압 일반 및 작동유

01 유압의 정의

01 외부의 기계적인 에너지를 유체 에너지로 변환시켜 주는 유압장치는?

① 유압 밸브
② 유압 모터
③ 유압 펌프
④ 유압 실린더

> **보충** 유체 에너지를 이용하여 외부에 실제 일을 하는 유압장치는 유압 실린더 또는 유압 모터이다.

02 압력의 종류

02 다음 중 압력, 힘, 면적의 관계식으로 올바른 것은?

① 압력 = $\dfrac{부피}{면적}$

② 압력 = 면적 × 힘

③ 압력 = $\dfrac{힘}{면적}$

④ 압력 = 부피 × 힘

03 압력 1atm(지구 대기압)과 같지 <u>않은</u> 것은?

① 14.7psi
② 75kgf·m/s
③ 760mmHg
④ 1013hPa

> **보충** 대기압(atm): 공기가 지표면을 누르는 압력
> 1 atm = 1.0332kgf/cm² = 760mmHg = 1,013mbar = 1,013hPa
> = 10.33mAq = 14.7psi

03 유압장치의 장단점

04 유압장치의 장점이 <u>아닌</u> 것은?

① 소형장치로 큰 출력을 발생한다.
② 힘의 조정이 용이하고 정확하다.
③ 고장 원인의 발견이 쉽고, 구조가 간단하다.(×)
  └→ 어렵고
④ 무단변속이 가능하고 정확한 위치제어를 할 수 있다.

04 유압의 원리

05 건설기계에 사용되는 유압 실린더는 어떠한 원리를 응용한 것인가?

① 후크의 원리
② 파스칼의 원리
③ 지렛대의 원리
④ 베르누이의 원리

> **보충** 파스칼의 원리는 모든 유압장치의 기본 원리이며, 건설기계에 사용되는 유압 실린더도 파스칼의 원리를 응용한 것이다.

06 '밀폐된 용기 내에 담겨 있는 액체의 일부에 힘을 가했을 때 발생하는 압력'을 설명한 것으로 맞는 것은?
  └→ 파스칼의 원리

① 돌출부에 높은 압력으로 작용한다.
② 모든 부분에 같은 압력으로 작용한다.
③ 중앙 부분에 가장 낮은 압력이 작용한다.
④ 용기의 출구 부분에 높은 압력으로 작용한다.

07 단위시간 동안 이동한 유체의 체적은 무엇인가?

① 유량
② 드레인
③ 언더랩
④ 토출압

05 유압장치의 각종 현상

08 유압회로에 압력 변화가 생겨 유압유 속에 혼입되어 있던 기포가 저압부에서 분리되어 오일 속에 공동부가 생기는 현상은?

① 노킹현상
② 발화현상
③ 공동 현상
④ 채터링 현상

> **보충** 유압장치에 공동 현상 발생 시
> • 오일 순환이 불량하고 유온 상승
> • 용적 효율이 저하되고 소음이나 부식 발생
> • 압력이 순간적으로 상승하여 기포에 충격력이 가해지면 기포가 터지면서 소음과 진동 발생

09 유압장치 내에 국부적인 높은 압력으로 인하여 소음 및 진동이 발생하는 현상은?

① 채터링
② 오버랩
③ 캐비테이션
④ 하이드로 록킹

10 유압 계통에서 릴리프 밸브의 스프링 장력이 약화되었을 때 발생하는 현상은?

① 서징 현상
② 채터링 현상
③ 트램핑 현상
④ 캐비테이션 현상

> **보충** 릴리프 밸브 등에서 나는 소리로써 스프링의 장력 약화로 인해 밸브가 밸브 시트를 때려 비교적 큰 소음이 나는 것을 채터링이라고 한다.

11 유압회로 내에서 서지 압력(Surge Pressure)이란?

① 정상적으로 발생하는 압력의 최솟값
② 정상적으로 발생하는 압력의 최댓값
③ 과도적으로 발생하는 이상 압력의 최솟값
④ 과도적으로 발생하는 이상 압력의 최댓값

06 작동유

12 유압유에 대한 설명으로 맞지 않는 것은?

① 유압유는 압축할 수 있다. (×) → 없다
② 유압유는 힘을 전달할 수 있다.
③ 유압유는 운동을 전달할 수 있다.
④ 유압유는 작용력을 증대시키거나 감소시킬 수 있다.

13 작동유를 선택할 때 가장 중요한 고려 사항은?

① 색   ② 온도
③ 점도   ④ 무게

14 다음 [보기]에서 작동유의 점도가 너무 낮을 경우에 나타나는 현상을 모두 고르시오.

> ┤ 보기 ├
>
> ㉠ 펌프효율 저하
> ㉡ 시동 시 저항 증가 (×) → 작동유의 점도가 너무 높을 때 일어나는 대표적인 현상
> ㉢ 계통(회로) 내의 압력 저하
> ㉣ 실린더 및 컨트롤 밸브에서 누출 현상

① ㉠, ㉡, ㉢
② ㉠, ㉡, ㉣
③ ㉡, ㉢, ㉣
④ ㉠, ㉢, ㉣

보충 작동유의 점도가 너무 낮을 때 일어나는 현상
• 오일의 내부 누설 증가
• 유압 펌프, 유압 모터 등의 용적효율 저하
• 압력 유지의 곤란(유압 감소)
• 윤활성 저하로 운동 부분 마모 증가
• 회로 압력 저하로 정확한 작동 불가

15 유압장치에서 유압유의 점도가 너무 높을 때 발생하는 현상으로 **틀린** 것은?

① 각 운동 부분의 마모가 증가한다. (×)
② 유동저항이 커져 압력 손실이 증가한다.
③ 동력손실이 증가하여 기계효율이 감소한다.
④ 내부마찰이 증가하여 작동유의 온도가 상승한다.

➡ 유압유의 점도가 지나치게 낮으면 각 운동 부분의 마모가 증가한다.

16 지게차 유압회로 내에서 작동유의 온도가 상승하는 원인으로 **틀린** 것은?

① 작동유의 높은 점도
② 유압회로 내의 필터 막힘
③ 유압회로 내의 작동유 부족
④ 방향제어 밸브의 내부 누유
    (×) → 방향제어 밸브에서 내부 누유가 발생하면 작동기의 속도는 느려지지만, 작동유의 온도는 상승하지는 않는다.

17 작동유가 넓은 온도 범위에서 사용되기 위한 조건으로 가장 알맞은 것은?

① 유성이 커야 한다.
② 소포성이 좋아야 한다.
③ 점도지수가 높아야 한다.
④ 산화작용이 양호해야 한다.

18 유압유가 갖추어야 할 구비조건으로 **틀린** 것은?

① 기포 발생이 적을 것
② 인체에 해가 없을 것
③ 적당한 윤활성이 있을 것
④ 온도 변화에 대한 점도 변화가 클 것 (×)
    ➡ 적을 것

19 유압 작동유의 성질을 향상시키기 위하여 사용하는 첨가제 종류가 <u>아닌</u> 것은?

① 소포제

② 산화방지제

③ 유동점 향상제 (×) → '유동점 향상제'라는 첨가제는 없음

④ 점도지수 향상제

> **보충** 유압 작동유 첨가제의 종류
> • 소포제: 작동유 속의 유해한 기포를 제거하기 위한 첨가제
> • 산화방지제: 작동유가 공기 중의 산소에 의해 산화되는 것을 막기 위한 첨가제
> • 점도지수 향상제: 점도지수를 높게 하여 온도 변화에 대한 점도 변화를 작게 하기 위한 첨가제
> • 유성 향상제: 작동유가 금속 표면의 경계에서 윤활 작용을 할 경우, 유막이 끊어지지 않게 하고 마찰계수를 작게 해주는 첨가제
> • 유동점 강하제: 0도 이하에서 유동성을 보장하기 위한 첨가제

20 유압 작동유가 과열되는 원인으로 <u>틀린</u> 것은?

① 작동유의 점도가 높을 때

② 회로 내의 유량이 규정보다 많을 때 (×) → 적을 때

③ 릴리프 밸브가 닫힌 상태로 고장일 때

④ 오일 냉각기의 냉각핀이 오손되었을 때

21 유압 작동유의 열화를 찾아내는 방법이 <u>아닌</u> 것은?

① 온도 변화 확인 (×) → 자극적인 악취 유무 확인 (○)

② 색깔 변화 확인

③ 수분 및 침전물 등의 유무 확인

④ 흔들었을 때 거품이 없어지는 양상 확인

22 유압회로 내의 이물질 및 슬러지 등의 오염물질을 제거하여 회로를 깨끗하게 하는 것은?

① 푸싱(Pushing)

② 플러싱(Flushing)

③ 리듀싱(Reducing)

④ 언로딩(Unloading)

23 유압장치 고장의 원인으로 <u>틀린</u> 것은?

① 조립 및 접속 불량

② 윤활성이 좋은 작동유 사용 (×) → 기기의 기계적 고장(○)

③ 작동유의 과도한 온도 상승

④ 작동유에 공기, 물 등의 이물질 혼입

24 유압 실린더를 교환한 후 우선적으로 시행하여야 할 사항은?

① 압력을 측정한다.

② 유압장치를 최대한 부하상태로 유지한다.

③ 엔진을 저속 공회전시킨 후 공기 빼기 작업을 실시한다.

④ 엔진을 고속 공회전시킨 후 공기 빼기 작업을 실시한다.

> **보충** 유압 실린더를 교환한 후에는 작업 중 회로 내에 혼입된 공기를 우선적으로 제거해야 한다.

25 지게차에서 사용하는 유압 작동유의 사용 온도 범위로 적합한 것은? → 유압 작동유의 사용 온도 ±50℃

① 10~30℃

② 40~60℃

③ 80~100℃

④ 90~110℃

12 유압기기

☑ 유압장치 전체 출제비중(약 9~10문항)의 약 50%가 '핵심테마 12 유압기기'에서 출제됩니다.
☑ 모든 부분이 다 중요하지만, 특히 유압밸브 중 압력제어밸브에 대해서는 확실하게 이해하고 암기해야 합니다.
☑ 유압장치의 구성 부분을 시작으로 하여 각각의 유압기기들에 대한 종류별 특성들을 꼼꼼히 학습해야 합니다.

01 유압장치의 구성   ★★★

■ 기출 TIP / ● 기초용어

유압장치의 기본적인 구성요소는 크게 유압발생장치, 유압제어장치, 유압구동장치로 구별할 수 있다.
유압발생장치는 압력을 발생하는 근원으로서 엔진(또는 전동기), 유압 펌프, 오일 탱크 등으로 구성되며, 여기에서 만들어진 유압은 유압제어장치에 의하여 각기 용도에 따라 제어된다. 제어된 오일은 유압구동장치, 즉 유압 모터나 유압 실린더에 흘러들어 지시대로 기계적인 동작을 한다.

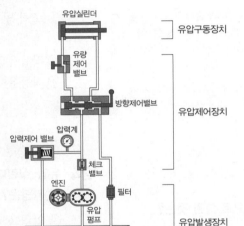

[유압장치의 기본 구성]

02 유압 펌프   ★★★

유압 펌프는 엔진 등의 기계적 에너지를 이용하여 작동유에 압력과 속도의 유체 에너지를 갖게 해주는 장치로써 오일 탱크 내의 작동유를 흡입하여 토출구멍으로 토출한다. 유압 펌프는 전동기의 구동축 또는 엔진의 플라이 휠에 직결되어 구동되며, 크기는 주어진 압력과 그때의 토출량으로 표시한다. 유압 펌프의 토출량은 일반적으로 분당 토출량을 뜻하며, 단위는 GPM(gal/min) 또는 LPM(l/min)이다.

▶ 더 알아보기

유압 펌프의 용량에 의한 분류
• 고정 토출량(용량)형 펌프: 펌프 1회전당 토출량이 일정하다.
• 가변 토출량(용량)형 펌프: 펌프 1회전당 토출량이 변한다.

[유압 펌프의 종류]

(1) 기어 펌프

① 구성과 특징

기어 펌프(Gear Pump)는 외접 기어 펌프와 내접 기어 펌프가 있으며, 건설기계에는 일반적으로 외접 기어 펌프를 사용한다. 외접 기어 펌프는 펌프 케이스 내의 한쌍의 A, B 기어가 원동기에 의해 화살표 방향으로 회전하면서 펌프 내면과 기어의 이와 이 사이로 작동유를 유입시켜 토출한다.

② 장단점

장점	단점
• 구조가 간단하다. • 소형·경량이다. • 가격이 저렴하다. • 흡입력이 우수하다. • 가혹한 조건에서도 사용이 가능하다.	• 수명이 짧다. • 효율이 낮다. • 초고압이 곤란하다. • 소음 및 진동이 크다.

(2) 베인 펌프

① 구성과 특징

베인 펌프(Vane Pump)는 원동기에 의해 회전하는 로터(Rotor)와 로터의 홈 속에 들어 있는 베인 및 펌프 내면인 캠링 면에 의해 펌핑 작용이 이루어진다. 즉, 로터가 회전하면 베인이 캠링 면에 원심력에 의해 밀착되어 펌핑 작용이 된다. 따라서 마모가 일어나는 곳은 캠링 면과 베인 선단이다. 베인 펌프는 사용 중인 베인이 마멸해도 캠링 면과의 사이에 틈새가 생기지 않으므로 효율의 저하 속도가 느리다. 베인을 캠링 내벽에 밀착시키는 방법은 원심력식과 스프링식이 있으며, 대형은 원심력식을 사용하고 소형은 스프링식을 사용한다.

② 장단점

장점	단점
• 소음과 진동이 적다. • 고속 회전이 가능하다. • 토크(Torque)가 안정되어 있다.	• 흡입성이 낮다. • 초고압이 곤란하다.

■ 외접 기어 펌프의 작동 원리

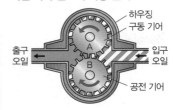

■ 베인 펌프의 작동 원리

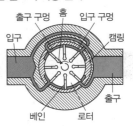

(3) 플런저 펌프

① 구성과 특징
　㉠ 플런저 펌프(Plunger Pump)는 실린더 내에서 플런저의 왕복 운동에 의하여 작동유를 흡입하고, 다시 작동유를 토출해 내는 것에 의해 펌프 작용을 한다. 기어 펌프나 베인 펌프에 비해 고압·고속이 가능하며, 효율이 우수하고 토출량의 가변 제어가 가능하다.
　㉡ 플런저 펌프는 구조에 따라 플런저가 구동축의 직각 방향에 설치된 레이디얼형과 구동축 방향에 설치된 엑시얼형으로 구분되며, 엑시얼형은 펌프의 축이 기울어진 경축식(사축식)과 플런저가 접촉하는 판(Swash Plate)이 기울어진 경사판식(사판식)으로 구분된다.
　　또한 경사판식은 경사판이 회전하는 경사판 회전식과 경사판이 회전하지 않는 경사판 고정식으로 구분되며, 경사판 고정식 펌프가 가변 토출량형 펌프이다.

■ 경사판 회전식(고정 토출량형)

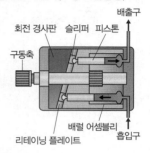

■ 경사판 고정식(가변 토출량형)

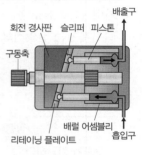

> **더 알아보기**
>
> **경사판식 플런저 펌프의 작동 원리**
>
>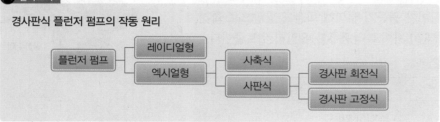

② 장단점

장점	단점
• 효율이 높다. • 수명이 길다. • 초고압이 가능하다. • 가변 용량이 가능하다.	• 소음이 크다. • 가격이 비싸다. • 흡입 성능이 나쁘다. • 구조가 복잡하다.

03 유압 밸브 ★★★

유압 밸브는 '유압 제어 밸브(Hydraulic Control Valve)'라고 하며 유압 펌프와 유압 작동기 사이에 설치되어 작동유의 압력, 유량, 흐름의 방향을 제어하는 기능을 한다. 이들을 적절히 조합하여 무수히 많은 제어 밸브를 만들 수 있으며, 이는 유압기기를 포함한 시스템 전체의 기능 및 효율에 큰 영향을 준다.

■ 유압 밸브의 역할
• 압력 제어 밸브: 일의 크기를 결정
• 유량 제어 밸브: 일의 속도를 결정
• 방향 제어 밸브: 일의 방향을 결정

(1) 압력 제어 밸브

압력 제어 밸브(Pressure Control Valve)는 유압 회로 내에서 오일의 압력을 일정하게 유지하거나 최고 압력을 제한하여 일의 크기를 결정하는 밸브이다. 용도에 따라 크게 릴리프 밸브, 리듀싱 밸브, 시퀀스 밸브, 언로드 밸브, 카운터밸런스 밸브 등으로 구별한다.

■ **압력 제어 밸브의 종류**

- 릴리프 밸브
- 리듀싱 밸브
- 시퀀스 밸브
- 언로드 밸브
- 카운터밸런스 밸브

릴리프 밸브 (Relief Valve)	• 유압 펌프와 제어 밸브 사이에 설치되어 유압 회로 내의 압력이 밸브의 설정값에 도달하면 작동유의 일부분 또는 전부를 리턴 측에 돌려보내어 전체 회로 내의 압력을 설정값으로 일정하게 유지하고 최고압력을 제한하여 유압기기의 회로를 보호해 주는 작용을 한다. • 조정 스프링 장력을 강하게 하면(조정 스프링을 조이면) 회로 내의 압력이 증가하고, 약하게 하면(조정 스프링을 풀면) 회로 내의 압력이 감소한다. [릴리프 밸브 닫힘]　　　[릴리프 밸브 열림]
리듀싱 밸브 (Reducing Valve: 감압 밸브)	• 분기 회로의 압력을 주 회로의 압력보다 낮은 압력으로 유지하려고 할 때 사용하는 밸브로서 유압 회로 내의 유압은 같아도 각각 다른 압력으로 나눌 수 있다. • 리듀싱 밸브는 유압 회로의 일부가 유압 펌프의 작동압력(릴리프 밸브의 설정 압력)보다 낮은 압력을 필요로 하는 경우 사용한다. 리듀싱 밸브의 특성은 다음과 같다. ① 상시 열림 상태로 되어 있다. ② 입구(1차쪽)의 주 회로에서 출구(2차쪽)의 감압회로로 압유가 흐른다. ③ 유압장치에서 회로 일부의 압력을 릴리프 밸브의 설정압력 이하로 하고 싶을 때 사용한다. ④ 출구(2차쪽)의 압력이 감압 밸브의 설정압력보다 높아지면 밸브가 작동하여 유로를 닫는다.
시퀀스 밸브 (Sequence Valve: 순차 밸브)	복수의 유압 작동기가 2개 이상의 분기회로를 갖는 회로에서 각 유압 실린더나 모터의 작동순서를 회로의 압력을 이용하여 자동으로 제어하는 밸브이다.
언로드 밸브 (Unload Valve: 무부하 밸브)	• 유압 회로 내의 압력이 설정압력에 도달하였을 때, 유압 펌프로부터의 전체 유량을 오일 탱크로 복귀시키는 작용을 한다. 즉, 고압 펌프와 저압 펌프를 함께 사용하는 유압장치에서 회로의 압력에 따라 한 대의 펌프를 무부하로 운전하기 위하여 사용한다. • 유압 펌프를 무부하로 운전하기 위하여 작동유를 탱크로 바이패스(By-pass)시키는 것이며, 동력의 절감과 작동유의 온도 상승을 방지한다.
카운터밸런스 밸브 (Counter Balance Valve)	• 유압 실린더의 복귀 쪽에 배압을 발생시켜 피스톤이 중력에 의하여 자유낙하하는 것을 방지하고, 하강속도를 제어하기 위해서 사용한다. • 실린더를 상승시킬 때에는 작동유가 자유롭게 흐를 수 있도록 반드시 체크 밸브(Check Valve)를 설치한다.

(2) 유량 제어 밸브

가변용량형 유압 펌프는 펌프 자체로 토출량이 변화되지만, 고정 용량형 유압 펌프는 부하가 변동하여도 토출량은 거의 변하지 않는다. 이 경우에 유압 실린더의 속도나 유압 모터의 회전수를 제어하기 위하여 유압 펌프의 토출량을 도중에서 교축할 필요가 있다. 이 경우 사용되는 것이 유량 제어 밸브 (Flow Control Valve)로 교축 밸브, 스톱 밸브, 분류 밸브, 집류 밸브, 체크 밸브 붙이 유량 조정 밸브 등이 있다.

(3) 방향 제어 밸브

① 사용 목적

방향 제어 밸브(Directional Control Valve)는 오일 흐름의 방향을 제어하여 작동기의 시동, 정지, 가속, 감속, 동작 방향 등을 제어한다.

ⓐ 단일 파이프 회로 내의 작동유 흐름을 정지시키거나 그 흐름을 역으로 하거나 또는 역류를 방지한다.

ⓑ 복수 파이프 회로 사이를 결합하고, 분리 및 선택한다.

ⓒ 유압 작동기의 시동, 정지, 전후진 시킨다.

ⓓ 유압 회로를 무부하 상태로 한다.

② 방향 제어 밸브의 종류

체크(역지) 밸브 (Check Valve)	• 작동유의 흐름을 한쪽 방향으로만 통과시켜 역방향의 흐름을 막는 밸브이다. • 직렬형 역지 밸브(In Line Type Check Valve), 앵글형 역지 밸브(Angle Type Check Valve)가 있다.
셔틀 밸브 (Shuttle Valve)	3포트 밸브로서 자체 압력에 의하여 자동으로 회로를 선택한다. 2개의 입구 중 어느 쪽이든 압력이 높은 쪽이 출구와 통하고, 압력이 낮은 쪽의 입구는 포핏 밸브(Poppet Valve)에 의하여 자동으로 닫힌다.
감속 밸브 (Deceleration Valve)	유압 작동기의 운동위치에 따라 캠(Cam) 조작으로 회로를 개폐시켜 작동기의 움직임을 서서히 감속 또는 가속시키기 위한 밸브로서, 유량 제어 밸브와 함께 사용한다.

● 체크 밸브 붙이 유량 조정 밸브

• 체크 밸브가 내장되어 있으며, 실린더 하강 시 한쪽 방향의 흐름은 화로를 교축하여 통과 유량을 제어하고, 다른 쪽(체크 밸브가 붙은 쪽)은 흐르지 못하도록 한 밸브이다.

• 지게차의 리프트 실린더(Lift Cylinder) 하강 회로 등에서 작업장치의 자중에 의한 자유낙하를 방지하고 하강속도를 조절하기 위하여 사용되며, 플로우 레귤레이터 (Flow Regulator) 또는 슬로우 리턴 밸브(Slow Return Valve)라고 한다.

■ 방향 제어 밸브의 종류

• 체크(역지) 밸브
• 셔틀 밸브
• 감속 밸브

유압 작동기(Hydraulic Actuator)는 유압기기 중에서 유체 에너지를 받아서 기계적인 일을 하는 기기를 총칭한다. 즉, 유압 펌프에서 토출된 작동유는 제어 밸브에서 압력, 유량, 흐름의 방향이 제어되어 작동기에 도달함으로써 운전자가 의도한 일을 할 수 있게 된다.

작동기의 종류는 직선 왕복운동을 하는 유압 실린더, 연속 회전운동을 하는 유압 모터, 회전 요동운동을 하는 요동 모터가 있다.

(1) 유압 실린더

유압 실린더(Hydraulic Cylinder)는 피스톤, 피스톤 로드, 실린더 튜브, 커버, 패킹 등으로 구성되어 있으며 단동형과 복동형으로 구분된다.

① **단동형**: 작동유의 공급 포트가 한 곳에만 있는 것으로 한쪽 방향으로만 힘을 작동시킨다. 복귀행정은 스프링의 장력이나 자체 중량 등을 이용하며, 지게차의 리프트 실린더 등에서 사용한다.

② **복동형**: 실린더 양쪽에 작동유의 공급 포트를 설치하여 서로 번갈아 작동유를 유입·토출 시켜서 왕복 운동을 하는 형식이다.

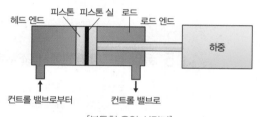

피스톤 피스톤 실 로드
헤드 엔드   로드 엔드

하중

컨트롤 밸브로부터   컨트롤 밸브로

[복동형 유압 실린더]

(2) 유압 모터

유압 모터(Hydrauric Motor)는 펌프에서 발생된 유체 에너지를 이용하여 회전운동을 하는 기기로서, 유압 펌프와 유사한 구조로 되어 있다. 종류에는 기어 모터, 베인 모터, 플런저(피스톤) 모터가 있다. 유압 펌프의 흡입 측에 작동유를 공급하면 유압 모터로 작동된다.

■ **유압 모터의 특징**
· 관성력이 작다.
· 무단변속이 가능하다.
· 작동이 신속·정확하다.
· 출력당 소형·경량이다.
· 신호 시에 응답이 빠르다.
· 기동 시 원활한 운전이 곤란하다.

(3) 요동 모터

요동 모터(Rotary Motor)는 한정된 각도 내에서 에너지를 회전 요동운동으로 변환시키는 기기로서, 회전 각도는 보통 720도 이내이다. 종류로는 베인형과 피스톤형이 있다.

01 유압장치의 구성

01 유압장치의 기본적인 구성요소가 아닌 것은?

① 유압발생장치
② 유압축적장치 (×)
③ 유압제어장치
④ 유압구동장치

02 유압장치의 주요 유압기기에 해당하지 않는 것은?

① 오일 탱크
② 유압 펌프
③ 제어 밸브
④ 차동장치 (×) → 유압 작동기 (○)

03 [보기]에서 지게차 유압장치의 작동유 순환순서로 옳은 것은?

┌─ 보기 ├─
| ㉠ 유압 펌프　　　　㉡ 컨트롤 밸브
| ㉢ 유압 탱크　　　　㉣ 유압 실린더
└─────────────────

① ㉠ → ㉡ → ㉣ → ㉡ → ㉠ → ㉢
② ㉢ → ㉠ → ㉡ → ㉣ → ㉡ → ㉠
③ ㉢ → ㉠ → ㉡ → ㉣ → ㉡ → ㉢
④ ㉢ → ㉣ → ㉡ → ㉠ → ㉣ → ㉢

→ 유압 탱크(오일 탱크) → 유압 펌프 → 컨트롤 밸브(유압 밸브) → 유압 실린더(유압 작동기) → 컨트롤 밸브(유압 밸브) → 유압 탱크(오일 탱크)

보충 유압장치는 탱크에 담겨 있던 작동유를 펌프가 흡입하여 토출하면 이 작동유의 압력, 유량, 방향을 유압 제어 밸브가 제어하여 유압 작동기(실린더나 모터)로 보내어 외부에 기계적인 일을 하는 장치이다. 일을 하고 난 작동유는 다시 유압 밸브를 경유하여 탱크로 돌아온다.

02 유압 펌프

04 유압 펌프의 기능을 설명한 것으로 옳은 것은?

① 유압 에너지를 동력으로 전환시킨다.
② 어큐뮬레이터와 동일한 기능을 수행한다.
③ 유압회로 내의 압력을 측정하는 기구이다.
④ 엔진의 기계적 에너지를 유압 에너지로 전환시킨다.

보충 유압 펌프는 엔진 등의 기계적 에너지를 이용하여 유체(기체와 액체)에 압력과 속도의 유체 에너지를 갖게 해주는 장치이다. 유압장치에 사용하는 작동유는 하나의 유체이기 때문에 작동유가 가지는 유체 에너지를 유압 에너지라 불러도 무방하다. 기체는 압축성 유체, 액체는 비압축성 유체라고도 한다.

05 유압 펌프의 제원에서 GPM이 뜻하는 의미는?

① 흐름에 대한 저항
② 유압 펌프의 회전수
③ 분당 토출하는 작동유의 양
④ 계통 내에 형성되는 압력의 크기

보충 유압 펌프의 크기는 주어진 압력과 그때의 토출량으로 표시한다. 유압 펌프의 토출량은 일반적으로 분당 토출량을 뜻하며, 단위는 GPM(gal/min) 또는 LPM(l/min)을 사용한다.

06 유압 펌프에서 회전수가 같을 때 펌프의 토출량이 변하는 펌프는?

① 기어 펌프
② 프로펠러 펌프
③ 정용량형 베인 펌프
④ 가변용량형 플런저 펌프

보충 유압 펌프에서 분당 회전수가 동일할 때, 토출량을 변화시킬 수 없는 펌프는 토출량이 정해져 있다하여 정용량(토출량)형 펌프 또는 고정 용량(토출량)형 펌프, 토출량을 변화시킬 수 있는 펌프는 가변 용량(토출량)형 펌프라고 한다.

07 건설기계에 사용되는 유압 펌프의 종류가 <u>아닌</u> 것은?

① 베인 펌프
② 기어 펌프
③ 제트 펌프 (×)
④ 플런저 펌프

08 기어 펌프의 특징이 <u>아닌</u> 것은?

① 수명이 길다. (×) → 짧다
② 효율이 낮다.
③ 가격이 저렴하다.
④ 구조가 간단하다.

<u>보충</u> 기어 펌프의 특징
• 수명이 짧다.
• 효율이 낮다.
• 가격이 저렴하다.
• 구조가 간단하다.
• 흡입력이 우수하다.
• 소음 및 진동이 크다.

09 [보기]에서 베인 펌프의 주요 구성요소로만 나열된 것은?

┤ 보기 ├─
ㄱ 베인(Vane)
ㄴ 경사판(Swash Plate)
ㄷ 격판(Baffle Plate)
ㄹ 캠 링(Cam Ring)
ㅁ 회전자(Rotor)

① ㄱ, ㄴ, ㄹ
② ㄱ, ㄷ, ㄹ
③ ㄱ, ㄹ, ㅁ
④ ㄴ, ㄷ, ㅁ

10 유압 펌프에서 사판의 각도를 조정하여 토출 유량을 변화시키는 펌프은?

① 기어 펌프
② 베인 펌프
③ 로터리 펌프
④ 플런저 펌프 → '피스톤 펌프'라고도 함

11 플런저식 유압 펌프의 특징이 <u>아닌</u> 것은?

① 가변용량이 가능하다.
② 플런저는 회전운동만 한다. (×)
③ 펌프 축은 회전운동을 한다.
④ 기어 펌프에 비해 최고압력이 높다.

<u>보충</u> 플런저식 유입 펌프는 실린더 내에서 플런저의 왕복운동에 의하여 작동유를 흡입하고, 다시 작동유를 토출해 내는 것에 의한 펌프 작용을 한다.

03 **유압 밸브**

12 유압 밸브에 대한 설명 중 맞지 <u>않는</u> 것은?

① 유량 제어 밸브: 일의 속도를 결정
② 압력 제어 밸브: 일의 크기를 결정
③ 방향 제어 밸브: 일의 방향을 결정
④ 유압 제어 밸브: 일의 직선 방향을 결정 (×)
→ 유압장치에서 일의 직선 방향을 결정하는 제어 밸브는 없다.

13 압력 제어 밸브의 종류에 해당하지 <u>않는</u> 것은?

① 리듀싱 밸브(감압 밸브)

② 시퀀스 밸브(순차 밸브)

③ 스로틀 밸브(교축 밸브) (×) → 유량을 제어하는 밸브

④ 언로더 밸브(무부하 밸브)

> **보충** 압력 제어 밸브의 종류
> • 릴리프 밸브(안전 밸브)
> • 리듀싱 밸브(감압 밸브)
> • 시퀀스 밸브(순차 밸브)
> • 언로더 밸브(무부하 밸브)
> • 카운터밸런스 밸브

14 압력 제어 밸브의 역할이 <u>아닌</u> 것은?

① 펌프를 언로딩시킨다. (○) → 언로드 밸브

② 계통 내의 압력을 제한한다. (○) → 릴리프 밸브

③ 계통 내의 압력을 감소시킨다. (○) → 리듀싱 밸브

④ 작동유의 흐름 방향을 변경시킨다. (×)
    → 방향 제어 밸브의 역할

15 유압 회로 내의 압력이 밸브의 설정값에 도달하면 작동유의 일부분 또는 전부를 리턴측에 돌려보내어 회로 내의 압력을 설정값으로 유지시키는 밸브는?

① 셔틀 밸브

② 언로더 밸브

③ 리듀싱 밸브

④ 릴리프 밸브

16 일반적으로 유압장치에서 릴리프 밸브가 설치되는 위치는?

① 실린더와 여과기 사이

② 펌프와 오일 탱크 사이

③ 펌프와 제어 밸브 사이 → 유압 펌프와 제어 밸브 사이에
    설치되어 유압 회로를 보호

④ 여과기와 오일 탱크 사이

17 유압 조정 밸브에서 조정 스프링의 장력이 클 때 나타나는 현상은?

① 회로 내의 유압이 낮아진다.

② 회로 내의 유압이 높아진다.

③ 밸브에서 채터링 현상이 발생한다.

④ 밸브에서 플래터 현상이 발생한다.

> **보충** 릴리프 밸브의 조정 스프링 장력을 강하게 하면(조정 스프링을 조이면) 회로 내의 압력이 증가하고, 약하게 하면(조정 스프링을 풀면) 회로 내의 압력이 감소한다.

18 유압 회로에서 분기 회로의 압력을 주 회로의 압력보다 낮게 유지하고자 할 때 사용하는 밸브는?

① 분류 밸브

② 감압 밸브 → 작동되지 않을 때는 상시 열림 상태 유지

③ 언로더 밸브

④ 릴리프 밸브

19 유압장치에서 리듀싱 밸브에 대한 설명으로 <u>틀린</u> 것은?

① 입구의 주 회로에서 출구의 감압 회로로 압유가 흐른다.

② 회로 일부의 압력을 릴리프 밸브의 설정압력 이하로 하고 싶을 때 사용한다.

③ 출구의 압력이 감압 밸브의 설정압력보다 높아지면 밸브가 작동하여 유로를 닫는다.

④ 리듀싱 밸브는 상시 폐쇄 상태로 되어 있다.
    (×) → 리듀싱 밸브(감압 밸브)는 상시 폐쇄가 아닌 상시 열림 상태

20 유압장치에서 유압 회로의 압력에 따라 액추에이터의 작동순서를 제어하는 밸브는?

① 셔틀 밸브
② 체크 밸브
③ 시퀀스 밸브
④ 디셀러레이션 밸브

21 2개 이상의 분기 회로에서 실린더나 모터의 작동순서를 결정하는 압력 제어 밸브는?

① 리듀싱 밸브
② 릴리프 밸브
③ 시퀀스 밸브
④ 파일럿 체크 밸브

22 고압 펌프와 저압 펌프를 함께 사용하는 유압장치에서 회로의 압력에 따라 한 대의 펌프를 무부하로 운전하기 위하여 사용되는 압력 제어 밸브는?

① 감속 밸브
② 체크 밸브
③ 릴리프 밸브
④ 언로더 밸브

23 반드시 체크 밸브가 내장되는 밸브로써 유압회로의 한 방향의 흐름에 대해서는 설정된 배압을 생기게 하고, 다른 방향의 흐름은 자유롭게 흐르도록 한 밸브는?

① 셔틀 밸브
② 언로더 밸브
③ 슬로 리턴 밸브
④ 카운터밸런스 밸브

24 유압 작동기(Actuator)의 속도를 제어하는 밸브는?

① 유동 제어 밸브
② 압력 제어 밸브
③ 유량 제어 밸브
④ 동력 제어 밸브

25 지게차의 마스트 하강 시 자중에 의한 자유낙하를 방지하고 마스트의 하강 속도를 제어하는 밸브는?

① 리듀싱 밸브
② 시퀀스 밸브
③ 플로우 레귤레이터 밸브
④ 카운터밸런스 밸브

26 유압장치에서 방향 제어 밸브에 해당하는 것은?

① 셔틀 밸브
② 교축 밸브
③ 시퀀스 밸브
④ 언로드 밸브

보충 ② 유량 제어 밸브, ③, ④ 압력 제어 밸브

27 한쪽 방향으로의 흐름은 자유로우나 역방향의 흐름을 허용하지 않는 밸브는?

① 스풀 밸브(Spool Valve)
② 체크 밸브(Check Valve)
③ 디셀러레이션 밸브(Deceleration Valve)
④ 카운터밸런스 밸브(Counter Balance Valve)

04 유압 작동기

28 기름의 유체 에너지를 이용하여 외부에 기계적인 일을 하는 유압기기는?

① 유압 탱크
② 유압 펌프
③ 유압 밸브
④ 유압 작동기 → 유압 실린더, 유압 모터, 요동 모터 등

29 직선 왕복 운동만을 하는 유압 작동기는?

① 요동 모터
② 유압 펌프
③ 유압 모터
④ 유압 실린더

30 유압 실린더의 주요 구성요소에 해당하지 <u>않는</u> 것은? → 피스톤, 피스톤 로드, 실린더 튜브, 커버, 패킹 등

① 패킹
② 피스톤
③ 파이프
④ 피스톤 로드

31 유압 실린더의 종류에 해당하지 <u>않는</u> 것은?

① 단동 실린더
② 복동 실린더
③ 다단 실린더
④ 회전 실린더 (×)

> **보충** **유압 실린더의 종류**
> • 단동 실린더 램형
> • 단동 실린더 피스톤형
> • 복동 실린더 싱글 로드형
> • 복동 실린더 더블 로드형
> • 단동 다단(텔레스코프형) 실린더
> • 복동 다단(텔레스코프형) 실린더

32 [보기]의 그림과 같은 실린더의 명칭은?

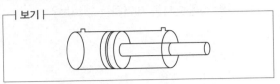

보기

① 단동 실린더
② 단동 다단 실린더
③ 복동 실린더 → 로드가 1개인 싱글 로드형(편 로드형)과 로드가 2개인 더블 로드형(양 로드형)이 있다.
④ 복동 이중 실린더

33 회전운동을 하면서 외부에 기계적인 일을 하는 유압장치는?

① 축압기
② 유압 펌프
③ 유압 모터
④ 유압 실린더

> **보충** ① 입축과 팽창
> ② 회전운동
> ④ 왕복 운동

34 유압 모터의 종류가 <u>아닌</u> 것은?

① 기어 모터
② 베인 모터
③ 플런저 모터
④ 권선형 모터 (×)

35 유압 모터의 장점이 <u>아닌</u> 것은?

① 기동 시 원활한 운전이 용이하다. (×) → 곤란하다
② 무단계로 회전 속도를 조절할 수 있다.
③ 회전체의 관성이 작아 응답이 빠르다.
④ 동일 출력에서 원동기에 비해 소형이 가능하다.

> **보충** 동력전달효율이 기계식에 비해 낮으며, 기동 시 원활한 운전이 곤란하다.

THEME

13 유압 부속기기

01 오일 탱크 ★★★

■ 기출 TIP / ● 기초용어

(1) 오일 탱크의 구조 및 기능

① 오일 탱크의 구조

　㉠ 오일 탱크(Oil Tank)의 주요 역할은 유압장치에 필요한 작동유를 저장하는 것이며, 일반적으로 펌프의 분당 토출량의 3~5배를 저장할 수 있다. 또한 탱크의 윗면(상판)에 전동기, 펌프, 릴리프 밸브 등을 얹어 유압 유닛으로 사용하기도 하며, 외부의 오염으로부터 작동유를 보호하고 유온을 조절(자연방열 및 열 교환기)하는 등의 여러 가지 역할을 한다.

　㉡ 유압 계통에서 사용되는 유압 오일 탱크(Hydraulic Oil Tank)의 일반적인 구조는 다음과 같다.

● 오일 탱크(Oil Tank)

유압장치에 사용되는 작동유를 저장하는 탱크로서 기름 탱크, 작동유 탱크, 유압탱크, 유압유 탱크라고도 한다.

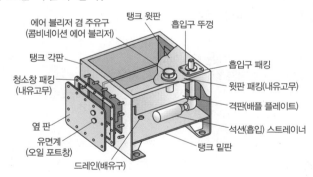

[유압 오일 탱크의 구조]

② 오일 탱크의 기능

　㉠ 계통 내에서 필요한 유량을 확보한다.

　㉡ 작동 중에 발생하는 열을 분산시켜 온도 상승을 완화한다.

　㉢ 오일 속에 포함된 불순물이나 기포 등을 분리하고 제거한다.

　㉣ 차폐 장치(격막: Baffle Plate)의 설치로 인해 뜨거운 회송 오일이 직접 탱크 출구로 흐르는 것을 방지하며, 탱크 내의 기포를 소멸시키고 방열을 도와 온도를 균일화시킨다.

(2) 오일 탱크의 부속장치

☐ 1회독 ☐ 2회독 ☐ 3회독

입구 캡 (Filler Cap)	오일 주유구로서, 주유구를 닫았을 때는 기밀을 유지할 수 있어야 한다.
유면계 (Oil Level Gauge)	• 외부에서 오일 탱크 내의 오일량을 점검할 수 있도록 원형이나 일자형 사이트 글라스(Sight Glass)로 설치되어 있다. • MAX와 MIN(또는 H와 L) 사이에 오일이 위치하면 적정 유량이다.
배플 플레이트 (Baffle Plate)	오일 탱크로 돌아오는 오일과 펌프로 흡입되는 오일을 분리하는 역할을 한다.
흡입 스트레이너 (Suction Strainer)	• 영구자석이 설치된 스트레이너로, 펌프 흡입 라인의 시작점이다. • 일반적으로 탱크 밑면에서 약 5~7cm 위쪽에 설치된다.
드레인 플러그 (Drain Plug)	오일 탱크 내의 오일을 전부 배출시킬 때 사용한다.

■ 오일 탱크의 부속장치

• 입구 캡
• 유면계
• 배플 플레이트
• 흡입 스트레이너
• 드레인 플러그

(3) 오일 탱크의 종류

대기 개방형 탱크	• 오일 탱크 내의 공기가 에어 브리더(통기용 필터)를 통하고 있는 것으로, 유면의 변동에 관계없이 오일 탱크 내의 압력은 대기와 거의 같다. • 일반적으로 가장 많이 사용되고 있는 오일 탱크의 형식이다.
밀폐형 탱크	• 밀폐형 오일 탱크는 작동유에 유해한 물질(대기 중의 먼지, 수분, 모래 찌꺼기 등)의 혼입을 막을 목적으로 외기와 완전히 차단된 구조로 되어 있다. • 항공기, 제철소, 건설차량 등 특수한 환경에서 사용된다.
가압형 탱크	• 오일 탱크 내의 압력을 일정하게 유지하기 위해서 공기 압축기로부터 가압된 공기를 탱크에 보내는 방식이다. • 플런저식 유압 펌프를 사용하는 대형 건설기계 등에서 사용된다.

■ 오일 탱크의 종류

• 대기 개방형 탱크
• 밀폐형 탱크
• 가압형 탱크

(4) 오일 탱크의 구비조건

① 적당한 크기의 주유구 및 스트레이너를 설치한다.
② 드레인(배출밸브) 및 유면계를 설치한다.
③ 오일에 이물질이 혼입되지 않도록 밀폐되어야 한다.

02 축압기(어큐뮬레이터) ★★★

(1) 축압기 개요

① 압력을 가진 작동유를 축압기(Accumulator) 챔버 안에 유입시켜 챔버 내부의 스프링, 추(중량식), 기체(질소가스)를 압축하면 압력이 저장된다. 이와 같은 원리를 이용한 장치를 축압기라고 한다.

스프링식   중량식   기체식

[축압기의 종류]

② 축압기는 전기 콘덴서 및 공기 탱크 등과 같은 역할을 하며, 사용 방법에 따라 유압장치 전체의 성능과 비용에 큰 영향을 준다.

(2) 축압기의 용도

① 긴급 시 유압원으로 사용(에너지 저장)
② 유압 펌프의 맥동 압력 흡수
③ 서지 압력 등의 충격 흡수
④ 온도 변화에 의한 오일 누설 보상
⑤ 짧은 시간 내에 대유량이 공급될 경우 압력원으로 사용

---

03 오일 여과기 ★★

(1) 오일 여과기의 기능

① 유압 계통 구성품의 마모 및 수명에 직접적인 영향을 끼치는 것은 작동유 내에 오염 물질(불순물)이 함유되는 것이다. 이를 최소화하기 위해 오일 여과기를 사용한다.
② 오일 여과기에는 필터와 스트레이너가 있다. 필터는 유압 회로 내의 비교적 작은 불순물을 걸러 주는 역할을 하고, 스트레이너는 비교적 큰 불순물을 걸러 주는 역할을 한다. 유압 회로 및 유압기기의 고장은 작동유의 오염에 의한 경우가 상당히 많다.
③ 최근에는 고성능의 유압기기나 복잡한 제어 회로가 사용되므로 필터의 중요성이 더욱 중시되고 있다. 필터를 유압 회로에 사용할 때, 설치 위치에 따라 탱크용 필터와 관로용 필터로 크게 구분할 수 있다.

맥동 압력
펌프 운전 중 압력계의 눈금이 주기적으로 흔들리는 현상을 말한다.

서지 압력(Surge Pressure)
유압 회로 내에서 과도적으로 발생하는 이상 압력의 최댓값을 말한다.

(2) 오일 여과기의 구비 조건

① 충분한 여과 능력이 있어야 한다.

② 오일 내에 포함된 첨가제 성분을 통과시킬 수 있어야 한다.

③ 오일 흐름을 제한하지 않아야 한다.

④ 다음 오일 교환 시기까지 충분한 수명이 유지되어야 한다.

> **더 알아보기**
>
> **오염물질의 발생 원인**
> • 유압장치의 조립 과정에서 혼입하는 먼지 및 이물질
> • 유압장치를 수리하기 위해 해체했을 때, 외부로터 혼입되는 이물질
> • 작동유의 장기간 사용 시 고온·고압에서 발생하는 산화생성물

04 오일 냉각기 ★★

(1) 개요

유압 회로 내에서는 유압 펌프에서 이송되는 작동유가 유압 실린더나 유압 모터에서 일을 할 때까지 유압 펌프의 동력 손실, 릴리프 밸브나 감압 밸브 또는 조리개 등의 감압 손실, 배관 중의 저항 손실 등 여러 가지 손실이 발생한다. 이 손실은 열 에너지가 되어 유온을 상승시킨다. 그 결과 산화에 의한 작동유의 열화, 점도 저하에 따른 윤활성의 감소, 유압기기의 내부 누설 증대, 패킹류의 성능 열화, 캐비테이션 발생, 압력손실 증대 및 시동 곤란 등의 악영향이 발생한다.

(2) 설치

작동유의 온도 상승을 방지하기 위해 회로 내에 오일 냉각기(Oil Cooler)를 설치하고, 40~60℃의 적정 온도로 유지해야 한다. 오일 냉각기의 설치 장소는 열 발생원의 위치에 따라 정하는 것이 바람직하며, 일반적으로 릴리프 밸브의 배유 포트 관로 또는 유압 회로의 복귀관(제어 밸브와 탱크 사이)에 설치한다.

05 유압 배관 ★★

(1) 개요

유압장치에서 배관은 유압 펌프, 유압 밸브, 유압 작동기를 연결하여 동력을 전달하는 역할을 한다. 배관은 재질에 따라 강관과 고무 호스로 구분되며, 유압장치에는 강관의 일종인 강철제 파이프가 많이 사용된다. 강철제 파이프는 고무 호스보다 손상이 적고 좁은 공간 내에도 배치가 용이하다. 다만, 움직이는 부분에는 고무 호스를 사용한다.

■ **유압 호스의 노화 판정**
• 호스가 굳은 경우
• 표면에 크랙(Crack)이 발생한 경우
• 정상적인 압력 상태에서 호스가 파손될 경우

(2) 배관의 이음

나사 이음 (Screw Joint)	이음부에 나사를 파고 조임한 것으로, 주로 저압이거나 분리될 필요가 있을 경우에 사용한다.
용접 이음 (Welding Joint)	• 관을 커플링이나 유니온에 끼워 용접하는 이음으로, 기밀성이 확실해서 고압용, 대관경의 관로에 사용한다. • 분해 및 보수가 어렵고, 분리할 필요가 없이 영구적으로 이음할 곳에 사용한다.
플랜지 이음 (Flange Joint)	• 파이프 끝을 플랜지로 밀착시킨 후 용접을 하고 평면을 합쳐서 O-링으로 밀봉하여 볼트로 결합하는 이음이다. • 수 개의 볼트에 의해 조임의 힘이 분할되기 때문에 고압, 저압에 관계 없이 대형관 이음에 사용하며, 분해와 보수가 용이하다.
플레어 이음 (Flare Joint, 압축 접합)	배관의 끝 부분을 펀치로 나팔 모양으로 넓히고 접속부 본체의 원뿔면에 슬리브와 너트로 결합하는 이음이다.
플레어리스 이음 (Flareless Joint)	관의 끝을 넓히지 않고 관과 슬리브의 먹힘 또는 마찰에 의하여 관을 유지하는 이음이다.
유니언 이음 (Union Joint)	유니언 나사와 유니언 컬러 사이에 패킹을 끼우고 유니언 너트를 이용하여 체결하는 이음이다. 관을 회전시킬 수 없을 때 너트만 회전시켜 접속과 분리를 할 수 있으며, 유압 배관에 가장 많이 사용하는 이음이다.

06 밀봉장치 ★★

(1) 개요

작동유의 누설 또는 외부로부터 이물질의 침입을 방지하는 일을 하는 것을 밀봉장치(Seal)라고 한다. 유압기기에서 누유를 방지하고, 내부의 압력을 유지하기 위해 밀봉장치는 없어서는 안 되는 중요한 부품이다. 움직이는 부분에서 밀봉작용을 하는 것을 패킹(Packing), 고정된 부분에서 밀봉작용을 하는 것을 개스킷(Gasket)이라고 한다. 일반적으로 유압 계통을 정비 및 수리할 때 분해된 밀봉장치는 모두 교환해야 한다.

(2) 밀봉장치에 요구되는 사항

① 마찰이 적을 것
② 내구성이 있을 것
③ 내열·내한성이 있을 것
④ 누유를 방지할 수 있을 것
⑤ 공기나 물의 혼입을 방지할 수 있을 것
⑥ 작동유에 화학적으로 안정성이 있을 것

■ 밀봉장치
• 패킹(Packing): 움직이는 부분에서 밀봉작용을 하는 것
• 개스킷(Gasket): 고정된 부분에서 밀봉작용을 하는 것

■ 오일이 새고 있을 때 가장 먼저 실(Seal)을 점검해야 한다.

● 더스트 실(Dust Seal)
더스트 실은 유압 실린더의 로드 패킹 외측에 설치되어 외부로부터 먼지 등의 이물질이 실린더 내로 침입하는 것을 방지하는 역할을 한다. 유압 실린더 로드 패킹의 외측에 설치되므로 윤활성이 나쁘고 외기의 온도, 일광 등에 노출되므로 손상되기 쉽다.

THEME **13** 유압 부속기기

01 오일 탱크

01 작동유 탱크의 기능에 해당하지 <u>않는</u> 것은?

① 릴리프 스프링 장력 유지 (×)
② 계통 내에 필요한 작동 유량 확보
③ 차폐장치에 의해 기포 발생 방지 및 소멸
④ 작동유 탱크 외벽의 냉각에 의한 적정 온도 유지

02 유압 탱크의 구비조건으로 **틀린** 것은?

① 오일 냉각을 위한 쿨러를 설치한다. (×)
② 드레인(배출 밸브) 및 유면계를 설치한다.
③ 적당한 크기의 주유구 및 스트레이너를 설치한다.
④ 오일에 이물질이 혼입되지 않도록 밀폐되어야한다.

➡ 주입구 캡, 격판(배플 플레이트), 유면계, 흡입 스트레이너,
   드레인 플러그 등

03 오일 탱크의 부속장치가 <u>아닌</u> 것은?

① 배플
② 유면계
③ 주입구 캡
④ 피스톤 로드 (×)

02 축압기(어큐뮬레이터)

04 유압 에너지의 저장 및 충격 흡수 등에 이용되는 것은?

① 펌프(Pump)
② 오일 탱크(Oil Tank)
③ 스트레이너(Strainer)
④ 축압기(Accumulator)

05 어큐뮬레이터의 역할에 해당하지 <u>않는</u> 것은?

① 압력을 보상해 준다.
② 충격 압력을 흡수한다.
③ 유압 펌프의 맥동을 제거해 준다.
④ 대유량의 작동유를 고정적으로 공급해 준다. (×)
   ➡ 순간적으로

06 어큐뮬레이터의 종류에 해당하지 <u>않는</u> 것은?

① 중량식
② 기체식
③ 스프링식
④ 온도 보상식 (×)

03 오일 여과기

07 유압장치의 수명연장을 위해 가장 중요한 요소는?

① 오일 탱크의 세척 및 교환
② 오일 필터의 점검 및 교환
③ 오일 펌프의 점검 및 교환
④ 오일 쿨러의 점검 및 세척

08 유압장치의 오일 여과기를 통해 걸러지는 오염물질의 발생 원인으로 **틀린** 것은?

① 유압장치의 조립 과정에서 혼입하는 먼지 및 이물질
② 작동 중인 엔진의 마찰에 의하여 발생하는 금속 가루 (×)
③ 유압장치를 수리하기 위하여 해체했을 때 외부로터 혼입되는 이물질
④ 작동유의 장기간 사용 시 고온·고압에서 발생하는 산화생성물

---

04 오일 냉각기

09 유압유 온도를 적정하게 유지해 주는 유압기기는?

① 유압 밸브
② 오일 쿨러
③ 스트레이너
④ 방향 제어 밸브

10 지게차에 사용하는 작동유의 적정 사용온도 범위로 옳은 것은?

① 10~30℃
② 40~60℃
③ 80~100℃
④ 90~110℃

---

05 유압 배관

11 유압 호스의 노화 현상이 **아닌** 것은?

① 호스가 굳은 경우
② 표면에 크랙(Crack)이 발생한 경우
③ 액추에이터의 작동이 원활하지 않을 경우 (×)
④ 정상적인 압력 상태에서 호스가 파손될 경우

12 유압 호스 연결부분에 가장 많이 사용하는 것은?

① 나사 이음
② 니플 이음
③ 소켓 이음
④ 유니언 이음

---

06 밀봉장치

13 유압 작동부에서 오일이 새고 있을 때 가장 먼저 점검해야 할 것은?

① 실(Seal)
② 기어(Gear)
③ 밸브(Valve)
④ 플런저(Plunger)

14 유압 실린더의 로드에 묻어 있는 먼지나 흙 등의 이물질이 유압 실린더 내로 침입하는 것을 방지해 주는 것은?

① O-링
② U 패킹
③ 플랜지 커버
④ 더스트 실

15 일반적으로 유압 계통을 수리할 때마다 항상 교환해야 하는 것은?

① 커플링(Couplings)
② 샤프트 실(Shaft Seals)
③ 밸브 스풀(Valve Spools)
④ 터미널 피팅(Terminal Fitting)

> **보충** 일반적으로 유압 계통을 정비 및 수리할 때 분해된 밀봉장치는 모두 교환해야 한다. 따라서 분해된 샤프트 실은 교환해야 한다.

유압 기호 및 회로

☑ 매 시험마다 1~2문제가 출제되며, 출제비중은 전체 유압장치의 13% 정도입니다.

☑ 주요 유압기기 및 부속기기들의 기호를 암기하는 테마이므로, 어렵지 않게 학습할 수 있는 영역입니다.

☑ 숙지해야 하는 내용 외에는 상식수준에서 해결할 수 있는 문제도 출제됩니다.

01 유압 기호 ★★

■ 기출 TIP / ● 기초용어

(1) 유압 · 공기압 도면 기호

한국산업규격 「유압 · 공기압 도면 기호(Graphic Symbols for Fluid Power Systems ; KS B 0054)」는 유압기기 및 공압기기 또는 유압장치 및 공압장치의 기능을 표시하기 위한 도면 기호에 대하여 규정한다.

더 알아보기

기호에 대한 규약

• 기호는 부품의 기능, 조작 방법, 외부 접속구를 표시한다.

• 기호는 기기의 실제 구조를 나타내는 것은 아니다.

• 기호는 원칙적으로 통상의 운휴 상태 또는 기능적인 중립 상태를 나타낸다. 단, 회로도 속에서는 예외도 인정한다.

• 기호는 해당 기기의 외부 포트의 존재를 표시하나, 그 실제 위치를 나타낼 필요는 없다.

• 기호 속의 문자(숫자는 제외)는 기호의 일부분이다.

• 기호의 표시법은 한정된 것을 제외하고는 어떠한 방향이라도 좋으나 90° 방향마다 쓰는 것이 바람직하다. 기호의 방향이 바뀌었다고 그 의미가 달라지는 것은 아니다.

• 기호는 압력, 유량 등의 수치 또는 기기의 설정값을 표시하는 것은 아니다.

• 2개 이상의 기호가 1개의 유닛에 포함된 경우에는 특정한 것을 제외하고 전체를 1점 쇄선의 포위선 기호로 둘러싼다. 단, 단일 기능의 간략 기호에는 통상 포위선이 필요하지 않다.

• 오일(기름) 탱크의 기호는 수평 위치로 표시한다.

• 배수기(Drain) 또는 배수기를 조립 · 내장한 기기의 기호는 수평 위치로 표시한다.

• 축압기와 보조 가스용기는 항상 세로형으로 표시한다.

(2) 유압 기호

용도	기호	용도	기호
주관로, 귀환관로, 파일럿 밸브의 공급관로	———	시퀀스 밸브 (직동형)	
파일럿 조작관로, 드레인 관로, 필터	- - - - -	무부하 밸브	
조합 유닛	- - · - - · -	카운터밸런스 밸브	
유압유 탱크 (통기식)		어큐뮬레이터 (일반 기호)	
정용량형 유압 펌프 (1방향 회전형)		전동기	M
가변용량형 유압 펌프 (1방향 회전형)		원동기	M
정용량형 유압 모터 (2방향 회전형)		2/2 way 방향 제어 밸브 (상시 폐쇄)	A / P
가변용량형 유압 모터 (2방향 회전형)		체크 밸브 (스프링 없음)	
단동 실린더 (외력에 의한 복귀형)		고압우선형 셔틀 밸브	
복동 실린더 (일반 기호)		가변 교축 밸브	
릴리프 밸브 (직동형)		스톱 밸브	
감압 밸브 (직동형)		직렬형 유량 조정 밸브	
체크 밸브 붙이 유량 조정 밸브		냉각기	

분류 밸브		가열기	
집류 밸브		온도조절기	
필터		압력계	
드레인 배출기 (배수기) – 수동배출		유량계	
드레인 배출기 (배수기) – 자동배출		압력 스위치	

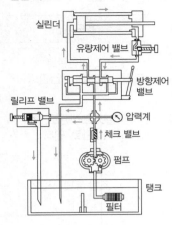

■ 단면 회로도

02 유압 회로도의 종류 ★★

(1) 단면 회로도

유압기기와 관로의 단면도를 사용하여 유압유가 흐르는 회로를 알기 쉽게 나타낸 회로도로서 기기의 작동을 설명하는 데 편리하다.

(2) 그림 회로도

유압기기의 외형도를 사용하여 유압장치의 짜임새를 알 수 있도록 한 회로도로서 견적도 및 승인도 등에 사용한다.

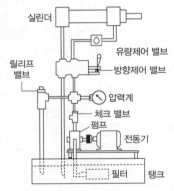

■ 그림 회로도

(3) 기호 회로도

유압기기의 제어 및 기능을 기호를 사용하여 간단히 표시한 회로도로서 유압기기의 설계 및 제작에 사용하며, 가장 많이 사용하는 회로도이다.

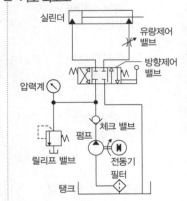

■ 기호 회로도

(1) 개방 회로

① 탱크에서 흡입된 작동유가 제어 밸브를 경유하여 작동기(액추에이터)에서 일을 한 다음 다시 제어 밸브를 경유하여 탱크로 복귀(Return)하는 회로를 개방 회로(Open Circuit)라고 한다.

② '유압 펌프 → 제어 밸브 → 작동기 → 제어 밸브 → 오일 탱크'의 경로를 구성하는 회로를 말한다. 개방 회로에서 '펌프 → 제어 밸브 → 작동기' 사이는 고압이며, '제어 밸브 → 탱크 → 펌프' 사이는 저압이다. 일반적으로 유압장치는 대부분 개방 회로로 구성된다.

■ **개방 회로의 경로**

유압 펌프 → 제어 밸브 → 작동기 → 제어 밸브 → 오일 탱크

[개방 회로의 경로]

(2) 폐쇄 회로

① 폐쇄 회로(Close Circuit)는 유압 펌프에서 토출한 작동유로 작동기를 움직인 후, 복귀하는 작동유를 다시 유압 펌프의 흡입구에서 흡입하도록 하는 회로이다.

② '유압 펌프 → 제어 밸브 → 작동기 → 제어 밸브 → 유압 펌프'의 경로를 구성하는 회로를 말한다. 폐쇄 회로에서는 펌프나 모터 등의 누설로 인하여 부족한 오일을 보충해 주는 충전 회로(Feed Circuit)를 가지고 있으며, 별도의 충전 펌프(Feed Pump)가 있는 경우도 있다.

■ **폐쇄 회로의 경로**

유압 펌프 → 제어 밸브 → 작동기 → 제어 밸브 → 유압 펌프

[폐쇄 회로의 경로]

04　속도 제어 회로 ★★

유압장치의 가장 큰 특징은 유압 실린더의 직선 왕복 운동과 유압 모터의 회전 운동의 속도를 무단계로 제어할 수 있다는 것이다. 유압 작동기의 속도는 작동기의 크기, 유량 및 부하 등에 의하여 결정되므로 속도 제어용 유량 제어 밸브는 각 속도 제어 회로의 특성을 충분히 고려한 후 적절한 회로에 사용해야 한다.

(1) 미터 인 회로

① 미터 인 회로(Meter-in Circuit)는 유량 제어 밸브를 유압 실린더의 입구 쪽에 직렬로 설치하여 피스톤의 속도를 제어하는 회로이다. 작동 중 부하가 피스톤을 미는 경우, 즉 부하가 피스톤의 움직임에 대하여 양의 저항이 되는 경우에 적합하다.

② 특징

ㄱ. 펌프 토출량은 일반적으로 조정속도 범위에 대응하는 유량보다 많다.

ㄴ. 실린더 입구 압력은 부하에 대응하여 적당히 감압된 상태를 유지한다.

ㄷ. 실린더에 걸리는 부하가 항상 양인 경우에만 사용한다.

ㄹ. 회로효율은 릴리프(Relief) 양을 적게 할 경우 양호하다.

ㅁ. 펌프의 토출 압력은 릴리프 밸브에 의하여 일정한 압력을 유지한다.

■ 미터 인 회로

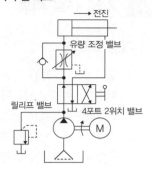

(2) 미터 아웃 회로

① 미터 아웃 회로(Meter-out Circuit)는 유량 제어 밸브를 유압 실린더의 출구쪽에 설치하여 피스톤의 속도를 제어하는 회로이다. 작동 중 실린더에 배압이 걸리므로 피스톤이 끌려오는 것과 같은 음의 부하인 경우에 적합하다.

② 특징

ㄱ. 펌프 토출 압력은 릴리프 밸브에 의하여 일정한 압력을 유지한다.

ㄴ. 부하 변동은 배압의 변동과 대응한다.

ㄷ. 작용력에 의한 실린더의 폭주 및 실린더의 자유낙하를 방지한다.

ㄹ. 회로효율은 좋지 않다.

■ 미터 아웃 회로

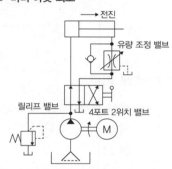

(3) 블리드 오프 회로

① 블리드 오프 회로(Bleed-off Circuit)는 유량 제어 밸브를 유압 실린더의 입구쪽에 유압 실린더와 병렬로 설치하여 피스톤의 속도를 제어하는 회로이다. 작동 중 펌프 토출량의 일부를 오일 탱크로 바이패스(by-pass)시키고, 나머지 유량을 실린더로 유입시켜 속도를 제어한다. 정확한 속도 제어가 필요 없고, 부하가 비교적 일정한 경우에 사용한다.

② 특징

ㄱ. 피스톤 속도에 대하여 남아도는 펌프 송출량은 유량 제어 밸브에서 규제되어 탱크로 회송되므로 회로효율이 좋다.

ㄴ. 정확한 속도 제어가 안 된다.

ㄷ. 부하의 변동이 일정한 경우 유리하게 사용된다.

ㄹ. 음의 부하(피스톤이 인장되는 경우)에서는 사용하지 못한다.

■ 블리드 오프 회로

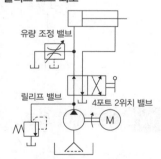

THEME **14** 유압 기호 및 회로

01 유압 기호

01 유압 기호에 대한 규약으로 **틀린** 것은?

① 기호에는 흐름의 방향을 표시한다.

② 각 기기의 기호는 정상 상태 또는 중립 상태를 표시한다.

③ 기호는 어떠한 경우에도 회전하거나 뒤집어서는 안 된다. (×)→ 필요에 따라 회전하거나 뒤집어도 됨

④ 기호에는 각 기기의 구조나 작용 압력을 표시하지 않는다.

> 보충 기호의 표시법은 한정된 것을 제외하고는 어떠한 방향이라도 좋으나 90° 방향마다 쓰는 것이 바람직하다. 또한, 표시 방법에 따라 기호의 의미가 달라지는 것은 아니다.

02 전동기를 나타내는 유압 기호는?

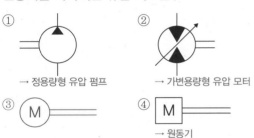

① → 정용량형 유압 펌프

② → 가변용량형 유압 모터

③ (M)

④ [M] → 원동기

03 다음 유압 기호가 뜻하는 유압기기는?

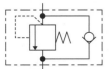

① 릴리프 밸브
② 시퀀스 밸브
③ 카운터 밸런스 밸브
④ 체크 밸브 붙이 유량 조정 밸브

04 다음 유압 기호 명칭으로 옳은 것은?

① 스프링 밸브
② 압력 스위치
③ 스프링 스위치
④ 방향 전환 밸브

05 다음 유압 기호가 나타내는 것은?

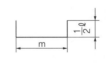

① 축압기
② 스풀 밸브
③ 어큐뮬레이터
④ 통기식 기름 탱크

06 유압 기호 중 **필터**를 나타내는 것은?

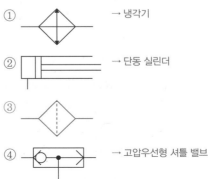

① → 냉각기

② → 단동 실린더

③

④ → 고압우선형 셔틀 밸브

07 다음 유압 기호가 나타내는 것은?

① 축압기
② 체크 밸브
③ 스풀 밸브
④ 릴리프 밸브

08 다음 유압 기호가 뜻하는 밸브는?

① 스풀 밸브
② 감압 밸브
③ 시퀀스 밸브
④ 릴리프 밸브

09 다음 유압 기호는 어떤 유압기기를 뜻하는가?

① 유량계
② 전압계
③ 압력계
④ 방향지시계

10 유압 기호 중 정용량형 유압 모터를 나타내는 것은?

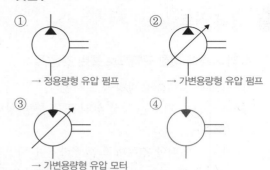

11 다음의 유압 기호가 나타내는 것은?

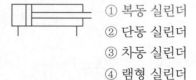

① 복동 실린더
② 단동 실린더
③ 차동 실린더
④ 램형 실린더

---

02 **유압 회로도의 종류**

12 유압 회로도 중 일반적으로 가장 많이 사용하는 것은?

① 기호 회로도
② 조합 회로도
③ 단면 회로도
④ 나선형 회로도

보충 **기호 회로도**
유압기기의 제어 및 기능을 기호를 사용하여 간단히 표시한 회로도로, 유압기기의 설계 및 제작에 사용된다.

03 기본 유압 회로

13 유압의 기본회로에 속하지 <u>않는</u> 것은?

① 오픈 회로(Open Circuit)

② 클로즈 회로(Close Circuit)

③ 탠덤 회로(Tandem Circuit)

④ 서지업 회로(Surge Up Circuit) (×)

04 속도 제어 회로

14 유압 실린더의 속도를 제어하는 방법에 해당하지 <u>않는</u> 것은?

① 미터 인(Miter In) 회로

② 미터 아웃(Miter Out) 회로

③ 블리드 오프(Bleed Off) 회로

④ 블리드 아웃(Bleed Out) 회로 (×)

15 실린더 입구 측에 유량 제어 밸브를 실린더와 병렬로 연결하여 실린더의 속도를 제어하는 방식은?

① 미터 인 회로

② 미터 아웃 회로

③ 블리드 온 회로

④ 블리드 오프 회로

PART

05

건설기계관리법 및 도로교통법

19%

PART 05 지게차 운전에 필요한 법적 기준과 의무 사항을 다룬다.

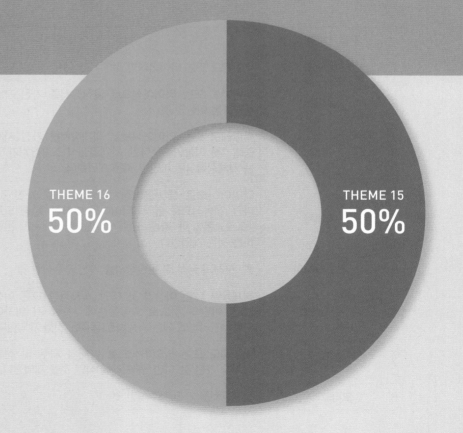

THEME 16
50%

THEME 15
50%

01　총칙　　　　　　　　　　　★★

(1) 건설기계관리법의 목적

건설기계의 등록·검사·형식승인 및 건설기계사업과 건설기계 조종사 면허 등에 관한 사항을 정하여 건설기계를 효율적으로 관리하고 건설기계의 안전도를 확보하여 건설공사의 기계화를 촉진함을 목적으로 한다.

(2) 건설기계의 정의

'건설기계'란 건설공사에 사용할 수 있는 기계로서 대통령령으로 정하는 것을 말한다.

	건설기계명	범위
1	불도저	무한궤도 또는 타이어식인 것
2	굴착기	무한궤도 또는 타이어식으로 굴착장치를 가진 자체중량 1톤 이상인 것
3	로더	무한궤도 또는 타이어식으로 적재장치를 가진 자체중량 2톤 이상인 것. 다만, 차체굴절식 조향장치가 있는 자체중량 4톤 미만인 것은 제외한다.
4	지게차	타이어식으로 들어올림장치와 조종석을 가진 것. 다만, 전동식으로 솔리드타이어를 부착한 것 중 도로(「도로교통법」에 따른 도로)가 아닌 장소에서만 운행하는 것은 제외한다.
5	스크레이퍼	흙·모래의 굴착 및 운반장치를 가진 자주식인 것
6	덤프트럭	적재용량 12톤 이상인 것. 다만, 적재용량 12톤 이상 20톤 미만의 것으로 화물운송에 사용하기 위하여 자동차관리법에 의한 자동차로 등록된 것을 제외한다.
7	기중기	무한궤도 또는 타이어식으로 강재의 지주 및 선회장치를 가진 것. 다만, 궤도(레일)식인 것을 제외한다.
8	모터그레이더	정지장치를 가진 자주식인 것

9	롤러	1. 조종석과 전압장치를 가진 자주식인 것 2. 피견인 진동식인 것
10	노상안정기	노상안정장치를 가진 자주식인 것
11	콘크리트뱃칭플랜트	골재저장통·계량장치 및 혼합장치를 가진 것으로서 원동기를 가진 이동식인 것
12	콘크리트피니셔	정리 및 사상장치를 가진 것으로 원동기를 가진 것
13	콘크리트살포기	정리장치를 가진 것으로 원동기를 가진 것
14	콘크리트믹서트럭	혼합장치를 가진 자주식인 것(재료의 투입 및 배출을 위한 보조장치가 부착된 것을 포함)
15	콘크리트펌프	콘크리트 배송 능력이 매 시간당 $5m^3$ 이상으로 원동기를 가진 이동식과 트럭적재식인 것
16	아스팔트믹싱플랜트	골재공급장치·건조가열장치·혼합장치·아스팔트공급장치를 가진 것으로 원동기를 가진 이동식인 것
17	아스팔트피니셔	정리 및 사상장치를 가진 것으로 원동기를 가진 것
18	아스팔트살포기	아스팔트살포장치를 가진 자주식인 것
19	골재살포기	골재살포장치를 가진 자주식인 것
20	쇄석기	20kW 이상의 원동기를 가진 이동식인 것
21	공기압축기	공기배출량이 매분당 $2.83m^3$(매 m^2당 7kg 기준) 이상의 이동식인 것
22	천공기	천공장치를 가진 자주식인 것
23	항타 및 항발기	원동기를 가진 것으로 헤머 또는 뽑는 장치의 중량이 0.5톤 이상인 것
24	자갈채취기	자갈채취장치를 가진 것으로 원동기를 가진 것
25	준설선	펌프식·바켓식·딧퍼식 또는 그래브식으로 비자항식인 것. 다만, 「선박법」에 따른 선박으로 등록된 것은 제외한다.
26	특수건설기계	제1호부터 제25호까지의 규정 및 제27호에 따른 건설기계와 유사한 구조 및 기능을 가진 기계류로서 국토교통부장관이 따로 정하는 것
27	타워크레인	수직타워의 상부에 위치한 지브(jib)를 선회시켜 중량물을 상하, 전후 또는 좌우로 이동시킬 수 있는 것으로서 원동기 또는 전동기를 가진 것. 다만, 「산업집적 활성화 및 공장설립에 관한 법률」 제16조에 따라 공장등록대장에 등록된 것은 제외한다.

■ 26종(특수건설기계 포함 전체 27종)

(3) 건설사업의 정의

① '건설기계사업'이란 건설기계대여업, 건설기계정비업, 건설기계매매업 및 건설기계해체재활용업을 말한다.

② '건설기계정비업'이란 건설기계를 분해·조립 또는 수리하고 그 부분품을 가공제작·교체하는 등 건설기계를 원활하게 사용하기 위한 모든 행위(경미한 정비행위 등 국토교통부령으로 정하는 것은 제외)를 업으로 하는 것을 말한다.

02 건설기계의 등록 ★★

(1) 건설기계 등록

건설기계의 소유자는 대통령령으로 정하는 바에 따라 건설기계를 등록하여야 한다. 건설기계의 소유자가 건설기계를 등록할 때에는 특별시장·광역시장·특별자치시장·도지사 또는 특별자치도지사(시·도지사)에게 건설기계 등록신청을 하여야 한다.

(2) 건설기계 등록 시 필요 서류

① 다음과 같은 경우 해당 건설기계의 출처를 증명하는 서류
  ㉠ 국내에서 제작한 건설기계: 건설기계제작증
  ㉡ 수입한 건설기계: 수입면장 등 수입사실을 증명하는 서류(타워크레인의 경우에는 건설기계제작증 추가 제출)
  ㉢ 행정기관으로부터 매수한 건설기계: 매수증서
② 건설기계의 소유자임을 증명하는 서류(출처를 증명하는 서류가 건설기계의 소유자임을 증명할 수 있는 경우에는 당해 서류로 갈음)
③ 건설기계제원표
④ 「자동차손해배상 보장법」에 따른 보험 또는 공제의 가입을 증명하는 서류

더 알아보기

다음의 건설기계를 등록하려는 건설기계의 소유자는 건설기계등록신청서에 「자동차손해배상 보장법」에 따른 보험 또는 공제의 가입을 증명하는 서류를 첨부하여 제출하여야 한다.

1. 덤프트럭
2. 타이어식 기중기
3. 콘크리트믹서트럭
4. 트럭적재식 콘크리트펌프
5. 트럭적재식 아스팔트살포기
6. 타이어식 굴착기
7. 「건설기계관리법 시행령」에 따른 특수건설기계 중 트럭지게차, 도로보수트럭, 노면측정장비(노면측정장치를 가진 자주식인 것)

■ **경미한 정비행위 등(국토교통부령으로 정하는 것)**
• 오일의 보충
• 에어클리너엘리먼트 및 필터류의 교환
• 배터리·전구의 교환
• 타이어의 점검·정비 및 트랙의 장력 조정
• 창유리의 교환

■ **시·도지사에 해당하지 않는 사람**
• 수원시장, 경주시장 등 특별시나 광역시 시장이 아닌 경우
• 다만, 세종시장은 특별자치시장으로 시·도지사에 해당됨

■ **건설기계 등록 시 필요 서류**
• 건설기계제작증
• 수입면장
• 매수증서
• 건설기계제원표
• 보험 또는 공제 가입 증명서

(3) 건설기계 등록신청 기간

건설기계등록신청은 건설기계를 취득한 날(판매를 목적으로 수입된 건설기계의 경우에는 판매한 날)부터 2월 이내에 하여야 한다. 다만, 전시·사변 기타 이에 준하는 국가비상사태하에 있어서는 5일 이내에 신청하여야 한다.

(4) 미등록 건설기계 사용금지

건설기계는 등록을 한 후가 아니면 이를 사용하거나 운행하지 못한다. 다만, 등록을 하기 전에 국토교통부령으로 정하는 사유에 해당하면 일시적으로 운행할 수 있다.

> **더 알아보기**
>
> **건설기계의 등록 전에 일시적으로 운행을 할 수 있는 경우**
> 1. 등록신청을 하기 위하여 건설기계를 등록지로 운행하는 경우
> 2. 신규등록검사 및 확인검사를 받기 위하여 건설기계를 검사장소로 운행하는 경우
> 3. 수출을 하기 위하여 건설기계를 선적지로 운행하는 경우
> 3의2. 수출을 하기 위하여 등록 말소한 건설기계를 점검·정비의 목적으로 운행하는 경우
> 4. 신개발 건설기계를 시험·연구의 목적으로 운행하는 경우
> 5. 판매 또는 전시를 위하여 건설기계를 일시적으로 운행하는 경우

■ 각 경우 **임시운행기간은 15일 이내**로 한다. 다만, 제4호의 경우 3년 이내로 한다.

(5) 등록사항의 변경신고

건설기계의 등록사항 중 변경사항이 있는 경우에는 그 소유자 또는 점유자는 대통령령으로 정하는 바에 따라 이를 시·도지사에게 신고하여야 한다.

> **더 알아보기**
>
> 건설기계의 소유자는 건설기계등록사항에 변경이 있는 때에는 그 변경이 있은 날부터 30일(상속의 경우에는 상속개시일부터 6개월) 이내에 건설기계 등록사항 변경신고서를 등록 한 시·도지사에게 제출해야 한다. 다만, 전시·사변 기타 이에 준하는 국가비상사태 하에 있어서는 5일 이내에 해야 한다.

■ **건설기계의 등록 기간**
- 최초 등록: 2개월 이내
- 변경 등록: 1개월 이내
- 국가비상사태하: 5일 이내

(6) 등록의 말소

① 시·도지사는 등록된 건설기계가 다음에 해당하는 경우에는 그 소유자의 신청이나 시·도지사의 직권으로 등록을 말소할 수 있다.
  ㉠ 거짓이나 그 밖의 부정한 방법으로 등록을 한 경우
  ㉡ 건설기계가 천재지변 또는 이에 준하는 사고 등으로 사용할 수 없게 되거나 멸실된 경우

■ **시·도지사 직권으로 등록을 말소해야 하는 경우**
- 거짓이나 그 밖의 부정한 방법으로 등록을 한 경우
- 정기검사 명령, 수시검사 명령 또는 정비 명령에 따르지 아니한 경우
- 건설기계를 폐기한 경우
- 내구연한을 초과한 건설기계

ⓒ 건설기계의 차대(車臺)가 등록 시의 차대와 다른 경우

ⓔ 건설기계가 건설기계안전기준에 적합하지 아니하게 된 경우

ⓜ 정기검사 명령, 수시검사 명령 또는 정비 명령에 따르지 아니한 경우

ⓗ 건설기계를 수출하는 경우

ⓢ 건설기계를 도난당한 경우

ⓞ 건설기계를 폐기한 경우

ⓩ 건설기계해체재활용업을 등록한 자에게 폐기를 요청한 경우

ⓧ 구조적 제작 결함 등으로 건설기계를 제작자 또는 판매자에게 반품한 경우

ⓚ 건설기계를 교육·연구 목적으로 사용하는 경우

ⓔ 내구연한을 초과한 건설기계(정밀진단을 받아 연장된 경우는 그 연장 기간을 초과한 건설기계)

ⓟ 건설기계를 횡령 또는 편취당한 경우

② 건설기계 등록 말소 신청 기간

멸실, 폐기, 반품, 교육·연구 목적으로 사용 하는 경우	발생한 날부터 30일 이내
건설기계를 도난당한 경우	발생한 날부터 2개월 이내(경찰서장이 발행한 도난신고 접수 확인원 발급)
건설기계를 수출하는 경우	수출 전까지

③ 시·도지사는 등록을 말소하려는 경우에는 미리 그 뜻을 건설기계의 소유자 및 이해관계인에게 알려야 하며, 통지 후 1개월(저당권이 등록된 경우에는 3개월)이 지난 후가 아니면 이를 말소할 수 없다.

(7) 건설기계등록원부 보관

시·도지사는 대통령령으로 정하는 바에 따라 건설기계등록원부를 건설기계의 등록을 말소한 날로부터 10년간 보존·관리해야 한다.

(8) 건설기계등록번호표

① 등록번호표 표시 내용

012가 4568

└ 용도(건설기계) ┘ └ 기종번호 ┘ └ '가 4568'은 일련번호

■ **규격 및 재질**

• 규격: 가로 520mm×세로 110mm ×두께 1mm

• 재질: 알루미늄 제판

② 등록번호표 색상

㉠ **비사업용(관용 또는 자가용)**: 흰색 바탕에 검은색 문자

㉡ **대여사업용**: 주황색 바탕에 검은색 문자

③ 건설기계 종류의 구분

기종의 명칭	기종번호	기종의 명칭	기종번호
불도저	01	콘크리트펌프	15
굴착기	02	아스팔트믹싱플랜트	16
로더	03	아스팔트피니셔	17
지게차	04	아스팔트살포기	18
스크레이퍼	05	골재살포기	19
덤프트럭	06	쇄석기	20
기중기	07	공기압축기	21
모터그레이더	08	천공기	22
롤러	09	항타 및 항발기	23
노상안정기	10	자갈채취기	24
콘크리트뱃칭플랜트	11	준설선	25
콘크리트피니셔	12	특수건설기계	26
콘크리트살포기	13	타워크레인	27
콘크리트믹서트럭	14		

④ 일련번호(숫자)
　㉠ 0001~0999: 관용
　㉡ 1000~5999: 자가용
　㉢ 6000~9999: 대여사업용

(9) 등록번호표 제작 등의 통지

① 시·도지사는 건설기계 소유자에게 등록번호표 제작 등을 할 것을 통지하거나 명령해야 한다.
② 통지서 또는 명령서를 받은 건설기계 소유자는 그 받은 날부터 3일 이내에 등록번호표 제작자에게 그 통지서 또는 명령서를 제출하고 등록번호표 제작 등을 신청해야 한다.
③ 등록번호표 제작자는 등록번호표 제작 등의 신청을 받은·때에는 7일 이내에 등록번호표 제작 등을 해야 하며, 등록번호표 제작등통지(명령)서는 3년간 보존해야 한다.

⑩ 등록번호표의 반납

등록된 건설기계의 소유자는 다음에 해당하는 경우에는 10일 이내에 등록번호표의 봉인을 떼어낸 후 그 등록번호표를 시·도지사에게 반납하여야 한다.

① 건설기계의 등록이 말소된 경우(일부 경우 제외)
② 건설기계의 등록사항 중 대통령령으로 정하는 사항이 변경된 경우
③ 등록번호표의 부착 및 봉인을 신청하는 경우

> **더 알아보기**
>
> **건설기계 안전기준에 관한 규칙에서 '대형 건설기계'**
>
> 1. 길이가 16.7m를 초과하는 건설기계
>
> 2. 너비가 2.5m를 초과하는 건설기계
>
> 3. 높이가 4.0m를 초과하는 건설기계
>
> 4. 최소 회전반경이 12m를 초과하는 건설기계
>
> 5. 총중량이 40톤을 초과하는 건설기계(다만, 굴착기, 로더 및 지게차는 운전중량이 40톤을 초과하는 경우)
>
> 6. 총중량 상태에서 축하중이 10톤을 초과하는 건설기계(다만, 굴착기, 로더 및 지게차는 운전중량 상태에서 축하중이 10톤을 초과하는 경우)

● 총중량

자체중량에 최대 적재중량과 조종사를 포함한 승차인원의 체중을 합한 것을 말하며, 승차인원 1명의 체중은 65kg으로 본다.

● 운전중량

자체중량에 건설기계의 조종에 필요한 최소의 조종사가 탑승한 상태의 중량을 말하며, 조종사 1명의 체중은 65kg으로 본다.

03 건설기계의 검사 및 점검 ★★

(1) 건설기계 검사

건설기계의 소유자는 그 건설기계에 대하여 국토교통부령으로 정하는 바에 따라 국토교통부장관이 실시하는 검사를 받아야 한다.

① **신규 등록검사**: 건설기계를 신규로 등록할 때 실시하는 검사
② **정기검사**: 건설공사용 건설기계로서 3년의 범위에서 국토교통부령으로 정하는 검사 유효기간이 끝난 후에도 계속 운행하려는 경우 실시하는 검사
③ **구조변경검사**: 건설기계의 주요 구조를 변경하거나 개조한 경우 실시하는 검사
④ **수시검사**: 성능이 불량하거나 사고가 자주 발생하는 건설기계의 안전성 등을 점검하기 위하여 수시로 실시하는 검사와 건설기계 소유자의 신청을 받아 실시하는 검사

정기검사 유효기간			
기종		연식	검사 유효기간
1. 굴착기	타이어식	–	1년
2. 로더	타이어식	20년 이하	2년
		20년 초과	1년

3. 지게차	1톤 이상	20년 이하	2년
		20년 초과	1년
4. 덤프트럭	–	20년 이하	1년
		20년 초과	6개월
5. 기중기	–	–	1년
6. 모터그레이더	–	20년 이하	2년
		20년 초과	1년
7. 콘크리트 믹서트럭	–	20년 이하	1년
		20년 초과	6개월
8. 콘크리트펌프	트럭적재식	20년 이하	1년
		20년 초과	6개월
9. 아스팔트살포기	–	–	1년
10. 천공기	–	–	1년
11. 항타 및 항발기	–	–	1년
12. 타워크레인	–	–	6개월
13. 특수건설기계			
가. 도로보수트럭	타이어식	20년 이하	1년
		20년 초과	6개월
나. 노면파쇄기	타이어식	20년 이하	2년
		20년 초과	1년
다. 노면측정장비	타이어식	20년 이하	2년
		20년 초과	1년
라. 수목이식기	타이어식	20년 이하	2년
		20년 초과	1년
마. 터널용 고소작업차	–	–	1년
바. 트럭지게차	타이어식	20년 이하	1년
		20년 초과	6개월
사. 그 밖의 특수건설기계	–	20년 이하	3년
		20년 초과	1년
14. 그 밖의 건설기계	–	20년 이하	3년
		20년 초과	1년

■ 타워크레인을 이동·설치하는 경우에는 이동·설치할 때마다 정기검사를 받아야 한다.

(2) 정기검사 신청

① 정기검사를 받으려는 자는 검사 유효기간의 만료일 전후 각각 31일 이내에 정기검사 신청서를 시·도지사에게 제출해야 한다.

② 검사신청을 받은 시·도지사 또는 검사대행자는 신청을 받은 날부터 5일 이내에 검사일시와 검사장소를 지정하여 신청인에게 통지해야 한다.

③ 시·도지사 또는 검사대행자는 검사결과 해당 건설기계가 건설기계검사기준에 부적합하다고 인정되는 때에는 건설기계 부적합 통지서에 부적합 항목 및 그 사유 등을 적어 신청인에게 교부해야 한다. 이 경우 건설기계의 소유자는 부적합판정을 받은 항목에 대하여 부적합판정을 받은 날부터 10일(재검사기간) 이내에 이를 보완하여 보완항목에 대한 재검사를 신청할 수 있다.

■ 검사와 관련된 일정에 대해서는 단순히 'ㅇ일'이 아닌 '언제부터 ㅇ일'을 같이 기억해야 한다.
  예 재검사기간은 부적합판정을 받은 날부터 10일

(3) 구조변경검사

① 구조변경검사를 받으려는 자는 주요 구조를 변경 또는 개조한 날부터 20일 이내에 건설기계구조변경 검사 신청서를 시·도지사에게 제출해야 한다.

② 구조변경 범위
  ㉠ 원동기 및 전동기의 형식변경
  ㉡ 동력전달장치의 형식변경
  ㉢ 제동장치의 형식변경
  ㉣ 주행장치의 형식변경
  ㉤ 유압장치의 형식변경
  ㉥ 조종장치의 형식변경
  ㉦ 조향장치의 형식변경
  ㉧ 작업장치의 형식변경
  ㉨ 건설기계의 길이·너비·높이 등의 변경
  ㉩ 수상작업용 건설기계의 선체의 형식변경
  ㉪ 타워크레인 설치기초 및 전기장치의 형식변경

■ 구조변경 불가 범위
• 건설기계의 기종 변경
• 적재함의 용량 증가
• 육상작업용 건설기계의 규격 증가
• 등록된 차대의 변경

(4) 수시검사

시·도지사는 수시검사를 명령하려는 때에는 수시검사 명령의 이행을 위한 검사의 신청기간을 31일 이내로 정하여 건설기계 소유자에게 건설기계 수시검사명령서를 서면으로 통지해야 한다. 다만, 건설기계 소유자의 주소 등을 통상적인 방법으로 확인할 수 없거나 통지가 불가능한 경우에는 해당 시·도의 공보 및 인터넷 홈페이지에 공고해야 한다.

(5) 정비명령

시·도지사는 검사에 불합격된 건설기계에 대해서는 31일 이내의 기간을 정하여 해당 건설기계의 소유자에게 검사를 완료한 날부터 10일 이내에 정비명령을 해야 한다. 재검사기간 내에 검사를 받지 않거나 재검사에 불합격한 건설기계에 대해서는 31일 이내의 기간을 정하여 해당 건설기계의 소유자에게 정비명령을 할 수 있다.

(6) 검사 또는 명령이행 기간의 연장

① 건설기계의 소유자는 천재지변, 건설기계의 도난, 사고발생, 압류, 31일 이상에 걸친 정비 또는 그 밖의 부득이 한 사유로 검사 또는 정기검사등의 신청기간 내에 검사를 신청할 수 없는 경우에는 정기검사등의 신청기간 만료일까지 검사·명령이행 기간 연장신청서에 연장사유를 증명할 수 있는 서류를 첨부하여 시·도지사에게 제출해야 한다.

② 검사·명령이행 기간 연장신청을 받은 시·도지사는 그 신청일부터 5일 이내에 검사·명령이행 기간의 연장 여부를 결정하여 신청인에게 서면으로 통지하고 검사대행자에게 통보해야 한다. 이 경우 검사·명령이행 기간 연장 불허통지를 받은 자는 정기검사등의 신청기간 만료일부터 10일 이내에 검사 신청을 해야 한다.

③ 검사·명령이행 기간을 연장하는 경우 그 연장기간은 다음 기간 이내로 한다.
  ㉠ 정기검사, 구조변경검사, 수시검사: 6개월
  ㉡ 정기검사 명령, 수시검사 명령 또는 정비 명령: 31일

(7) 검사장소

① 다음에 해당하는 건설기계에 대하여 검사를 하는 경우에는 규정에 의한 시설을 갖춘 검사장소에서 검사를 하여야 한다.
  ㉠ 덤프트럭
  ㉡ 콘크리트믹서트럭
  ㉢ 콘크리트펌프(트럭적재식)
  ㉣ 아스팔트살포기
  ㉤ 트럭지게차(국토교통부장관이 정하는 특수건설기계인 '트럭지게차')

② 건설기계가 다음 중 하나에 해당하는 경우 해당 건설기계가 위치한 장소에서 검사를 할 수 있다.
  ㉠ 도서지역에 있는 경우
  ㉡ 자체중량이 40톤을 초과하거나 축하중이 10톤을 초과하는 경우
  ㉢ 너비가 2.5m를 초과하는 경우
  ㉣ 최고속도가 시간당 35km 미만인 경우

(8) 검사결과의 보고

검사대행자는 건설기계의 검사를 한 때에는 검사 결과를 검사 후 5일 이내에 등록지의 시·도지사에게 보고하여야 한다. 다만, 검사대행자가 그 사실을 전산정보처리조직에 입력한 때에는 시·도지사에게 보고한 것으로 본다.

■ 등록 시 자동차 보험가입 대상, 검사 장소, 건설기계 조종사 면허 특례 공통 건설기계
- 덤프트럭
- 콘크리트믹서트럭
- 트럭적재식 콘크리트펌프
- 아스팔트살포기

04 건설기계 형식의 승인 ★★

(1) 건설기계 형식 승인

건설기계를 제작·조립 또는 수입하려는 자는 해당 건설기계의 형식에 관하여 국토교통부령으로 정하는 바에 따라 국토교통부장관의 승인을 받아야 한다. 다만, 대통령령으로 정하는 건설기계의 경우에는 그 건설기계의 제작등을 한 자가 국토교통부령으로 정하는 바에 따라 그 형식에 관하여 국토교통부장관에게 신고하여야 한다.

(2) 건설기계의 사후관리

① 건설기계 형식에 관한 승인을 얻거나 그 형식을 신고한 자는 건설기계를 판매한 날부터 12개월(당사자 간에 12개월을 초과하여 별도 계약하는 경우에는 그 해당 기간)동안 무상으로 건설기계의 정비 및 정비에 필요한 부품을 공급하여야 한다.
② 12개월 이내에 건설기계의 주행거리가 2만km(원동기 및 차동장치의 경우에는 4만km)를 초과하거나 가동시간이 2천 시간을 초과하는 때에는 12개월이 경과한 것으로 본다.

05 건설기계사업 ★★

(1) 건설기계사업의 등록

건설기계사업을 하려는 자(지방자치단체는 제외)는 대통령령으로 정하는 바에 따라 사업의 종류별로 특별자치시장·특별자치도지사·시장·군수 또는 자치구의 구청장에게 등록해야 한다.

(2) 매매용 건설기계의 운행 허용

① 매수인의 요구에 의하여 2km 이내의 거리를 시험운행하고자 하는 경우 (타이어식 중고건설기계에 한함)
② 정기검사 또는 정비를 받고자 하는 경우
③ 사업장의 이전에 따라 새로운 사업장으로 이동하고자 하는 경우

06 건설기계 조종사 면허 ★★★

(1) 건설기계 조종사 면허

건설기계를 조종하려는 사람은 시장·군수 또는 구청장에게 건설기계 조종사 면허를 받아야 한다. 다만, 국토교통부령으로 정하는 건설기계를 조종하려는 사람은 「도로교통법」 제80조에 따른 운전면허를 받아야 한다.

■ 3톤 미만의 지게차를 조종하고자 하는 자는 「도로교통법 시행규칙」에 적합한 종류의 자동차 운전면허를 소지하여야 한다.

(2) 건설기계 조종사 면허의 종류

① 불도저
② 5톤 미만의 불도저
③ 굴착기
④ 3톤 미만의 굴착기
⑤ 로더
⑥ 3톤 미만의 로더
⑦ 5톤 미만의 로더
⑧ 지게차
⑨ 3톤 미만의 지게차
⑩ 기중기
⑪ 롤러
⑫ 이동식 콘크리트펌프
⑬ 쇄석기
⑭ 공기압축기
⑮ 천공기
⑯ 5톤 미만의 천공기
⑰ 준설선
⑱ 타워크레인
⑲ 3톤 미만의 타워크레인

(3) 소형 건설기계 조종에 관한 교육 과정 이수

소형 건설기계의 건설기계 조종사 면허는 시·도지사가 지정한 교육 기관에서 실시하는 소형 건설기계의 조종에 관한 교육과정의 이수로 기술자격의 취득을 대신할 수 있다.

① 3톤 미만의 굴착기, 3톤 미만의 로더, 3톤 미만의 지게차

교육 내용	시간
• 건설기계기관, 전기 및 작업장치	2(이론)
• 유압 일반	2(이론)
• 건설기계관리법규 및 도로통행방법	2(이론)
• 조종실습	6(실습)

② 3톤 이상 5톤 미만의 로더, 5톤 미만의 불도저 및 콘크리트펌프(이동식으로 한정)

교육 내용	시간
• 건설기계기관, 전기 및 작업장치	2(이론)
• 유압 일반	2(이론)
• 건설기계관리법규 및 도로통행방법	2(이론)
• 조종실습	12(실습)

■ 건설기계 조종사 면허의 특례(운전 면허를 받아 조종하여야 하는 건설기계의 종류)
• 덤프트럭
• 아스팔트살포기
• 노상안정기
• 콘크리트믹서트럭
• 콘크리트펌프
• 천공기(트럭적재식)
• 특수 건설기계 중 국토교통부장관이 지정하는 건설기계

■ 국토교통부령으로 정하는 소형 건설기계
• 5톤 미만의 불도저
• 5톤 미만의 로더, 5톤 미만의 천공기(트럭적재식 제외)
• 3톤 미만의 지게차
• 3톤 미만의 굴착기, 3톤 미만의 타워크레인
• 공기압축기
• 콘크리트펌프(이동식에 한정)
• 쇄석기
• 준설선

■ 소형 건설기계 조종교육 실습 시간의 차이
• 3톤 미만의 건설기계(굴착기, 로더, 지게차): 조종실습 6시간
• 그 외: 12시간

(4) 건설기계 조종사 면허의 결격사유

① 18세 미만인 사람
② 건설기계 조종상의 위험과 장해를 일으킬 수 있는 정신질환자 또는 뇌전증환자
③ 앞을 보지 못하는 사람, 듣지 못하는 사람, 그 밖에 국토교통부령으로 정하는 장애인
④ 건설기계 조종상의 위험과 장해를 일으킬 수 있는 마약·대마·향정신성의 약품 또는 알코올중독자
⑤ 건설기계 조종사 면허가 취소된 날부터 1년이 지나지 아니하였거나 건설기계 조종사 면허의 효력 정지 처분 기간 중에 있는 사람

(5) 면허의 취소·정지

시장·군수 또는 구청장은 건설기계 조종사가 다음의 어느 하나에 해당하는 경우에는 국토교통부령으로 정하는 바에 따라 건설기계 조종사 면허를 취소하거나 1년 이내의 기간을 정하여 건설기계 조종사 면허의 효력을 정지시킬 수 있다.

① 거짓이나 그 밖의 부정한 방법으로 건설기계 조종사 면허를 받은 경우
② 건설기계 조종사 면허의 효력 정지 기간 중 건설기계를 조종한 경우
③ 건설기계 조종상의 위험과 장해를 일으킬 수 있는 정신질환자 또는 뇌전증환자, 국토교통부령으로 정하는 장애인, 마약·대마·향정신성의약품 또는 알코올중독자
④ 건설기계의 조종 중 고의 또는 과실로 중대한 사고를 일으킨 경우
⑤ 「국가기술자격법」에 따른 해당 분야의 기술자격이 취소·정지된 경우
⑥ 건설기계 조종사 면허증을 다른 사람에게 빌려준 경우
⑦ 술에 취하거나 마약 등 약물을 투여한 상태 또는 과로·질병의 영향이나 그 밖의 사유로 정상적으로 조종하지 못할 우려가 있는 상태에서 건설기계를 조종한 경우
⑧ 정기적성검사를 받지 않고 1년이 지난 경우
⑨ 정기적성검사 또는 수시적성검사에서 불합격한 경우

■ 거짓이나 그 밖의 부정한 방법으로 건설기계 조종사 면허를 받은 경우, 건설기계 조종사 면허의 효력 정지 기간 중 건설기계를 조종한 경우의 사유로 건설기계 조종사 면허가 취소된 경우에는 2년

더 알아보기

건설기계의 조종 중 고의 또는 과실로 중대한 사고를 일으킨 경우	
인명피해	• 고의로 인명피해(사망·중상·경상 등)를 입힌 경우: 면허 취소 • 과실로 「산업안전보건법」에 따른 중대재해가 발생한 경우: 면허 취소 • 그 밖의 인명피해를 입힌 경우 　− 사망 1명마다 면허 효력 정지 45일 　− 중상 1명마다 면허 효력 정지 15일 　− 경상 1명마다 면허 효력 정지 5일
재산피해	피해금액 50만원마다 면허 효력 정지 1일(90일을 넘지 못함)

(6) 면허증의 반납

건설기계 조종사 면허를 받은 사람은 다음 경우에 반납 사유가 발생한 날부터 10일 이내에 시장·군수 또는 구청장에게 반납해야 한다.

① 면허가 취소된 때
② 면허의 효력이 정지된 때
③ 면허증의 재교부를 받은 후 잃어버린 면허증을 발견할 때

■ 본인의 의사에 따라 면허증을 자진해서 시장·군수·구청장에게 반납할 수 있다.

07 벌칙 ★

(1) 벌칙

① 2년 이하의 징역 또는 2천만원 이하의 벌금
  ㉠ 등록되지 않은 건설기계를 사용하거나 운행한 자
  ㉡ 등록이 말소된 건설기계를 사용하거나 운행한 자
  ㉢ 등록을 하지 않고 건설기계사업을 하거나 거짓으로 등록을 한 자
② 1년 이하의 징역 또는 1천만원 이하의 벌금
  ㉠ 등록번호를 지워 없애거나 그 식별을 곤란하게 한 자
  ㉡ 구조변경검사 또는 수시검사를 받지 않은 자
  ㉢ 정비명령을 이행하지 않은 자
  ㉣ 매매용 건설기계를 운행하거나 사용한 자
  ㉤ 건설기계 조종사 면허를 받지 않고 건설기계를 조종한 자
  ㉥ 건설기계 조종사 면허가 취소되거나 건설기계 조종사 면허의 효력 정지 처분을 받은 후에도 건설기계를 계속하여 조종한 자
  ㉦ 건설기계를 도로나 타인의 토지에 버려둔 자

(2) 과태료

① 300만원 이하의 과태료
  ㉠ 등록번호표를 부착하지 않거나 봉인하지 않은 건설기계를 운행한 자
  ㉡ 정기검사를 받지 않은 자
  ㉢ 정기적성검사 또는 수시적성검사를 받지 않은 자
② 100만원 이하의 과태료
  ㉠ 수출의 이행 여부를 신고하지 않거나 폐기 또는 등록을 하지 않은 자
  ㉡ 등록번호표를 부착·봉인하지 않거나 등록번호를 새기지 않은 자
  ㉢ 등록번호표를 가리거나 훼손하여 알아보기 곤란하게 한 자 또는 그러한 건설기계를 운행한 자
  ㉣ 안전교육 등을 받지 않고 건설기계를 조종한 자

01 총칙

01 건설기계관리법의 목적으로 가장 적합한 것은?

① 건설기계의 동산 신용 증진
② 건설기계 사업의 질서 확립
③ 건설공사의 단기화 촉진
④ 건설기계의 효율적인 관리

보충 건설기계관리법의 목적
• 건설기계의 효율적 관리
• 건설기계의 안전도 확보
• 건설공사 기계화 촉진

02 현행 건설기계관리법상 건설기계의 기종은?

① 24종(특수건설기계 포함 25종)
② 25종(특수건설기계 포함 26종)
③ 26종(특수건설기계 포함 27종)
④ 27종(특수건설기계 포함 28종)

03 건설기계 범위에 해당하지 않는 것은?

① 아스팔트믹싱플랜트
② 아스팔트살포기
③ 아스팔트피니셔
④ 아스팔트커터 (×)

04 쇄석기의 건설기계 범위에 속하는 것은?

① 20kW 이상의 원동기를 가진 이동식인 것
② 20kW 이상의 원동기를 가진 정지식인 것
③ 10kW 이상의 원동기를 가진 이동식인 것
④ 10kW 이상의 원동기를 가진 정지식인 것

05 건설기계정비시설을 갖춘 정비사업자만이 정비할 수 있는 사항은? → 경미한 정비행위를 제외한 정비사업자의 정비 범위를 묻는 문제

① 오일의 보충
② 배터리 교환
③ 유압장치의 호스 교환
④ 전구의 교환

보충 '건설기계정비업'이란 건설기계를 분해·조립 또는 수리하고 그 부분품을 가공제작·교체하는 등 건설기계를 원활하게 사용하기 위한 모든 행위(경미한 정비행위 등 국토교통부령으로 정하는 것은 제외)를 업으로 하는 것을 말한다.
경미한 정비행위
• 오일의 보충
• 에어클리너엘리먼트 및 휠터류의 교환
• 배터리·전구의 교환
• 타이어의 점검·정비 및 트랙의 장력 조정
• 창유리의 교환

02 건설기계의 등록

06 건설기계를 등록할 때 건설기계의 출처를 증명하는 서류와 관계가 없는 것은?

① 건설기계제작증
② 매수증서
③ 건설기계대여업신고증 (×)
④ 수입면장

07 건설기계관리법상 건설기계 소유자는 건설기계를 도난당한 날로부터 얼마 이내에 등록 말소를 신청해야 하는가?

① 30일 이내
② 2개월 이내
③ 3개월 이내
④ 6개월 이내

08 건설기계를 도난당한 때 등록 말소 사유 확인 서류로 적당한 것은?

① 수출신용장
② 경찰서장이 발행한 도난신고 접수 확인원
③ 주민등록 등본
④ 봉인 및 번호판

09 건설기계의 등록 말소 사유에 해당하지 <u>않는</u> 것은?

① 건설기계가 멸실되었을 때
② 건설기계로 화물을 운송한 때 (×)
③ 부정한 방법으로 등록을 한 때
④ 건설기계를 폐기한 때

10 자가용 건설기계 등록번호표의 색상은?

① 청색판에 백색 문자
② 흰색판에 검은색 문자
③ 황색판에 백색 문자
④ 녹색판에 흰색 문자

11 건설기계의 등록번호표에 표시하지 <u>않는</u> 것은?

① 일련번호　　② 용도
③ 규격 (×)　　④ 기종번호

12 대여사업용 지게차를 나타내는 등록번호표는?

① 007가 2536
② 004나 6091 → 지게차의 기종번호는 04,
　　　　　　　　대여사업용 일련번호는 6000~9999
③ 004다 0958
④ 007라 6895

13 등록건설기계의 기종별 표시 방법 중 맞는 것은?

① 001 : 불도저　　② 002 : 모터그레이더
③ 003 : 지게차　　④ 004 : 덤프트럭

보충 ② 002 : 굴착기, ③ 003 : 로더, ④ 004 : 지게차

14 시·도지사로부터 등록번호표 제작 등에 관한 통지서를 받은 건설기계 소유자는 받은 날부터 며칠 이내에 등록번호표 제작자에게 제작 신청을 하여야 하는가?

① 3일　　　　② 10일
③ 20일　　　④ 30일

보충 등록번호표 제작 등의 통지와 관련해서 건설기계 소유자는 통지서 또는 명령서를 받은 날부터 3일 이내에 등록번호표 제작 등을 신청하고, 등록번호표 제작자는 신청을 받은 때에는 7일 이내에 등록번호표 제작 등을 하여야 하며, 등록번호표 제작 등 통지(명령)서는 3년간 보존해야 한다.

15 건설기계 소유자는 건설기계 등록사항에 변경이 있을 때(전시, 사변 기타 이에 준하는 비상사태 하의 경우는 제외)에는 등록사항의 변경신고를 변경이 있는 날부터 며칠 이내에 하여야 하는가?

① 10일　　　② 15일
③ 20일　　　④ 30일

보충 등록사항의 변경신고
• 변경 등록: 30일 이내
• 국가비상사태: 5일 이내

16 대형건설기계의 특별표시 부착대상이 <u>아닌</u> 것은?

① 길이가 16.7m 이상인 건설기계

② 너비가 2.5m 이상인 건설기계

③ 총중량이 20톤 이상인 건설기계 (×)
  → 40톤

④ 최소회전반경 12m 이상인 건설기계

03 건설기계의 검사 및 점검

17 로더와 지게차의 정기검사 유효기간은? (단, 연식은 20년 이하)

① 6월   ② 1년

③ 3년   ④ 2년

18 정기검사를 연기하는 경우 그 연장기간은 얼마 이내로 하여야 하는가?

① 1개월   ② 2개월

③ 3개월   ④ 6개월

19 검사 연기 신청을 하였으나 불허통지를 받은 자는 언제까지 검사를 신청하여야 하는가?

① 불허통지를 받은 날부터 5일 이내

② 불허통지를 받은 날부터 10일 이내

③ 검사 신청 기간 만료일부터 5일 이내

④ 검사 신청 기간 만료일부터 10일 이내

> **보충** 검사·명령 이행 기간 연장 불허통지를 받은 자는 정기검사 등의 신청 기간 만료일부터 10일 이내에 검사 신청을 해야 한다.

20 검사소 이외의 장소에서 출장검사를 받을 수 있는 건설기계에 해당하는 것은?

① 덤프트럭

② 콘크리트믹서트럭

③ 아스팔트살포기

④ 지게차

> **보충** 검사소에서 검사를 받아야 하는 건설기계
> 덤프트럭, 콘크리트믹서트럭, 콘크리트펌프(트럭적재식), 아스팔트살포기, 트럭지게차(국토교통부장관이 정하는 특수건설기계인 트럭지게차)

21 건설기계를 검사 유효기간 만료 후에도 계속 운행하고자 할 때 받아야 하는 검사는?

① 신규등록검사

② 구조변경검사

③ 수시검사

④ 정기검사

22 건설기계의 구조 또는 장치를 변경하는 사항으로 적합하지 <u>않은</u> 것은?

① 관할 시·도지사에게 구조변경 승인을 사전에 받아야 한다. (×) → 구조변경 승인제도 폐지

② 건설기계정비업소에서 구조 또는 장치의 변경 작업을 한다.

③ 구조변경검사를 받아야 한다.

④ 구조변경검사는 주요 구조를 변경 또는 개조한 날부터 20일 이내에 신청하여야 한다.

> **보충** 건설기계의 구조를 변경하거나 개조하고자 할 때, 시·도지사의 사전승인과 사후검사를 하도록 했던 절차가 복잡하여 불편하던 것을 사후검사만 받도록 구조변경 승인제도를 폐지하여 간소화했다.

23 건설기계의 구조변경 및 개조의 범위에 대한 설명으로 **틀린** 것은?

① 원동기의 형식변경
② 유압장치의 형식변경
③ 기종 변경 (×)
④ 동력전달장치의 형식변경

보충 **구조변경 불가 범위**
• 건설기계의 기종 변경
• 적재함의 용량 증가
• 육상작업용 건설기계의 규격 증가
• 등록된 차대의 변경

24 정기검사 신청을 받은 검사대행자는 며칠 이내에 검사일시 및 장소를 신청인에게 통지하여야 하는가?

① 20일   ② 15일
③ 5일   ④ 3일

04   건설기계 형식의 승인

25 건설기계 형식의 승인은 누가 하는가?

① 국토교통부장관
② 시 · 도지사
③ 시장 · 군수 또는 구청장
④ 고용노동부장관

26 건설기계 형식에 관한 승인을 얻거나 그 형식을 신고한 자는 당사자 간에 별도의 계약이 없는 경우에 건설기계를 판매한 날로부터 몇 개월 동안 정비 및 정비에 필요한 부품을 공급하여야 하는가?

① 3개월   ② 6개월
③ 12개월   ④ 24개월

05   건설기계사업

27 건설기계사업을 영위하고자 하는 자는 누구에게 등록 하여야 하는가?

① 시장 · 군수 · 구청장
② 전문 건설기계정비업자
③ 국토교통부장관
④ 건설기계 폐기업자

28 다음 중 건설기계사업이 **아닌** 것은?

① 건설기계수출업 (×)
② 건설기계대여업
③ 건설기계정비업
④ 건설기계 해체재활용업

보충 **건설기계사업**
• 건설기계대여업
• 건설기계정비업
• 건설기계매매업 및 건설기계 해체재활용업

29 매매를 위하여 건설기계 매매사업장에 제시된 건설기계를 운행할 수 있는 사유가 **아닌** 것은?

① 정비를 받고자 하는 경우
② 매수인의 요구에 의하여 2km 이내의 거리를 시험 운행하고자 하는 경우
③ 정기검사를 받고자 하는 경우
④ 일시 대여하고자 하는 경우 (×)
   → 사업장 이전 시 새로운 사업장으로 이동하고자 하는 경우 (○)

06 건설기계 조종사 면허

30 건설기계 조종사 면허에 관한 설명으로 **틀린** 것은?

① 콘크리트 믹서트럭이나 덤프트럭 등의 건설기계를 조종하고자 하는 자는 도로교통법에 의한 1종 대형면허를 받아야 한다.

② 건설기계 조종사 면허를 받고자 하는자는 한국산업인력공단에서 시행하는 해당 분야의 국가기술자격을 취득하고 적성검사에 합격해야 한다.

③ 건설기계관리법상 건설기계 조종사 면허의 종류는 ~~10종~~이다. (×)　→ 19종

④ 도로교통법에 의한 면허를 제외한 건설기계 조종사 면허증 발급신청은 주소지를 관할하는 시장·군수·구청장에게 한다.

31 도로교통법의 규정에 의한 운전면허를 받아 조종해야 하는 건설기계는?

① 굴착기
② 기중기
③ 로더
④ 노상안정기

32 건설기계관리법령상 건설기계 조종사 면허 취소 또는 효력 정지를 시킬 수 있는 자는?

① 대통령
② 경찰서장
③ 시장·군수·구청장
④ 국토교통부장관

33 건설기계 조종사 면허의 취소 사항에 해당하지 **않는** 것은?

① 부정한 방법으로 건설기계 조종사 면허를 받은 때
② 불법구조변경된 건설기계를 조종한 때
③ 건설기계 조종사 면허 효력 정지기간 중 건설기계를 조종한 때
④ 건설기계 조종 중 고의로 2명을 사망하게 한 때

> **보충** 고의로 인명피해(사망·중상·경상 등)를 입힌 경우도 면허 취소 사항에 해당한다.

34 건설기계의 조종 중 고의로 사망 1명의 인명피해를 입힌 때 조종사 면허 처분기준은?

① 면허 취소
② 면허 효력 정지 60일
③ 면허 효력 정지 45일
④ 면허 효력 정지 30일

35 다음 중 소형 건설기계 조종교육 이수만으로 면허를 취득할 수 있는 건설기계는?

① 5톤 미만의 기중기
② 5톤 미만의 롤러
③ 5톤 미만의 로더
④ 5톤 미만의 지게차

36 소형 건설기계 중 5톤 미만의 불도저의 조종 실습 시간은?

① 6시간
② 10시간
③ 12시간
④ 16시간

37 건설기계 조종사 면허가 취소되었을 경우 그 사유가 발생한 날로부터 며칠 이내에 면허증을 반납해야 하는가?

① 10일 이내
② 30일 이내
③ 14일 이내
④ 7일 이내

> 보충 건설기계 조종사 면허를 받은 사람은 반납 사유가 발생한 날부터 10일 이내에 시장·군수 또는 구청장에게 그 면허증을 반납해야 한다. 등록번호표도 10일 이내에 시·도지사에게 반납해야 한다.

38 건설기계 조종사 면허증을 반납하지 않아도 되는 경우는?

① 면허의 효력이 정지된 때
② 분실로 인하여 면허증의 재교부를 받은 후 분실된 면허증을 발견할 때
③ 면허가 취소된 때
④ 일시적인 부상 등으로 건설기계 조종을 할 수 없게 된 때

07 벌칙

39 건설기계 조종사 면허가 취소된 상태로 건설기계를 계속하여 조종한 자에 대한 벌칙은?

① 2년 이하의 징역 또는 2천만원 이하의 벌금
② 1년 이하의 징역 또는 1천만원 이하의 벌금
③ 3백만원 이하의 과태료
④ 1백만원 이하의 과태료

40 정비명령을 이행하지 아니한 자에 대한 벌칙은?

① 1년 이하의 징역 또는 1천만원 이하의 벌금
② 300만원 이하의 과태료
③ 100만원 이하의 과태료
④ 50만원 이하의 과태료

41 건설기계 소유자 또는 점유자가 건설기계를 도로에 계속하여 버려두거나 정당한 사유 없이 타인의 토지에 버려둔 경우의 처벌은?

① 1년 이하의 징역 또는 500만원 이하의 벌금
② 1년 이하의 징역 또는 400만원 이하의 벌금
③ 1년 이하의 징역 또는 1,000만원 이하의 벌금
④ 1년 이하의 징역 또는 200만원 이하의 벌금

42 건설기계관리법령상 국토교통부령으로 정하는 바에 따라 등록번호표를 부착 및 봉인하지 않은 건설기계를 운행하여서는 아니 된다. 이를 위반했을 경우의 과태료는? (단, 임시번호표를 부착한 경우는 제외)

① 5만원 이하
② 10만원 이하
③ 50만원 이하
④ 100만원 이하

> 보충
> • 등록번호표를 부착하지 아니하거나 봉인하지 아니한 건설기계를 운행한 자: 300만원 이하의 과태료
> • 등록번호표를 부착·봉인하지 아니하거나 등록번호를 새기지 아니한 자는 100만원 이하의 과태료

43 등록번호표를 가리거나 훼손하여 알아보기 곤란하게 한 자 또는 그러한 건설기계를 운행한 자에게 부과하는 과태료로 옳은 것은?

① 50만원 이하
② 100만원 이하
③ 300만원 이하
④ 1,000만원 이하

THEME

16 도로교통법

학습 목표

☑ 도로교통법에서는 4문제 정도 출제되며, 출제비중은 6% 수준입니다.
☑ 운전을 위해 알아야 하는 용어와 차마의 통행 방법 관련 내용은 매 시험에 항상 출제되므로 꼼꼼히 학습해야 합니다.
☑ 그 외 운전자의 의무, 운전면허 및 교통사고처리특례법에 대한 내용도 최근 출제 빈도가 높아지고 있으므로 함께 학습하는 것이 좋습니다.

01 총칙   ★★★

■ 기출 TIP / ● 기초용어

(1) 도로교통법의 목적

도로에서 일어나는 교통상의 모든 위험과 장해를 방지하고 제거하여 안전하고 원활한 교통을 확보함을 목적으로 한다.

(2) 용어 정의

① 도로 관련 용어

도로	• 「도로법」에 따른 도로 • 「유료도로법」에 따른 유료도로 • 「농어촌도로 정비법」에 따른 농어촌도로
자동차전용도로	자동차만 다닐 수 있도록 설치된 도로
고속도로	자동차의 고속 운행에만 사용하기 위하여 지정된 도로
차도	연석선, 안전표지 또는 그와 비슷한 인공구조물을 이용하여 경계를 표시하여 모든 차가 통행할 수 있도록 설치된 도로의 부분
중앙선	차마의 통행 방향을 명확하게 구분하기 위하여 도로에 황색 실선이나 황색 점선 등의 안전표지로 표시한 선 또는 중앙분리대나 울타리 등으로 설치한 시설물
차로	차마가 한 줄로 도로의 정해진 부분을 통행하도록 차선으로 구분한 차도의 부분
차선	차로와 차로를 구분하기 위하여 그 경계지점을 안전표지로 표시한 선
자전거도로	안전표지, 위험방지용 울타리나 그와 비슷한 인공구조물로 경계를 표시하여 자전거 및 개인형 이동장치가 통행할 수 있도록 설치된 도로
자전거횡단도	자전거 및 개인형 이동장치가 일반도로를 횡단할 수 있도록 안전표지로 표시한 도로의 부분

■ 표에 정리된 내용 외 현실적으로 불특정 다수의 사람 또는 차마가 통행할 수 있도록 공개된 장소로서 안전하고 원활한 교통을 확보할 필요가 있는 장소도 '도로'라고 한다.

● 연석선

차도와 보도를 구분하는 돌 등으로 이어진 선을 말한다.

■ 가변차로가 설치된 경우 신호기가 지시하는 진행방향의 가장 왼쪽에 있는 황색 점선을 중앙선으로 한다.

보도	연석선, 안전표지나 그와 비슷한 인공구조물로 경계를 표시하여 보행자가 통행할 수 있도록 한 도로의 부분
보행자전용도로	보행자만 다닐 수 있도록 안전표지나 그와 비슷한 인공구조물로 표시한 도로

② 안전 관련 용어

길가장자리구역	보도와 차도가 구분되지 않은 도로에서 보행자의 안전을 확보하기 위하여 안전표지 등으로 경계를 표시한 도로의 가장자리 부분
횡단보도	보행자가 도로를 횡단할 수 있도록 안전표지로 표시한 도로의 부분
교차로	'十'자로, 'T'자로나 그밖에 둘 이상의 도로(보도와 차도가 구분되어 있는 도로에서는 차도)가 교차하는 부분
회전교차로	교차로 중 차마가 원형의 교통섬을 중심으로 반시계 방향으로 통행하도록 한 원형의 도로
안전지대	도로를 횡단하는 보행자나 통행하는 차마의 안전을 위하여 안전표지나 이와 비슷한 인공구조물로 표시한 도로의 부분
신호기	도로교통에서 문자·기호·등화를 사용하여 진행·정지·방향전환·주의 등의 신호를 표시하기 위하여 사람이나 전기의 힘으로 조작하는 장치
안전표지	교통안전에 필요한 주의·규제·지시 등을 표시하는 표지판이나 도로의 바닥에 표시하는 기호·문자·선 등

③ 차량 관련 용어

차마	• 차: 자동차, 건설기계, 원동기장치자전거, 자전거, 사람 또는 가축의 힘이나 그 밖의 동력으로 도로에서 운전되는 것 • 우마: 교통이나 운수에 사용되는 가축
노면전차	「도시철도법」에 따라 도로에서 궤도를 이용하여 운행되는 차
자동차	철길이나 가설된 선을 이용하지 않고 원동기를 사용하여 운전되는 차 • 「자동차관리법」에 따른 승용자동차, 승합자동차, 화물자동차, 특수자동차, 이륜자동차(원동기장치자전거 제외) • 「건설기계관리법」에 따른 건설기계
자율주행 자동차	「자동차관리법」에 따라 자율주행시스템을 갖추고 있는 자동차
원동기장치 자전거	• 「자동차관리법」에 따른 이륜자동차 가운데 배기량 125CC 이하(전기를 동력으로 하는 경우에는 최고정격출력 11kW 이하)의 이륜자동차 • 그밖에 배기량 125CC 이하(전기를 동력으로 하는 경우에는 최고정격출력 11kW 이하)의 원동기를 단 차(전기자전거 및 실외 이동로봇 제외)

☐ 1회독 ☐ 2회독 ☐ 3회독

■ 보행자는 유모차, 보행보조용 의자차, 노약자용 보행기 등 행정안전부령으로 정하는 기구·장치를 이용하여 통행하는 사람 및 실외 이동로봇을 포함한다.

● 교통섬
차마의 안전하고 원활한 교통처리나 보행자 도로횡단의 안전을 확보하기 위하여 교차로 또는 차도의 분기점 등에 설치하는 섬 모양의 시설을 말한다.

■ '차' 제외
• 철길이나 가설된 선을 이용하여 운전되는 것
• 유모차
• 보행보조용 의자차
• 노약자용 보행기
• 실외 이동로봇 등

■ '견인되는 자동차'도 자동차의 일부로 본다.

개인형 이동장치	원동기장치자전거 중 시속 25km 이상으로 운행할 경우 전동 기가 작동하지 않고 차체 중량이 30kg 미만인 것으로서 행정 안전부령으로 정하는 것
자전거	「자전거 이용 활성화에 관한 법률」에 따른 자전거 및 전기자 전거
실외 이동로봇	「지능형 로봇 개발 및 보급 촉진법」에 따른 지능형 로봇 중 행 정안전부령으로 정하는 것
긴급자동차	• 소방차, 구급차, 혈액 공급차량 • 그밖에 대통령령으로 정하는 자동차로서 그 본래의 긴급한 용도로 사용되고 있는 자동차

④ 운행 관련 용어

주차	운전자가 승객을 기다리거나 화물을 싣거나 차가 고장 나거나 그 밖의 사유로 차를 계속 정지 상태에 두는 것 또는 운전자가 차에서 떠나서 즉시 그 차를 운전할 수 없는 상태에 두는 것
정차	운전자가 5분을 초과하지 않고 차를 정지시키는 것으로서 주 차 외의 정지 상태
운전	도로에서 차마 또는 노면전차를 그 본래의 사용 방법에 따라 사용하는 것(조종 또는 자율주행시스템을 사용하는 것을 포함)
서행	운전자가 차 또는 노면전차를 즉시 정지시킬 수 있는 정도의 느린 속도로 진행하는 것
앞지르기	차의 운전자가 앞서가는 다른 차의 옆을 지나서 그 차의 앞으 로 나가는 것
일시정지	차 또는 노면전차의 운전자가 그 차 또는 노면전차의 바퀴를 일시적으로 완전히 정지시키는 것

■ '서행'은 위험을 예상하여 상황적으로 대비하는 것이다.

■ '정지'는 당시 속도가 0km/h 상태로 자동차가 완전히 멈춘 상태, '일시 정지'는 정지 상황의 일시적 전개를 말한다.

(3) 신호기

① 차량 신호등(원형등화)

신호의 종류	신호의 뜻
녹색의 등화	• 차마는 직진 또는 우회전할 수 있다. • 비보호좌회전표지 또는 비보호좌회전표시가 있는 곳에서는 좌회전할 수 있다.

황색의 등화	• 차마는 정지선이 있거나 횡단보도가 있을 때는 그 직전이나
	  교차로의 직전에 정지하여야 하며, 이미 교차로에 차마의 일
	  부라도 진입한 경우에는 신속히 교차로 밖으로 진행하여야
	  한다.
	• 차마는 우회전할 수 있고 우회전하는 경우에는 보행자의 횡
	  단을 방해하지 못한다.

적색의 등화	• 차마는 정지선, 횡단보도, 교차로의 직전에서 정지해야 한다. • 차마는 우회전하려는 경우 정지선, 횡단보도 및 교차로의 직전에서 정지한 후 신호에 따라 진행하는 다른 차마의 교통을 방해하지 않고 우회전할 수 있다. • 차마는 우회전 삼색등이 적색의 등화인 경우 우회전할 수 없다.
황색 등화의 점멸	차마는 다른 교통 또는 안전표지의 표시에 주의하면서 진행할 수 있다.
적색 등화의 점멸	차마는 정지선이나 횡단보도가 있을 때는 그 직전이나 교차로의 직전에 일시정지한 후 다른 교통에 주의하면서 진행할 수 있다.

● 점멸
등불이 켜졌다 꺼졌다 하면서 깜박이는 것을 말한다.

② 보행 신호등

신호의 종류	신호의 뜻
녹색의 등화	보행자는 횡단보도를 횡단할 수 있다.
녹색 등화의 점멸	보행자는 횡단을 시작해서는 안 되고, 횡단하는 보행자는 신속하게 횡단을 완료하거나 그 횡단을 중지하고 보도로 되돌아와야 한다.
적색의 등화	보행자는 횡단보도를 횡단하여서는 안 된다.

③ 신호등의 신호 순서

종류		신호 순서
사색등화	●○◄●	녹색등화 → 황색등화 → 적색 및 녹색화살표등화 → 적색 및 황색등화 → 적색등화
삼색등화	●○●	녹색(적색 및 녹색화살표)등화 → 황색등화 → 적색등화
이색등화	●●	녹색등화 → 녹색등화의 점멸 → 적색등화

④ 신호등 성능
    ㉠ 등화의 밝기는 낮에 150m 앞쪽에서 식별할 수 있도록 할 것
    ㉡ 등화의 빛의 발산각도는 사방으로 각각 45도 이상으로 할 것
    ㉢ 태양광선이나 주위의 다른 빛에 의하여 그 표시가 방해받지 않도록 할 것

⑤ 신호 또는 지시에 따를 의무
    ㉠ 도로를 통행하는 보행자, 차마 또는 노면전차의 운전자는 교통안전시설이 표시하는 신호 또는 지시와 다음에 해당하는 사람이 하는 신호 또는 지시를 따라야 한다.
        • 교통정리를 하는 경찰공무원(의무경찰 포함) 및 제주특별자치도의 자치경찰공무원

THEME 16 도로교통법 **221**

- 경찰공무원(자치경찰공무원 포함)을 보조하는 사람으로서 대통령령으로 정하는 사람
  - ⓒ 교통안전시설과 교통정리를 하는 경찰공무원 또는 경찰보조자의 신호 또는 지시가 서로 다른 경우 경찰공무원등의 신호 또는 지시에 따라야 한다.

(4) 안전표지

① 주의표지: 도로 상태가 위험하거나 도로 또는 그 부근에 위험물이 있는 경우에 필요한 안전조치를 할 수 있도록 이를 도로사용자에게 알리는 표지

좌합류도로	철길 건널목	우로 굽은 도로	터널	횡풍

② 규제표지: 도로교통의 안전을 위하여 각종 제한·금지 등의 규제를 하는 경우에 이를 도로사용자에게 알리는 표지

통행금지	화물자동차 통행금지	우회전금지	앞지르기금지	정차·주차금지

③ 지시표지: 도로의 통행 방법·통행구분 등 도로교통의 안전을 위하여 필요한 지시를 하는 경우에 도로사용자가 이에 따르도록 알리는 표지

자동차전용도로	유턴	직진 및 좌회전	비보호좌회전	진행방향별 동행구분

④ 보조표지: 주의표지·규제표지 또는 지시표지의 주기능을 보충하여 도로사용자에게 알리는 표지

노면 상태	교통규제	통행규제	구간시작	중량
	차로엄수	건너가지 마시오	구간시작 ← 200m	3.5t

⑤ 노면표시: 도로교통의 안전을 위하여 각종 주의·규제·지시 등의 내용을 노면에 기호·문자·선으로 도로사용자에게 알리는 표지

경찰보조자(경찰공무원을 보조하는 사람)
- 모범운전자
- 군사훈련 및 작전에 동원되는 부대의 이동을 유도하는 군사경찰
- 본래의 긴급한 용도로 운행하는 소방차·구급차를 유도하는 소방공무원

중앙선		유턴구역선	버스전용차로	좌회전금지

02 통행 방법 ★★

(1) 보행자 및 차마의 통행 방법

보행자의 통행	• 보도와 차도가 구분된 도로에서는 언제나 보도로 통행하여야 한다(단, 차도를 횡단하는 경우, 도로공사 등으로 보도의 통행이 금지된 경우나 그 밖의 부득이한 경우 제외) • 보도와 차도가 구분되지 아니한 도로 중 중앙선이 있는 도로(일방통행인 경우에는 차선으로 구분된 도로를 포함)에서는 길가장자리 또는 길가장자리구역으로 통행하여야 한다. • 도로의 전 부분으로 통행할 수 있는 장소(고의로 차마의 진행을 방해해서는 안 됨) 　－ 보도와 차도가 구분되지 아니한 도로 중 중앙선이 없는 도로(일방통행인 경우에는 차선으로 구분되지 아니한 도로에 한정) 　－ 보행자우선도로 • 보도에서는 우측통행 원칙
차마 (운전자)의 통행	• 보도와 차도가 구분된 도로에서는 차도로 통행하여야 한다(단, 도로 외의 곳으로 출입할 때는 보도를 횡단하여 통행 가능) • 보도를 횡단하기 직전에 일시정지하여 좌측과 우측 부분 등을 살핀 후 보행자의 통행을 방해하지 않도록 횡단하여야 한다. • 도로(보도와 차도가 구분된 도로에서는 차도)의 중앙(중앙선이 설치되어 있는 경우에는 그 중앙선) 우측 부분을 통행하여야 한다. • 도로의 중앙이나 좌측 부분을 통행할 수 있는 경우 　－ 도로가 일방통행인 경우 　－ 도로의 파손, 도로공사나 그 밖의 장애 등으로 도로의 우측 부분을 통행할 수 없는 경우 　－ 도로 우측 부분의 폭이 6m가 되지 아니하는 도로에서 다른 차를 앞지르려는 경우(단, 도로의 좌측 부분을 확인할 수 없는 경우, 반대 방향의 교통을 방해할 우려가 있는 경우, 안전표지 등으로 앞지르기를 금지하거나 제한하는 경우 제외) 　－ 도로 우측 부분의 폭이 차마의 통행에 충분하지 아니한 경우 　－ 가파른 비탈길의 구부러진 곳에서 교통의 위험을 방지하기 위하여 시·도 경찰청장이 필요하다고 인정하여 구간 및 통행 방법을 지정하는 경우에 그 지정에 따라 통행하는 경우 • 안전지대 등 안전표지에 의하여 진입이 금지된 장소에 들어가서는 안 된다.

(2) 차로에 따른 통행구분

① 차로에 따른 통행차의 기준

㉠ 고속도로 외의 도로

차로 구분	통행할 수 있는 차종
왼쪽 차로	승용자동차 및 경형·소형·중형 승합자동차
오른쪽 차로	대형 승합자동차, 화물자동차, 특수자동차, 건설기계, 이륜자동차, 원동기장치자전거(개인형 이동장치는 제외)

㉡ 고속도로

차로 구분		통행할 수 있는 차종
편도 2차로	1차로	• 앞지르기를 하려는 모든 자동차 • 도로상황으로 인하여 부득이하게 시속 80km 미만으로 통행할 수밖에 없는 경우에는 앞지르기를 하는 경우가 아니라도 통행 가능
	2차로	모든 자동차
편도 3차로 이상	1차로	• 앞지르기를 하려는 승용자동차 및 앞지르기를 하려는 경형·소형·중형 승합자동차 • 도로상황으로 인하여 부득이하게 시속 80km 미만으로 통행할 수밖에 없는 경우에는 앞지르기를 하는 경우가 아니라도 통행 가능
	왼쪽 차로	승용자동차 및 경형·소형·중형 승합자동차
	오른쪽 차로	대형 승합자동차, 화물자동차, 특수자동차, 건설기계

② 모든 차의 운전자는 통행하는 차로에서 느린 속도로 진행하여 다른 차의 정상적인 통행을 방해할 우려가 있는 때에는 그 통행하던 차로의 오른쪽 차로로 통행하여야 한다.

③ 차로의 순위는 도로의 중앙선쪽에 있는 차로부터 1차로로 한다(단, 일방통행도로에서는 도로의 왼쪽부터 1차로)

> **더 알아보기**
>
> **도로의 가장 오른쪽에 있는 차로로 통행해야 하는 차마**
> • 자전거 등
> • 우마
> • 건설기계 이외의 건설기계(지게차, 굴착기, 기중기 등)
> • 위험물 등을 운반하는 자동차
> • 그밖에 사람 또는 가축의 힘이나 그 밖의 동력으로 도로에서 운행되는 것

■ **차로의 설치**

• 도로에 차로를 설치하고자 할 때는 노면표시로 표시해야 함
• 차로의 너비는 3m 이상(좌회전 전용차로의 설치 등 부득이하다고 인정되는 때에는 275cm 이상)
• 차로는 횡단보도·교차로 및 철길 건널목에는 설치 불가
• 보도와 차도의 구분이 없는 도로에 차로를 설치하는 때에는 보행자가 안전하게 통행할 수 있도록 그 도로의 양쪽에 길가장자리구역 설치

■ **고속도로 외의 도로 편도 4차로**

■ **고속도로 편도 5차로**

(3) 자동차등과 노면전차의 속도

① 도로별 차로등에 따른 속도

도로 구분			최고 속도	최저 속도
일반 도로	편도 1차로		매시 60km	제한 없음
	편도 2차로 이상		매시 80km	
고속 도로	편도 1차로		매시 80km	매시 50km
	편도 2차로 이상	고속도로	• 매시 100km • 매시 80km (적재중량 1.5톤 초과 화물자동차, 특수자동차, 위험물운반자동차, 건설기계)	매시 50km
		지정·고시한 노선 또는 구간의 고속도로	• 매시 120km • 매시 90km (적재중량 1.5톤 초과 화물자동차, 특수자동차, 위험물운반자동차, 건설기계)	
	자동차전용도로		매시 90km	매시 30km

■ '일반도로'는 고속도로 및 자동차전용도로 외의 모든 도로를 말한다.

② 악천후 시의 감속 운행

최고속도의 100분의 20을 줄인 속도로 운행해야 하는 경우	최고속도의 100분의 50을 줄인 속도로 운행해야 하는 경우
• 비가 내려 노면이 젖어있는 경우 • 눈이 20mm 미만 쌓인 경우	• 폭우·폭설·안개 등으로 가시거리가 100m 이내인 경우 • 노면이 얼어 붙은 경우 • 눈이 20mm 이상 쌓인 경우

■ 다만, 경찰청장 또는 시·도 경찰청장이 가변형 속도제한표지로 최고속도를 정한 경우에는 이에 따라야 한다.

> **더 알아보기**
>
> **견인자동차가 아닌 자동차로 다른 자동차를 견인하여 도로를 통행하는 때의 속도**
> • 총중량 2천kg 미만인 자동차를 총중량이 그의 3배 이상인 자동차로 견인하는 경우: 매시 30km 이내
> • 그 외 및 이륜자동차가 견인하는: 매시 25km 이내

(4) 안전거리 확보

① 같은 방향으로 가고 있는 앞차의 뒤를 따르는 경우에는 앞차가 갑자기 정지하게 되는 경우 그 앞차와의 충돌을 피할 수 있는 필요한 거리를 확보하여야 한다.

② 차의 진로를 변경하려는 경우에 그 변경하려는 방향으로 오고 있는 다른 차의 정상적인 통행에 장애를 줄 우려가 있을 때는 진로를 변경하여서는 안 된다.

■ 자동차등의 운전자는 같은 방향으로 가고 있는 자전거등의 운전자에 주의하여야 하며, 그 옆을 지날 때에는 자전거등과의 충돌을 피할 수 있는 필요한 거리를 확보하여야 한다.

③ 위험방지를 위한 경우와 그 밖의 부득이한 경우가 아니면 운전하는 차를 갑자기 정지시키거나 속도를 줄이는 등의 급제동을 하여서는 안 된다.

(5) 진로 양보의 의무

① 모든 차(긴급자동차는 제외)의 운전자는 뒤에서 따라오는 차보다 느린 속도로 가려는 경우에는 도로의 우측 가장자리로 피하여 진로를 양보하여야 한다(통행 구분이 설치된 도로의 경우 제외)
② 좁은 도로에서 긴급자동차 외의 자동차가 서로 마주 보고 진행하는 경우

구분	서로 마주 보는 상황	진로 양보 방법
비탈진 좁은 도로	⊙ 올라가는 자동차 → 진로 양보 ⓒ 내려가는 자동차	도로의 우측 가장자리로 피하여 진로 양보
비탈지지 않은 좁은 도로	⊙ 사람을 태웠거나 물건을 실은 자동차 ⓒ 동승자가 없고 물건을 싣지 않은 자동차 → 진로 양보	

(6) 앞지르기 방법과 금지

① 앞지르기 방법
  ⊙ 다른 차를 앞지르려면 앞차의 좌측으로 통행하여야 한다.
  ⓒ 반대 방향의 교통과 앞차 앞쪽의 교통에도 주의를 충분히 기울여야 하며, 앞차의 속도·진로와 그 밖의 도로상황에 따라 방향지시기·등화 또는 경음기를 사용하는 등 안전한 속도와 방법으로 앞지르기를 하여야 한다.
  ⓒ 앞지르기를 하는 차가 있을 때는 속도를 높여 경쟁하거나 그 차의 앞을 가로막는 등의 방법으로 방해해서는 안 된다.
② 앞지르기 금지의 시기 및 장소

앞지르기 금지 시기	• 앞차를 앞지르지 못하는 경우 – 앞차의 좌측에 다른 차가 앞차와 나란히 가고 있는 경우 – 앞차가 다른 차를 앞지르고 있거나 앞지르려고 하는 경우 • 다른 차를 앞지르거나 끼어들지 못하는 경우 – 법에 따라 정지하거나 서행하는 차 – 경찰공무원의 지시에 따라 정지하거나 서행하는 차 – 위험을 방지하기 위하여 정지하거나 서행하는 차
앞지르기 금지 장소	• 교차로 • 터널 안 • 다리 위 • 도로의 구부러진 곳(비탈길의 고갯마루 부근 또는 가파른 비탈길의 내리막 등 시·도 경찰청장이 안전표지로 지정한 곳)

(7) 철길 건널목의 통과

① 모든 차 또는 노면전차의 운전자는 철길 건널목을 통과하려는 경우에는

■ **앞지르기 방법 위반 행위**
  • 우측 앞지르기
  • 2개 차로 사이로 앞지르기

■ 자전거등의 운전자는 서행하거나 정지한 다른 차를 앞지르려면 앞차의 우측으로 통행할 수 있다. 이 경우 정지한 차에서 승차하거나 하차하는 사람의 안전에 유의하여 서행하거나 필요한 경우 일시정지하여야 한다.

■ 다른 차를 앞지르기, 끼어들기 금지의 경우는 동일하다.

건널목 앞에서 일시정지하여 안전한지 확인한 후에 통과하여야 한다(단, 신호기 등이 표시하는 신호에 따르는 경우에는 정지하지 아니하고 통과 가능)

② 건널목의 차단기가 내려져 있거나 내려지려고 하는 경우 또는 건널목의 경보기가 울리고 있는 동안에는 그 건널목으로 들어가서는 안 된다.

③ 건널목을 통과하다가 고장 등의 사유로 건널목 안에서 차 또는 노면전차를 운행할 수 없게 된 경우에는 즉시 승객을 대피시키고 비상신호기 등을 사용하거나 그 밖의 방법으로 철도공무원이나 경찰공무원에게 그 사실을 알려야 한다.

(8) 교차로 통행 방법

① 우회전 및 좌회전 시

우회전	미리 도로의 우측 가장자리를 서행하면서 우회전하여야 한다. 이 경우 우회전하는 차의 운전자는 신호에 따라 정지하거나 진행하는 보행자 또는 자전거등에 주의하여야 한다.
좌회전	미리 도로의 중앙선을 따라 서행하면서 교차로의 중심 안쪽을 이용하여 좌회전하여야 한다. 다만, 시·도 경찰청장이 교차로의 상황에 따라 특히 필요하다고 인정하여 지정한 곳에서는 교차로의 중심 바깥쪽을 통과할 수 있다.

② 교통정리가 없는 교차로에서의 양보 운전

㉠ 교통정리가 없는 교차로에 들어가려고 하는 차의 운전자
- 이미 교차로에 들어가 있는 다른 차가 있을 때는 그 차에 진로 양보
- 그 차가 통행하는 도로의 폭보다 교차하는 도로의 폭이 넓은 경우에는 서행
- 폭이 넓은 도로로부터 교차로에 들어가려고 하는 다른 차가 있을 때는 그 차에 진로 양보

㉡ 교통정리가 없는 교차로에서 동시에 들어가려고 하는 차의 운전자는 우측 도로의 차에 진로 양보

㉢ 교통정리가 없는 교차로에서 좌회전하려고 하는 차의 운전자는 그 교차로에서 직진하거나 우회전하려는 다른 차가 있을 때는 그 차에 진로 양보

(9) 보행자의 보호

① 횡단보도

㉠ 보행자가 횡단보도를 통행하고 있거나 통행하려고 하는 때는 횡단보도 앞(정지선이 설치되어 있는 곳에서는 그 정지선)에서 일시정지해야 한다.

㉡ 보행자가 횡단보도가 설치되어 있지 않은 도로를 횡단하고 있을 때는 안전거리를 두고 일시정지하여 보행자가 안전하게 횡단할 수 있도록 해야 한다.

■ 회전교차로 통행 방법

모든 차의 운전자는 회전교차로에서는 반시계 방향으로 통행하여야 한다.

ⓒ 어린이 보호구역 내에 설치된 횡단보도 중 신호기가 설치되지 않은 횡단보도 앞에서는 보행자의 횡단 여부와 관계없이 일시정지해야 한다.

② 교차로

ⓙ 교통정리를 하는 교차로에서 좌회전이나 우회전을 하려는 경우에는 신호기 또는 경찰공무원등의 신호나 지시에 따라 도로를 횡단하는 보행자의 통행을 방해해서는 안 된다.

ⓛ 교통정리를 하고 있지 아니하는 교차로 또는 그 부근의 도로를 횡단하는 보행자의 통행을 방해해서는 안 된다.

③ 안전지대

도로에 설치된 안전지대에 보행자가 있는 경우와 차로가 설치되지 않은 좁은 도로에서 보행자의 옆을 지나는 경우 안전한 거리를 두고 서행해야 한다.

④ 다음에 장소에서 보행자의 옆을 지나는 경우 안전한 거리를 두고 서행해야 하며, 보행자의 통행에 방해가 될 때는 서행하거나 일시정지하여 보행자가 안전하게 통행할 수 있도록 해야 한다.

ⓙ 보도와 차도가 구분되지 않은 도로 중 중앙선이 없는 도로

ⓛ 보행자우선도로

ⓒ 도로 외의 곳

⑽ 긴급자동차의 우선 통행

① 긴급자동차는 긴급하고 부득이한 경우에는 도로의 중앙이나 좌측 부분을 통행할 수 있다.

② 긴급자동차는 도로교통법에 따른 명령에 따라 정지하여야 하는 경우에도 불구하고 긴급하고 부득이한 경우에는 정지하지 않을 수 있다.

③ 교차로나 그 부근에서 긴급자동차가 접근하는 경우

ⓙ 교차로나 그 부근: 교차로를 피해 일시정지

ⓛ 교자로나 그 부근 외: 긴급자동차의 우선 통행을 위해 진로 양보

더 알아보기

긴급자동차에 대한 특례(적용하지 아니함)

• 자동차등의 속도 제한	• 앞지르기의 금지
• 끼어들기의 금지	• 신호위반 금지
• 보도침범 금지	• 중앙선 침범 금지
• 횡단 등의 금지	• 안전거리 확보 의무 등
• 앞지르기 방법 등	• 정차 및 주차의 금지
• 주차금지	• 고장 등의 조치

■ 긴급자동차를 긴급한 용도로 운행하지 않는 경우에는 경광등을 켜거나 사이렌을 작동하여서는 안 된다.

■ **긴급자동차의 종류**
• 경찰업무 수행에 사용되는 자동차
• 국군 및 국제연합군 긴급차에 유도되고 있는 차
• 범죄수사를 위하여 사용되는 수사기관의 자동차
• 도주자, 보호관찰 대상자의 호송·경비를 위하여 사용되는 자동차
• 국내외 요인 경호업무 수행에 공무로 사용되는 자동차
• 경찰용 긴급자동차에 의하여 유도되고 있는 자동차
• 국군 및 국제연합군용 긴급자동차에 유도되고 있는 자동차
• 생명이 위급한 환자(부상자)나 수혈을 위한 혈액을 운송 중인 자동차

⑾ 서행 또는 일시정지할 장소

서행	• 교통정리를 하고 있지 않는 교차로 • 도로가 구부러진 부근 • 비탈길의 고갯마루 부근 • 가파른 비탈길의 내리막 • 시·도 경찰청장이 안전표지로 지정한 곳
일시정지	• 교통정리를 하고 있지 않고 좌우를 확인할 수 없거나 교통이 빈번한 교차로 • 시·도 경찰청장이 도로에서의 위험을 방지하고 교통의 안전과 원활한 소통을 확보하기 위하여 필요하다고 인정하여 안전표지로 지정한 곳

⑿ 정차 및 주차의 금지와 주차금지 장소

정차 및 주차 금지	• 교차로·횡단보도·건널목, 보도와 차도가 구분된 도로의 보도(노상주차장은 제외) • 교차로의 가장자리, 도로의 모퉁이로부터 5m 이내인 곳 • 안전지대가 설치된 도로에서는 그 안전지대의 사방으로부터 각각 10m 이내인 곳 • 버스여객자동차의 정류지임을 표시하는 기둥이나 표지판 또는 선이 설치된 곳으로부터 10m 이내인 곳 • 건널목의 가장자리 또는 횡단보도로부터 10m 이내인 곳 • 다음으로부터 5m 이내인 곳 　－ 소방용수시설 또는 비상소화장치가 설치된 곳 　－ 소방시설로서 대통령령으로 정하는 시설이 설치된 곳 • 시·도 경찰청장이 도로에서의 위험을 방지하고 교통의 안전과 원활한 소통을 확보하기 위하여 필요하다고 인정하여 지정한 곳 • 어린이 보호구역
주차금지 장소	• 터널 안 및 다리 위 • 다음으로부터 5m 이내인 곳 　－ 도로공사를 하는 경우에는 그 공사 구역의 양쪽 가장자리 　－ 다중이용업소의 영업장이 속한 건축물로 소방본부장의 요청에 의하여 시·도 경찰청장이 지정한 곳 • 시·도 경찰청장이 도로에서의 위험을 방지하고 교통의 안전과 원활한 소통을 확보하기 위하여 필요하다고 인정하여 지정한 곳

■ **정차 또는 주차의 방법**

1. 모든 차의 운전자는 도로에서 정차할 때는 차도의 오른쪽 가장자리에 정차할 것(단, 차도와 보도의 구별이 없는 도로의 경우에는 도로의 오른쪽 가장자리로부터 중앙으로 50cm 이상의 거리를 두어야 함)
2. 모든 차의 운전자는 정차하거나 주차할 때는 다른 교통에 방해가 되지 않도록 할 것
3. 자동차의 운전자는 경사진 곳에 정차하거나 주차하려는 경우 자동차의 주차제동장치를 작동한 후에 다음 조치를 취할 것
   • 경사의 내리막 방향으로 바퀴에 고임목, 고임돌, 그밖에 고무, 플라스틱 등 자동차의 미끄럼 사고를 방지할 수 있는 것을 설치할 것
   • 조향장치를 도로의 가장자리(자동차에서 가까운 쪽을 말한다) 방향으로 돌려놓을 것
   • 그밖에 방법으로 미끄럼 사고의 발생 방지를 위한 조치를 취할 것

⒀ 밤에 도로에서 차를 운행하는 경우 등의 등화

① 운행할 때 켜야 하는 등화

자동차	자동차안전기준에서 정하는 전조등, 차폭등, 미등, 번호등, 실내조명등
원동기장치자전거	전조등, 미등
견인되는 차	미등·차폭등, 번호등
노면전차	전조등, 차폭등, 미등; 실내조명등

② 정차하거나 주차할 때 켜야 하는 등화

자동차 (이륜자동차는 제외)	자동차안전기준에서 정하는 미등, 차폭등
이륜자동차 및 원동기장치자전거	미등(후부 반사기 포함)
노면전차	차폭등, 미등

⑭ 신호의 시기 및 방법

① 좌회전·횡단·유턴 또는 같은 방향으로 진행하면서 **진로를 왼쪽**으로 바꾸려는 때

신호의 시기	그 행위를 하려는 지점(좌회전할 경우 그 교차로의 가장자리)에 이르기 전 30m(고속도로에서는 100m) 이상의 지점에 이르렀을 때
신호의 방법	왼팔을 수평으로 펴서 차체의 왼쪽 밖으로 내밀거나 오른팔을 차체의 오른쪽 밖으로 내어 팔꿈치를 굽혀 수직으로 올리거나 왼쪽의 방향지시기 또는 등화를 조작할 것

② 우회전 또는 같은 방향으로 진행하면서 **진로를 오른쪽**으로 바꾸려는 때

신호의 시기	그 행위를 하려는 지점(우회전할 경우 그 교차로의 가장자리)에 이르기 전 30m(고속도로에서는 100m) 이상의 지점에 이르렀을 때
신호의 방법	오른팔을 수평으로 펴서 차체의 오른쪽 밖으로 내밀거나 왼팔을 차체의 왼쪽 밖으로 내어 팔꿈치를 굽혀 수직으로 올리거나 오른쪽의 방향지시기 또는 등화를 조작할 것

③ 뒤차에게 앞지르기를 시키려는 때

신호의 시기	그 행위를 시키려는 때
신호의 방법	오른팔 또는 왼팔을 차체의 왼쪽 또는 오른쪽 밖으로 수평으로 펴서 손을 앞뒤로 흔들 것

④ 서행할 때

신호의 시기	그 행위를 하려는 때
신호의 방법	팔을 차체의 밖으로 내어 45도 밑으로 펴서 위아래로 흔들거나 자동차안전기준에 따라 장치된 제동등을 깜박일 것

⑮ 운행상의 안전기준

① 승차인원: 승차정원 이내일 것
② 적재중량: 구조 및 성능에 따르는 적재중량의 110% 이내일 것
③ 자동차(화물자동차, 이륜자동차 및 소형 3륜자동차)의 적재 용량 제한 기준

■ 모든 차의 운전자는 좌회전·우회전·횡단·유턴·서행·정지 또는 후진을 하거나 같은 방향으로 진행하면서 진로를 바꾸려고 하는 경우와 회전교차로에 진입하거나 회전교차로에서 진출하는 경우 손이나 방향지시기 또는 등화로써 그 행위가 끝날 때까지 신호를 하여야 한다.

■ 모든 차의 운전자는 승차 인원, 적재 중량 및 적재 용량에 관하여 대통령령으로 정하는 운행상의 안전기준을 넘어서 승차시키거나 적재한 상태로 운전하여서는 안 된다. 다만, 출발지를 관할하는 경찰서장의 허가를 받은 경우에는 그러하지 아니하다.

길이	자동차 길이에 그 길이의 10분의 1을 더한 길이
너비	자동차의 후사경으로 뒤쪽을 확인할 수 있는 범위의 너비
높이	• 화물자동차는 지상으로부터 4m • 소형 3륜자동차는 지상으로부터 2m 50cm • 이륜자동차는 지상으로부터 2m의 높이

■ 이륜자동차는 그 승차장치의 길이 또는 적재장치의 길이에 30cm를 더한 길이

■ 후사경의 높이보다 화물을 낮게 적재한 경우 그 화물을, 후사경의 높이보다 화물을 높게 적재한 경우에는 뒤쪽을 확인할 수 있는 범위

■ (도로구조의 보전과 통행의 안전에 지장이 없다고 인정하여 고시한 도로 노선의 경우에는 4m 20cm)

03 운전자의 의무 ★★★

(1) 운전의 금지

무면허운전 금지	누구든지 시·도 경찰청장으로부터 운전면허를 받지 아니하거나 운전면허의 효력이 정지된 경우에는 자동차등을 운전해서는 안 된다.
술에 취한 상태에서의 운전 금지	• 누구든지 술에 취한 상태에서 자동차등, 노면전차 또는 자전거를 운전해서는 안 된다. • 경찰공무원은 교통의 안전과 위험방지를 위하여 필요하다고 인정하거나 술에 취한 상태에서 자동차등, 노면전차 또는 자전거를 운전하였다고 인정할 만한 상당한 이유가 있는 경우에는 운전자가 술에 취하였는지를 호흡조사로 측정할 수 있다. • 호흡조사에 따른 측정 결과에 불복하는 운전자는 그 운전자의 동의를 받아 혈액 채취 등의 방법으로 다시 측정할 수 있다. • 운전이 금지되는 술에 취한 상태의 기준은 운전자의 혈중 알코올 농도가 0.03% 이상인 경우로 한다. • 술에 취한 상태에 있다고 인정할 만한 상당한 이유가 있는 사람은 자동차등, 노면전차 또는 자전거를 운전한 측정을 곤란하게 할 목적으로 음주측정 방해행위(예 추가로 술을 마시거나 혈중 알코올 농도에 영향을 줄 수 있는 의약품 등 사용)를 해서는 안 된다.
과로한 때 운전 금지	• 자동차등(개인형 이동장치는 제외) 또는 노면전차의 운전자는 술에 취한 상태 외에 과로, 질병 또는 약물의 영향과 그 밖의 사유로 정상적으로 운전하지 못할 우려가 있는 상태에서 자동차등 또는 노면전차를 운전해서는 안 된다. • 경찰공무원은 약물의 영향으로 정상적으로 운전하지 못할 우려가 있는 상태에서 자동차등 또는 노면전차를 운전하였다고 인정할 만한 상당한 이유가 있는 경우 운전자가 약물을 복용하였는지를 타액 간이시약검사 등 행정안전부령으로 정하는 방법으로 측정할 수 있다. • 측정 결과에 불복하는 운전자에 대하여는 그 운전자의 동의를 받아 혈액 채취 등 행정안전부령으로 정하는 방법으로 다시 측정할 수 있다.

■ 운전이 금지되는 술에 취한 상태
• 혈중 알코올 농도 0.03% 이상
• 면허 취소: 혈중 알코올 농도 0.08% 이상

모든 운전자의 준수사항

1. 물이 고인 곳을 운행할 때는 고인 물을 튀게 하여 다른 사람에게 피해를 주는 일이 없도록 할 것
2. 일시정지해야 하는 경우
   - 어린이에 대한 교통사고의 위험이 있는 것을 발견한 경우(어린이가 보호자 없이 도로를 횡단할 때, 어린이가 도로에서 앉아 있거나 서 있을 때 또는 어린이가 도로에서 놀이할 때 등)
   - 앞을 보지 못하는 사람이 흰색 지팡이를 가지거나 장애인 보조견을 동반하는 등의 조치를 하고 도로를 횡단하는 경우
   - 지체장애인이나 노인 등이 도로를 횡단하는 경우
3. 운전자가 차 또는 노면전차를 떠나는 경우 교통사고를 방지하고 다른 사람이 함부로 운전하지 못하도록 필요한 조치를 할 것
4. 운전 중에는 휴대용 전화(자동차용 전화를 포함)를 사용하지 아니할 것(단, 다음의 경우 제외)
   - 자동차등 또는 노면전차가 정지하는 경우
   - 긴급자동차를 운전하는 경우
   - 각종 범죄 및 재해 신고 등 긴급한 필요가 있는 경우
   - 안전운전에 장애를 주지 아니하는 장치로서 대통령령으로 정하는 장치를 이용하는 경우
5. 운전 중에는 영상표시장치를 조작하지 아니할 것(단, 다음의 경우 제외)
   - 정지하는 경우
   - 운전에 필요한 영상표시장치를 조작하는 경우
6. 자동차의 화물 적재함에 사람을 태우고 운행하지 아니할 것

(2) 사고 발생 시의 조치

① 차 또는 노면전차의 운전 등 교통으로 인하여 사람을 사상하거나 물건을 손괴(교통사고)한 경우 그 차 또는 노면전차의 운전자나 그 밖의 승무원(운전자등)은 즉시 정차하여 다음 조치를 해야 한다.
  ㉠ 사상자를 구호하는 등 필요한 조치
  ㉡ 피해자에게 인적 사항(성명·전화번호·주소 등) 제공

② 교통사고가 난 경우 그 차 또는 노면전차의 운전자등은 경찰공무원이 현장에 있을 때는 그 경찰공무원에게, 경찰공무원이 현장에 없을 때에는 가장 가까운 국가경찰관서에 다음 사항을 지체 없이 신고하여야 한다.
  ㉠ 사고가 일어난 곳
  ㉡ 사상자 수 및 부상 정도
  ㉢ 손괴한 물건 및 손괴 정도
  ㉣ 그 밖의 조치사항 등

③ 신고를 받은 국가경찰관서의 경찰공무원은 부상자의 구호와 그 밖의 교통위험 방지를 위하여 필요하다고 인정하면 경찰공무원(자치경찰공무원은 제외)이 현장에 도착할 때까지 신고한 운전자등에게 현장에서 대기할 것을 명할 수 있다.

④ 경찰공무원은 교통사고를 낸 차 또는 노면전차의 운전자등에 대하여 그 현장에서 부상자의 구호와 교통안전을 위하여 필요한 지시를 명할 수 있다.

■ **사고 발생 시 조치사항**
- 사상자를 구호하는 등 필요한 조치
- 피해자에게 인적 사항(성명·전화번호·주소 등) 제공

■ **교통사고 발생 시 신고 사항**
- 사고가 일어난 곳
- 사상자 수 및 부상 정도
- 손괴한 물건 및 손괴 정도
- 그 밖의 조치사항 등

⑤ 긴급자동차, 부상자를 운반 중인 차, 우편물자동차 및 노면전차 등의 운전자는 긴급한 경우에는 동승자 등이 신고를 하게 하고 운전을 계속할 수 있다.

⑥ 경찰공무원은 교통사고가 발생한 경우에는 대통령령으로 정하는 바에 따라 필요한 조사를 하여야 한다.

04 운전면허 ★★★

(1) 운전할 수 있는 차의 종류

운전면허		운전할 수 있는 차량
종별	구분	
제1종	대형면허	• 승용자동차 • 승합자동차 • 화물자동차 • 건설기계 　– 덤프트럭, 아스팔트살포기, 노상안정기 　– 콘크리트믹서트럭, 콘크리트펌프, 천공기(트럭 적재식) 　– 콘크리트믹서트레일러, 아스팔트콘크리트재생기 　– 도로보수트럭, 3톤 미만의 지게차, 트럭지게차 • 특수자동차(구난차등 제외) • 원동기장치자전거
	보통면허	• 승용자동차 • 승차정원 15명 이하의 승합자동차 • 적재중량 12톤 미만의 화물자동차 • 건설기계(도로를 운행하는 3톤 미만의 지게차로 한정) • 총중량 10톤 미만의 특수자동차(구난차등 제외) • 원동기장치자전거
	소형면허	• 3륜화물자동차 • 3륜승용자동차 • 원동기장치자전거
	특수면허 — 대형견인차	• 견인형 특수자동차 • 제2종 보통면허로 운전할 수 있는 차량
	특수면허 — 소형견인차	• 총중량 3.5톤 이하의 견인형 특수자동차 • 제2종 보통면허로 운전할 수 있는 차량
	특수면허 — 구난차	• 구난형 특수자동차 • 제2종 보통면허로 운전할 수 있는 차량
제2종	보통면허	• 승용자동차 • 승차정원 10명 이하의 승합자동차 • 적재중량 4톤 이하의 화물자동차 • 총중량 3.5톤 이하의 특수자동차(구난차등 제외) • 원동기장치자전거
	소형면허	• 이륜자동차(운반차 포함) • 원동기장치자전거
	원동기장치자전거면허	원동기장치자전거

■ 자동차등을 운전하려는 사람은 시·도 경찰청장으로부터 운전면허를 받아야 한다(단, 원동기를 단 차 중 교통약자가 최고속도 시속 20km 이하로만 운행될 수 있는 차를 운전하는 경우 제외)

■ '구난차등'은 대형견인차, 소형견인차 및 구난차를 말한다.

연습 면허	제1종 보통	• 승용자동차 • 승차정원 15명 이하의 승합자동차 • 적재중량 12톤 미만의 화물자동차
	제2종 보통	• 승용자동차 • 승차정원 10명 이하의 승합자동차 • 적재중량 4톤 이하의 화물자동차

(2) 운전면허의 결격사유

① 18세 미만(원동기장치자전거의 경우에는 16세 미만)인 사람
② 정신질환자 또는 뇌전증 환자
③ 듣지 못하는 사람(제1종 운전면허 중 대형면허·특수면허만 해당), 앞을 보지 못하는 사람(한쪽 눈만 보지 못하는 사람의 경우에는 제1종 운전면허 중 대형면허·특수면허만 해당) 등의 신체장애인
④ 양쪽 팔의 팔꿈치관절 이상을 잃은 사람이나 양쪽 팔을 전혀 쓸 수 없는 사람(단, 본인의 신체장애 정도에 적합하게 제작된 자동차를 이용하여 정상적인 운전을 할 수 있는 경우 제외)
⑤ 마약·대마·향정신성의약품 또는 알코올 중독자
⑥ 제1종 대형면허 또는 제1종 특수면허를 받으려는 경우로서 19세 미만이거나 자동차(이륜자동차 제외)의 운전 경험이 1년 미만인 사람
⑦ 대한민국의 국적을 가지지 아니한 사람 중 외국인등록을 하지 아니한 사람(외국인등록이 면제된 사람 제외)이나 국내거소신고를 하지 아니한 사람

(3) 운전면허의 정지처분

① 도로교통법 위반사항 및 벌점

위반 사항	벌점
• 혈중 알코올 농도 0.03% 이상 0.08% 미만 상태에서 운전한 때 • 보복운전을 하여 입건된 때	100점
• 공동위험행위, 난폭운전으로 형사입건된 때	40점
• 중앙선 침범 • 철길 건널목 통과방법 위반 • 어린이통학버스 특별보호, 어린이통학버스 운전자의 의무 위반 • 고속도로·자동차전용도로 갓길통행 • 고속도로 버스전용차로·다인승전용차로 통행 위반 • 운전면허증 등의 제시의무 위반 또는 운전자 신원확인을 위한 경찰공무원의 질문에 불응	30점

● 벌점
행정처분의 기초자료로 활용하기 위하여 법규 위반 또는 사고 야기에 대하여 그 위반의 경중, 피해의 정도 등에 따라 배점되는 점수를 말한다.

• 신호 · 지시 위반 • 앞지르기 금지시기 · 장소 위반 • 적재 제한 위반 또는 적재물 추락 방지 위반 • 운전 중 휴대용 전화 사용 • 운전 중 운전자가 볼 수 있는 위치에 영상 표시 • 운전 중 영상표시장치 조작 • 운행기록계 미설치 자동차 운전금지 등의 위반	15점
• 보도침범, 보도 횡단방법 위반 • 지정차로 통행 위반(진로 변경 금지장소에서의 진로 변경 포함) • 일반도로 전용차로 통행 위반 • 안전거리 미확보(진로 변경 방법 위반 포함) • 앞지르기 방법 위반 • 보행자 보호 불이행(정지선 위반 포함) • 승객 또는 승하차자 추락 방지 조치 위반 • 안전운전 의무 위반 • 노상 시비 · 다툼 등으로 차마의 통행 방해행위 • 돌 · 유리병 · 쇳조각이나 그 밖에 도로에 있는 사람이나 차마를 손상시킬 우려가 있는 물건을 던지거나 발사하는 행위 • 도로를 통행하고 있는 차마에서 밖으로 물건을 던지는 행위	10점

② 속도위반 관련 벌점

위반사항	벌점
100km/h 초과	100점
80km/h 초과 100km/h 이하	80점
60km/h 초과 80km/h 이하	60점
40km/h 초과 60km/h 이하	30점
• 20km/h 초과 40km/h 이하 • 어린이보호구역 안에서 오전 8시부터 오후 8시까지 사이에 제한 속도를 20km/h 이내에서 초과한 경우	15점

③ 인적피해 교통사고를 일으킨 때 사고 결과에 따른 벌점

위반사항	벌점
사고 발생 시부터 72시간 이내에 사망한 때(사망 1명마다)	90점
3주 이상의 치료를 요하는 의사의 진단이 있는 사고(중상 1명마다)	15점
3주 미만 5일 이상의 치료를 요하는 의사의 진단이 있는 사고 (경상 1명 마다)	5점
5일 미만의 치료를 요하는 의사의 진단이 있는 사고(부상신고 1명마다)	2점

⑷ 벌점 등 초과로 인한 운전면허의 취소 및 정지

① 벌점·누산점수 초과로 인한 면허 취소: 1회의 위반·사고로 인한 벌점 또는 연간 누산점수가 다음 표의 점수에 도달한 때에는 그 운전면허를 취소함

벌점·누산점수	기간
121점 이상 도달 시 운전면허 취소	1년간
201점 이상 도달 시 운전면허 취소	2년간
271점 이상 도달 시 운전면허 취소	3년간

② 벌점·처분벌점 초과로 인한 면허 정지: 운전면허 정지처분은 1회의 위반·사고로 인한 벌점 또는 처분벌점이 40점 이상이 된 때부터 결정하여 집행하되, 원칙적으로 1점을 1일로 계산하여 집행함

더 알아보기

벌점 공제

1. 인적 피해 있는 교통사고를 야기하고 도주한 차량의 운전자를 검거하거나 신고하여 검거하게 한 운전자(교통사고의 피해자가 아닌 경우로 한정)에게는 검거 또는 신고할 때마다 40점의 특혜점수를 부여하여 기간과 관계없이 그 운전자가 정지 또는 취소처분을 받게 될 경우 누산점수에서 이를 공제한다. 이 경우 공제되는 점수는 40점 단위로 한다.
2. 경찰청장이 정하여 고시하는 바에 따라 무위반·무사고 서약을 하고 1년간 이를 실천한 운전자에게는 실천할 때마다 10점의 특혜점수를 부여하여 기간과 관계없이 그 운전자가 정지처분을 받게 될 경우 누산점수에서 이를 공제하되, 공제되는 점수는 10점 단위로 한다.

⑸ 운전면허증의 반납

운전면허증을 받은 사람은 다음 사유가 발생한 날부터 7일 이내에 주소지를 관할하는 시·도 경찰청장에게 운전면허증을 반납해야 한다.
① 운전면허 취소처분을 받은 경우
② 운전면허효력 정지처분을 받은 경우
③ 운전면허증을 잃어버리고 다시 발급받은 후 그 잃어버린 운전면허증을 찾은 경우
④ 연습운전면허증을 받은 사람이 제1종 보통면허증 또는 제2종 보통면허증을 받은 경우
⑤ 운전면허증 갱신을 받은 경우

● **누산점수**

• 위반·사고 시의 벌점을 누적하여 합산한 점수에서 상계치(무위반·무사고 기간 경과 시에 부여되는 점수 등)를 뺀 점수
• 벌점은 누산점수에 이를 산입하지 않지만, 범칙금 미납 벌점을 받은 날을 기준으로 과거 3년간 2회 이상 범칙금을 납부하지 않아 벌점을 받은 사실이 있는 경우에는 누산점수에 산입함

누산점수
= 매 벌점의 누적 합산치 − 상계치

● **처분벌점**

구체적인 법규위반·사고야기에 대하여 앞으로 정지처분기준을 적용하는 데 필요한 벌점으로서, 누산점수에서 이미 정지처분이 집행된 벌점의 합계치를 뺀 점수

처분벌점
= 누산점수 − 이미 처분이 집행된 벌점의 합계치
= 매 위반 및 사고 시 벌점의 누적 합산치 − 상계치 − 이미 처분이 집행된 벌점의 합계치

(1) 처벌의 특례 → 반의사불벌죄

① 차의 운전자가 교통사고로 인하여 「형법」 제268조(업무상 과실 또는 중과실 치사상)의 죄를 범한 경우에는 5년 이하의 금고 또는 2천만원 이하의 벌금에 처한다.

② 차의 교통으로 업무상과실치상죄 또는 중과실치상죄와 「도로교통법」 제151조의 죄를 범한 운전자에 대하여는 피해자의 명시적인 의사에 반하여 공소를 제기할 수 없다.

(2) 처벌의 특례 예외 → 반의사불벌죄의 예외

① 도주: 차의 운전자가 업무상과실치상죄 또는 중과실치상죄를 범하고도 피해자를 구호하는 등 조치를 하지 아니하고 도주하거나 피해자를 사고 장소로부터 옮겨 유기하고 도주한 경우

② 음주측정 불응: 같은 죄를 범하고 음주측정 요구에 따르지 아니하거나(운전자가 채혈 측정을 요청하거나 동의한 경우는 제외) 음주측정 방해행위를 한 경우

③ 12대 중과실 사고

---

1. 신호 · 지시 위반사고
2. 중앙선침범, 고속도로나 자동차전용도로에서의 횡단 · 유턴 또는 후진 위반사고
3. 속도위반(20km/h 초과) 과속사고
4. 앞지르기의 방법 · 금지시기 · 금지장소 또는 끼어들기 금지 위반사고
5. 철길 건널목 통과방법 위반사고
6. 보행자보호의무 위반사고
7. 무면허 운전사고
8. 음주운전 · 약물복용운전사고
9. 보도침범 · 보도횡단방법 위반사고
10. 승객추락방지의무 위반사고
11. 어린이 보호구역 내 안전운전의무 위반으로 어린이의 신체를 상해에 이르게 한 사고
12. 자동차의 화물이 떨어지지 않도록 필요한 조치를 하지 않고 운전한 경우

● **교통사고**
차의 교통으로 인하여 사람을 사상하거나 물건을 손괴하는 것을 말한다.

■ **벌칙(도로교통법 제151조)**
차 또는 노면전차의 운전자가 업무상 필요한 주의를 게을리하거나 중대한 과실로 다른 사람의 건조물이나 그 밖의 재물을 손괴한 경우에는 2년 이하의 금고나 500만원 이하의 벌금에 처한다.

■ 사망사고는 그 피해의 중대성과 심각성으로 인해 사고차량이 보험이나 공제에 가입되어 있더라도 이를 반의사불벌죄의 예외로 규정하여 형법 제268조에 따라 처벌한다.

06　도로명 주소 ★

(1) 도로명 주소

① 도로에 도로명을 부여하고, 건물에는 도로를 따라 규칙적으로 건물번호를 부여하여, 도로명+건물번호+상세주소(동·층·호)로 표기하는 주소 제도이다.

② 도로명 주소의 부여

도로 방향 설정	도로의 시작 지점과 끝 지점은 → 서쪽에서 동쪽, 남쪽에서 북쪽 방향으로 설정
도로명 구성 방식	• 도로명=고유명사+도로 위계명(대로, 로, 길) • 도로 위계에 따른 구분 기준 　− 대로: 8차로 이상 　− 로: 2~7차로 　− 길: 2차로 미만
기초번호 및 건물번호 부여	• 도로 시작점에서 20m 간격으로 번호 부여 • 도로 왼쪽(진행 방향 기준): 홀수 번호 • 도로 오른쪽: 짝수 번호

■ 도로명 주소
- 도로명+건물번호+상세주소
- 도로에는 도로명, 건물에는 건물번호를 거리 기준으로 부여

[건물번호판 예시]

(2) 도로명판

도로명을 표시해 위치를 안내하는 표지판으로, 「도로명주소법」에 따라 설치된다. 주로 교차로, 도로 시작·끝, 블록마다 설치되며 도로명, 영문표기, 행정구역명, 방향 등을 표시한다. 길 찾기, 응급상황 위치 전달, 택배 등 주소 기반 업무에 활용된다.

	강남대로	넓은 길, 시작지점
강남대로　1→699 Gangnam-daero	1 →	현재 위치: 도로시작점 1 → 강남대로 1지점
	699	강남대로 길이: 6.99km → 699(기초번호)×10m(기초간격)
92　중앙로　96 Jungang-ro	중앙로	중앙로 짝수길로 맞은 편에는 홀수길이 있음 현재 위치: 중앙로 94
	92	좌측으로 92번 이하 건물이 위치
	93	우측으로 96번 이상 건물이 위치
안양로　250↑90 Anang-ro	안양로	앞쪽 방향으로 안양로가 이어짐
	90	안양로 900m(90×10)
	250	총길이 2,500m(250×10)

THEME **16** 도로교통법

01 총칙

01 도로교통법상 안전지대에 대한 설명으로 옳은 것은?

① 보도와 차도가 구분되지 아니한 도로에서 보행자의 안전을 확보하기 위하여 안전표지 등으로 경계를 표시한 도로의 가장자리 부분

② 보행자만 다닐 수 있도록 안전표지나 그와 비슷한 인공구조물로 표시한 도로

③ 도로를 횡단하는 보행자나 통행하는 차마의 안전을 위하여 안전표지나 이와 비슷한 인공구조물로 표시한 도로의 부분

④ 보행자가 도로를 횡단할 수 있도록 안전표지로 표시한 도로의 부분

보충 ① 길가장자리구역, ② 보행자전용도로, ④ 횡단보도

02 보행자가 도로를 횡단할 수 있도록 안전표지로 표시한 도로의 부분은?

① 교차로 　　　　② 횡단보도
③ 안전지대 　　　④ 규제표시

➤ 소방차, 구급차, 혈액 공급차량, 그 밖에 대통령령으로 정하는 자동차로서 그 본래의 긴급한 용도로 사용되고 있는 자동차

03 다음 중 긴급자동차로 볼 수 없는 것은?

① 경찰용 긴급자동차에 유도되고 있는 자동차
② 수사기관의 자동차 중 범죄수사를 위하여 사용되는 자동차
③ 생명이 위급한 환자 또는 부상자나 수혈을 위한 혈액을 운송 중인 자동차
④ 긴급배달 우편물 운송차에 유도되고 있는 차 (×)
　 → 긴급한 우편물의 운송에 사용되는 자동차(○)

04 신호기가 표시하는 내용과 경찰관의 수신호가 다른 경우의 통행 방법으로 옳은 것은?

① 경찰관 수신호를 우선적으로 따른다.
② 신호기 신호를 우선적으로 따른다.
③ 자기가 판단하여 위험이 없다고 생각되면 아무 신호에 따라도 좋다.
④ 수신호는 보조신호이므로 따르지 않아도 좋다.

05 다른 교통 또는 안전표지의 표시에 주의하면서 진행할 수 있는 신호로 적합한 차량신호등은?

① 적색등화 점멸
② 황색등화 점멸
③ 적색신호
④ 녹색등화 점멸

06 도로교통법상 안전표지의 구분으로 맞는 것은?

① 주의표지, 통행표지, 규제표지, 지시표지, 차선표지
② 주의표지, 규제표지, 지시표지, 보조표시, 노면표시
③ 도로표지, 주의표지, 규제표지, 지시표지, 노면표시
④ 주의표지, 규제표지, 지시표지, 차선표지, 도로표지

07 다음 안전표지가 의미하는 것은?

① 좌우 3.5m 규제표지
② 높이 3.5m 규제표지
③ 차간거리 3.5m 규제표지
④ 3.5톤 차량 전용도로 표지

02 통행 방법

08 차마의 통행 방법에서 도로의 중앙이나 좌측 부분을 통행할 수 있는 경우가 <u>아닌</u> 것은?

① 도로 우측 부분의 폭이 차마의 통행에 충분하지 아니한 경우
② 도로가 일방통행인 경우
③ 다른 차를 앞지르려는 경우 (×)→ 도로의 좌측 부분을 확인할 수 없는 경우
④ 도로의 파손, 도로공사나 그 밖의 장애 등으로 도로의 우측 부분을 통행할 수 없는 경우

보충 차마의 운전자는 도로 우측 부분의 폭이 6m가 되지 아니하는 도로에서 다른 차를 앞지르려는 경우 도로의 중앙이나 좌측 부분을 통행할 수 있다(단, 도로의 좌측 부분을 확인할 수 없는 경우, 반대 방향의 교통을 방해할 우려가 있는 경우, 안전표지 등으로 앞지르기를 금지하거나 제한하는 경우 제외)

09 차로의 설치에 관한 설명으로 <u>틀린</u> 것은?

① 횡단보도, 교차로 및 철길건널목에는 차로를 설치하지 못한다.
② 차로를 설치하는 때에는 노면표시로 표시하여야 한다.
③ 차도가 보도보다 넓을 때에는 길가장자리구역을 설치하여야 한다. (×)
④ 차로의 너비는 3m 이상으로 하여야 하며, 부득이한 경우는 275cm 이상으로 할 수 있다.

보충 보도와 차도의 구분이 없는 도로에 차로를 설치하는 때는 보행자가 안전하게 통행할 수 있도록 그 도로의 양쪽에 길가장자리구역을 설치하여야 한다.

10 보도와 차도가 구분된 도로에서 중앙선이 설치되어 있는 경우 차마의 통행 방법으로 맞는 것은?

① 중앙선 좌측
② 중앙선 우측
③ 좌우측 모두
④ 보도의 좌측

보충 차마의 운전자는 도로(보도와 차도가 구분된 도로에서는 차도)의 중앙(중앙선이 설치되어 있는 경우에는 그 중앙선) 우측 부분을 통행하여야 한다.

11 편도 4차로 자동차 전용도로에서 굴착기와 지게차의 주행차로는?

① 1차로
② 2차로
③ 4차로
④ 3차로

12 눈이 20mm 미만 쌓인 때는 얼마로 감속 운행해야 하는가?

① 최고속도의 100분의 20
② 최고속도의 100분의 30
③ 최고속도의 100분의 40
④ 최고속도의 100분의 50

13 동일 방향으로 주행하는 전·후차 간의 안전운전 방법으로 틀린 것은?

① 앞차가 갑자기 정지하게 되는 경우 그 앞차와의 충돌을 피할 수 있는 필요한 거리를 확보하여야 한다. → 안전거리 확보

② 뒤에서 따라오는 차보다 느린 속도로 가려는 경우에는 도로의 우측 가장자리로 피하여 진로를 양보하여야 한다. → 진로 양보의 의무

③ 앞차가 다른 차를 앞지르고 있을 때는 빠른 속도로 앞지른다. (×)

④ 부득이한 경우가 아니면 운전하는 차를 갑자기 정지시키거나 속도를 줄이는 등의 급제동을 하여서는 안 된다. → 안전거리 확보

보충 앞차가 다른 차를 앞지르고 있거나 앞지르려고 하는 경우 앞지르기 금지이다.

14 안전거리 확보에 대해서 바르게 설명한 것은?

① 앞차 속도의 0.5배 거리

② 앞차와의 평균 10m 이상 거리

③ 앞차의 진행 방향을 확인할 수 있는 거리

④ 앞차가 갑자기 정지하게 되는 경우 그 앞차와의 충돌을 피할 수 있는 필요한 거리

15 비탈진 좁은 도로에서 서로 마주 보고 진행하는 때의 통행 순위로 틀린 것은?

① 승객을 태운 차가 빈 차보다 우선이다.

② 짐을 실은 차가 빈 차보다 우선이다.

③ 속도가 빠른 차가 우선이다. (×)

④ 내려오는 차가 올라가는 차보다 우선이다.

보충 비탈진 좁은 도로에서 자동차가 서로 마주보고 진행하는 경우에는 올라가는 자동차가 통행 우선이고, 사람을 태웠거나 물건을 실은 자동차와 동승자(同乘者)가 없고 물건을 싣지 아니한 자동차가 서로 마주보고 진행하는 경우에는 동승자가 없고 물건을 싣지 아니한 자동차가 진로 양보의 의무가 있다.

16 다음 중 다른 차를 앞지르기를 할 수 없는 경우는?

① 용무 상 서행하는 차

② 화물 적하를 위해 정차 중인 차

③ 경찰공무원의 지시에 따라 정지하거나 서행하는 차

④ 앞 차의 최고 속도가 낮은 차

보충 다른 차를 앞지르거나 끼어들지 못하는 경우
• 법에 따라 정지하거나 서행하는 차
• 경찰공무원의 지시에 따라 정지하거나 서행하는 차
• 위험을 방지하기 위하여 정지하거나 서행하는 차

17 다음 중 앞지르기가 금지되는 장소에 해당하지 않는 것은?

① 교차로

② 터널 안

③ 다리 위

④ 고속도로 (×)

보충 앞지르기가 금지되는 장소는 교차로, 터널 안, 다리 위, 도로의 구부러진 곳, 비탈길의 고갯마루 부근 등이 있다.

18 다음 중 철길 건널목 통과 방법으로 틀린 것은?

① 건널목에서 앞차가 서행하면서 통과할 때에는 그 차를 따라 서행한다. (×)

② 차단기가 내려지려고 할 때는 통과해서는 안 된다.

③ 경보기가 울리고 있는 동안에는 통과해서는 안 된다.

④ 건널목 직전에서 일시정지하였다가 안전함을 확인한 후 통과한다.

19 다음 중 교차로 통행 방법으로 **틀린** 것은?

① 교차로에서는 다른 차를 앞지르지 못한다.

② 교차로에서는 정차하지 못한다.

③ 좌우회전 시에는 방향지시기등으로 신호를 해야 한다.

④ 교차로에서는 반드시 경음기를 울려야 한다. (×)

20 다음 중 교차로 통행 방법에 대한 설명으로 가장 적절한 것은?

① 좌우회전 시에는 경음기를 사용하여 주위에 주의신호를 한다.

② 우회전 차는 차로에 관계 없이 우회전할 수 있다.

③ 좌회전 차는 미리 중앙선을 따라 서행으로 진행한다.

④ 좌회전 시에는 교차로 중심 바깥쪽으로 좌회전한다.

> **보충** 모든 차의 운전자는 교차로에서 좌회전을 하려는 경우에는 미리 도로의 중앙선을 따라 서행하면서 교차로의 중심 안쪽을 이용하여 좌회전하여야 한다.

21 교통정리가 없는 교차로에서 우선순위가 같은 차량이 동시에 교차로에 진입한 때의 우선순위로 맞는 것은?

① 소형 차량이 우선한다.

② 우측 도로의 차가 우선한다.

③ 좌측 도로의 차가 우선한다.

④ 도로 폭이 좁은 차로 차가 우선한다.

> **보충** 교통정리가 없는 교차로에 동시에 들어가려고 하는 차의 운전자는 우측 도로의 차에 진로를 양보하여야 한다.

22 교차로 또는 그 부근에서 긴급자동차가 접근하였을 때 대응 방법으로 옳은 것은?

① 교차로의 우측단에 일시정지하여 진로를 피양한다.

② 교차로를 피하여 도로의 우측 가장자리에 일시 정지한다.

③ 서행하면서 앞지르기를 하라는 신호를 한다.

④ 진행 방향대로 계속 통행한다.

23 운전 중 보행자 옆을 통과할 때 올바른 방법은?

① 보행자 옆을 그대로 주행한다.

② 경음기를 울리면서 주행한다.

③ 안전거리를 두고 서행한다.

④ 보행자가 멈춰 있을 때는 서행하지 않아도 된다.

> **보충** 모든 차의 운전자는 도로에 설치된 안전지대에 보행자가 있는 경우와 차로가 설치되지 아니한 좁은 도로에서 보행자의 옆을 지나는 경우에는 안전한 거리를 두고 서행하여야 한다.

24 도로교통법상 보행자 보호에 대한 설명으로 맞는 것은?

① 모든 차의 운전자는 보행자가 횡단보도를 통행하고 있을 때는 그 횡단보도를 통과 후 일시 정지하여 보행자의 횡단을 방해하거나 위험을 주어서는 안 된다. (→통과 전)

② 모든 차의 운전자는 보행자가 횡단보도를 통행하고 있을 때는 신속히 진행하도록 한다. (→일시정지)

③ 모든 차의 운전자는 보행자가 횡단보도를 통행하고 있을 때는 그 횡단보도에 정지하여 보행자가 통과 후 진행하도록 한다. (→전에 일시정지)

④ 모든 차의 운전자는 보행자가 횡단보도를 통행하고 있을 때는 그 횡단보도 앞에서 일시 정지 하여 보행자의 횡단을 방해하거나 위험을 주어서는 안 된다.

25 다음 중 긴급자동차의 우선 통행에 관한 설명으로 **잘못된** 것은?

① 소방자동차, 구급 자동차는 항상 우선권과 특례의 적용을 받는다. (×)

② 긴급용무 중일 때에만 우선권과 특례의 적용을 받는다.

③ 우선권과 특례의 적용을 받으려면 경광등을 켜고 경음기를 울려야 한다.

④ 긴급 용무임을 표시할 때는 제한속도 준수, 앞지르기 금지, 끼어들기 금지 의무 등의 적용은 받지 않는다.

> **보충** 긴급자동차를 긴급한 용도로 운행하지 않는 경우에는 경광등을 켜거나 사이렌을 작동하여서는 안 된다.

26 다음 중 주·정차를 할 수 있는 곳은?

① 도로의 우측 가장자리

② 도로의 모퉁이로부터 5m 이내인 곳

③ 교차로의 가장자리

④ 어린이 보호구역

27 도로교통법상 정차 및 주차의 금지 장소가 **아닌** 것은?

① 건널목의 가장자리

② 교차로의 가장자리

③ 횡단보도로부터 10m 이내의 곳

④ 버스정류장 표시판으로부터 2̶0̶m̶ 이내의 장소 (×)
　　　　　　　　　→ 10m

28 다음 중 주차 금지 장소는?

① 건널목의 가장자리로부터 10m 이내의 곳

② 도로공사 구역의 양쪽 가장자리로부터 5m 이내의 곳

③ 교차로 가장자리로부터 5m 이내의 곳

④ 횡단보도로부터 10m 이내의 곳

29 도로에서 정차하고자 하는 때의 방법으로 옳은 것은?

① 차체의 전단부를 도로 중앙을 향하도록 비스듬히 정차한다.

② 진행 방향의 반대 방향으로 정차한다.

③ 차도의 우측 가장자리에 정차한다.

④ 일방 통행로에서 좌측 가장자리에 정차한다.

> **보충** 모든 차의 운전자는 도로에서 정차할 때에는 차도의 오른쪽 가장자리에 정차해야 한다. 다만, 차도와 보도의 구별이 없는 도로의 경우에는 도로의 오른쪽 가장자리로부터 중앙으로 50cm 이상의 거리를 두어야 한다.

30 밤에 자동차가 도로 우측에 일시 정차할 때에 켜야 할 등화는?

① 차폭등과 미등

② 차폭등과 번호등

③ 전조등과 미등

④ 전조등과 차폭등

31 팔을 차체의 밖으로 내어 45도 밑으로 펴서 위아래로 흔들고 있을 때의 신호는?

① 정지신호
② 서행신호
③ 주의신호
④ 앞지르기 신호

32 승차 인원 및 적재 중량에 관한 안전기준을 넘어서 운행하고자 하는 경우 누구에게 허가를 받아야 하는가?

① 출발지를 관할하는 경찰서장
② 시·도지사
③ 절대운행 불가
④ 국토교통부장관

보충 모든 차의 운전자는 승차 인원, 적재 중량 및 적재 용량에 관하여 대통령령으로 정하는 운행상의 안전기준을 넘어서 승차시키거나 적재한 상태로 운전하여서는 안 된다. 다만, 출발지를 관할하는 경찰서장의 허가를 받은 경우에는 그러하지 아니하다.

03 운전자의 의무

33 다음 중 도로교통법상 술에 취한 상태의 기준은?

① 혈중 알코올 농도가 0.03% 이상 → 운전이 금지되는 술에 취한 상태의 기준
② 혈중 알코올 농도가 0.05% 이상
③ 혈중 알코올 농도가 0.08% 이상
④ 혈중 알코올 농도가 0.1% 이상

34 교통사고가 발생하였을 때 운전자가 먼저 취해야 할 조치는?

① 피해자 가족에게 알리기
② 사상자를 구호하는 등 필요한 조치
③ 보험 회사에 신고
④ 경찰공무원에게 신고

35 교통사고 발생 시 승무원으로 하여금 신고하게 하고 계속 운전할 수 있는 경우가 **아닌** 것은?

① 긴급자동차
② 위급한 환자를 운반 중인 구급차
③ 긴급을 요하는 우편물 자동차
④ 특수자동차 (×)

보충 사고의 발생 시 긴급자동차, 부상자를 운반 중인 차, 우편물 자동차 및 노면전차 등의 운전자는 긴급한 경우에는 동승자 등으로 하여금 사상자를 구호하는 등 필요한 조치나 신고를 하게 하고 운전을 계속할 수 있다.

04 운전면허

36 다음 중 운전면허 취득 시 결격사유에 해당하지 <u>않는</u> 것은?

① 앞을 보지 못하는 사람
② 듣지 못하는 사람
③ 맛을 보지 못하는 사람 (×)
④ 양팔의 팔꿈치 관절 이상을 잃은 사람

보충 ①, ②, ④ 이외에 교통상의 위험과 장해를 일으킬 수 있는 정신질환자 또는 뇌전증 환자, 신체장애로 인해 앉아 있을 수 없는 사람, 교통상의 위험과 장해를 일으킬 수 있는 마약, 향정신성 의약품 또는 알코올 중독자 등이 운전면허 취득 결격사유에 해당한다.

37 다음 중 제1종 보통면허로 운전할 수 **없는** 것은?

① 승차정원 15인승의 승합자동차

② 적재중량 11톤급의 화물자동차

③ 트레일러 및 래커를 제외한 특수 자동차 (×)

④ 원동기장치자전거 └→ 1종 대형면허로 운전 가능

38 1년간 벌점 누산점수가 **몇 점** 이상이면 면허가 취소되는가?

① 271 ② 201

③ 121 ④ 190

보충 벌점 · 누산점수 초과로 인한 면허 취소

기간	벌점 또는 누산점수
1년간	121점 이상
2년간	201점 이상
3년간	271점 이상

39 교통사고를 야기하고 도주차량 신고로 인한 벌점 상계에 대한 특혜 점수는?

① 30점 ② 40점

③ 120점 ④ 특혜 점수 없음

05 **교통사고처리특례법**

40 교통사고처리특례법상 예외 항목에 해당하지 **않는** 것은?

① 중앙선 침범

② 무면허 운전

③ 신호위반

④ 통행 우선순위 위반 (×)

06 **도로명 주소**

41 다음 도로명판에 대한 설명으로 **틀린** 것은?

① 중앙로는 현재 위치에서 앞쪽 진행 방향으로 약 200m 지점에서 진입할 수 있는 도로이다.

② 중앙로는 왕복 2차로 이상, 8차로 미만의 도로이다.

③ 중앙로의 전체 도로구간의 길이는 200m이다. (×)

④ 예고용 도로명판이다.

보충 "200m"는 현재 위치에서 도로 시작점까지의 거리이다.

42 차량이 남쪽에서부터 북쪽 방향으로 진행 중인 경우 다음 3방향 도로표지에 대한 설명으로 **틀린** 것은?

① 연신내역 방향으로 가야 하는 경우에는 직진해야 한다.

② 우회전하는 경우 새문안길로 진입할 수 있다.

③ 우회전하는 경우 새문안길 도로 구간의 시작 지점에 진입할 수 있다.

④ 좌회전하는 경우 충정로 도로구간의 시작 지점에 진입할 수 있다. (×)

보충 도로구간의 시작 지점과 끝 지점은 서쪽에서 동쪽, 남쪽에서 북쪽 방향으로 설정된다. 따라서 좌회전하는 경우 충정로 도로구간의 끝 지점에 진입한다.

PART

06

안전관리

10%

PART 06 보호구, 표지, 화재 등 작업 중 안전수칙과 사고 예방이 중심이다.

| THEME 20 25% | THEME 17 25% |
| THEME 19 25% | THEME 18 25% |

THEME
17 산업안전관리

01 산업안전의 개요 ★★

(1) 안전관리의 목표

인간 존중의 기본 가치로서 인간의 생명을 무엇보다 귀중하게 여기고, 인명
존중의 인도적 신념을 실현하는 것이다.

(2) 하인리히의 안전 이론

① 하인리히 안전의 3요소 ※ 암기팁 – 관기교

　㉠ 관리적 요소: 안전 규정 수립, 교육, 관리 시스템 구축
　㉡ 기술적 요소: 기계·설비의 방호장치 및 안전 장비 개선
　㉢ 교육적 요소: 근로자 대상 안전교육 및 훈련 강화

② 하인리히 사고 예방 원리 5단계 ※ 암기팁 – 조사분시선적

1단계	안전관리 조직	안전책임자 지정 및 체계적인 관리 시스템 구축
2단계	사실의 발견	사고 발생 원인 및 위험 요소 분석
3단계	분석·평가	위험도 평가 및 예방 조치 마련
4단계	시정책의 선정	효과적인 재해 예방 대책 수립
5단계	시정책의 적용	실질적인 개선 조치 실행 및 지속적인 모니터링

(3) 산업재해 예방의 4원칙 ※ 암기팁 – 예손원대

① 예방가능의 원칙: 모든 사고는 예방 가능(천재지변 제외)
② 손실우연의 원칙: 사고 발생 시 손실 정도는 우연적인 요인에 의해 달라짐
③ 원인연계의 원칙: 모든 사고는 반드시 원인이 존재하고, 이를 제거하면 사
　고 예방 가능
④ 대책선정의 원칙: 사고 원인을 분석하여 적절한 예방 대책 수립

■ 기출 TIP / ● 기초용어

● 하인리히 이론
• 사소한 위험을 방치하면 결국 중
　대재해(사망) 발생 확률이 높아짐
　을 의미한다.
• 1:29:300 법칙
　– '1'은 중대재해(사망)
　– '29'는 경미한 사고
　– '300'은 아차 사고

■ 하인리히 사고 예방 원리 5단계
• 안전관리 조직
• 사실의 발견
• 분석·평가
• 시정책의 선정
• 시정책의 적용

■ 산업재해 예방의 4원칙
• 예방가능의 원칙
• 손실우연의 원칙
• 원인연계의 원칙
• 대책선정의 원칙

(4) 안전교육의 목적

① 표준작업절차의 숙달
② 위험 요소에 따른 대처 능력 학습
③ 작업에 대한 주의력 증대

(5) 위험예지훈련 4단계 ※ 암기팁 – 현본대목

1단계	현상 파악	작업 현장의 위험 요소 파악
2단계	본질 추구	발견된 위험 중 가장 위험한 요소 선정
3단계	대책 수립	가장 위험한 요소에 대하여 구체적 대책 수립
4단계	목표 설정	대책 수립한 사항 중 중점 항목을 요약하여 최종적 목표 설정

□ 1회독 □ 2회독 □ 3회독

■ 위험예지훈련 4단계
• 현상 파악
• 본질 추구
• 대책 수립
• 목표 설정

02 산업재해의 개요 ★★★

(1) 산업재해의 정의 및 중대재해 기준

① 산업재해: 작업 중 발생하는 사고로 인해 근로자가 사망, 부상, 질병을 입는 경우를 말한다.
② 중대재해
　㉠ 사망자가 1명 이상 발생
　㉡ 3개월 이상 요양이 필요한 부상자가 동시에 2명 이상 발생
　㉢ 부상자 또는 직업성 질병자가 동시에 10명 이상 발생

(2) 재해율의 정의

① 연천인율: 근로자 1,000명당 1년 동안 재해 빈도를 나타내는 지표

$$연천인율 = \frac{재해지수}{연평균\ 근로자\ 수} \times 1,000$$

② 도수율: 근로시간 100만 시간당 재해 발생 건수를 나타내는 지표

$$도수율 = \frac{재해\ 발생\ 건수}{연근로시간} \times 1,000,000$$

③ 강도율: 근로시간 1,000시간당 작업손실일수를 나타내는 지표

$$강도율 = \frac{작업\ 손실\ 일수}{총\ 근로시간} \times 1,000$$

● 산업재해
작업 중 발생하는 사고로 인해 근로자가 사망, 부상, 질병을 입는 경우를 말한다.

(3) 재해 관련 용어와 예방 대책

추락	• 높은 곳에서 사람이 아래로 떨어지는 사고 • 예방 대책: 안전난간 설치, 안전대 착용, 추락방지망 설치
낙하	• 물체가 위에서 아래로 떨어지면서 작업자를 가격하는 사고 • 예방 대책: 보호구 착용, 낙하방지망 설치, 적재물 고정
붕괴	• 건물, 토사, 장비 등이 무너지는 사고 • 예방 대책: 지반 상태 점검, 지지대 보강, 작업 전 안전점검
전도	• 근로자, 동력장치(중장비 등), 건설물 등이 넘어지는 사고 • 예방 대책: 미끄럼 방지 바닥에 설치, 작업장 정리정돈, 조도(조명) 개선, 지게차의 안정도 유지
협착	• 기계, 동력장치(중장비 등), 구조물 사이에 신체 일부가 끼이는 사고 • 예방 대책: 방호장치 설치, 위험구역 접근금지, 기계 정지 후 작업, 장비와의 안전거리 확보

● 재해 관련 용어

추락	높은 곳에서 사람이 아래로 떨어지는 사고
낙하	물체가 위에서 아래로 떨어지면서 작업자를 가격하는 사고
붕괴	건물, 토사, 장비 등이 무너지는 사고
전도	근로자가 미끄러지거나 걸려서 넘어지는 사고
협착	기계나 구조물 사이에 신체 일부가 끼이는 사고

■ 지게차 관련 재해 사례
• 지게차가 불안전한 상태(경사로 등)에서 넘어지는 경우: 전도
• 사람이 지게차와 구조물 등에 끼이는 경우: 협착

03 산업재해의 원인 및 재해 발생 시 조치 사항 ★★★

(1) 산업재해의 원인

① 직접적 원인: 사고를 즉각적으로 유발하는 요인으로, 주로 불안전한 행동과 불안전한 상태로 나뉜다.

ㄱ 불안전한 행동
- 안전수칙 미준수 예 안전보호구 미착용
- 기계 조작 실수 예 과속 운전, 급제동, 오작동
- 작업자의 부주의 예 주의 산만
- 위험한 작업 방법의 사용 예 적재 하중 초과

ㄴ 불안전한 상태
- 기계·설비의 결함(고장)
- 작업장의 위험 요소 예 미끄러운 바닥, 조명 불량
- 보호장치(방호장치) 미설치
- 환기 부족, 유해물질 노출

② 간접적 원인: 재해가 발생하기까지의 근본적 배경이 되는 요인으로, 관리적 요인와 환경적 요인으로 나뉜다.

ㄱ 관리적 요인
- 안전교육 부족
- 작업 감독 소홀
- 적절한 절차 및 규정 미비
- 근로자의 피로 누적 예 과로, 근무시간 초과

■ 불안전한 행동·상태의 구분
• 불안전한 행동 = "사람"이 원인

작업자의 실수, 부주의, 안전수칙 미준수 등

• 불안전한 상태 = "환경"이 원인

기계, 설비, 작업장의 위험 요소 등

ⓛ 환경적 요인
- 열악한 근무 환경 **예** 소음, 진동, 온도 변화
- 조명 및 환기 불량
- 작업 공간 협소, 위험물 저장 미흡

(2) 산업재해 발생 시 조치 사항

① 재해조사의 목적
  ㉠ 재해 원인의 규명 및 산업재해 예방자료 수집
  ㉡ 적절한 예방 대책의 수립
  ㉢ 동종 및 유사 재해의 방지
② 재해조사의 방법
  ㉠ 재해 발생 직후에 실시하기
  ㉡ 재해 현장의 물리적 흔적을 수집하기
  ㉢ 재해 현장을 사진 촬영하여 기록 및 보관하기
  ㉣ 당시 사고 상황을 목격자나 현장 책임자 등에게 확인하기
  ㉤ 재해자에게 당시 상황에 대해 들어보기
  ㉥ 특수재해 또는 중대재해는 전문가에게 조사 의뢰하기
③ 재해발생 시 조치 순서
  ㉠ 기계·설비의 정지
  ㉡ 피해자 구조
  ㉢ 응급처치 및 119 후송
  ㉣ 보고 및 현장 보존(훼손 금지)

> **더 알아보기**
>
> **ILO의 근로 불능 상해의 종류**
>
> | | |
> |---|---|
> | 1. 사망 | • 재해로 인한 사망 또는 사고 시 입은 부상에 의해 생명을 잃는 것
• 노동손실일수 : 7,500일 |
> | 2. 영구 전노동 불능상해 | • 부상의 결과로 근로의 기능을 영구적으로 잃는 상해
• 신체장애등급 : 1~3급
• 노동손실일수 : 7,500일 |
> | 3. 영구 일부노동 불능상해 | • 부상의 결과로 신체의 일부가 영구적으로 노동기능을 상실한 상해
• 신체장애등급 : 4~14급 |
> | 4. 일시 전노동 불능상해 | • 의사의 진단에 따라 일정 기간 노동에 종사 할 수 없는 상해
• 신체 장애가 남지 않는 일반적 휴업재해 |
> | 5. 일시 일부노동 불능상해 | • 의사의 진단으로 일정 기간 노동에 종사 할 수 없는 상해
• 휴무상태가 아닌 가벼운 노동에 종사할 수 있는 상해 |
> | 6. 응급조치 상해 | • 응급처치 또는 치료 후 정상작업에 임할 수 있는 상해
• 1일 미만의 치료를 요하는 상해 |

■ **기계·설비의 정지가 우선인 이유**

- 피해자가 더 큰 부상을 입을 위험 (끼임사고 등) 예방
- 기계 가동 시 2차 사고 발생 가능성 존재

● **ILO(국제노동기구)**

노동자의 권리 보호와 근로 조건 개선을 위해 1919년에 설립된 국제기구다. 결사의 자유, 강제노동 금지, 아동노동 철폐, 차별 금지를 핵심 원칙으로 한다.

THEME **17** 산업안전관리

01 산업안전의 개요

01 산업안전관리의 목표로 가장 적절한 것은?

① 생산성 향상을 위해 작업 속도를 높인다.
② 근로자의 안전보다는 기업의 이익을 우선한다.
③ 인간존중의 가치 실현과 근로자의 생명 보호를 최우선으로 한다.
④ 기계 · 설비의 수명을 연장하기 위해 점검을 강화한다.

02 다음 중 하인리히의 안전 3요소에 해당하지 않는 것은?

① 관리적 요소
② 경제적 요소 (×) → 경제적 요소는 미포함
③ 기술적 요소
④ 교육적 요소

03 다음 중 하인리히 사고 예방 원리 5단계를 올바른 순서로 나열한 것은?

① 사실의 발견 → 시정책의 적용 → 분석 · 평가 → 안전관리 조직 → 시정책의 선정
② 안전관리 조직 → 사실의 발견 → 분석 · 평가 → 시정책의 선정 → 시정책의 적용
③ 분석 · 평가 → 안전관리 조직 → 시정책의 선정 → 사실의 발견 → 시정책의 적용
④ 시정책의 선정 → 사실의 발견 → 시정책의 적용 → 분석 · 평가 → 안전관리 조직

04 다음 중 안전교육의 목적으로 적절하지 않은 것은?

① 표준작업절차의 숙달
② 초급자에게만 교육을 실시 (×) → 안전교육은 모든 작업자를 대상으로 함
③ 위험 요소 대처 능력 향상
④ 작업자의 주의력 증대

05 다음 중 하인리히의 사고 예방 원리 5단계에 포함되지 않는 것은?

① 안전관리 조직
② 사고기록 보존 (×) → 사고 재해 조사에 필요한 내용
③ 사실의 발견
④ 시정책의 적용

06 위험예지훈련의 각 단계 중 가장 위험한 요소를 선정하는 단계는?

① 현상 파악 → 작업 현장의 위험 요소 파악(1단계)
② 본질 추구 → 발견된 위험 요소 중 가장 위험한 요소 선정(2단계)
③ 대책 수립 → 가장 위험한 요소에 대하여 구체적 대책 수립(3단계)
④ 목표 설정 → 중점 항목을 요약하여 최종적 목표 설정(4단계)

07 다음 중 산업재해 예방 4원칙과 관계 없는 것은?

① 예방가능의 원칙
② 손실우연의 원칙
③ 원인연계의 원칙
④ 복구우선의 원칙 (×) → 대책선정의 원칙 (O)

02 산업재해의 개요

08 다음 중 산업재해의 정의로 옳은 것은?

① 사업장에서 발생한 모든 사고를 산업재해라고 한다.
② 작업 중 발생한 사고만 산업재해로 인정한다.
③ 업무와 관련된 사망, 부상 또는 질병을 산업재해라고 한다.
④ 산업재해는 건설업과 제조업에서만 발생한다.

09 중대재해의 기준으로 올바르지 <u>않은</u> 것은?

① 사망자가 1명 이상 발생한 경우
② 3개월 이상 요양이 필요한 부상자가 동시에 2명 이상 발생한 경우
③ 부상자 또는 질병자가 동시에 5명 이상 발생한 경우 → 10명
④ 부상자 또는 질병자가 동시에 10명 이상 발생한 경우

10 다음 중 중대재해에 해당하지 <u>않는</u> 것은?

① 사망자가 1명 이상 발생한 경우
② 3개월 이상 요양이 필요한 부상자가 1명 발생한 경우 → 동시에 2명 이상
③ 부상자 또는 질병자가 동시에 10명 이상 발생한 경우
④ 3개월 이상 요양이 필요한 부상자가 동시에 2명 이상 발생한 경우

11 재해율을 측정하는 주요 지표가 <u>아닌</u> 것은?

① 연천인율
② 도수율
③ 강도율
④ 신속율 (×)

12 다음 중 추락 사고 예방 대책으로 적절하지 <u>않은</u> 것은?

① 안전난간 설치
② 안전대 착용
③ 추락방지망 설치
④ 보호구 없이 신속한 이동 (×)

13 전도 예방 대책으로 가장 적절한 것은?

① 작업 공간을 최대한 좁게 유지한다.
② 바닥에 미끄럼 방지 시설을 설치한다. (○)
③ 조명을 어둡게 하여 작업자의 눈부심을 방지한다.
④ 낙하방지망을 설치한다. (×) → 낙하 예방 대책

14 기계나 구조물 사이에 신체 일부가 끼이는 사고를 무엇이라고 하는가?

① 추락
② 낙하
③ 협착
④ 전도

03 산업재해의 원인 및 재해 발생 시 조치 사항

15 산업재해의 직접적 원인으로 옳지 <u>않은</u> 것은?

① 안전수칙 미준수
② 작업자의 부주의
③ 기계·설비의 결함
④ 열악한 근무환경 (×) → 열악한 근무환경은 간접적
　　　　　　　　　　　　원인 중 환경적 요인

16 다음 중 산업재해의 직접적 원인에 해당하는 것은?

① 작업 감독 소홀
② 기계 조작 실수 (×) → 기계 조작 실수는 직접적 원인 중
③ 조명 및 환기 불량　　　불안전한 행동
④ 안전교육 부족

17 다음 중 산업재해의 간접적 원인으로 볼 수 <u>없는</u> 것은?

① 작업장의 위험 요소 (×) → 작업장의 위험 요소는 직접적
② 안전교육 부족　　　　　원인 중 불안전한 상태
③ 근로자의 피로 누적
④ 작업 감독 소홀

18 산업재해 발생 시 조치사항 중 재해조사의 목적이 <u>아닌</u> 것은?

① 재해 원인의 규명
② 산업재해 예방자료 수집
③ 재해발생에 대한 처벌 결정 (×)
④ 동종 및 유사 재해의 방지　재해조사는 처벌을 위한
　　　　　　　　　　　　것이 아닌 예방을 위한 것

19 다음 중 산업재해 발생 시 재해조사의 방법으로 적절하지 <u>않은</u> 것은?

① 재해 발생 직후 즉시 조사 실시
② 재해 현장의 물리적 흔적 수집
③ 재해 현장을 청소하여 빠르게 정리
④ 목격자의 증언 확보 및 기록 보관
　　　　　재해 현장은 조사 후 복구하는 것이 원칙

20 다음 중 재해발생 시 조치 순서로 올바른 것은?

① 피해자 구조 → 기계·설비 정지 → 119 신고 → 보고 및 현장 보존
② 기계·설비 정지 → 피해자 구조 → 응급처치 및 119 후송 → 보고 및 현장 보존
③ 보고 및 현장 보존 → 피해자 구조 → 기계·설비 정지 → 응급처치 및 119 후송
④ 응급처치 및 119 후송 → 피해자 구조 → 기계·설비 정지 → 보고 및 현장 보존

21 다음 중 산업재해 조사 시 가장 먼저 해야 할 일은?

① 재해 원인 분석 및 평가
② 재해 현장 사진 촬영 및 기록 보관
③ 피해자 응급처치 후 병원 후송　재해 현장의 물리적
④ 재해자 및 목격자 진술 확보　　증거 보존·기록 우선

보충 피해자 응급처치는 물론 필수적이지만, 조사 시작 단계에서는 현장 보존이 우선이다.

THEME 18 안전보호구 및 안전표지

01 안전보호구의 종류 ★★

보호 부위	보호구 종류	주요 용도
머리 보호구	안전모(헬멧)	낙하물, 충격 보호
안면 보호구	• 일반 보안경 • 차광 보안경	눈 보호, 용접·분진·화학물질로부터 보호
청력 보호구	• 귀마개 • 귀덮개	소음이 심한 환경에서 청력 보호
호흡 보호구	• 방진 마스크 • 방독 마스크 • 송기 마스크 • 전동식 호흡 보호구	먼지·가스·산소 결핍 환경에서 호흡기 보호
손 보호구 (안전 장갑)	• 일반 장갑 • 절연 장갑 • 내화학 장갑 • 내열 장갑	절단·전기·화학물질·고온 보호
발 보호구	안전화(절연화, 방수화, 내화학화)	충격·전기·화학물질·미끄럼 방지
신체 보호구	• 방열복 • 방한복 • 방염복 • 화학 방호복	고온·저온·화학물질·화재 보호
추락 방지구	• 안전대(벨트식, 안전그네식) • 구명조끼	고소작업 중 추락 방지, 익사 방지

■ 기출 TIP / ● 기초용어

● **보호구**

근로자의 신체 일부 또는 전체에 착용하여 외부의 유해 요인 또는 위험 요인을 차단하거나 그 영향을 감소시켜 산업재해를 예방하거나 피해의 정도와 크기를 줄여주는 기구를 말한다.

더 알아보기

보호구의 종류

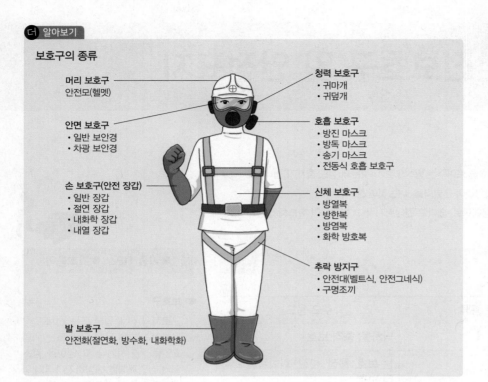

머리 보호구
안전모(헬멧)

안면 보호구
• 일반 보안경
• 차광 보안경

손 보호구(안전 장갑)
• 일반 장갑
• 절연 장갑
• 내화학 장갑
• 내열 장갑

발 보호구
안전화(절연화, 방수화, 내화학화)

청력 보호구
• 귀마개
• 귀덮개

호흡 보호구
• 방진 마스크
• 방독 마스크
• 송기 마스크
• 전동식 호흡 보호구

신체 보호구
• 방열복
• 방한복
• 방염복
• 화학 방호복

추락 방지구
• 안전대(벨트식, 안전그네식)
• 구명조끼

02 특징 및 용도 ★★

(1) 머리 보호구

① 안전모(헬멧): 낙하물(A), 충격(B), 감전(E)으로부터 머리를 보호한다.
② 종류

A형	낙하물에 의한 위험 방지 또는 경감
AB형	낙하물 및 추락에 의한 위험 방지 또는 경감
AE형	낙하물에 의한 위험 방지 및 머리 부위 감전 위험 방지
ABE형	낙하물 및 추락에 의한 위험 방지 또는 경감, 머리 부위 감전 위험 방지

③ 주의사항
　㉠ 사용 전 균열 여부 확인
　㉡ 턱끈 및 조절대는 반드시 조여서 착용

(2) 얼굴·눈 보호구

① 보안경(고글): 이물질, 화학물질, 분진으로부터 눈 보호
② 차광 보안경: 용접 시 강한 빛과 자외선 차단

■ **차광 보안경의 종류**
• 자외선 차단용
• 적외선 차단용
• 용접용 차단용

③ 주의 사항
   ㉠ 용접용 차광 보안경은 필수 착용
   ㉡ 보안경은 안면 보호구와 함께 사용 가능

(3) 청력 보호구

① 귀마개(이어플러그): 소음이 85데시벨(dB) 이상일 때 사용
② 귀덮개(이어머프): 공장, 공사장 등 소음이 매우 큰 환경에서 사용
③ 주의 사항
   ㉠ 소음 감소 효과가 있는 제품 사용
   ㉡ 착용 시 밀착되었는지 확인

(4) 호흡 보호구

① 방진 마스크: 분진, 석면, 시멘트 등 먼지가 많은 작업장에서 사용
② 방독 마스크: 화학공장, 페인트 작업 등 유독가스가 발생하는 작업장에서 사용
③ 송기 마스크: 지하실, 정화조 등 산소 결핍 가능성이 있는 밀폐 공간에서 사용
④ 주의 사항
   ㉠ 필터 교체 주기 확인
   ㉡ 마스크 종류에 따라 적절한 환경에서 사용

(5) 손 보호구

① 절연 장갑: 감전 위험이 있는 전기 작업 시 착용
② 내화학 장갑: 산·알칼리 등 화학약품을 다룰 때 착용
③ 내열 장갑: 주조, 용접 등 고온 작업 시 착용
④ 절단 방지 장갑: 유리, 금속 가공 등 절단 위험이 있는 작업 시 착용
⑤ 주의 사항
   ㉠ 드릴, 선반 등 회전기계 작업 시 장갑 착용 금지: 회전기계에 보호구가
      말려들어 가는 위험
   ㉡ 망치(해머) 작업 시 장갑 착용 금지: 미끄러짐 발생 위험

(6) 발 보호구

① 안전화: 미끄럼 방지 및 충격 보호를 위해 착용
② 절연화: 전기 작업 등 감전 위험이 있는 장소에서 착용
③ 내화학화: 화학물질 취급 시 착용
④ 방수화: 습한 작업 환경에서 착용
⑤ 주의 사항
   ㉠ 작업 환경에 맞는 보호구 선택
   ㉡ 헐거운 경우 넘어질 수 있으므로 알맞은 사이즈로 착용
   ㉢ 벨크로, 버클 등의 착용 상태 확인

(7) 신체 보호구

① 방염복: 화재 위험이 있는 장소에서 사용
② 방열복: 용광로, 용접 등의 고온 작업에서 사용
③ 방한복: 냉동창고, 극지 작업 등의 극저온 환경에서 사용
④ 화학 방호복: 화학약품 누출 위험이 있는 장소에서 사용
⑤ 주의 사항
  ㉠ 편한 활동을 위해 작업복, 방염복 등은 알맞은 사이즈로 착용
  ㉡ 찢어지거나 오염 시 교체하여 청결하고 손상이 없는 상태로 착용

(8) 추락 방지구

① 안전대(벨트식, 안전그네식): 2m 이상 고소작업 시 필수 착용
② 구명조끼: 수상 작업 및 익사 위험이 있는 장소에서 사용
③ 주의 사항: 안전대는 고리에 확실히 연결해서 사용

> **더 알아보기**
>
> **보호구 선택 시 고려 사항**
> • 사용 목적에 적합한 보호구 선택
> • 작업에 방해되지 않도록 착용감 확인
> • 보호 성능 기준(KC 인증 등) 충족 여부 확인
> • 착용이 간편하고 유지·보수가 쉬운 제품 선택

03 산업안전보건 표지 ★★★

(1) 금지 표지(8종)

① 바탕색: 적색
② 종류: 출입금지, 보행금지, 차량 통행금지, 사용금지, 탑승금지, 금연, 화기금지, 물체이동금지

출입금지	보행금지	차량통행금지	사용금지
탑승금지	금연	화기금지	물체이동금지

(2) 경고 표지(6종)

① 바탕색 : 무색

② 종류: 인화성물질 경고, 산화성물질 경고, 폭발성물질 경고, 급성독성물질 경고, 부식성물질 경고, 발암성·변이원성·전신독성·호흡기 과민성 물질 경고

인화성물질 경고	산화성물질 경고	폭발성물질 경고
급성독성물질 경고	부식성물질 경고	발암성·변이원성·생식독성·전신독성·호흡기 과민성 물질 경고

(3) 경고 표지(9종)

① 바탕색: 황색

② 종류: 방사성물질 경고, 고압전기 경고, 매달린 물체 경고, 낙하물 경고, 고온 경고, 저온 경고, 몸 균형 상실 경고, 레이저광선 경고, 위험장소 경고

방사성물질 경고	고압전기 경고	매달린 물체 경고	낙하물 경고	
고온 경고	저온 경고	몸균형 상실 경고	레이저광선 경고	위험장소 경고

(4) 지시 표지(9종)

① 바탕색 : 청색

② 종류: 보안경 착용 지시, 방독마스크 착용 지시, 방진 마스크 착용 지시, 보안면 착용 지시, 안전모 착용 지시, 귀마개 착용 지시, 안전화 착용 지시, 안전 장갑 착용 지시, 안전복 착용 지시

■ 산업안전보건 표지의 바탕색
• 금지 표지: 적색
• 경고 표지: 황색
• 지시 표지: 청색
• 안내 표지: 녹색

보안경 착용	방독마스크 착용	방진마스크 착용	보안면 착용	안전모 착용
귀마개 착용	안전화 착용	안전장갑 착용	안전복 착용	

(5) 안내 표지(8종)

① 바탕색: 녹색
② 종류: 녹십자표지, 응급구호표지, 들것, 세안장치, 비상용기구, 비상구, 좌측 비상구, 우측 비상구

녹십자표지	응급구호표지	들것	세안장치
비상용기구	비상구	좌측 비상구	우측 비상구

더 알아보기

안전 및 보건 표지의 색채

색상 및 용도		사용 예
빨간색	금지	정지신호, 소화설비 및 그 장소, 유해 행위의 금지
	경고	화학물질 취급 장소에서의 유해 및 위험 경고
노란색	경고	• 화학물질 취급 장소에서의 유해 및 위험 경고 이외의 위험 경고 • 주의표지 또는 기계 방호물
파란색	지시	특정 행위의 지시 및 사실의 고지
녹색	안내	• 비상구 및 피난소 • 사람 또는 차량의 통행표지
흰색		파란색 또는 녹색에 대한 보조색
검은색		문자 및 빨간색 또는 노란색에 대한 보조색

THEME **18** 안전보호구 및 안전표지

01, 02 안전보호구의 종류, 특징, 용도

01 감전 위험이 있는 작업을 할 때 착용해야 할 보호구는?

① 내열 장갑
② 절연 장갑
③ 방진 마스크
④ 귀덮개

02 산업 현장에서 먼지, 금속 파편 등의 비산물로부터 눈을 보호하기 위한 보호구는?

① 방독 마스크
② 보안경(고글)
③ 귀덮개(이어머프)
④ 안전모

03 작업 중 소음이 심한 환경에서 청력을 보호하기 위한 보호구는?

① 방진 마스크
② 방열복
③ 귀마개(이어플러그) → 85dB 이상의 소음 환경에서 사용
④ 안전모

04 먼지가 많은 환경에서 작업할 때 착용해야 하는 보호구는?

① 방독 마스크
② 방진 마스크
③ 송기 마스크
④ 차광 보안경

05 산업 현장에서 착용해야 하는 안전화의 주요 기능이 **아닌** 것은?

① 미끄럼 방지
② 충격 보호
③ 전자파 차단 (×) → 절연화의 주요 기능
④ 감전 보호

06 고온에서 작업하는 근로자가 착용해야 하는 보호구는?

① 절연 장갑
② 방열복
③ 방진 마스크
④ 귀덮개

07 회전하는 기계를 다룰 때 착용하면 위험한 보호구는?

① 절연 장갑
② 내화학 장갑
③ 보안경
④ 일반 장갑 → 말려 들어갈 위험이 있음

08 용접 작업 시 반드시 착용해야 하는 보호구는?

① 방진 마스크
② 차광 보안경 → 용접 시 강한 빛과 자외선으로부터 눈 보호
③ 귀덮개
④ 방열복

09 작업장에서 근로자가 작업복을 착용해야 하는 주된 이유는?

① 작업 속도를 높이기 위해서
② 재해로부터 작업자의 신체를 보호하기 위해서
③ 복장 통일을 위해서
④ 작업장 분위기를 맞추기 위해서

10 화학물질을 다룰 때 착용해야 하는 보호구는?

① 절연 장갑
② 내화학 장갑
③ 방진 마스크
④ 보안경

---

03 산업안전보건 표지

11 안전보건 표지 중 안내 표지의 바탕색은?

① 적색
② 녹색 → 금경지안−적황청녹
③ 황색
④ 청색

> **보충** 산업안전보건 표지의 바탕색
> • 금지 표지: 적색
> • 경고 표지: 황색
> • 지시 표지: 청색
> • 안내 표지: 녹색

12 산업안전보건 표지에서 경고 표지의 바탕색은?

① 적색
② 청색
③ 황색 → 금경지안−적황청녹
④ 녹색

13 다음 산업안전보건 표지에 해당하는 것은?

① 차량통행금지 ┐
② 안전모 착용
③ 고온 경고
④ 비상구 금지표지는 출입금지, 차량통행 금지 등

14 다음 중 지시 표지에 해당하는 것은?

① 출입 금지
② 화기 금지
③ 보호구 착용 → 지시 표지는 보호구 착용, 안전장비 사용 등을 나타냄
④ 고온 경고

15 산업안전보건 표지에서 비상구를 나타내는 표지는?

① 청색 바탕의 지시 표지
② 녹색 바탕의 안내 표지
③ 황색 바탕의 경고 표지
④ 적색 바탕의 금지 표지

→ 고온 경고, 낙하물 경고, 감전 경고 등이 포함

16 다음 경고 표지에 해당하는 것은?

① 보안경 착용
② 고온 경고
③ 출입 금지
④ 차량 통행 금지

17 산업안전보건 표지 중 화기 금지를 나타내는 표지의 바탕색은?

① 적색
② 황색
③ 녹색
④ 청색

18 다음 중 인화성 물질이 있는 장소에서 설치해야 할 표지는?

① 비상구
② 고온 경고
③ 인화성 물질 경고 → 화재 위험이 있는 장소에서 사용
④ 보호구 착용

19 다음 중 금지 표지에 해당하지 <u>않는</u> 것은?

① 출입 금지
② 차량 통행 금지
③ 낙하물 경고 (×) → 경고 표지
④ 화기 엄금

20 다음 중 안전모 착용을 나타내는 표지의 종류는?

① 금지 표지
② 안내 표지
③ 지시 표지
④ 경고 표지

학습 목표

☑ 공구의 올바른 사용 방법, 방호장치, 작업장 안전 수칙에 대한 내용이 2~3문제 정도 출제됩니다.

☑ 상식선의 문제가 많으니, '맞는 것은?' 혹은 '아닌 것은?'에 혼동하지 않도록 문제를 잘 확인하는 데 유의해야 합니다.

☑ 작업장 내 가스용접 작업, 체인블록 사용법 등의 문제도 출제됩니다.

01 위험기계 · 기구 방호장치 ★★

■ 기출 TIP / ● 기초용어

급정지 장치	기계 작동 중 긴급 정지가 필요할 때 사용
역화 방지장치	가스용접기에서 화염이 역류하는 것을 방지
자동 전격 방지장치	전기용접 작업 시 감전 방지를 위해 자동으로 전압을 낮춤
안전 덮개(가드)	회전부(기어, 벨트, 체인, 연삭기) 등의 접촉 방지

■ 가스용접기 – 역화 방지장치
전기용접기 – 자동 전격 방지장치

02 수공구 및 동력 공구 사용 안전 수칙 ★★★

(1) 수공구 사용 시 안전 수칙

① 공구 사용 전에 점검할 것

② 톱 작업 시 밀 때 절삭할 것

③ 줄 작업 후 쇳가루는 브러시로 제거할 것

④ 공구를 던져서 전달하는 행위는 금지할 것

■ 일반적으로 목재용 톱 작업 시에는 밀 때 절삭된다.

(2) 렌치(Wrench) 사용 시 주의 사항

① 볼트를 풀 때는 렌치를 당기는 방향으로 사용할 것(밀지 말 것)

② 적정한 힘으로 작업할 것

③ 볼트 크기에 맞는 렌치를 사용할 것

■ 렌치는 자신의 몸쪽 당기는 방향으로 사용하는 것이 원칙이다.

(3) 망치(Hammer) 사용 시 주의 사항

① 일반 장갑 착용은 금지할 것

② 타격 시 힘을 일정하게 유지할 것

③ 처음에는 작은 힘으로 타격하다가 서서히 큰 힘으로 타격할 것

■ 일반 장갑을 착용할 경우 망치가 손에서 미끄러져 빠질 위험이 생길 수 있다.

(4) 드릴 사용 시 주의 사항

① 보안경은 필수로 착용할 것
② 작업 중에는 장갑을 착용하지 말 것
③ 작업 중에는 칩 제거는 금지할 것

(5) 연삭기(그라인더) 사용 시 주의 사항

① 연삭 칩 비산 방지를 위해 안전 덮개(가드)를 설치할 것
② 보안경과 방진 마스크를 착용할 것
③ 균열이 발생할 수도 있으므로 숫돌 측면은 사용을 금지할 것
④ 숫돌과 받침대 간격을 좁게 유지할 것

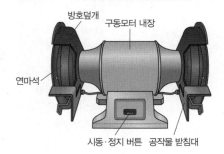

방호덮개   구동모터 내장

연마석

시동·정지 버튼 공작물 받침대

(6) 동력 공구 사용 시 주의 사항

① 회전수(속도) 확인 후 사용할 것
② 공기의 압력을 유지하고, 수분을 제거할 것
③ 보호구는 필수로 착용할 것

03 작업장 안전 수칙 및 공구 관리 ★★★

(1) 사다리식 통로 설치 기준(산업안전보건기준 규칙 제24조)

① 견고한 구조
② 발판의 간격을 일정하게 유지
③ 넘어짐 및 미끄러짐 방지 조치
④ 사다리식 통로의 길이가 10m
　　이상인 경우 5m마다 계단참 설치

사다리식 통로의 기울기는
75° 이하로 할것
(고정식의 경우 90° 이하)

(통로의 길이가 10m 이상인 경우)
5m 이내마다 계단참 설치

■ 드릴 작업 중 장갑을 착용하면 회전부에 손이 말려들어 갈 위험이 생길 수 있으므로 주의해야 한다.

■ 숫돌 측면 사용 금지 이유
자동차 타이어의 측면이 강도가 약한 것과 같은 원리라고 이해하면 된다.

■ 숫돌과 받침대 간격을 좁게 유지하는 이유
• 공작물이 틈새에 끼는 것 방지
• 넓은 간격에 손 끼임 사고 예방
• 정확한 연삭 작업
• 숫돌 파손 방지

(2) 공장 내 안전 수칙

① 기름걸레나 인화물질은 반드시 철재 상자에 보관할 것
② 바닥은 청결하게 유지할 것
③ 높은 곳에서 작업할 경우 체인블록을 이용할 것

> **더 알아보기**
>
> **체인블록 사용 시 안전 수칙**
> • 체인을 부드럽게 당겨 천천히 하중을 들어 올리기
> • 급격한 조작을 금지할 것
> • 낙하 및 충돌의 위험이 있으므로 체인블록 아래에서 작업자의 조작은 금지할 것

● **체인블록**
체인으로 중량물을 들어 올리거나 내리는 수동식 인양 장비를 말한다.

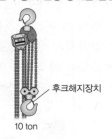

후크해지장치

10 ton

(3) 가스 용접(산소-아세틸렌) 안전 수칙

① 아세틸렌은 아세틸렌 병에 15℃ 15기압 이하로 충전할 것
② 아세틸렌의 사용 압력은 1기압으로 제한할 것
③ 산소는 산소병에 35℃ 150기압 이하로 충전할 것
④ 산소통의 메인밸브가 얼면 60℃ 이하의 물로 녹일 것
⑤ 가스 누출 여부는 비눗물로 확인할 것
⑥ 안전기(역화방지기) 가스 용기와 용접 토치 사이에 설치할 것

■ • 가스 충전 시
  - 아세틸렌: 15기압 이하
  - 산소: 150기압 이하
• 사용 압력: 아세틸렌 1기압
• 산소통 60℃ 이하로 녹임
※ 가스 용접 안전수칙에서 1문제 정도 출제됩니다.

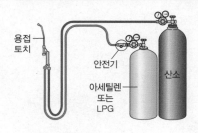

용접 토치
안전기
아세틸렌 또는 LPG
산소

(4) 작업 중 사고 발생 시 조치 순서

① 기계 전원 차단
② 피해자 구조 및 응급처치
③ 사고 신고 및 후속 대처

■ **피해자 구조보다 기계 전원 차단이 우선인 이유**
• 피해자가 더 큰 부상을 입을 위험 (끼임 사고 등) 차단
• 기계 가동 시 2차 추가 사고 발생 가능성 존재

(5) 공구 관리 및 보관

① 사용 후 깨끗이 닦아서 보관할 것
② 파손된 공구는 즉시 교체할 것
③ 충분히 관리가 가능한 적정한 개수의 공구를 유지 및 보관할 것

THEME **19** 기계, 기구, 공구 사용 안전

01 위험기계·기구 방호장치

01 기계의 회전 부위에 작업자가 신체를 접촉하지 않도록 설치하는 방호장치는?

① 하중 측정 장치
② 안전 덮개(가드)
③ 작업 표시등
④ 접지 장치

02 기계의 위험 요소로부터 작업자를 보호하는 방호 장치에 해당하지 <u>않는</u> 것은?

① 급정지 장치
② 역화 방지 장치
③ 자동 전격 방지 장치
④ 하중 측정 장치 (×) → 하중 측정 장치는 해당하지 않음

03 연삭기의 숫돌 파손 및 연삭 칩 비산을 방지하기 위한 장치는?

① 보호구
② 안전 덮개(가드)
③ 접지 장치
④ 조작 스위치

04 기계의 동력전달 장치를 다룰 때 바르지 <u>않은</u> 것은?

① 회전 중 벨트 장력을 조정하지 않는다.
② 커플링 키가 돌출되지 않도록 한다.
③ 동력 전달 장치의 기어에는 보호 덮개를 설치한다.
④ 회전 중인 풀리에 벨트를 걸어도 된다. (×)
　→ 회전 중 기계 장치 조작은 금지, 반드시 정지 후
　　조작해야 함

05 기계작동 중 긴급정지 시에 사용하는 방호 장치는?

① 급정지 장치
② 양수 조작식 방호장치
③ 자동 정격 방지 장치
④ 안전 덮개

06 용접기 사용 시 감전 방지를 위해 설치해야 하는 방호장치는?

① 자동 전격 방지기
② 급정지 장치
③ 연동 방호장치
④ 안전 덮개

02 수공구 및 동력 공구 사용 안전 수칙

07 수공구 사용 시 올바른 방법이 <u>아닌</u> 것은?

① 공구 사용 전 점검한다.
② 줄 작업 후 쇳가루는 브러시로 제거한다.
③ 렌치는 적당한 힘으로 볼트를 조인다.
④ 드릴 작업 중 보안경 착용은 금한다. (×)
  → 보안경 착용은 필수

08 해머(망치) 사용 시 가장 위험한 방법은?

① 해머의 타격면이 손상되지 않았는지 확인한다.
② 장갑을 착용하지 않는다.
③ 작업 범위 내 장애물이 없는지 확인한다.
④ 타격할 때 처음부터 강한 힘을 준다. (×)
  → 처음에는 작은 힘으로 약하게 타격하다가, 서서히 큰 힘으로 타격해야 함

09 렌치를 사용할 때 가장 안전한 방법은?

① 렌치를 밀어서 사용한다.
② 헐거운 렌치를 사용한다.
③ 렌치 손잡이를 당기는 방향으로 사용한다.
④ 렌치에 연장대를 끼워서 사용한다.

10 연삭기 사용 시 주의사항으로 적절하지 <u>않은</u> 것은?

① 숫돌 측면을 사용한다. (×) → 균열의 위험이 있으므로, 숫돌 측면은 사용하지 않음
② 보안경과 방진 마스크를 착용한다.
③ 안전 덮개(가드)를 설치한다.
④ 숫돌 균열 여부를 점검한다.

11 드릴 작업 시 <u>잘못된</u> 방법은?

① 균열이 있는 드릴은 사용을 금지한다.
② 보안경 착용은 필수이다.
③ 칩 제거는 작업 중에 하지 않는다.
④ 면장갑을 착용하고 작업한다. (×)
  → 회전기계 작업 중 면장갑 착용하면 끼일 위험이 있으므로 착용 금지

12 동력 공구 사용 시 보호구 착용이 필수인 이유는?

① 보호구는 필수사항이 아니라 선택사항이다.
② 보호구는 비산물로 인한 사고의 위험을 예방할 수 있다.
③ 보호구가 공구 사용을 쉽게 만들어준다.
④ 보호구는 소음 감소 효과가 있다.

→ 아세틸렌의 사용 압력은 1기압 이하로 제한
  (충전압력 15기압과 혼동 주의)

13 가스 용접 작업 시 올바르지 <u>않은</u> 방법은?

① 아세틸렌 사용 압력은 15기압 이하로 제한한다. (×)
② 산소통 메인밸브가 얼면 60℃ 이하의 물로 녹인다.
③ 산소 누출 여부는 비눗물로 확인한다.
④ 용접 중 안전 장비를 착용한다.

03 작업장 안전 수칙 및 공구 관리

14 작업장 안전 수칙으로 틀린 것은?

① 유해가스 위험지역에는 적색 표지판을 부착한다.
② 기계의 주유 시 동력을 차단한다.
③ 해머 작업 시 장갑을 착용한다. (×) → 손에서 미끄러질
위험이 있음
④ 안전모는 반드시 착용한다.

15 공구 관리 방법으로 가장 위험한 것은?

① 사용 후 깨끗이 닦아 보관한다.
② 손에 기름이 묻었을 경우 완전히 닦고 사용한다.
③ 공구는 사용 전에 점검하고 불량 공구는 사용하지 않는다.
④ 작업 중 공구를 옆 사람에게 던져서 전달한다.
(×) → 공구를 던지는 행위는 일체 금지

16 수공구 사용 시 가장 위험한 작업은?

① 볼트를 조이는 작업
② 드릴 작업 중 장갑 착용 → 회전부에 손이 말려들어 갈
위험이 있음
③ 줄 작업 후 브러시로 쇳가루 제거
④ 해머 사용 시 타격면 점검

17 가스 용접 시 안전기 설치 위치는?

① 가스 용기와 용접 토치 사이
② 발생기
③ 용접 토치
④ 발생기와 가스 용기 사이

18 작업장 내 사다리식 통로를 설치할 때 가장 적절하지 않은 방법은?

① 견고한 구조로 설치한다.
② 발판의 간격은 일정하게 유지한다.
③ 사다리의 미끄러짐을 방지하는 조치를 한다.
④ 사다리식 통로가 10m 이상일 경우 반드시 접이식으로 설치한다. (×) → 10m마다 계단참 설치

19 작업장 내 안전 수칙으로 가장 위험한 것은?

① 작업대와 기계 사이의 통로는 일정한 너비를 유지한다.
② 전원 콘센트 및 스위치에 물을 뿌리지 않는다.
③ 항상 작업장을 청결하게 유지한다.
④ 작업장 바닥에 폐유를 뿌려 먼지가 날리지 않게 한다. (×) → 바닥의 폐유 때문에 미끄러짐 사고 위험이 증가
할 수 있음

20 체인블록을 사용할 때 가장 올바른 방법은?

① 체인이 느슨한 상태에서 급격히 잡아당긴다.
② 가는 체인을 사용하여 작업 효율을 높인다.
③ 하중 부담을 줄이기 위해 천천히 내린다.
④ 최단거리로 빠르게 이동하는 것이 가장 안전하다.

> 보충 ① 체인이 갑자기 팽팽해지면 파단이나 충격이 발생할 수
> 있다.
> ② 체인은 하중에 맞는 굵기여야 하며, 효율보다 안전을 우선해야
> 한다.
> ④ 빠른 이동은 충격, 진동, 하중 흔들림을 유발하므로 위험하다.

THEME
20 화재 안전

01 화재의 정의 및 분류   ★★★

■ 기출 TIP / ● 기초용어

(1) 화재의 정의

불에 의한 재난을 말하며, 통제되지 않은 상태에서 연소가 진행되면서 생명과 재산에 피해를 주는 현상을 의미한다.

(2) 화재의 분류

등급	주요 연소 물질	특징	소화 방법
A급 화재	목재, 종이, 섬유, 플라스틱 등	• 일반 화재 • 재가 남음	냉각 소화 (물, 포말 소화기)
B급 화재	유류, 가연성 액체(휘발유, 경유, 알코올 등)	• 액체 상태로 연소 • 재가 거의 없음	질식 소화 (포말, 이산화탄소, 분말 소화기)
C급 화재	전기기기, 변압기, 배전반 등	전기적 요인으로 발생	전기절연성 소화 (이산화탄소, 할론 가스, 분말 소화기)
D급 화재	금속(나트륨, 칼륨, 마그네슘, 알루미늄 등)	• 고온에서 자체 연소 가능 • 물과 반응하여 폭발 위험	특수 소화 (건조사, 금속화재 전용 소화제)

● **전기절연성**

전기가 통하지 않도록 하는 성질로서, 전류가 누설되거나 흐르는 것을 방지하여 감전, 단락(쇼트), 화재 등의 위험을 예방한다.

02 연소의 원리 및 화재 발생 조건   ★★★

(1) 연소의 3요소

① **가연물**: 불이 붙을 수 있는 물질 **예** 종이, 나무, 기름 등
② **산소 공급원**: 연소를 지속하는 공기 중의 산소(약 16% 이상 필요)
③ **점화원(발화원)**: 불을 붙이는 열이나 불꽃 **예** 성냥, 스파크 등

■ **연소의 3요소**

• 가연물
• 산소 공급원
• 점화원(발화원)
※ 3가지 요소 중 하나라도 제거하면 소화 가능하다.

(2) 화재의 발생 원인

① 전기적 요인: 누전, 과부하, 합선(단락), 전기 스파크 등
② 기계적 요인: 마찰열, 기계 과열, 불꽃 발생 등
③ 화학적 요인: 자연발화, 폭발성 화학물질 등
④ 부주의 요인: 담배꽁초, 용접 불꽃 등

☐ 1회독 ☐ 2회독 ☐ 3회독

■ **화재의 발생 원인**
- 전기적 요인
- 기계적 요인
- 화학적 요인
- 부주의 요인

03 화재 예방 대책 ★★

(1) 건물 및 시설 예방 대책

① 가연물 주변에서 화기(불꽃) 사용 금지
② 인화성 물질 사용 시 화기와 떨어진 서늘한 장소에 보관할 것
③ 전기 설비 정기 점검 및 절연 상태 확인

(2) 작업장 안전 대책

① 용접·절단 작업 시 화재 예방 조치 예 불꽃 비산 방지망 설치
② 가연성 가스 사용 시설은 주기적으로 점검할 것
③ 소방 훈련 및 피난 훈련 정기적으로 실시할 것

(3) 화재 감지 및 경보 시스템

① 연기 감지기, 온도 감지기, 자동 스프링클러 설치
② 비상벨 및 화재 감지 시스템 작동 점검

04 소화 방법 및 소화기의 종류 ★★★

(1) 소화 방법(연소의 3요소 제거)

소화 방법	소화 원리	예시
냉각 소화	온도를 낮춰 연소 억제	물을 뿌려 온도를 낮춤
질식 소화	산소를 차단하여 연소 중단	• 이산화탄소(CO_2) 소화기 • 포 소화기 사용
제거 소화	가연물을 제거하여 연소 방지	• 가스 밸브 차단 • 화재 주변 물건 제거

(2) 화재별 소화 방법

① A급 화재(일반 화재) – 냉각 소화
  ㉠ 연소 물질: 목재, 종이, 섬유, 플라스틱 등
  ㉡ 소화 방법: 냉각 효과를 이용하여 소화
  ㉢ 사용 소화기: 물, 포말, 강화액 소화기
  ㉣ 물 사용 가능 여부: O(화재 확산 시 물 사용 소화)

더 알아보기

포말 소화기와 포 소화기

공통점	유류 화재와 일반 화재에 사용(포 소화기의 재발화 방지 효과가 더 뛰어남)
차이점	• 포말 소화기: 전통적인 거품 소화기, 거품으로 표면을 덮어 산소 차단 • 포 소화기(AFFF): 수성막 포를 형성하는 소화기, 산소 차단+냉각 효과

② B급 화재(유류 화재) – 질식 소화
  ㉠ 연소 물질: 휘발유, 경유, 알코올 등 유류 및 가연성 액체
  ㉡ 소화 방법: 질식 효과(공기 차단)로 소화
  ㉢ 사용 소화기: 포말, 이산화탄소, 분말 소화기
③ C급 화재(전기 화재) – 전기절연성 소화
  ㉠ 연소 물질: 전기기기, 변압기, 배전반 등
  ㉡ 소화 방법: 전기절연성이 있는 소화제를 사용하여 소화
  ㉢ 사용 소화기: 이산화탄소, 할론 가스, 분말 소화기
④ D급 화재(금속 화재) – 특수 소화제 사용
  ㉠ 연소 물질: 나트륨, 마그네슘, 알루미늄 분말 등
  ㉡ 소화 방법: 금속 특성에 맞는 특수 소화제 사용
  ㉢ 사용 소화기: 건조사, 금속 화재 전용 소화제

(3) 소화기 종류 및 사용 장소

소화기 종류	소화 원리	사용 장소
물 소화기	냉각 효과	A급 화재(일반 화재)
포 소화기	유류 표면을 덮어 질식 소화	B급 화재(유류 화재)
이산화탄소(CO_2) 소화기	산소를 차단하여 질식 소화	C급 화재(전기 화재)
분말 소화기	화학반응을 차단하여 소화	A, B, C급 화재

더 알아보기

포 소화기와 이산화탄소 소화기

• 포 소화기: 물과 포소화제(거품)를 분사하여 유류 표면을 덮어 산소를 차단(질식 소화)한다.
• 이산화탄소 소화기: 이산화탄소 가스를 분사하여 산소를 차단(질식 소화)하여 소화한다.

강화액 소화기

물에 첨가제를 혼합한 액체 소화기
• 물: 열을 흡수하여 온도를 낮춤
• 첨가제: 표면에 얇은 막을 형성하여 산소 공급 차단

변압기

전압을 변환하여 전력 계통에 맞게 조정하는 장치(전기 압력 조정)를 말한다.

배전반

변압기를 통해 공급된 전력을 분배하고 과부하·단락(쇼트)를 차단하는 장치를 말한다.

할론 소화기의 특징

• 할론(Halon) 소화약제를 사용하는 가스식 소화기
• 화재 연소 반응을 화학적으로 차단하여 소화
• 기체 상태로 방출하여 잔여물이 남지 않으므로 전기 화재에 적합(분말 소화기는 분말약제가 방출되므로 전기기기 등에 사용 부적합)

(4) 화재 시 행동 요령

① 올바른 화재 대응 방법
  ⊙ 가스 화재 시: 가스 밸브를 잠그고, 전기 스위치 차단 후 소화
  ⓒ 전기 화재 시: 전기 공급 차단 후 절연성 소화제 사용
  ⓒ 유류 화재 시: 질식 소화 방법 적용(포말, 이산화탄소, 분말 소화기 사용)
② 잘못된 소화 방법(주의해야 할 점)
  ⊙ 유류 화재: 물 사용 ×(유류가 확산하면서 더 큰 화재 유발)
  ⓒ 전기 화재: 물 사용 ×(감전 위험 발생)
  ⓒ 금속 화재: 물 사용 ×(폭발성 반응을 일으킬 수 있음)

■ A급 화재(일반 소화)는 물을 사용한 소화가 가능하다.

(5) 자연 발화성 및 금속성 물질 정리

① 자연 발화성 물질: 나트륨, 칼륨, 알킬나트륨 등 공기와 접촉하면 스스로 발화하는 물질
② 금속성 물질: 마그네슘, 알루미늄, 철분 등 고온에서 연소하는 금속

05 피난 및 대피 요령 ★★

(1) 피난 시 주의 사항

① 연기가 많을 경우 엎드린 채로 이동할 것
② 피난 시 엘리베이터 사용을 금지하고 계단을 이용할 것
③ 문을 열기 전 손으로 문이 뜨거운지 확인할 것(화염 확산 여부 체크)

■ **화재 시 엎드린 채로 이동하는 이유**
연기와 유독가스는 공기보다 가벼워 위로 올라가는 경향이 있다. 바닥 가까이는 상대적으로 공기가 더 맑아 숨을 쉬기 쉬운 환경이 생긴다.

(2) 소방 설비 확인

① 비상구 위치 및 대피 경로를 사전에 숙지할 것
② 소화기, 방화셔터, 방화문 위치를 확인할 것

01 화재의 정의 및 분류

01 다음 중 A급 화재의 주요 특징으로 옳은 것은?

① 유류 화재이며, 재가 거의 남지 않는다.→B급 화재
② 금속이 고온에서 자체 연소하며, 물과 반응하여 폭발 위험이 있다. → D급 화재
③ 목재, 종이, 섬유 등의 일반적인 가연물이 연소하며, 재가 남는다.
④ 전기적 요인으로 발생하며, 전기절연성이 있는 소화제를 사용해야 한다. → C급 화재

02 다음 중 B급 화재에 해당하는 주요 연소 물질이 <u>아닌</u> 것은?

① 휘발유
② 알코올
③ 종이 (×) → 종이는 A급 화재로 분류
④ 경유

03 다음 중 C급 화재 시 가장 적절한 소화 방법은?

① 물을 이용하여 냉각 소화한다. → A급 화재
② 포말 소화기를 사용하여 질식 소화한다. → B급 화재
③ 전기절연성이 있는 소화제를 사용한다.
④ 건조사를 이용하여 소화한다. → D급 화재

04 D급 화재(금속 화재)의 특징으로 가장 적절한 것은?

① 액체 상태로 연소하며, 질식 소화가 효과적이다.→B
② 고온에서 자체 연소가 가능하며, 물과 반응하여 폭발 위험이 있다.
③ 전기적 요인으로 발생하며, 감전 위험이 있다.→C
④ 연소 후 재가 남으며, 냉각 소화가 효과적이다.→A

05 다음 중 화재 유형과 적절한 소화 방법이 올바르게 짝지어진 것은?

① A급 화재 – 질식 소화(이산화탄소 소화기)
② B급 화재 – 냉각 소화(물 소화기)
③ C급 화재 – 전기절연성이 있는 소화제(이산화탄소, 분말 소화기)
④ D급 화재 – 냉각 소화(물 소화기)

06 다음 중 화재의 분류에서 A급 화재에 해당하는 것은?

① 기름, 유류 등의 화재 → B급 화재
② 종이, 목재, 섬유 등의 화재
③ 전기 설비 화재 → C급 화재
④ 금속, 마그네슘 화재 → D급 화재

07 다음 중 B급 화재의 특징으로 올바른 것은?

① 재가 남으며 냉각 소화가 필요하다. → A급 화재

② 연료성 액체나 기체가 연소하며, 질식 소화가
필요하다.

③ 전기기기의 화재로 전기절연성이 있는 소화제
가 필요하다. → C급 화재

④ 금속의 연소로 인해 물을 이용한 소화가 필요
하다. → D급 화재

08 다음 중 유류 화재(B급 화재)에 적합하지 않은
소화 방법은?

① 이산화탄소 소화기 사용 → B급 화재

② 포말 소화기 사용 → A, B급 화재

③ 물을 뿌려 소화 → 기름이 퍼지면서 화재 확대의 위험

④ 분말 소화기 사용 → B급 화재

09 다음 중 금속 화재(D급 화재)에 대한 설명으로
틀린 것은?

① 금속 화재는 나트륨, 마그네슘, 알루미늄 분말
등에서 발생할 수 있다.

② 금속 화재 시 물을 사용하면 폭발 위험이 있다.

③ 금속 화재는 일반적인 포말 소화기로 효과적
으로 진압할 수 있다. (×) → 포말 소화기는 금속 화재에 부적합

④ 금속 화재 전용 소화제가 있으며, 건조한 분말
형태를 띤다.

02 **연소의 원리 및 화재 발생 조건**

10 다음 중 연소의 3요소에 해당하지 않는 것은?

① 가연물

② 산소 공급원

③ 점화원(발화원)

④ 연소 생성물 (○) → 연소 후에 발생하는 물질

11 화재가 발생하지 않도록 하기 위한 방법으로 가장
효과적인 것은?

① 가연물을 제거한다. → 가연물, 산소 공급원, 점화원 중
하나라도 제거 시 화재 예방

② 산소 공급을 늘린다.

③ 점화원을 강화한다.

④ 연소 생성물을 배출한다.

03 **화재 예방 대책**

12 화재 예방을 위한 건물 및 시설 관리 대책으로
가장 적절한 것은?

① 가연물 주변에서 불꽃 사용을 허가한다.

② 인화성 물질은 화기와 가까운 곳에 보관한다.

③ 전기 설비를 정기 점검하고, 절연 상태를 확인
한다.

④ 전기 설비 점검은 필요할 때만 수행한다.

13 화재 예방을 위한 작업장 안전 대책으로 올바르지 <u>않은</u> 것은?

① 용접·절단 작업 시 불꽃 비산 방지망을 설치한다.

② 가연성 가스 사용 시설은 정기적으로 점검해야 한다.

③ 소방 훈련 및 피난 훈련은 정기적으로 실시해야 한다.

④ 화재 감지기 및 비상벨은 평상시에는 작동하지 않도록 설정한다. (×)
   → 감지기와 비상벨은 항상 정상 작동 상태로 유지 및 작동해야 한다.

04 소화 방법 및 소화기의 종류

┌→ 냉각 소화: 물 소화기, 포말 소화기

14 다음 중 냉각 소화의 원리로 가장 적절한 것은?

① 가연물을 제거하여 연소를 방지한다.

② 온도를 낮춰 연소를 억제한다.

③ 산소 공급을 차단하여 연소를 중단한다.

④ 연소의 연쇄반응을 차단하여 화재를 진압한다.

15 다음 중 B급 화재(유류 화재) 진압 시 가장 적절한 소화 방법은?

① 물을 이용하여 화재를 진압한다. → A급 화재

② 포 소화기나 이산화탄소 소화기를 사용하여 질식 소화를 한다.

③ 전기절연성이 있는 소화제를 사용한다. → C급 화재

④ 건조사를 이용하여 화재를 진압한다. → D급 화재

16 다음 중 C급 화재(전기 화재) 진압을 위해 적절한 소화기는?

① 물 소화기

② 포 소화기

③ 이산화탄소(CO_2) 소화기

④ 건조사 소화기

17 다음 중 금속 화재(D급 화재)의 특징으로 옳은 것은?

① 연소 후에 재가 남으며, 냉각 소화가 효과적이다. → A급 화재

② 액체 상태로 연소하며, 질식 소화가 효과적이다. → B급 화재

③ 전기적 요인으로 발생하며, 감전의 위험이 있다. → C급 화재

④ 고온에서 자체 연소 가능하며, 물과 반응하면 폭발 위험이 있다.

18 화재 유형과 소화 방법의 연결이 <u>잘못된</u> 것은?

① A급 화재 – 냉각 소화(물, 포말 소화기 사용)

② B급 화재 – 질식 소화(포말, 이산화탄소 소화기 사용)

③ C급 화재 – 냉각 소화(물을 이용하여 소화) (×)

④ D급 화재 – 특수 소화제 사용 (건조사, 금속 화재 전용 소화제)

[보충] C급 화재는 물 사용 시 감전의 위험이 있으므로, 전기절연성이 있는 소화기를 사용해야 한다.

19 소화기 종류와 사용 장소의 연결이 적절하지 <u>않은</u> 것은?

① 물 소화기 – A급 화재(일반 화재)

② 포 소화기 – B급 화재(유류 화재)

③ 이산화탄소 소화기 – C급 화재(전기 화재)

④ 분말 소화기 – D급 화재(금속 화재) (×)

→ 건조사 또는 금속 화재 전용 소화제 사용

20 다음 중 전기 화재 시 적절하지 <u>않은</u> 소화 방법은?

① 전원을 차단한 후 소화 작업을 진행한다.

② 물을 뿌려 열을 낮추고 화재를 진압한다. (×)

③ 이산화탄소 소화기를 사용하여 질식 소화를 한다.

④ 할로겐화합물 소화기를 사용하여 전기절연성을 유지하며 소화한다.

[보충] 전기 화재에 물을 뿌리면 감전의 위험이 있다.

21 다음 중 올바른 화재 대응 방법이 <u>아닌</u> 것은?

① 가스 화재 시 가스 밸브를 잠그고 전기 스위치를 차단한 후 소화한다.

② 전기 화재 시 전기 공급을 차단하고 절연성이 있는 소화제를 사용한다.

③ 유류 화재 시 물을 이용하여 빠르게 진화한다. (×)

④ 화재 발생 시 연기의 위험을 줄이기 위해 낮은 자세로 이동한다.

[보충] 유류 화재에서 물은 기름을 더 확산시키므로 사용하면 안 된다.

→ 공기와 접촉하면 스스로 발화하는 물질

22 다음 중 자연 발화성 물질에 해당하는 것은?

① 나트륨, 칼륨, 알킬나트륨

② 마그네슘, 알루미늄, 철분

③ 휘발유, 경유, 알코올

④ 이산화탄소, 질소, 아르곤

기출복원 모의고사

기출복원 모의고사

※ 8~10회 모의고사는 실제 시험처럼 연습할 수 있도록 CBT 형태로 구현했습니다.

STEP 1	STEP 2	STEP 3	STEP 4
엔지니어랩 접속	회원가입&로그인	구매 인증	CBT 응시하기

제1회 기출복원 모의고사

★★
01 다음 중 지게차 구조 및 작동의 특성에 대한 설명으로 옳은 것은?

① 전륜으로 구동하고 전륜으로 조향한다.
② 뒷바퀴로 구동하고 뒷바퀴로 조향한다.
③ 전륜으로 구동하고 후륜으로 조향한다.
④ 뒷바퀴로 구동하고 전륜으로 조향한다.

★★
02 다음 중 지게차 마스트의 구조에 대한 설명으로 타당하지 <u>않은</u> 것은?

① 이너레일은 가이드 롤러에 의해 아웃레일 내부를 따라 섭동된다.
② 마스트는 포크를 상하로 이동시키는 장치로, 틸트 실린더와 직접 연결된다.
③ 핑거보드는 포크를 고정하는 부품이며, 마스트에 고정되어 움직이지 않는다.
④ 마스트 구조는 복동 실린더의 작동을 통한 포크 경사 제어까지 포함한다.

★★
03 지게차 포크의 상승 및 하강 작동과 관련된 설명으로 가장 적절한 것은?

① 포크를 상승시키기 위해서는 리프트 레버를 전방으로 밀어야 한다.
② 포크를 하강시킬 때는 반드시 가속 페달을 밟아야 한다.
③ 포크의 상승과 하강은 리프트 실린더의 작동을 통해 이루어진다.
④ 리프트 레버는 마스트의 전후 경사 조절을 담당한다.

★★★
04 다음 중 지게차의 작업장치에 대한 설명으로 옳지 <u>않은</u> 것은?

① 포크 포지셔너는 다양한 크기의 팔레트를 처리할 수 있도록 포크 간격을 운전석에서 조정할 수 있다.
② 사이드 시프트는 포크를 좌우로 이동시켜, 지게차 전체를 움직이지 않고도 화물의 위치를 조정할 수 있다.
③ 로테이팅 클램프는 슬립시트 화물을 밀어서 상차하거나 내리는 데 사용되는 장치이다.
④ 로드 스태빌라이저는 포크 상단에 압력판이 부착되어 화물이 낙하하지 않도록 눌러주는 기능이 있다.

★★
05 다음 중 지게차 리프트 체인의 일상점검 항목으로 적절하지 <u>않은</u> 것은?

① 체인 부위의 부식 여부
② 체인 연결부의 균열 여부
③ 체인의 좌우 유격 상태
④ 체인의 인장 강도 측정

06 지게차의 디젤 엔진 시동 전 계기판에 [보기]의 지시등이 점등되자 운전자는 이 상태에서 엔진 시동을 바로 걸지 않고 잠시 대기하였다. 이 지시등이 의미하는 상태로 적절한 것은? ★★★

┤ 보기 ├

① 엔진의 윤활계통에 이상이 발생했음을 알리는 상태이다.
② 엔진이 과열되어 냉각을 유도하는 상태이다.
③ 연료가 부족하여 시동이 지연되는 상태이다.
④ 디젤 엔진의 시동 전 예열이 진행 중임을 알리는 상태이다.

07 지게차로 화물을 운반할 때, 적절한 포크의 높이 기준은? ★

① 지면으로부터 약 5cm 이하로 유지한다.
② 작업자 시야 확보를 위해 높게 유지한다.
③ 지면으로부터 약 20~30cm 높이로 유지한다.
④ 적재된 화물 높이와 일치하도록 올린다.

08 마스트의 전경각과 후경각을 조작하는 레버로 가장 적절한 것은? ★

① 리프트 레버   ② 틸트 레버
③ 변속 레버   ④ 전·후진 레버

09 지게차가 공장이나 창고로 진입할 때 주의사항으로 가장 적절하지 않은 것은? ★★

① 차체의 너비와 출입구 폭을 비교하여 통과 가능 여부를 확인한다.
② 시야 확보를 위해 얼굴을 차체 바깥으로 내밀고 조심스럽게 운전한다.
③ 출입 전 출입구 주변 장애물 유무를 확인한다.
④ 필요 시 포크 높이를 낮춰 출입구와의 간섭을 방지한다.

10 지게차 작업 시 작업물의 안전한 운반과 관련된 설명으로 옳지 않은 것은? ★★

① 포크는 작업물 하중에 맞게 간격을 조정하고, 삽입 시 천천히 정면으로 접근한다.
② 작업물의 높이가 높아 운전 시야를 방해할 경우, 마스트를 최대한 전경시켜 시야를 확보한다.
③ 화물이 불안정할 경우 슬링와이어나 로프를 사용하여 고정한 뒤 운반한다.
④ 운반 중에는 마스트를 4~6도 후경시키고, 포크는 지면에서 20~30cm 높이로 유지한다.

11 디젤 엔진의 순환운동 순서로 가장 적합한 것은? ★★

① 공기 압축 → 공기 흡입 → 가스 폭발 → 연소 배기 → 점화 연소
② 연료 흡입 → 연료 분사 → 공기 압축 → 연소 배기 → 착화 연소
③ 공기 흡입 → 공기 압축 → 연소 배기 → 연료 분사 → 착화 연소
④ 공기 흡입 → 공기 압축 → 연료 분사 → 착화 연소 → 연소 배기

12 내연 엔진의 열역학적 사이클 중 합성 사이클을 설명한 것으로 옳은 것은? ★★★

① 오토 사이클이라고도 한다.
② 디젤 사이클이라고도 한다.
③ 가솔린 엔진이 이에 해당한다.
④ 고속 디젤 엔진이 이에 해당한다.

13 디젤 엔진의 피스톤이 고착되는 원인으로 틀린 것은? ★★

① 엔진이 과열되었을 때
② 엔진오일이 부족할 때
③ 피스톤 간극이 작을 때
④ 엔진오일이 너무 많을 때

14 디젤 엔진에서 크랭크 축의 구성부품이 아닌 것은? ★★

① 메인 저널   ② 크랭크 핀
③ 크랭크 암   ④ 플라이 휠

15 윤활유의 기능으로 맞는 것은? ★★

① 마멸 방지, 수분 흡수, 밀봉 작용, 마찰 증대
② 마찰 감소, 마멸 방지, 밀봉 작용, 냉각 작용
③ 마찰 감소, 스러스트 작용, 밀봉 작용, 냉각 작용
④ 마찰 증대, 냉각 작용, 스러스트 작용, 응력 분산

16 엔진의 냉각수를 물 펌프를 이용하여 강제로 순환시켜 냉각하는 방식은? ★

① 자연 순환식   ② 강제 순환식
③ 대류 순환식   ④ 진공 순환식

17 건식 공기 여과기의 세척 방법으로 옳은 것은? ★

① 압축 증기로 안에서 밖으로 불어낸다.
② 압축 공기로 안에서 밖으로 불어낸다.
③ 압축 증기로 밖에서 안으로 불어낸다.
④ 압축 공기로 밖에서 안으로 불어낸다.

18 디젤 엔진의 단점이 아닌 것은? ★★

① 회전수가 높다.
② 엔진 가격이 비싸다.
③ 소음 및 진동이 크다.
④ 마력 당 무게가 무겁다.

19 디젤 엔진의 연소실 구성요소에 해당하지 않는 것은? ★

① 흡기 밸브   ② 배기 밸브
③ 분사 노즐   ④ 점화 플러그

20 커먼레일식 디젤 연료장치의 구성품이 <u>아닌</u> 것은?

① 인젝터
② 분사 펌프
③ 연료 탱크
④ 연료 여과기

21 전류의 자기작용을 응용한 것은?

① 전구
② 전동기
③ 전기 도금
④ 예열플러그

22 건설기계용 축전지에 대한 설명으로 <u>틀린</u> 것은?

① 발전기 출력과 부하 상태의 불평형을 조정한다.
② 시동 전동기에 충분한 전기적 에너지를 공급한다.
③ 양극판은 해면상납, 음극판은 과산화납을 사용한다.
④ 발전기가 고장일 때 각종 전기장치에 전기적 에너지를 공급한다.

23 시동 전동기의 성능에 대한 설명으로 <u>틀린</u> 것은?

① 축전지 용량이 작으면 출력이 감소한다.
② 축전지 용량이 작으면 회전 속도가 감소한다.
③ 축전지 온도가 낮으면 구동 회전력이 감소한다.
④ 축전지 온도가 낮으면 엔진의 회전 저항이 감소한다.

24 다음 [보기]와 관련이 있는 법칙은?

┤보기├
전자 유도 작용에 의해 발생한 유도 기전력의 방향은 코일 내의 자속의 변화를 방해하는 방향으로 생긴다.

① 렌츠의 법칙
② 전자 유도 법칙
③ 플레밍의 왼손 법칙
④ 플레밍의 오른손 법칙

25 광원에서 공간으로 발산되는 빛의 다발을 의미하며, 단위로 루멘(lumen: lm)을 사용하는 것은?

① 번들
② 광도
③ 조도
④ 광속

26 다음 중 유압조작식 지게차에만 존재하고, 토크 컨버터식 지게차에는 존재하지 <u>않는</u> 장치는?

① 자동 변속기
② 파워시프트
③ 토크 컨버터
④ 유압작동 실린더

27 클러치 디스크의 마찰재가 갖추어야 할 조건이 <u>아닌</u> 것은?

① 높은 내열성과 내마멸성을 가져야 한다.
② 마찰계수는 일정 범위를 유지해야 한다.
③ 고온에서도 성능 변화가 적어야 한다.
④ 마찰면이 빠르게 마모되도록 설계되어야 한다.

28 다음 중 지게차의 동력 조향장치에 사용되는 실린더 형식으로 가장 적절한 것은?

① 단동 실린더
② 텔레스코픽 실린더
③ 복동 실린더 더블 로드형
④ 플런저형 실린더

29 지게차의 브레이크 드럼을 설계할 때 요구되는 조건으로 적절하지 않은 것은?

① 주행 중 브레이크 작동 시에도 변형되지 않을 충분한 강성을 갖출 것
② 회전 시 균형을 유지할 수 있도록 동적·정적 평형이 확보될 것
③ 제동력 향상을 위해 무겁고 강성이 낮을 것
④ 마찰면이 마모에 강하고, 열이 잘 발산될 수 있도록 설계할 것

30 타이어식 건설기계에서 추진축의 스플라인 마모가 심할 경우 발생할 수 있는 대표적인 현상은?

① 감속이 잘 되지 않는다.
② 조향 시 핸들 유격이 커진다.
③ 가속 시 미끄러짐이 줄어든다.
④ 주행 중 소음 및 차체 진동이 발생한다.

31 유압장치의 장점으로 틀린 것은?

① 소형이면서도 출력이 크다.
② 과부하에 대한 안전장치가 간단하고 정확하다.
③ 유온의 영향이 있어도 정밀한 속도제어가 가능하다.
④ 무단변속이 가능하고 정확한 위치제어를 할 수 있다.

32 다음 [보기]는 베르누이의 정리를 설명한 것이다. ( ) 안에 차례로 들어갈 용어는?

┤보기├
유로가 수평하고 유량이 일정할 때 파이프의 단면적이 작은 곳에서는 (㉠)이/가 증가하지만 (㉡)은/는 낮아진다.

① ㉠: 압력, ㉡: 유속
② ㉠: 유속, ㉡: 온도
③ ㉠: 온도, ㉡: 압력
④ ㉠: 유속, ㉡: 압력

33 유압 작동유의 주요 기능이 아닌 것은?

① 윤활작용   ② 열화작용
③ 누유 방지 기능   ④ 동력 전달 기능

34 일반적으로 지게차의 유압 펌프는 무엇에 의해 구동되는가?

① 엔진의 캠축   ② 공기 압축기
③ 엔진의 플라이 휠 ④ PTO 클러치 장치

35 베인 펌프의 펌핑작용과 관련되는 주요 구성 요소는?

① 배플, 베인, 캠링
② 베인, 캠링, 로터
③ 캠링, 로터, 스풀
④ 로터, 스풀, 스테이터

36 ★ 유압시스템에서 유압 밸브의 오일 제어 기능이 아닌 것은?

① 점도 제어　　② 유량 제어
③ 방향 제어　　④ 압력 제어

37 ★★★ 유압장치에서 주 회로의 압력보다 낮은 압력으로 작동기를 동작시키고자 할 때 사용하는 밸브는?

① 감압 밸브　　② 릴리프 밸브
③ 시퀀스 밸브　　④ 카운터밸런스 밸브

38 ★ 지게차 리프트 실린더의 주요 구성 요소로 틀린 것은?

① 암　　② 피스톤
③ 실린더 튜브　　④ 피스톤 로드

39 ★★ 오일 탱크 내의 오일을 전부 배출시킬 때 사용하는 것은?

① 리턴 라인　　② 어큐뮬레이터
③ 배플 플레이트　　④ 드레인 플러그

40 ★★★ 정용량형 유압 펌프를 나타내는 것은?

① 　　②
③ 　　④

41 ★★ 다음 중 건설기계 범위에 대한 설명으로 적당하지 않은 것은?

① 적재용량 12톤 이상인 덤프트럭
② 20킬로와트 이상의 원동기를 가진 이동식 쇄석기
③ 펌프식·바켓식·딧퍼식 또는 그래브식의 비자항식 준설선
④ 무한궤도 또는 궤도(레일)식 기중기

42 ★ 건설기계 등록신청은 누구에게 하는가?

① 국토교통부장관　　② 읍·면·동장
③ 서울특별시장　　④ 경찰서장

43 ★ 건설기계 등록사항 중 변경 사항이 있을 경우 며칠 이내에 관할 시·도지사에게 변경신고서를 제출하여야 하는가?

① 7일　　② 30일
③ 10일　　④ 15일

44 ★★★ 정기검사 유효기간이 3년인 건설기계는(단, 연식은 20년 이하)?

① 덤프트럭
② 콘크리트 믹서트럭
③ 트럭적재식 콘트리트 펌프
④ 무한궤도식 굴착기

45 건설기계 조종사의 면허 취소 사유에 대한 설명으로 맞는 것은?

① 과실로 인하여 1명을 사망하게 하였을 때
② 건설기계 조종사 면허의 효력 정지기간 중 건설기계를 조종한 때
③ 과실로 인하여 10명에게 경상을 입힌 때
④ 건설기계로 1천만원 이상의 재산 피해를 냈을 때

46 도로교통법의 주요 목적으로 가장 적절한 것은?

① 도로 건설 사업 촉진
② 교통수단 다양화
③ 교통안전과 원활한 교통 확보
④ 자동차 산업 보호

47 차량 신호등이 적색등화일 때 우회전이 허용되는 조건은?

① 항상 가능
② 보행자 신호등이 녹색 등화의 점멸 시
③ 비보호좌회전 표시가 있을 때
④ 다른 차량이나 보행자를 방해하지 않을 때

48 일반도로에서 앞지르기 방법으로 옳은 것은?

① 앞차의 우측으로 통행
② 앞차의 좌측으로 통행
③ 양측 모두 가능
④ 경음기 사용 후 자유롭게 통행

49 비가 내려 노면이 젖은 경우의 속도 조절 방법은?

① 제한속도 유지
② 최고속도의 80%로 감속
③ 최고속도의 50%로 감속
④ 도로 상황에 맞춰 감속

50 긴급자동차의 우선 통행에 대한 설명으로 적절하지 않은 것은?

① 부득이한 경우에는 도로의 중앙이나 좌측 부분을 통행할 수 있다.
② 긴급자동차가 접근하는 경우 운전자는 교차로를 피하여 일시정지하여야 한다.
③ 교차로 외의 곳에서 긴급자동차가 접근한 경우 긴급자동차에게 진로를 양보하여야 한다.
④ 긴급자동차는 경광등을 켜거나 사이렌을 항상 작동하여야 한다.

51 산업안전관리의 목표로 옳은 것은?

① 생산성 향상을 위해 작업 속도를 높인다.
② 근로자의 안전보다는 기업의 이익을 우선한다.
③ 인간존중의 가치 실현과 근로자의 생명 보호를 최우선으로 한다.
④ 기계·설비의 수명을 연장하기 위해 점검을 강화한다.

52 중대재해에 대한 설명으로 바르지 않는 것은?

① 사망자 1명 이상 발생
② 3개월 이상 요양자 2명
③ 동시에 5명 이상 부상자 발생
④ 동시에 10명 이상 부상자 발생

53 산업재해의 직접적인 원인이 <u>아닌</u> 것은?

① 기계 조작 실수　② 기계·설비 결함

③ 작업자의 부주의　④ 안전교육 부족

54 귀마개 또는 귀덮개를 착용해야 하는 환경은?

① 조명이 어두운 곳

② 소음이 85dB 이상인 작업장

③ 공기가 건조한 공간

④ 높은 기온의 작업장

55 다음 산업안전보건 표지에 해당하는 것은?

① 출입금지　② 차량통행금지

③ 사용금지　④ 물체이동금지

56 방호장치 중 기계 급정지 장치의 설치 목적으로 알맞은 것은?

① 기계의 소음을 줄이기 위해

② 전력 소비를 낮추기 위해

③ 작업 중 이상 발생 시 즉시 정지하기 위해

④ 기계의 정기점검을 자동화하기 위해

57 드릴 작업 시 장갑을 착용하면 안 되는 이유는?

① 정전기 발생 위험

② 작업 능률 저하

③ 끼임 위험

④ 손에 땀이 차서 미끄러움

58 화재의 분류 시 주요 연소 물질이 목재, 종이 등에 해당하는 화재는?

① A급 화재　② B급 화재

③ C급 화재　④ D급 화재

59 다음 중 유류 화재 발생 시 절대로 사용해서는 안 되는 소화기는?

① 포말 소화기　② 이산화탄소 소화기

③ 물 소화기　④ 분말 소화기

60 다음 중 화재 유형과 소화 방법의 연결이 올바른 것은?

① D급 화재 – 물 소화기

② A급 화재 – 포말 소화기

③ B급 화재 – 냉각 소화

④ C급 화재 – 이산화탄소 소화기

제2회 기출복원 모의고사

응시날짜:

점수:

★
01 지게차를 정면에서 바라봤을 때 좌우 바퀴 중심 간의 수평 거리를 의미하며, 조향 안정성과 관련된 제원은 무엇인가?

① 전고
② 전장
③ 윤간거리
④ 자유인상높이

★★
02 지게차는 자동차처럼 현가(스프링)장치를 사용하지 않는다. 그 이유로 옳은 것은?

① 고속 주행 중 조향 성능이 떨어지기 때문이다.
② 적재된 화물이 진동에 의해 흔들리거나 떨어질 수 있기 때문이다.
③ 현가장치는 고가이므로 경제성이 떨어지기 때문이다.
④ 타이어 접지면을 고르게 유지하기 어렵기 때문이다.

★
03 지게차에서 마스트를 앞뒤로 기울이는 작동 계통에 대한 설명으로 옳은 것은?

① 틸트 레버를 전방으로 밀면 마스트가 운전자쪽으로 기울어진다.
② 틸트 실린더는 마스트를 좌우로 기울이는 장치이다.
③ 틸트 레버는 전·후방 경사 조절을 위해 사용된다.
④ 틸트 실린더는 일반적으로 단동식 실린더가 사용된다.

★★★
04 다음 중 지게차의 다양한 작업장치의 특성과 용도에 대한 설명으로 옳은 것은?

① 힌지드 포크는 포크 자체가 좌우로 회전하여 좁은 공간에서 방향을 바꾸는 데 유리하다.
② 힌지드 버킷은 비료, 곡물 등과 같은 분말형 화물 운반에 활용되며, 포크 대신 버킷이 부착되어 있다.
③ 하이 마스트는 지게차의 등판능력을 높이기 위한 마스트 형식으로 경사로 작업에 적합하다.
④ 타이어 클램프는 회전형 작업장치로서 주로 평면적인 화물의 납작한 적재에 사용된다.

★★
05 다음 중 지게차의 작업 전 난기운전 및 예열 절차에 대한 설명으로 옳지 않은 것은?

① 리프트 레버를 전행정으로 작동시켜 포크의 상승과 하강을 반복한다.
② 작동유의 온도를 빠르게 올리기 위해 전·후진을 고속으로 반복 운전한다.
③ 틸트 레버를 사용하여 마스트를 앞뒤로 경사시키는 동작을 반복한다.
④ 엔진 시동 후에는 저속운전을 실시하여 각 계통의 유온을 점차 상승시킨다.

06 다음 중 유압기기 내 작동유의 온도가 비정상적으로 상승하는 원인으로 볼 수 <u>없는</u> 것은?

① 유압 회로 내에서 공동현상이 발생한 경우
② 유압 모터의 내부 마찰이 심한 경우
③ 유압 작동유의 점도가 매우 높은 경우
④ 유압 회로의 설정 압력이 지나치게 낮은 경우

07 지게차 주차 시 안전조치로 가장 부적절한 것은?

① 포크를 지면에 완전히 내려놓는다.
② 마스트는 전방으로 약간 경사시킨다.
③ 시동을 끄고 주차 브레이크를 작동시킨다.
④ 포크는 지면에서 30cm 정도 띄워 고정한다.

08 지게차로 화물 운반 작업 시 반드시 지켜야 할 안전 사항으로 가장 부적절한 것은?

① 시야가 가려지는 대형 화물은 후진으로 운반한다.
② 팔레트에 실려 있는 물체의 안전한 적재 여부를 확인한다.
③ 화물 앞에 도달하면 브레이크를 밟아 정지 준비를 한다.
④ 화물에 접근할수록 가속 페달을 살짝 밟아 속도를 높인다.

09 지게차 작업 중 화물이 불안정하게 적재되어 있을 때의 조치로 가장 적절한 것은?

① 포크를 최대한 높이 들어 중심을 높이고 서행한다.
② 사람이 동승하여 화물 균형을 잡게 한다.
③ 슬링로프 또는 결속 장비를 사용해 화물을 고정한 후 운반한다.
④ 하역 작업을 빠르게 진행하여 불안정 상태를 벗어난다.

10 지게차 작업 시 신체 보호 및 유도자 관련 안전 수칙에 대한 설명으로 적절하지 <u>않은</u> 것은?

① 전복 우려 상황에서는 지게차에서 탈출하지 말고 조향핸들을 잡고 자세를 고정한다.
② 유도자는 운전자의 시야가 확보되는 위치에 2명 이상 배치하여 정확한 신호를 전달한다.
③ 시동 전 조작 레버는 반드시 중립 위치에 두고, 출입 시에는 안전벨트를 착용해야 한다.
④ 오른손 검지로 원을 그리는 동작은 화물의 상승을 의미하는 신호이다.

11 엔진의 구비 조건에 해당하지 <u>않는</u> 것은?

① 진동과 소음이 작아야 한다.
② 출력당 질량 및 부피가 커야 한다.
③ 연료 소비가 적고 경제적이어야 한다.
④ 취급이 쉽고 점검과 수리가 편리해야 한다.

12 디젤 엔진에서 흡입 공기 압축 시 압축 온도는?

① 200~300℃
② 450~550℃
③ 800~1,000℃
④ 1,500~2,000℃

★★
13 피스톤 링에 대한 설명으로 **틀린** 것은?

① 압축 링과 인장 링이 있다.
② 압축가스가 새는 것을 막아 준다.
③ 엔진오일을 실린더 벽에서 긁어내린다.
④ 실린더 헤드 쪽에 있는 것이 압축 링이다.

★★★
14 흡기 및 배기 밸브의 헤드에 대한 설명으로 옳은 것은?

① 흡기 밸브 헤드의 지름과 배기 밸브 헤드의 지름은 같다.
② 흡기 밸브 헤드의 지름이 배기 밸브 헤드의 지름보다 작다.
③ 흡기 밸브 헤드의 지름이 배기 밸브 헤드의 지름보다 크다.
④ 흡기 밸브 헤드의 지름과 배기 밸브 헤드의 지름의 합은 실린더 지름과 같다.

★★
15 디젤 엔진에 사용되는 윤활유의 역할로 **틀린** 것은?

① 냉각 작용   ② 충격 흡수
③ 기밀 유지   ④ 매연 공해 감소

★
16 냉각장치에 사용되는 라디에이터의 구성품이 **아닌** 것은?

① 코어   ② 냉각 핀
③ 워터 재킷   ④ 냉각수 주입구

★★
17 배기관이나 소음기 내부에 카본이 부착되면 배압은?

① 낮아진다.   ② 높아진다.
③ 변화하지 않는다.   ④ 발생하지 않는다.

★★
18 디젤 엔진의 진동 원인에 해당하지 **않는** 것은?

① 각 피스톤의 중량차가 크다.
② 오일 펌프의 토출 유압이 높다.
③ 분사 시기 및 분사간격이 다르다.
④ 각 실린더의 분사압력과 분사량이 다르다.

★
19 디젤 엔진 연료장치의 구성 부품이 **아닌** 것은?

① 점화코일   ② 분사 노즐
③ 분사 펌프   ④ 연료 탱크

★★★
20 커먼레일 디젤 연료 분사장치에서 저압 계통이 **아닌** 것은?

① 커먼레일   ② 연료 탱크
③ 연료 여과기   ④ 저압 연료 펌프

★★
21 도체에 전류가 흐른다는 것은 전자가 움직이고 있다는 것이며, 이때 이 전자의 움직임을 방해하는 요소는 무엇인가?

① 저항　　　　　② 전류
③ 전력　　　　　④ 전압

★★
22 축전지 전해액이 자연 감소되었을 때 보충에 가장 적합한 것은?

① 경수　　　　　② 연수
③ 증류수　　　　④ 수돗물

★★★
23 시동장치 설계 시 고려 사항으로 틀린 것은?

① 크랭킹 저항　　　② 시동 한계온도
③ 최저 크랭킹 속도　④ 전선의 색상과 길이

★★
24 건설기계에는 일반적으로 어떤 발전기가 사용되는가?

① 직류 발전기　　　② 와전류 발전기
③ 3상 교류 발전기　④ 5상 교류 발전기

★
25 예열 플러그의 작동 시기로 옳은 것은?

① 냉각수의 양이 부족할 때
② 기온이 영하로 떨어졌을 때
③ 축전지가 과방전 되었을 때
④ 축전지가 과충전 되었을 때

★
26 다음 중 클러치의 주된 기능으로 옳은 것은?

① 차축으로 동력을 직접 전달한다.
② 추진축의 회전수를 조정한다.
③ 기관과 변속기 사이에서 동력을 연결하거나 차단한다.
④ 조향 장치와 구동 장치를 분리한다.

★★★
27 유체 클러치 내 가이드 링의 역할로 옳은 것은?

① 펌프 임펠러와 터빈 간의 마찰력을 증가시킨다.
② 오일 흐름을 제어하여 효율적인 회전력 전달을 돕는다.
③ 플라이 휠과 직접 결합하여 엔진 토크를 증대시킨다.
④ 유체의 흐름을 막아 내부 압력을 상승시킨다.

★
28 지게차의 동력 조향장치가 가지는 일반적인 장점이 아닌 것은?

① 거친 노면의 충격이 조향 핸들로 전달되는 것을 줄여준다.
② 조작력이 작아도 조향이 가능하다.
③ 조향기어비를 자유롭게 조정할 수 있다.
④ 조향에 실패하면 자동으로 시동이 꺼진다.

29 다음 중 지게차 브레이크 드럼의 정적·동적 평형 유지가 중요한 이유로 가장 적절한 것은?

① 주차 시 브레이크가 자동으로 고정되기 위해서
② 브레이크의 마찰 계수를 증가시키기 위해서
③ 드럼 회전 중 진동과 불균형을 방지하여 안정성을 높이기 위해서
④ 열팽창으로 인한 마찰력 손실을 방지하기 위해서

30 타이어식 건설기계에서 주행이 전혀 되지 않을 경우, 가장 먼저 점검해야 할 항목으로 보기 어려운 것은?

① 주차 브레이크 작동 상태
② 변속장치의 위치 상태
③ 구동축(유니버설 조인트) 파손 여부
④ 조향장치의 토인 간격

31 다음 중 압력에 대하여 설명한 것으로 틀린 것은?

① 대기압력: 절대압력 + 계기압력
② 계기압력: 대기압을 기준으로 한 압력
③ 절대압력: 완전진공을 기준으로 한 압력
④ 진공압력: 대기압보다 낮은 압력

32 릴리프 밸브에서 볼(Ball)이 밸브 시트를 때려 진동과 소음을 발생시키는 현상은?

① 페이드(Fade) 현상
② 노킹(Knocking) 현상
③ 채터링(Chattering) 현상
④ 베이퍼 록(Vapor Lock) 현상

33 금속 간의 마찰을 방지하고 윤활성을 향상시키기 위하여 사용되는 첨가제는?

① 방청제   ② 유성 향상제
③ 유동점 강하제   ④ 점도지수 향상제

34 회전수가 같을 때 펌프의 토출량이 변할 수 있는 것은?

① 기어 펌프
② 프로펠러 펌프
③ 정 용량형 베인 펌프
④ 가변 용량형 플런저 펌프

35 유압 회로 내에서 작동유의 압력을 조절하여 일의 크기를 결정하는 밸브로 틀린 것은?

① 셔틀 밸브   ② 리듀싱 밸브
③ 언로드 밸브   ④ 카운터밸런스 밸브

36 2대의 유압 실린더에 동등한 유량을 분배하여 속도를 제어하는 밸브는?

① 분류 밸브   ② 스풀 밸브
③ 교축 밸브   ④ 스로틀 밸브

★
37 유압유의 압력 에너지를 기계적 에너지로 변환시키는 유압기기는?

① 유압 펌프　　　　② 유압 밸브
③ 어큐뮬레이터　　④ 유압 액추에이터

★★
38 유압 실린더의 누유 검사 방법으로 <u>틀린</u> 것은?

① 정상적인 작동온도에서 실시한다.
② 얇은 가죽이나 V패킹으로 교환한다.
③ 각 유압 실린더를 몇 번씩 작동 후 점검한다.
④ 얇은 종이를 펴서 로드에 대고 앞뒤로 움직여 본다.

★
39 기체식 어큐뮬레이터에 압입되는 기체는?

① 산소가스　　　　② 질소가스
③ 탄산가스　　　　④ 황산가스

★★★
40 유압장치의 기능을 표시하기 위한 유압 기호의 표시 방법으로 적합하지 <u>않은</u> 것은?

① 기름 탱크의 기호는 수평 위치로 표시한다.
② 축압기와 보조 가스용기는 항상 가로형으로 표시한다.
③ 기호는 부품의 기능, 조작 방법 및 외부 접속구를 표시한다.
④ 기호는 원칙적으로 통상의 운휴 상태 또는 기능적인 중립 상태를 나타낸다.

★
41 덤프트럭이 건설기계로 분류되기 위한 최소 적재 용량은?

① 5톤 이상　　　　② 10톤 이상
③ 12톤 이상　　　④ 15톤 이상

★
42 국가비상사태 시 건설기계 등록신청 기간은?

① 3일 이내　　　　② 5일 이내
③ 7일 이내　　　　④ 10일 이내

★★★
43 건설기계 등록 말소 통지 후 저당권이 등록된 경우를 제외한 말소 가능 시점은?

① 통지 즉시　　　　② 1개월 경과 후
③ 3개월 경과 후　　④ 6개월 경과 후

★★
44 타이어식 굴착기의 정기검사 유효기간은?

① 6개월　　　　　② 1년
③ 2년　　　　　　④ 3년

★★
45 다음 중 건설기계 조종사 면허가 아닌 「도로교통법」 운전면허로 조종이 가능한 기계는?

① 3톤 미만 굴착기　② 덤프트럭
③ 타이어식 기중기　④ 타워크레인

★
46 다음 중 중앙선에 대한 설명으로 틀린 것은?

① 황색 실선 또는 점선으로 표시한다.
② 차량의 통행 방향을 구분한다.
③ 가변차로 시 신호기 지시에 따른다.
④ 보행자 횡단을 위한 표시이다.

★
47 차량 신호등이 황색 점멸신호일 때, 운전자의 의무는?

① 즉시 정지해야 한다.
② 주의하면서 서행해야 한다.
③ 경음기를 계속 울려야 한다.
④ 우회전만 가능하다.

★★
48 다음 중 앞지르기 금지 장소가 아닌 것은?

① 교차로
② 터널
③ 고속도로 직선 구간
④ 철길 건널목

★★★
49 주차금지 구역이 아닌 것은?

① 소화전 5m 이내
② 교차로 가장자리 5m 이내
③ 버스 정류장 10m 이내
④ 일반 주택가 도로

★★
50 자동차전용도로에서의 최고속도와 최저속도로 올바른 것은?

① 최고속도 매시 90km, 최저속도 매시 30km
② 최고속도 매시 100km, 최저속도 매시 50km
③ 최고속도 매시 90km, 최저속도 매시 50km
④ 최고속도 매시 100km, 최저속도 매시 30km

★★
51 하인리히의 안전 3요소에 포함되는 것이 아닌 것은?

① 교육적 요소　② 관리적 요소
③ 기술적 요소　④ 조직적 요소

★
52 추락 재해 방지를 위한 방법으로 부적절한 것은?

① 추락방지망 설치
② 안전대 착용
③ 안전난간 설치
④ 보호구 없이 이동

53 산업재해의 직접적 원인에 해당하는 것은?

① 작업 감독 소홀　　② 안전 수칙 미준수

③ 피로 누적　　　　　④ 조명 불량

54 다음 경고 표지에 해당하는 것은?

① 인화성물질 경고　　② 산화성물질 경고

③ 폭발성물질 경고　　④ 급성독성물질 경고

55 산업안전보건 표지에서 매달린 물체 경고 표지의 바탕색은?

① 적색　　　　　　　② 황색

③ 녹색　　　　　　　④ 청색

56 다음 중 연삭기 사용 시 주의 사항으로 부적절한 것은?

① 숫돌 균열 여부를 확인한다.

② 가드 장치 장착 여부를 확인한다.

③ 작업자 키에 맞는 작업대 높이인지 확인한다.

④ 받침대와 숫돌 간격을 최대한 넓게 유지한다.

57 다음 중 역화 방지기의 설치 위치로 올바른 것은?

① 용접 토치 내부

② 가스용기와 용접 토치 사이

③ 산소탱크 내부

④ 공구함 옆

58 산업안전보건기준에 관한 규칙에서 사다리식 통로 설치 기준에 해당하지 않는 것은?

① 견고한 구조

② 발판의 간격을 일정하게 유지

③ 넘어짐 및 미끄러짐 방지 조치

④ 10m 이상일 경우 3m마다 계단참 설치

59 다음 중 질식 소화에 대한 설명으로 가장 적절한 것은?

① 물을 뿌려 연소 온도를 낮춘다.

② 가스 밸브를 차단하여 연소를 중단시킨다.

③ 포 소화기를 사용하여 산소 접촉을 차단한다.

④ 불붙은 천을 떼어내어 연소를 중단시킨다.

60 금속 화재(D급 화재)에 대한 설명으로 옳지 않은 것은?

① 건조사나 특수 소화제를 사용한다.

② 물을 사용하면 폭발 반응이 생길 수 있다.

③ 화재 진압 시 일반적으로 분말 소화기를 사용한다.

④ 나트륨, 마그네슘 화재에 해당한다.

제3회 기출복원 모의고사

응시날짜:

점수:

★★
01 다음 중 지게차에서 정격하중을 초과했을 때 발생할 수 있는 현상으로 가장 적절한 것은?

① 후륜이 더 많이 눌린다.
② 좌우 바퀴의 윤거가 늘어난다.
③ 전륜에 과도한 하중이 실려 후륜이 들린다.
④ 마스트가 자동으로 기울어진다.

★★★
02 작업 종료 후 지게차를 안전하게 주차하기 위한 조치로 타당하지 **않은** 것은?

① 마스트를 뒤로 완전히 젖혀서 안정성을 확보한다.
② 포크는 지면에 내리고 선단이 닿도록 전방으로 약간 기울인다.
③ 전·후진 레버는 중립(N) 위치에 두고, 주차 브레이크를 작동시킨다.
④ 시동 스위치를 끄고, 키를 분리한 후 운전석을 이탈한다.

★★
03 지게차 마스트의 틸트 동작 중 엔진이 정지되었을 때, 마스트가 갑작스럽게 기울어지지 않도록 방지하는 장치는?

① 플로우 레귤레이터 밸브
② 틸트 록 밸브
③ 체크 밸브
④ 오버헤드 가드

★★★
04 지게차 특수 작업장치에 대한 설명으로 적절하지 **않은** 것은?

① 로테이팅 클램프는 원통형 또는 포장 화물을 잡고 360도 회전시킬 수 있으므로 공간 활용성이 높다.
② 잉곳 클램프는 고온 환경의 금속 공정에서 금속 덩어리를 안전하게 집어서 이동할 수 있도록 설계되어 있다.
③ 푸시 풀 장치는 슬립 시트가 없는 포대류 화물에 사용되며 회전 기능이 있어서 내용물을 배출할 수 있다.
④ 사이드 시프트 장치는 협소한 공간에서 포크 위치를 조정하여 정밀하게 화물을 쌓는 데 유리하다.

★★
05 지게차 계기판의 경고등 및 계기의 작동 특성에 대한 설명으로 **틀린** 것은?

① 연료 게이지가 E를 가리키면 연료가 거의 비어 있는 상태를 의미한다.
② 오일 압력 경고등은 시동 후 워밍 업이 끝날 때까지 계속 켜져 있어야 정상이다.
③ 히터 시그널은 글로우 플러그 예열 상태를 표시하며, 예열 완료 시 꺼진다.
④ 암페어미터의 지침이 (−)를 가리키면 배터리가 방전되고 있음을 의미한다.

06 ★★ 지게차 유압탱크의 유압유 잔량을 점검하기 위한 포크의 올바른 위치 상태는?

① 포크를 완전히 들어 올린 상태
② 포크를 지면에서 20~30cm 정도 띄운 상태
③ 포크를 최대로 들어 올린 상태
④ 포크를 지면에 완전히 내려놓은 상태

07 ★ 다음 중 지게차 주차 절차에 포함되지 <u>않는</u> 항목은?

① 변속 레버를 중립 위치에 둔다.
② 마스트를 전방으로 틸트한 후 포크를 내린다.
③ 시동을 끄고 키를 보관한다.
④ 주차 시 포크를 들어 올려 하중을 유지한다.

08 ★★ 지게차를 비좁은 공간에서 회전할 때 운전자가 가장 주의해야 할 사항은?

① 전방 바퀴 회전을 주의하여 조향한다.
② 포크를 최대한 높여 시야를 확보한 후 회전한다.
③ 뒷바퀴 회전 반경을 고려해 주의 깊게 조향한다.
④ 포크는 바닥에 닿도록 내린 채로 회전해야 안정적이다.

09 ★ 지게차 운전 중 적재된 화물로 인해 전방 시야가 가려질 경우 가장 올바른 대응은?

① 포크를 더 높여 시야를 확보하고 주행한다.
② 유도자의 유도 없이 서행하여 진행한다.
③ 시야 확보를 위해 차체 밖으로 고개를 내밀고 운전한다.
④ 후진 주행하거나 유도자의 유도를 받아 작업을 수행한다.

10 ★ 지게차 운행 중 화물 적재와 관련하여 안전 수칙을 위반한 행동은?

① 마스트는 운행 중 약 4~6° 후경시켜 적재물의 낙하를 방지한다.
② 적재화물이 불안정할 경우 슬링 와이어 또는 로프로 결속하여 운반한다.
③ 시야 확보가 어려운 경우 유도자를 배치하거나 후진 주행으로 대응한다.
④ 화물 적재 시 포크로 찍어 고정한 후 빠르게 운반한다.

11 ★★ 디젤 엔진을 구성하는 주요 장치에 해당하지 <u>않는</u> 것은?

① 예열장치   ② 점화장치
③ 연료장치   ④ 윤활장치

12 ★★★ 엔진의 연소가스가 실린더와 피스톤 사이를 통해서 크랭크실 내부로 누설되는 것을 무엇이라 하는가?

① 블로 백(Blow Back)
② 블로 타이(Blow Tie)
③ 블로 바이(Blow By)
④ 블로 다운(Blow Down)

13 디젤 엔진의 실린더 벽에서 마멸이 가장 크게 발생하는 부위는?

① 상사점 부근　　② 하사점 부근
③ 중간 부근　　　④ 하사점 이하

14 피스톤 링 중 압축링의 역할로 옳은 것은?

① 윤활 작용, 열전달 작용
② 기밀 작용, 열전달 작용
③ 윤활 작용, 소음 방지 작용
④ 냉각 작용, 진동 방지 작용

15 윤활유에 사용되는 첨가제의 종류에 해당하지 않는 것은?

① 산화 방지제　　② 유성 향상제
③ 착화점 향상제　④ 점도지수 향상제

16 가압식 라디에이터의 장점으로 틀린 것은?

① 냉각수의 손실이 적다.
② 방열기를 작게 할 수 있다.
③ 냉각수의 순환 속도가 빠르다.
④ 냉각수의 비등점을 높일 수 있다.

17 냉각수가 빙결되어 엔진이 동파되는 원인은?

① 열을 빼앗겨서
② 엔진의 쇠붙이가 얼어서
③ 냉각수의 체적이 늘어나서
④ 발전량 및 충전량이 부족해서

18 디젤 엔진용 경유의 중요한 성질이 아닌 것은?

① 비중　　　　② 옥탄가
③ 착화성　　　④ 세탄가

19 디젤 엔진의 연료 계통에서 공기 빼기 순서로 옳은 것은?

① 공기 펌프 → 분사 노즐 → 분사 펌프
② 공기 여과기 → 분사 펌프 → 공급 펌프
③ 공급 펌프 → 연료 여과기 → 분사 펌프
④ 분사 펌프 → 연료 여과기 → 공급 펌프

20 전자제어식 커먼레일 디젤 엔진의 단점으로 틀린 것은?

① 부품 가격이 비싸다.
② 잔고장이 생길 수 있다.
③ 고장 시 수리비가 비싸다.
④ 불완전연소로 매연 발생량이 많다.

21 납산 축전지에 증류수를 자주 보충시켜야 한다면 그 원인은?

① 충전 부족이다.
② 과방전되고 있다.
③ 과충전되고 있다.
④ 극판이 황산화되었다.

22 축전지를 급속 충전할 때의 주의 사항으로 틀린 것은?

① 통풍이 잘되는 곳에서 한다.
② 충전 중인 축전지에 충격을 가하지 않도록 한다.
③ 전해액의 온도가 45℃를 넘지 않도록 특별히 주의한다.
④ 충전 시간은 가능한 길게 하고, 급속 충전은 가능한 자주 실시한다.

23 디젤 엔진의 시동 전동기에 적용되는 법칙은?

① 렌츠의 법칙
② 플레밍의 왼손 법칙
③ 플레밍의 오른손 법칙
④ 앙페르의 오른나사 법칙

24 교류발전기의 특징으로 틀린 것은?

① 정류자를 사용한다.
② 저속 주행 시에도 충전이 가능하다.
③ 다이오드를 사용하기 때문에 정류 특성이 좋다.
④ 속도 변화에 따른 적용 범위가 넓고 소형·경량이다.

25 건설기계에 사용되는 유압계, 연료계 등은 대부분 어느 방식을 이용하는가?

① 공기식   ② 기계식
③ 유체식   ④ 전기식

26 클러치 작동 시 요구되는 조건으로 가장 부적절한 것은?

① 조작이 쉽고 단속 작용이 분명해야 한다.
② 회전 부품의 평형이 잘 잡혀 있어야 한다.
③ 과열 시 동력 차단이 자동으로 이루어져야 한다.
④ 열 발산이 잘 되어야 하고 과열되지 않아야 한다.

27 디스크가 삽입되어 회전운동을 전하는 부분으로 보기의 (   )에 알맞은 것은?

┤ 보기 ├
수동 변속기가 장착된 건설기계에서 클러치 디스크는 (   )과 연결되어 동력을 전달하며, 이 구성은 기어를 변속할 수 있게 한다.

① 크랭크 축   ② 변속기 출력축
③ 변속기 입력축   ④ 추진축

28 다음 중 지게차의 조향 각도와 회전 반경에 대한 설명으로 적절한 것은?

① 바깥쪽 바퀴의 조향 각도는 약 45도이다.
② 안쪽 바퀴는 약 75도까지 회전하고, 회전 반경은 1m 이내이다.
③ 안쪽 바퀴의 조향 각도는 약 65도이고, 바깥쪽은 약 75도이며, 회전 반경은 1.8~2.5m이다.
④ 조향 각도는 좌우 모두 90도로 설정된다.

★★★
29 지게차로 급경사를 장시간 하행 주행할 때 엔진 브레이크를 사용하지 않고 풋 브레이크만 지속적으로 사용할 경우 발생하기 쉬운 제동 계통의 이상 현상은?

	라이닝	파이프
①	페이드	스팀 록
②	페이드	베이퍼 록
③	베이퍼 록	페이드
④	냉각	정상 작동

★★
30 다음 중 타이어가 받는 하중을 지지하고 충격을 흡수하는 층은?

① 트레드   ② 비드
③ 카커스   ④ 사이드 월

★★
31 유량의 단위로 사용하지 않는 것은?

① GPM   ② LPM
③ RPM   ④ m³/min

★★
32 유압유에 요구되는 성질이 아닌 것은?

① 발화점이 낮을 것
② 산화 안정성이 있을 것
③ 윤활성과 방청성이 있을 것
④ 넓은 온도 범위에서 점도 변화가 적을 것

★
33 유압 액추에이터를 교환하였을 때, 이어서 실시하는 작업에 해당하지 않는 것은?

① 누유 점검   ② 무부하 시운전
③ 오일 전량 교환   ④ 공기 빼기 작업

★★
34 유압 발생장치의 주요 구성 요소에 해당하지 않는 것은?

① 엔진   ② 오일 탱크
③ 유압 펌프   ④ 유압 밸브

★
35 유압 펌프 중 회전형이 아닌 것은?

① 제트 펌프   ② 기어 펌프
③ 베인 펌프   ④ 나사 펌프

★★★
36 유압 회로의 압력을 점검하는 위치로 옳은 것은?

① 작동기와 탱크 사이
② 유압 밸브와 탱크 사이
③ 유압 펌프와 컨트롤 밸브 사이
④ 유압 오일 탱크에서 직접 점검

37 유압 작동기의 운동 위치에 따라 캠(Cam) 조작으로 회로를 개폐시켜 작동기의 움직임을 서서히 줄이게 하는 것은?

① 감속 밸브 ② 셔틀 밸브
③ 릴리프 밸브 ④ 슬로우 리턴 밸브

38 유압 모터의 장점이 아닌 것은?

① 관성력이 크다.
② 작동이 신속·정확하다.
③ 전동 모터에 비하여 급정지가 쉽다.
④ 광범위한 무단변속을 얻을 수 있다.

39 오일 여과기의 구비 조건으로 틀린 것은?

① 충분한 여과 능력이 있을 것
② 필터를 통한 오일 흐름을 확실하게 제한할 것
③ 오일 내에 포함된 첨가제 성분을 통과시킬 수 있을 것
④ 최소한 다음 오일 교환 시기까지 충분한 수명이 유지될 것

40 유량 제어 밸브를 유압 실린더의 입구 쪽에 직렬로 설치하여 피스톤의 속도를 제어하는 회로는?

① 미터 인 회로 ② 미터 아웃 회로
③ 블리드 온 회로 ④ 블리드 오프 회로

41 다음 중 건설기계에 대한 정의로 옳은 것은?

① 건축공사에만 사용되는 기계로서 대통령령으로 정하는 것
② 농업용으로 제작된 기계로서 대통령령으로 정하는 것
③ 건설공사에 사용할 수 있는 기계로서 대통령령으로 정하는 것
④ 중량이 3톤 이상인 기계로서 대통령령으로 정하는 것

42 다음 중 등록신청 시 자동차 보험 또는 공제 가입 증명서가 필요한 건설기계는?

① 1톤 미만 굴착기
② 트럭적재식 콘크리트펌프
③ 전동식 지게차(도로 비주행)
④ 무한궤도식 불도저

43 건설기계 등록번호표 중 관용에 해당하는 것은?

① 1000~5999 ② 6000~9999
③ 0001~0999 ④ 9001~9999

44 정기검사의 신청 후 검사일시 통지 기한은?

① 3일 이내 ② 5일 이내
③ 7일 이내 ④ 10일 이내

★★
45 소형 건설기계 조종 교육에서 3톤 미만 굴착기의 조종실습 시간은?

① 4시간   ② 6시간
③ 8시간   ④ 12시간

★
46 자동차전용도로에서 통행이 허용되지 않는 것은?

① 승용자동차   ② 화물자동차
③ 원동기장치자전거   ④ 긴급자동차

★★★
47 신호등의 가시거리에 대한 성능 기준은?

① 낮에 50m 앞쪽에서 식별할 수 있도록 할 것
② 낮에 150m 앞쪽에서 식별할 수 있도록 할 것
③ 야간에 100m 앞쪽에서 식별할 수 있도록 할 것
④ 야간에 200m 앞쪽에서 식별할 수 있도록 할 것

★★
48 보도와 차도가 구분된 도로에서 보행자의 통행 원칙은?

① 차도 우측 통행
② 반드시 보도 이용
③ 차도 중앙 통행
④ 길가장자리구역으로 통행

★★
49 버스전용차로 통행이 허용되는 차량은?

① 일반 승용차   ② 택시
③ 긴급자동차   ④ 모든 선택지

★★
50 견인자동차가 아닌 자동차로 다른 자동차를 견인할 때 속도로 올바른 것은?

① 60km/h   ② 50km/h
③ 40km/h   ④ 30km/h

★★★
51 하인리히의 사고 예방 원리 5단계의 순서로 올바는 것은?

① 사실의 발견 → 시정책의 적용 → 분석·평가 → 안전관리 조직 → 시정책의 선정
② 시정책의 선정 → 사실의 발견 → 시정책의 적용 → 분석·평가 → 안전관리 조직
③ 분석·평가 → 안전관리 조직 → 시정책의 선정 → 사실의 발견 → 시정책의 적용
④ 안전관리 조직 → 사실의 발견 → 분석·평가 → 시정책의 선정 → 시정책의 적용

★★★
52 다음 중 산업재해 예방 4원칙에 포함되지 않는 것은?

① 목표설정의 원칙   ② 예방가능의 원칙
③ 손실우연의 원칙   ④ 원인연계의 원칙

53 다음 중 산업재해에 대한 설명으로 적절한 것은?

① 회사 내에서 일어나는 모든 사고는 산업재해다.
② 현장 밖에서 일어난 사고는 산업재해에 해당하지 않는다.
③ 작업 중 사고로 인해 사망, 부상, 질병을 입는 경우를 말한다.
④ 육체적 사고만 산업재해에 포함된다.

54 다음 지시 표지에 해당하는 것은?

① 방독마스크 착용   ② 방진마스크 착용
③ 보안면 착용   ④ 귀마개 착용

55 산업안전보건 표지에서 안내 표지의 바탕색은?

① 적색   ② 황색
③ 녹색   ④ 청색

56 전기용접 작업 시 감전을 방지하기 위한 방호장치는?

① 역화 방지장치
② 과부하 방지장치
③ 자동 전격 방지장치
④ 안전 가드

57 가스 용접 시의 안전 수칙으로 올바르지 않은 것은?

① 가스 누출 시 비눗물로 확인한다.
② 산소통의 메인 밸브가 얼면 불로 녹인다.
③ 역화 방지기를 설치하고 작업한다.
④ 아세틸렌과 산소의 적정압력을 확인한다.

58 다음 중 B급 화재의 주요 연소 물질에 해당하는 것은?

① 휘발유   ② 나무
③ 종이   ④ 플라스틱

59 다음 중 화재의 발생 원인에 해당하지 않는 것은?

① 누전에 의한 스파크
② 기계의 과열로 인한 마찰열 발생
③ 용접 작업 중 불꽃
④ 안전관리자의 비상 대피 훈련

60 소화 방법 중 제거 소화에 해당하지 않는 것은?

① 유류에 포말을 덮어 공기를 차단한다.
② 가스 누출 시 밸브를 잠근다.
③ 불붙은 물건을 주변에서 치운다.
④ 불꽃과 가연물을 격리한다.

제4회 기출복원 모의고사

응시날짜:

점수:

★★
01 다음 중 지게차의 일반적인 구조 및 특징에 대한 설명으로 옳지 <u>않은</u> 것은?

① 일반적으로 전륜 구동, 후륜 조향 방식이다.
② 전방에 엔진이 위치하며, 무게중심은 차량의 중앙에 있다.
③ 포크를 들어 올리는 장치는 리프트 실린더이며, 대부분 단동형이다.
④ 틸트 실린더는 포크의 기울기를 조절하며, 대부분 복동형이다.

★★★
02 다음 중 지게차의 주요 구조물 또는 장치에 대한 설명으로 옳지 <u>않은</u> 것은?

① 카운터 웨이트는 포크로 화물을 들어 올렸을 때, 지게차가 앞으로 넘어지지 않도록 뒷부분에서 무게중심을 잡아주는 평형추이다.
② 백 레스트는 운전석 방향으로 화물이 넘어오지 않도록 막아주는 화물 지지대 역할을 하는 구조물이다.
③ 헤드 가드는 작업 중 화물이 위에서 떨어지는 경우 운전자의 머리를 보호하기 위해 운전석 상부에 설치된 안전 구조물이다.
④ 플로우 레귤레이터는 지게차의 브레이크 시스템 내에서 제동력을 유지하는 완충장치로 작동한다.

★
03 다음 중 틸트 레버 조작 방향과 마스트의 동작 관계에 대한 설명으로 가장 올바른 것은?

① 틸트 레버를 뒤로 당기면 마스트가 전방으로 기울어진다.
② 틸트 레버를 앞으로 밀면 마스트가 뒤쪽으로 기울어진다.
③ 틸트 레버를 뒤로 당기면 마스트가 운전자 방향(후방)으로 기울어진다.
④ 틸트 레버 조작은 마스트의 기울기와 관계없다.

★★
04 다음 중 힌지드 버킷(Hinged Bucket)에 대한 설명으로 옳지 <u>않은</u> 것은?

① 포크 대신 버킷이 장착되어 흘러내리기 쉬운 화물을 운반하는 데 적합하다.
② 비료, 모래, 곡물 등 분말 또는 흐트러진 형태의 화물을 적재하거나 운반할 수 있다.
③ 버킷은 핀 고정 방식으로 탈부착이 용이하며, 일반 팔레트 작업도 가능하다.
④ 원통형 화물을 조이거나 회전시켜 고정하는 데 주로 사용된다.

★★
05 다음 중 지게차의 조종석 계기판에 일반적으로 포함되지 <u>않는</u> 항목은?

① 냉각수 온도 게이지: 엔진 과열 여부를 나타낸다.
② 충전경고등: 배터리 충전 이상 시 점등된다.
③ 연료 게이지: 연료량을 확인할 수 있게 해준다.
④ 운행거리 적산계: 총 주행거리를 기록하며, 이를 유지·관리에 활용한다.

★
06 다음 중 엔진오일 점검 및 상태 확인 방법으로 옳지 <u>않은</u> 것은?

① 오일 레벨 게이지를 사용해 오일량을 확인한다.
② 오일 색이 검게 변했는지에 대한 여부를 확인한다.
③ 점도가 없이 물처럼 묽은 상태가 이상적인 상태이다.
④ 오일 표면에 금속성 입자나 이물질이 섞여 있는지 확인한다.

★★
07 지게차를 평지에 주차할 경우 포크와 마스트의 올바른 위치는?

① 포크는 지면과 떨어뜨리고 마스트는 수직을 유지한다.
② 포크는 지면에 닿게 하고 마스트는 전방으로 약간 경사시킨다.
③ 포크는 들어 올리고 마스트는 후방으로 경사시킨다.
④ 포크는 지면에서 30cm 띄우고, 마스트는 최대로 전경시킨다.

★★
08 다음 중 지게차를 안전하게 주행하기 위한 방법으로 옳지 <u>않은</u> 것은?

① 운전 중에는 절대로 한눈을 팔지 않는다.
② 화물이 커서 시야가 확보되지 않는 경우에는 후진으로 주행한다.
③ 화물을 적재한 상태에서는 가속 주행하여 신속하게 작업을 끝낸다.
④ 포크 끝단으로 화물을 직접 걸지 않는다.

★
09 원활한 지게차 작업을 위해 화물 밑에 설치하는 장치로 가장 적절한 것은?

① 받침용 드럼통
② 작업용 안전콘
③ 이동식 판재
④ 팔레트

★★
10 다음 중 지게차의 작업 및 운전에 대한 설명으로 가장 적절하지 <u>않은</u> 것은?

① 지게차의 능률적인 작업 반경은 약 75m(250피트) 정도이다.
② 급경사로를 내려갈 때는 후진하면서 엔진 브레이크를 사용하는 것이 바람직하다.
③ 지게차는 일반적으로 3단 이상의 변속기 구조를 갖는다.
④ 지게차를 정차할 때 엔진은 작동 상태로 유지하고, 가속 페달에서 발을 떼어 공회전 또는 저속 위치로 둔다.

★
11 실린더 내에서 상하 직선 운동을 하는 피스톤의 위 지점 한계를 나타내는 용어는?

① 상사점
② 하사점
③ 상한점
④ 하한점

★
12 디젤 엔진을 작동할 때의 주의사항으로 <u>틀린</u> 것은?

① 공회전을 필요 이상으로 하지 않는다.
② 기온이 낮을 때는 예열 경고등이 소등된 후 시동한다.
③ 엔진 시동은 각종 조작 레버가 중립 위치에 있는가를 확인한 후 실시한다.
④ 엔진이 시동되면 적어도 1분 정도는 스타트 스위치에서 손을 떼지 않아야 한다.

13
디젤 엔진에서 압축압력이 저하되는 가장 큰 원인은?

① 냉각수 부족 ② 엔진오일 과다
③ 기어 오일의 열화 ④ 피스톤 링의 마모

14
크랭크 축에 비틀림 진동이 크게 발생하는 원인으로 틀린 것은?

① 크랭크 축의 길이가 길수록
② 크랭크 축의 강성이 작을수록
③ 크랭크 축에 가해지는 토크가 클수록
④ 크랭크 축에 설치되는 진동 댐퍼가 많을수록

15
겨울철에 사용하는 엔진오일은 여름철에 사용하는 엔진오일보다 점도의 상태는 어떤 것이 좋은가?

① 점도가 낮아야 한다.
② 점도가 높아야 한다.
③ 점도를 동일하게 해야 한다.
④ 점도와는 아무런 관계가 없다.

16
압력식 라디에이터 캡에 대한 설명으로 옳은 것은?

① 냉각장치의 내부 압력이 부압이 되면 압력 밸브가 열린다.
② 냉각장치의 내부 압력이 부압이 되면 진공 밸브가 열린다.
③ 냉각장치의 내부 압력이 규정보다 낮아지면 압력 밸브가 열린다.
④ 냉각장치의 내부 압력이 규정보다 높아지면 진공 밸브가 열린다.

17
공기청정기의 설치 목적은?

① 흡입 공기의 온도를 높이기 위해
② 흡입 공기의 양을 증가시키기 위해
③ 흡입 공기의 청결도를 높이기 위해
④ 흡입 공기의 압력을 높이기 위해

18
디젤 엔진의 진동 원인으로 틀린 것은?

① 분사량이 각 실린더마다 다를 때
② 엔진의 실린더 수가 많을 때
③ 분사 압력이 실린더 별로 차이가 있을 때
④ 4기통 엔진에서 한 개의 분사 노즐이 막혔을 때

19
디젤 엔진에서 직접 분사식 연소실의 단점으로 틀린 것은?

① 가격이 비싸다.
② 노크 발생이 적다.
③ 분사 압력이 높다.
④ 분사 노즐의 수명이 짧다.

20
디젤 엔진의 연료장치에서 연료를 압축하여 분사 노즐로 이송시키는 장치는?

① 유압 펌프 ② 프라이밍 펌프
③ 연료 공급 펌프 ④ 연료 분사 펌프

21 전압이 24V, 출력전류가 30A인 건설기계용 발전기의 출력은 몇 W인가?

① 80W ② 360W
③ 720W ④ 800W

22 축전지 케이스와 커버의 청소에 알맞은 것은 어느 것인가?

① 비누와 물 ② 소금과 물
③ 소다와 물 ④ 오일과 가솔린

23 시동 전동기의 마그넷 스위치는?

① 시동 전동기용 저항 조절기이다.
② 시동 전동기용 전류 조절기이다.
③ 시동 전동기용 전압 조절기이다.
④ 시동 전동기용 전자석 스위치이다.

24 교류 발전기의 부품이 아닌 것은?

① 브러시 ② 다이오드
③ 전압 조정기 ④ 전류 조정기

25 광원의 광속이 100lm일 때, 2m 떨어진 곳의 조도는 얼마인가?

① 25lx ② 50lx
③ 100lx ④ 200lx

26 클러치 페달의 자유 간격(유격)을 적절히 조정해야 하는 주된 목적은?

① 클러치 디스크의 내구성을 줄이기 위해
② 클러치 미끄러짐을 방지하고 정상적인 동력 차단을 유도하기 위해
③ 브레이크 제동 성능을 향상시키기 위해
④ 변속기 윤활을 돕기 위해

27 토크 컨버터식 자동 변속기를 사용하는 지게차에서 전반적인 출력 저하가 발생할 때, 우선적으로 점검할 필요가 없는 항목은?

① 유압오일의 적정량 유지 여부
② 토크 컨버터의 내부 손상
③ 엔진 출력 저하
④ 추진축의 정밀 정렬 여부

28 타이어식 건설기계에서 조향 조작을 보다 원활하게 하기 위한 방법으로 적절하지 않은 것은?

① 동력 조향 장치를 적용한다.
② 타이어 공기압을 적절히 유지한다.
③ 바퀴 정렬 상태를 정확히 조정한다.
④ 종감속기어를 조정하여 조향력을 보정한다.

29 다음 중 진공식 제동 배력 장치(Vacuum Booster)의 작동 특성에 대한 설명으로 가장 적절한 것은?

① 릴레이 밸브의 고장 시 브레이크가 전혀 작동되지 않는다.
② 피스톤 컵이 손상되면 제동력이 2배로 증가한다.
③ 릴레이 밸브의 일부 부품이 파손되어도 제동은 가능하나 힘이 더 들어간다.
④ 진공 밸브의 누설 시 제동력이 갑자기 증가한다.

30 타이어 접지압에 대한 정의로 가장 적절한 것은?

① 타이어의 공기압을 림 둘레로 나눈 값
② 장비 총중량을 타이어 접지면적 전체로 나눈 값
③ 공차 상태의 차량 무게를 접지면적(cm²)으로 나눈 값
④ 타이어 내부 공기압을 노면 온도로 보정한 값

31 압력의 정의로 옳은 것은?

① 면적에 수평으로 작용하는 힘
② 면적에 수직으로 작용하는 힘
③ 면적에 대각으로 작용하는 힘
④ 면적에 양방향으로 작용하는 힘

32 유압회로에서 공동 현상이 발생하였을 때의 영향으로 틀린 것은?

① 유압 작동기의 효율이 높아진다.
② 유압모터가 펌프로 작동할 수 있다.
③ 소음 및 진동이 발생하는 경우가 있다.
④ 유압펌프 내에서 국부적으로 매우 높은 압력이 발생한다.

33 유압유의 점도를 설명한 것으로 틀린 것은?

① 점성계수를 밀도로 나눈 값이다.
② 점성의 정도를 표시하는 값이다.
③ 온도가 내려가면 점도는 높아진다.
④ 온도가 상승하면 점도는 저하된다.

34 건설기계에 사용되는 유압 펌프에 대한 설명으로 틀린 것은?

① 벨트에 의해 구동된다.
② 엔진의 동력으로 구동된다.
③ 엔진이 회전하는 동안에는 항상 회전한다.
④ 유압 탱크의 오일을 흡입하여 컨트롤 밸브로 송유한다.

35 플런저 펌프의 장점으로 틀린 것은?

① 구조가 간단하다.
② 효율이 양호하다.
③ 토출 압력이 높다.
④ 토출량의 변화 범위가 크다.

36 2개 이상의 액추에이터를 회로의 압력을 이용하여 순서에 맞게 작동시킬 수 있는 밸브는?

① 언로드 밸브(Unload Valve)
② 리듀싱 밸브(Reducing Valve)
③ 시퀀스 밸브(Sequence Valve)
④ 메이크 업 밸브(Make up Valve)

37 ★★★ 3개의 포트를 가지며, 고압 측의 유압이 저압 측을 차단하고 출구를 자동으로 고압 측에 연결하는 기능을 가진 방향 제어 밸브는?

① 체크 밸브　　② 셔틀 밸브
③ 집류 밸브　　④ 디셀러레이션 밸브

38 ★★ 유압 실린더 중 피스톤의 양쪽에 유압유를 교대로 공급하여 작동시키는 형식은?

① 단동식 유압 실린더
② 복동식 유압 실린더
③ 다동식 유압 실린더
④ 편동식 유압 실린더

39 ★★ 유압 계통의 밀봉장치에 요구되는 사항으로 틀린 것은?

① 내구성이 있을 것
② 내열성 및 내한성이 있을 것
③ 공기나 물의 혼입을 방지할 수 있을 것
④ 작동유와 화학적으로 활발하게 반응할 것

40 ★★ 다음 유압 기호 중 셔틀 밸브를 나타내는 것은?

① 　　②
③ 　　④

41 ★★ 다음 중 「건설기계관리법」상 건설기계에 해당하지 않는 것은?

① 무한궤도식 불도저
② 자체 중량 3톤의 타이어식 로더
③ 공기 배출량이 분당 $2.83m^3$ 이상인 공기압축기
④ 펌프식·버킷식·딧퍼식 또는 그래브식으로 자항식 준설선

42 ★★ 미등록 건설기계의 임시운행 허용 사유가 아닌 것은?

① 등록신청을 위한 이동
② 고객 시승 목적
③ 수출을 위한 선적지로 이동
④ 신규등록검사를 위한 이동

43 ★ 대여사업용 건설기계의 등록번호표 색상은?

① 흰색 바탕 + 검은색 문자
② 주황색 바탕 + 검은색 문자
③ 노란색 바탕 + 빨간색 문자
④ 파란색 바탕 + 흰색 문자

44 ★★ 다음 중 구조변경검사가 필요한 경우는?

① 창유리 교환
② 엔진오일 교환
③ 동력전달장치 형식 변경
④ 타이어 공기압 조정

45 건설기계의 조종 중 과실로 경상자 2명이 발생한 경우 면허 효력 정지 기간은?

① 5일
② 10일
③ 15일
④ 30일

46 다음 중 고속도로의 특징으로 가장 알맞은 것은?

① 보행자 통행 가능
② 모든 차량의 최저속도 제한 없음
③ 자동차 고속운행 전용 도로
④ 자전거 통행 허용

47 보행자 신호등이 녹색으로 점멸할 때 보행자의 올바른 행동은?

① 횡단을 시작한다.
② 멈추고 신호를 기다린다.
③ 진행 중이면 빠르게 건넌다.
④ 천천히 횡단한다.

48 차량이 보도를 횡단할 때 취해야 할 올바른 조치는?

① 경음기를 울리며 신속히 통과한다.
② 일시정지 후 보행자의 안전을 확인한다.
③ 비상등을 켜고 서행한다.
④ 보행자 신호와 관계없이 통과한다.

49 다음 중 최고속도의 50% 이하로 감속 운행하지 않아도 되는 경우는?

① 폭우, 폭설, 안개 등으로 가시거리가 100m 이내인 경우
② 노면이 얼어 붙은 경우
③ 눈이 20mm 이상 쌓인 경우
④ 비로 인해 노면이 젖어 있는 경우

50 다음 중 운전 중에 휴대용 전화를 사용할 수 없는 경우는?

① 차량이 정지 상태인 경우
② 긴급자동차를 운전 중인 경우
③ 재해 신고 등 긴급 상황인 경우
④ 개인적으로 급한 용무가 있는 경우

51 다음 중 안전 교육의 필요성을 바르게 설명한 것은?

① 기술 숙련도 향상에 목적이 있다.
② 법적 요건 충족을 위한 형식적 절차이다.
③ 재해 발생 시 대처 능력에만 초점을 둔다.
④ 위험 요소에 따른 대처 능력을 배운다.

52 산업재해의 간접 원인으로 적절하지 않은 것은?

① 안전교육 부족
② 조명 및 환기 불량
③ 작업 공간 협소
④ 기계 조작 실수

★
53 보호구의 일반적인 사용 목적으로 적절한 것은?

① 생산성 향상

② 쾌적한 작업 환경 조성

③ 인체 보호

④ 업무 간소화

★★★
54 다음 안내 표지에 해당하는 것은?

① 비상용기구   ② 세안장치

③ 녹십자표지   ④ 응급구호표지

★★
55 수공구 중에서 줄 작업 후에 가장 안전한 쇳가루 제거 방법은?

① 에어건을 분사하여 제거한다.

② 손으로 털어서 제거한다.

③ 브러시로 제거한다.

④ 물로 세척하여 제거한다.

★★
56 화재 등급과 주요 연소 물질의 연결이 바르지 않은 것은?

① A급 화재 - 목재, 종이

② B급 화재 - 유류, 가연성 액체

③ C급 화재 - 섬유, 플라스틱

④ D급 화재 - 금속, 나트륨, 알루미늄

★★★
57 다음 중 연소의 3요소에 해당하지 않는 것은?

① 산소   ② 가연물

③ 수분   ④ 점화원

★★★
58 다음 중 A급 화재의 소화 방법으로 가장 적절한 것은?

① 질식 소화   ② 냉각 소화

③ 절연성 소화   ④ 특수 소화

★★★
59 다음 중 물을 사용해도 되는 화재는?

① 유류 화재   ② 목재 화재

③ 전기 화재   ④ 금속 화재

★★
60 다음 중 화재 발생 전 사전 점검 사항으로 올바른 것은?

① 비상구 위치는 화재가 발생한 후에 확인해도 늦지 않다.

② 소화기나 방화셔터는 소방대만 사용하므로 확인하지 않아도 된다.

③ 방화문과 방화셔터의 위치는 사전에 확인해 두어야 한다.

④ 대피 경로는 복잡하므로 굳이 숙지하지 않아도 된다.

제5회 기출복원 모의고사

응시날짜:

점수:

★★
01 다음 중 지게차의 일반적인 구조 및 작동 특성에 대한 설명으로 옳은 것은?

① 카운터밸런스형 지게차는 일반적으로 좁은 실내 작업에 적합하다.
② 리치형 지게차는 화물의 이동 거리가 길고 야외 작업에 적합하다.
③ 화물을 적재할 경우, 하중은 대부분 후륜에 집중된다.
④ 리프트 실린더는 포크를 위아래로 올리고 내리는 기능을 담당한다.

★★
02 지게차에서 적재된 화물이 후방으로 기울어 조종석 방향으로 넘어오는 것을 방지하기 위한 구조물은?

① 틸트 실린더
② 오버 헤드가드
③ 백 레스트
④ 포크

★
03 다음 중 지게차의 틸트 장치 및 틸트 실린더에 대한 설명으로 가장 적절하지 <u>않은</u> 것은?

① 틸트 실린더는 복동식 유압 실린더이며, 마스트의 전후 경사 조정을 담당한다.
② 틸트 실린더는 보통 2개가 장착되며, 마스트 양쪽에서 대칭으로 설치된다.
③ 틸트 레버를 밀면 틸트 실린더의 로드가 수축하고 마스트는 뒤로 기울어진다.
④ 틸트 레버는 마스트를 전경 또는 후경시키는 조작장치이다.

★★
04 다음 중 하이 마스트(High Mast)형 지게차에 대한 설명으로 옳은 것은?

① 일반 마스트보다 마스트의 길이가 짧아 좁은 출입구 작업에만 적합하다.
② 마스트가 3단으로 구성되어 있고, 포크의 좌우 이동 기능이 있다.
③ 포크 상승 속도가 느리지만 고하중 작업에 적합한 구조이다.
④ 마스트가 2단으로 확장되어 높은 위치의 적재 작업에 적합하다.

★★
05 다음 중 지게차의 운전 전 점검사항으로 가장 적절하지 <u>않은</u> 것은?

① 라디에이터의 냉각수량과 엔진오일량을 확인하고 보충한다.
② 팬 벨트의 상태 및 장력을 점검하고 이상 시 조정한다.
③ 유압계, 연료계, 온도계 등의 지시계를 확인한다.
④ 배출가스 색깔을 확인하고 엔진 정지 상태에서 조정한다.

06 다음 중 지게차 유압 탱크 내 유량을 직접 눈으로 확인하기 위해 사용하는 장치는?

① 유량계(Flow Meter)
② 유면계(Oil Sight Gauge)
③ 압력계(Pressure Gauge)
④ 온도계(Thermometer)

07 지게차 주행 중 포크의 위치로 가장 부적절한 경우는?

① 화물의 무게중심을 낮추기 위해 포크를 낮춘다.
② 지면에서 20~30cm 높이로 주행한다.
③ 포크를 높이 들어 주변 시야를 확보한다.
④ 화물이 흔들리지 않도록 마스트를 후방 경사시킨다.

08 지게차 작업 시 사람을 포크에 태워 작업하는 행위에 대한 설명으로 옳은 것은?

① 낮은 고도에서만 가능하다.
② 포크에 서 있을 수 있도록 발판을 설치하면 허용된다.
③ 어떤 경우에도 금지되며, 위반 시 중대한 재해로 이어질 수 있다.
④ 안전 장비를 착용하면 예외적으로 허용된다.

09 다음 중 지게차 화물 운반 작업 중 안전수칙으로 옳은 것은?

① 뒷바퀴가 들릴 경우, 카운터 웨이트 위에 중량물을 추가하여 균형을 잡는다.
② 포크 끝으로 화물을 지지하여 빠르게 운반한다.
③ 운전자는 혼자 작업하며, 시야 확보가 어려워도 전진한다.
④ 유도자 배치 등 주변의 안전을 확보한 후 작업을 시작한다.

10 지게차가 경사로를 내려갈 때 안전 운전을 위한 조치로 가장 적절하지 <u>않은</u> 것은?

① 저속 기어로 변속한 후 운행한다.
② 화물이 있을 경우 후진하면서 하강한다.
③ 시동을 유지하고 엔진 브레이크를 활용한다.
④ 기어를 중립에 놓고 타력으로 내려간다.

11 4행정 사이클 엔진에서 크랭크 축 기어와 캠 축 기어의 지름의 비 및 회전비는 각각 얼마인가?

① 2:1 및 1:2　　② 2:1 및 2:1
③ 1:2 및 2:1　　④ 1:2 및 1:2

12 피스톤의 압축 행정에서 흡기 밸브와 밸브 시트 사이의 틈새로 공기가 누출되는 현상은?

① 블로 백(Blow Back)
② 블로 타이(Blow Tie)
③ 블로 바이(Blow By)
④ 블로 다운(Blow Down)

★
13 엔진에서 엔진오일이 연소실에 올라오는 이유는?

① 크랭크 축 마모 ② 피스톤 핀 마모
③ 피스톤 링 마모 ④ 커넥팅 로드 마모

★
14 엔진의 플라이 휠의 역할로 틀린 것은?

① 엔진의 시동을 용이하게 한다.
② 엔진의 회전력을 균일하게 한다.
③ 엔진의 부하 변동을 가능하게 한다.
④ 엔진의 저속 회전을 가능하게 한다.

★★
15 윤활유의 점도가 기준보다 높은 것을 사용했을 때 일어나는 현상은?

① 점차 묽어짐으로 경제적이다.
② 윤활유 공급이 원활하지 못하다.
③ 동절기에 사용하면 엔진 시동이 용이하다.
④ 윤활유가 좁은 공간에 잘 스며들어 충분한 주유가 된다.

★★
16 엔진오일의 여과 방식에 해당하지 <u>않는</u> 것은?

① 분류식   ② 전류식
③ 샨트식   ④ 합류식

★
17 라디에이터 캡의 스프링이 파손되었을 때 가장 먼저 나타나는 현상은?

① 냉각수의 순환이 빨라진다.
② 냉각수의 순환이 불량해진다.
③ 냉각수의 비등점이 낮아진다.
④ 냉각수의 비등점이 높아진다.

★★
18 디젤 엔진의 연소 과정 중 착화 지연을 방지하는 대책으로 틀린 것은?

① 흡기의 온도를 높인다.
② 연소실의 온도를 높인다.
③ 실린더 내의 압축비를 높인다.
④ 세탄가가 낮은 연료를 사용한다.

★★
19 연료 분사 펌프에서 조정할 수 <u>없는</u> 것은?

① 분사량   ② 분사 시기
③ 분사 압력 ④ 플런저 행정

★★★
20 커먼레일 디젤 엔진의 저압 연료 펌프에 대한 설명으로 틀린 것은?

① 연료 탱크의 연료를 흡입하여 고압 펌프로 이송한다.
② 기계식 저압 연료 펌프는 고압 펌프와 일체식으로 구성되어 있다.
③ 전기식 저압 연료 펌프는 연료 탱크와 고압 펌프의 중간에 설치된다.
④ 고압 펌프로부터 공급된 연료를 설정된 압력으로 변환시켜 커먼레일로 이송한다.

21 전기회로에서 퓨즈의 설치 방법은?

① 직렬　　　　② 병렬
③ 순렬　　　　④ 직·병렬

22 12V용 납산 축전지의 방전종지전압은?

① 1.75V　　　　② 6V
③ 10.5V　　　　④ 12V

23 [보기]와 같이 시동전동기 무부하 시험을 하려고 한다. A와 B에 필요한 것은?

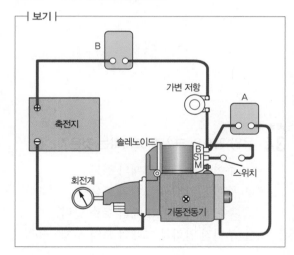

① A: 전류계, B: 전압계
② A: 전압계, B: 전류계
③ A: 전류계, B: 저항계
④ A: 전압계, B: 저항계

24 교류 발전기에서 회전체에 해당하는 것은?

① 로터　　　　② 브러시
③ 스테이터　　　　④ 엔드 프레임

25 디젤 엔진의 예열장치에 사용되는 코일형 예열 플러그에 대한 설명으로 틀린 것은?

① 수명이 길다.
② 예열시간이 짧다.
③ 기계적 강도가 약하다.
④ 예연소실에 직접 열선이 노출되어 있다.

26 다음 중 토크 컨버터가 장착된 장비에서 오일이 과도하게 많을 경우 가장 가능성이 높은 결과는?

① 냉각 효율 증가로 인한 과냉 현상
② 토크 변환율 증가로 인한 과부하 방지
③ 유압오일 누유 또는 기포 발생
④ 동력 손실 최소화

27 다음 중 자동 변속기가 과열될 가능성이 가장 낮은 상황은?

① 변속기 오일 쿨러에 이물질이 끼어 냉각 불량 상태
② 장시간 고속 주행을을 지속한 경우
③ 변속기 메인 압력이 과도하게 높을 경우
④ 오일이 규정량보다 약간 많을 경우

28 유압식 조향장치를 사용하는 지게차에서 조향 실린더의 직선 운동을 차량 바퀴의 회전운동으로 전환해 주는 연결 장치는?

① 핑거보드　　　　② 벨 크랭크
③ 드래그링크　　　　④ 로드 스태빌라이저

29 유압식 브레이크 장치에서 제동이 해제되지 않고 계속 걸려 있는 현상이 발생했을 때, 가장 가능성 높은 원인은?

① 라이닝이 마모되어 마찰면이 줄어들었기 때문이다.
② 브레이크 오일의 점도가 낮아졌기 때문이다.
③ 마스터 실린더의 리턴 구멍이 이물질로 막혔기 때문이다.
④ 브레이크 호스 내부에 공기가 차 있기 때문이다.

30 타이어 트레드가 심하게 마모된 상태에서 주행하는 경우 발생할 수 있는 결과로 옳지 않은 것은?

① 제동 시 접지력이 약해져 제동거리가 늘어난다.
② 선회 시 미끄러짐이 발생하여 조향 안정성이 저하된다.
③ 주행 시 발생하는 열을 충분히 발산하지 못해 타이어 손상 위험이 커진다.
④ 트레드가 마모되면 지면과 접촉하는 면적이 커져 마찰력이 증대되어 제동 성능이 좋아진다.

31 [보기]의 내용은 누구의 원리인가?

┤ 보기 ├
밀폐된 용기 속의 유체 일부에 가해진 압력은 각 부에 동일한 세기로 전달된다.

① 파스칼
② 토리첼리
③ 베르누이
④ 피타고라스

32 유압 계통에서 소음이 나는 원인으로 틀린 것은?

① 유압 감소
② 채터링 현상
③ 캐비테이션 현상
④ 회로 내의 공기 혼입

33 다음 중 유압장치에서 회로 압력에 영향을 주는 요소가 아닌 것은?

① 유체의 점도
② 유체의 흐름량
③ 관로 직경의 크기
④ 관로의 좌우 방향

34 유압 펌프의 크기를 표시하는 것은?

① 주어진 속도와 그때의 점도
② 주어진 압력과 그때의 토출량
③ 주어진 속도와 그때의 토출 압력
④ 주어진 압력과 그때의 오일 무게

35 작동유의 흐름을 출발 또는 정지시키거나 흐름의 방향을 변경시키는 유압 밸브는?

① 유량 제어 밸브
② 압력 제어 밸브
③ 점도 제어 밸브
④ 방향 제어 밸브

36 ★★★ 작업 중 유압 펌프의 토출 유량이 필요하지 않게 되었을 때, 토출된 오일을 저압으로 탱크에 귀환시키는 밸브는?

① 시퀀스 회로　　② 언로드 회로
③ 블리드 오프 회로　　④ 블리드 아웃 회로

37 ★ 다음 중 지게차 리프트 실린더의 일반적인 형식은?

① 단동식　　② 복동식
③ 더블 로드식　　④ 텔레스코픽식

38 ★★ 유압모터의 가장 큰 특징은?

① 오일의 누설이 많다.
② 무단변속이 용이하다.
③ 유량 조정이 용이하다.
④ 간접적으로 큰 회전력을 얻는다.

39 ★★ 지게차 오일 탱크의 유량 점검 시 작동유의 온도로 적합한 것은?

① 과냉 온도 범위　　② 완냉 온도 범위
③ 과열 온도 범위　　④ 정상 작동 온도 범위

40 ★★ 유압장치에 사용되는 작동유의 흐름이 다음 [보기]와 같은 경로를 구성하는 회로는?

┤ 보기 ├
유압 펌프 → 제어 밸브 → 작동기 → 제어 밸브 → 오일 탱크 → 유압 펌프

① 개방 회로(Open Circuit)
② 폐쇄 회로(Close Circuit)
③ 미터 인 회로(Meter-in Circuit)
④ 블리드 오프 회로(Bleed-off Circuit)

41 ★★ 다음 중 건설기계의 범위에 해당하지 <u>않는</u> 것은?

① 아스팔트커터
② 콘크리트 믹서트럭
③ 타이어식 지게차(3톤 미만)
④ 무한궤도식 굴착기(자체 중량 1.2톤)

42 ★★★ 다음 중 건설기계 등록신청 시 제출하지 <u>않아도</u> 되는 서류는?

① 건설기계제원표
② 자동차보험 가입증명서(일부 건설기계)
③ 소유자 인감증명서
④ 출처 증명서류(제작증, 수입면장, 매수증서)

43 ★★ 다음 중 건설기계 등록 말소 신청이 불필요한 경우는?

① 자연재해로 멸실된 경우
② 정상적인 수출을 하는 경우
③ 제작 결함으로 반품하는 경우
④ 소유자를 변경하는 경우

★★★
44 수시검사 명령서를 받은 소유자의 검사 신청 기간은?

① 10일 이내　　② 15일 이내
③ 31일 이내　　④ 60일 이내

★★
45 미등록 건설기계 사용 시 처벌은?

① 1년 이하 징역 또는 1천만원 이하 벌금
② 2년 이하 징역 또는 2천만원 이하 벌금
③ 3년 이하 징역 또는 3천만원 이하 벌금
④ 500만원 이하 과태료

★
46 다음 중 긴급자동차에 포함되지 <u>않는</u> 것은?

① 구급차　　　② 혈액공급차
③ 학교 버스　　④ 소방차

★★
47 노면에 황색 실선이 표시된 경우가 의미하는 것은?

① 주차 가능 구역　② 진로 변경 금지
③ 버스 전용차로　④ 일시정지 구역

★★
48 도로에 중앙선이 있는 경우 차량의 통행 위치는?

① 중앙선 바로 옆
② 중앙선 우측 부분
③ 도로 왼쪽 가장자리
④ 상황에 따라 자유롭게

★★★
49 다음 중 운행상의 안전기준으로 적합하지 <u>않은</u> 것은?

① 화물자동차의 적재중량은 구조 및 성능에 따르는 적재중량의 110% 이내
② 자동차의 승차 인원은 5명 이내
③ 자동차 길이는 그 길이의 10분의 1을 더한 길이 이내
④ 화물자동차 높이는 지상으로부터 4m 이내

★★
50 제1종 대형면허로 운전할 수 있는 차량이 <u>아닌</u> 것은?

① 승용자동차　　② 화물자동차
③ 원동기장치자전거　④ 3톤 미만 굴착기

★★
51 하인리히(Heinrich)의 사고 예방 원리에 해당하지 <u>않는</u> 항목은?

① 사실의 발견　　② 안전관리 조직
③ 사고기록 보존　④ 시정책의 적용

52 다음 중 중대재해로 분류되지 <u>않는</u> 것은?

① 사망 1명
② 3개월 이상 요양자 1명
③ 동시에 부상자 10명 이상
④ 동시에 2명 이상 장기 요양자 발생

53 재해조사의 주요 목적이 <u>아닌</u> 것은?

① 재해 원인 규명
② 적절한 예방 대책 수립
③ 동종 및 유사 재해 방지
④ 재해 책임자 추궁

54 분진 환경에서 작업할 때 착용해야 하는 보호구로 적절한 것은?

① 절연화
② 방염복
③ 방진마스크
④ 귀마개

55 산업안전보건 표지 중 차량통행금지를 나타내는 표지의 바탕색은?

① 적색
② 황색
③ 녹색
④ 청색

56 다음 중 가스 용접기에서 화염의 역류를 방지해 주는 장치는?

① 역화방지장치
② 과부하 방지장치
③ 자동전격 방지장치
④ 안전 가드

57 렌치 사용 시 주의 사항으로 <u>틀린</u> 것은?

① 볼트 크기에 맞는 렌치를 사용한다.
② 적정한 힘으로 작업한다.
③ 볼트를 풀 때는 렌치를 미는 방향으로 사용한다.
④ 볼트를 풀 때는 당기는 방향으로 사용한다.

58 해머 사용 시 가장 올바른 방법은?

① 타격 시 처음부터 강한 힘을 준다.
② 작업 범위의 장애물과 상관 없이 타격한다.
③ 장갑을 착용하지 않는다.
④ 해머를 수시로 확인하지 않아도 된다.

59 다음 중 체인블록의 올바른 사용 방법이 <u>아닌</u> 것은?

① 체인을 부드럽게 당겨 천천히 들어올린다.
② 급격한 조작으로 신속히 내린다.
③ 체인블록 아래에 근로자 접근을 금지한다.
④ 사용하중에 맞는 체인블록을 사용한다.

60 전기 화재(C급 화재)에 가장 적절한 소화기는?

① 물 소화기
② 포말 소화기
③ 이산화탄소 소화기
④ 강화액 소화기

제6회 기출복원 모의고사

응시날짜:

점수:

★★
01 다음 중 지게차 관련 용어의 설명으로 옳지 <u>않은</u> 것은?

① 최대 인상 높이(양고): 마스트가 수직 상태에서 포크를 최대로 올렸을 때의 포크 윗면 높이를 말한다.

② 자유 인상 높이: 내측 마스트가 상승하지 않고, 포크만 들어 올릴 수 있는 최대 높이를 말한다.

③ 윤간거리: 앞바퀴 중심과 뒷바퀴 중심 사이의 거리로, 회전반경에 영향을 미친다.

④ 최저 지상고: 지면에서 타이어와 포크를 제외한 차체 중 가장 낮은 부분까지의 높이를 말한다.

★★
03 지게차의 리프트 실린더에 대한 설명으로 가장 적절한 것은?

① 포크를 전후로 기울이는 데 사용되며, 복동식 실린더이다.

② 마스트의 좌우 이동을 담당하며, 단동식 실린더이다.

③ 포크의 상승·하강을 위한 장치이며, 일반적으로 단동식 실린더가 사용된다.

④ 마스트의 수평 유지 기능을 수행하며, 회전식 실린더를 사용한다.

★★
04 지게차 작업장치의 용도에 대한 설명으로 옳지 <u>않</u>은 것은?

① 로테이팅 클램프는 원통형 화물을 회전시켜 적재하거나 쏟아내는 데 사용된다.

② 사이드 시프트는 지게차를 움직이지 않고 포크를 좌우로 이동시킬 수 있게 한다.

③ 잉고트 클램프는 뜨겁게 가열된 금속 덩어리를 집어 용해로에 넣고 꺼내는 데 사용된다.

④ 블록 클램프는 모래나 곡물처럼 흐트러진 물건을 퍼올리는 데 사용된다.

★
02 다음 중 지게차의 조작 레버와 그 기능의 연결이 바르지 <u>않은</u> 것은?

① 리프트 레버 – 포크의 상승 및 하강

② 틸트 레버 – 마스트의 전후 경사 조작

③ 전·후진 레버 – 포크의 좌우 회전 제어

④ 변속 레버 – 고속·저속의 속도 단계 선택

★★
05 다음 중 지게차를 안전하게 주차하기 위한 조치로 옳지 **않은** 것은?

① 포크는 지면에 완전히 닿도록 내리고, 마스트는 약간 앞으로 기울인다.
② 전·후진 레버는 중립 위치에 두고, 주차 브레이크를 작동시킨다.
③ 포크는 바닥에서 약간 띄워 고정하여 바닥 손상을 방지한다.
④ 시동 스위치의 키는 제거하여 보관한다.

★★★
06 지게차의 엔진오일을 점검한 결과, 우윳빛을 띠는 회백색 상태였다. 이 현상의 가장 유력한 원인은?

① 엔진오일에 카본이 혼입되었기 때문이다.
② 엔진오일에 연료가 섞여 점도가 낮아졌기 때문이다.
③ 엔진오일에 냉각수가 섞여 유화 현상이 발생했기 때문이다.
④ 엔진오일의 교환 주기가 지나 산화된 것이다.

★
07 다음 중 지게차의 화물 운반 시 올바른 조작 방법은?

① 포크는 작업 편의상 높이 들고 주행한다.
② 주행 시 포크의 높이는 지면에서 20~30cm 정도로 유지한다.
③ 경사면에서 하향 주행 시 포크가 전방을 향하도록 한다.
④ 포크 상승 시에는 클러치 페달을 밟는다.

★
08 지게차를 운전할 때 시야 확보를 위한 안전조치로 **부적절한** 것은?

① 운전자는 항상 전방 시야를 확보하고 주행해야 한다.
② 화물이 시야를 가릴 경우 후진 주행이 원칙이다.
③ 뒷좌석에 보조자를 태워서 사각지대를 안내받는다.
④ 경음기 및 경광등을 활용하여 주위에 존재를 알린다.

★
09 다음 중 비탈길에서 하중을 실은 지게차의 안전 운행에 대한 설명으로 가장 적절하지 **않은** 것은?

① 비탈길을 내려올 때에는 짐이 경사 상단을 향하게 하여 후진으로 내려온다.
② 하중의 무게중심이 높을수록 마스트는 가능한 후경 상태를 유지해야 한다.
③ 오르막길에서는 가속하여 전진으로 빠르게 통과해야 한다.
④ 비탈길 주행 시 마스트는 하중 중심이 차량 쪽으로 쏠리게 조절해야 한다.

★★
10 경사로에서 화물을 싣고 지게차를 운행할 때 안전한 화물 방향으로 가장 적절한 것은?

① 짐이 항상 지게차 앞쪽을 향하게 한다.
② 짐이 언덕 아래쪽을 향하게 한다.
③ 짐이 언덕 위쪽을 향하게 한다.
④ 짐의 무게에 따라 방향을 달리한다.

★
11 피스톤이 상사점에 있을 때 피스톤 상부와 실린더 헤드 사이의 부피를 나타내는 용어는?

① 행정 체적
② 크랭크 체적
③ 연소실 체적
④ 피스톤 체적

★★
12 다음 [보기]의 ( ) 안에 차례로 들어갈 숫자는?

┤보기├

2행정 사이클 엔진은 피스톤의 (㉠)행정에 의하여 흡입, 압축, 동력, 배기의 1사이클을 완성하는 엔진이며, 이때 크랭크 축은 (㉡)회전 한다.

① ㉠: 2, ㉡: 1
② ㉠: 2, ㉡: 2
③ ㉠: 4, ㉡: 1
④ ㉠: 4, ㉡: 2

★★
13 실린더에 마모가 생겼을 때 나타나는 현상이 아닌 것은?

① 출력 저하
② 압축 효율 저하
③ 조속기의 작동 불량
④ 윤활유 오염 및 소모

★★
14 엔진의 배기가스 색이 회백색이라면 고장 예측으로 가장 적절한 것은?

① 소음기의 막힘
② 노즐의 막힘
③ 흡기 필터의 막힘
④ 피스톤 링의 마모

★
15 비산 압송식 윤활장치에서 압송방식에 의해 윤활되는 부품으로 틀린 것은?

① 캠 축
② 크랭크 축
③ 밸브 기구
④ 실린더 벽

★★
16 디젤 엔진을 시동시킨 후 충분한 시간이 지났는데도 냉각수 온도가 정상적으로 상승하지 않을 경우, 그 고장 원인이 될 수 있는 것은?

① 물 펌프 고장
② 수온조절기 고장
③ 라디에이터 코어 막힘
④ 냉각 팬 벨트의 헐거움

★
17 배기가스 중에서 인체에 가장 해가 없는 가스는?

① CO
② CO_2
③ HC
④ NO_X

★★
18 연료 속에 포함되어 있는 유황이 산소와 결합하여 연소할 때 발생하는 연소 생성물은?

① 수증기
② 아황산가스
③ 과산화수소
④ 이산화탄소

★★★
19 디젤 엔진에서 타이머의 역할로 옳은 것은?

① 분사량 조절
② 분사 시기 조절
③ 분사 속도 조절
④ 분사 압력 조절

★★★
20 커먼레일 디젤 엔진의 압력 제어 밸브에 대한 설명으로 틀린 것은?

① 커먼레일에 설치되어 있다.
② 커먼레일의 연료 압력을 제어한다.
③ 레일의 연료 압력이 높으면 밸브가 열린다.
④ 밸브가 열리면 연료의 일부분이 인젝터로 들어간다.

★★★
21 납산 축전지의 용량은 어떻게 결정되는가?

① 극판의 크기, 극판의 무게, 셀의 수에 의해 결정된다.
② 극판의 무게, 셀의 수, 전해액의 양에 의해 결정된다.
③ 극판의 크기, 극판의 수, 전해액의 양에 의해 결정된다.
④ 극판의 수, 셀의 수, 발전기의 충전능력에 따라 결정된다.

★★
22 건설기계용 납산 축전지에 대한 설명으로 틀린 것은?

① 완전 방전 시에만 재충전한다.
② 화학 에너지를 전기 에너지로 변환하는 장치이다.
③ 전해액 면이 낮아지면 증류수를 보충하여야 한다.
④ 전압은 셀의 수와 셀 1개 당의 전압에 의해 결정된다.

★★
23 시동 전동기의 전기자 코일을 시험하는 데 사용되는 시험기는?

① 전류 시험기   ② 전압 시험기
③ 저항 시험기   ④ 그로울러 시험기

★★
24 교류 발전기에서 스테이터 코일에서 발생한 교류를 직류로 정류하는 부품은?

① 브러시   ② 다이오드
③ 스테이터   ④ 컷 아웃 릴레이

★
25 건설기계에 사용되는 난방장치의 역할은?

① 조종실 내의 압력을 낮춘다.
② 조종실 내의 공기 온도를 높이고 가습한다.
③ 조종실 내의 습도를 낮추고 이물질을 여과한다.
④ 조종실 내의 공기 온도를 낮추고 습도를 높인다.

★★
26 다음 중 토크 컨버터 구성 요소 중 오일의 흐름 방향을 반전시켜 회전력을 증대시키는 역할을 하는 것은?

① 펌프(임펠러)   ② 터빈(러너)
③ 스테이터(리액터) ④ 커버

★★
27 다음 중 토크 컨버터 구성품으로, 플라이 휠에 직결되어 항상 엔진과 같은 회전수를 유지하는 부품은?

① 스테이터   ② 터빈
③ 펌프(임펠러)   ④ 출력축

★★★

28 지게차의 드럼식 브레이크에서 브레이크를 밟을 때 핸들이 한쪽으로 쏠리는 원인이 <u>아닌</u> 것은?

① 한쪽 브레이크 라이닝의 간극 불균형
② 한쪽 휠 실린더의 작동 불량
③ 마스터 실린더의 체크 밸브 오작동
④ 좌우 타이어의 공기압 차이

★★

29 제동장치에서 발생할 수 있는 베이퍼 록(Vapor Lock) 현상의 원인이 <u>아닌</u> 것은?

① 오랜 내리막 주행으로 브레이크 라인이 고온에 노출된 경우
② 드럼과 라이닝의 지속적인 마찰로 과열된 경우
③ 브레이크 오일이 오래되어 비등점이 낮아진 경우
④ 엔진 브레이크를 함께 사용한 경우

★★★

30 포장이 잘 된 실내 환경에서 전동 지게차용으로 가장 적합한 타이어는?

① 튜브타입 타이어
② 레이디얼 타이어
③ 솔리드 타이어
④ 슬립 타이어

★★

31 다음 중 유압장치의 장점으로 <u>틀린</u> 것은?

① 과부하 방지가 용이하다.
② 운동 방향을 쉽게 변경할 수 있다.
③ 작은 동력원으로 큰 힘을 낼 수 있다.
④ 오일의 온도 변화에 의해 작동기의 속도가 변한다.

★★

32 유압 계통에서 유압유의 점도가 너무 낮을 때 나타나는 현상이 <u>아닌</u> 것은?

① 오일 누설 증가
② 펌프의 용적효율 저하
③ 펌프의 흡입저항 증가
④ 계통 내의 압력 저하

★

33 다음 중 가열한 철판 위에 사용 중인 오일을 떨어뜨려 확인할 수 있는 오일의 오염 항목은?

① 산성도　　　　② 수분 함유
③ 오일의 열화　　④ 먼지나 이물질 함유

★

34 원동기의 기계적 에너지를 이용하여 작동유에 유체 에너지를 부여해 주는 유압기기는?

① 유압 탱크　　　② 유압 펌프
③ 유압 밸브　　　④ 유압 작동기

★★

35 유압 실린더의 피스톤 속도를 빠르게 하기 위한 방법으로 옳은 것은?

① 회로의 압력을 높게 한다.
② 회로의 유량을 증가시킨다.
③ 고점도 유압유를 사용한다.
④ 카운터밸런스 밸브를 설치한다.

36 유압 회로 내의 최고 압력을 제한하여 회로를 보호하는 밸브는?

① 셔틀 밸브
② 릴레이 밸브
③ 리듀싱 밸브
④ 릴리프 밸브

37 한쪽 방향으로는 유압유의 흐름을 자유롭게 하고, 반대 방향으로는 흐름을 차단하는 밸브는 무엇인가?

① 스풀 밸브(Spool Valve)
② 체크 밸브(Check Valve)
③ 디셀러레이션 밸브(Deceleration Valve)
④ 카운터밸런스 밸브(Counter Balance Valve)

38 엔진식 지게차의 조향 장치에 사용되는 유압 실린더의 형식은?

① 단동 실린더 플런저형
② 복동 실린더 싱글 로드형
③ 복동 실린더 더블 로드형
④ 다단 실린더 텔레스코픽형

39 유압장치에서 오일 냉각기의 설치 위치는?

① 탱크와 펌프 사이
② 펌프와 밸브 사이
③ 밸브와 탱크 사이
④ 밸브와 작동기 사이

40 다음 유압 기호로 표시하는 밸브는?

① 분류 밸브
② 감압 밸브
③ 시퀀스 밸브
④ 슬로 리턴 밸브

41 무한궤도식에 자체 중량 0.8톤인 굴착기에 대한 설명으로 맞는 것은?

① 건설기계에 해당한다.
② 자체 중량 1톤 이상이어야 하므로 건설기계에 해당하지 않는다.
③ 타이어식일 때만 건설기계에 해당한다.
④ 특수종 건설기계로 분류한다.

42 건설기계 등록사항 변경 신고 기간은?

① 변경 발생일부터 7일 이내
② 변경 발생일부터 15일 이내
③ 변경 발생일부터 30일 이내
④ 다음 정기검사 전까지

43 건설기계등록원부의 보존 기간은?

① 등록 말소 후 3년
② 등록 말소 후 5년
③ 등록 말소 후 10년
④ 영구 보존

44 정기검사 결과 부적합 판정 후 재검사기간은?

① 부적합 판정을 받은 날부터 5일 이내
② 부적합 판정을 받은 날부터 10일 이내
③ 신청 기간 만료일로부터 10일 이내
④ 신청 기간 만료일로부터 30일 이내

45 정비명령 불이행 시 처벌은?

① 과태료 100만원
② 과태료 300만원
③ 2년 이하 징역 또는 2천만원 이하 벌금
④ 1년 이하 징역 또는 1천만원 이하 벌금

46 도로교통법 시행규칙에 따른 서행의 정의는?

① 시속 20km 이하로 주행하는 것
② 즉시 정지할 수 있는 속도로 주행하는 것
③ 경음기를 사용하여 주행하는 것
④ 비상등을 점멸시키며 주행하는 것

47 도로에 흰색 점선이 있는 경우, 그 의미로 가장 알맞은 것은?

① 차로 변경이 가능한 구간이다.
② 추월이 금지된 구간이다.
③ 버스 전용차로를 나타낸다.
④ 정지선을 표시한 것이다.

48 다음 중 교차로에서 우회전 방법으로 옳은 것은?

① 신호를 무시하고 빠르게 통과한다.
② 보행자 보호 의무가 없다.
③ 도로 우측 가장자리를 따라 서행한다.
④ 중앙선을 침범하여 진행한다.

49 도로에서 정차하거나 주차할 때 켜야 하는 등화의 종류로 옳지 않은 것은?

① 자동차(이륜자동차는 제외): 미등 및 차폭등
② 건설기계: 차폭등 및 번호등
③ 이륜자동차 및 원동기장치자전거: 미등(후부 반사기를 포함)
④ 노면전차: 차폭등 및 미등

50 다음 중 운전면허 취소 사유에 해당하지 않는 것은?

① 혈중 알코올농도 0.08% 이상의 상태에서 운전한 경우
② 공동위험행위로 형사입건된 경우
③ 운전면허 행정처분 기간 중 운전한 경우
④ 수시적성검사에 불합격하거나 정해진 기간 내에 받지 않은 경우

51 다음 중 위험예지훈련(KYT) 단계에 해당하지 않는 것은?

① 목표 설정　　　　② 본질 추구
③ 대책 수립　　　　④ 안전 조직

52 다음 중 신체가 기계나 설비에 끼이는 사고는?

① 전도   ② 낙하

③ 협착   ④ 충돌

53 재해조사 시 부적절한 조치는?

① 재해 직후 현장을 정리한다.

② 목격자나 현장 책임자에게 상황을 확인한다.

③ 물리적 흔적을 수집한다.

④ 현장 사진을 촬영하여 보관한다.

54 산업재해 발생 시 조치 순서 중 올바른 것은?

① 피해자 구조 → 기계·설비 정지 → 119 신고 → 보고 및 현장 보존

② 응급처치 및 119 후송 → 피해자 구조 → 기계·설비 정지 → 보고 및 현장 보존

③ 보고 및 현장 보존 → 피해자 구조 → 기계·설비 정지 → 응급처치 및 119 후송

④ 기계·설비 정지 → 피해자 구조 → 응급처치 및 119 후송 → 보고 및 현장 보존

55 다음 중 보호구 선택에 관한 설명으로 가장 부적절한 것은?

① 사용 목적에 적합한 보호구를 선택해야 한다.

② 보호구는 작업 효율과 관계가 없다.

③ 보호 성능 기준을 확인해야 한다.

④ 착용이 간편해야 한다.

56 다음 중 안전보건표지의 종류에 해당하지 않는 것은?

① 금지 표지   ② 경고 표지

③ 지시 표지   ④ 허가 표지

57 다음 중 안내 표지에 해당하지 않는 것은?

① 비상구   ② 세안장치

③ 안전모   ④ 들것

58 수공구 사용 시 안전 수칙으로 올바르지 않은 것은?

① 공구는 사용 전에 점검한다.

② 톱 작업 시 밀 때 절삭된다.

③ 줄 작업 후 쇳가루는 브러시로 제거한다.

④ 동료가 멀리 있을 때 던져서 전달한다.

59 다음 중 C급 화재로 분류되는 것은?

① 고체 연료   ② 금속(나트륨, 칼륨)

③ 목재, 종이   ④ 전기설비

60 다음 중 냉각 소화 원리에 해당하는 소화기는?

① 물 소화기

② 포말 소화기

③ 이산화탄소 소화기

④ 할론 소화기

제7회   기출복원 모의고사

응시날짜:

점수:

★★
01 지게차의 용어에 대한 설명으로 옳은 것은?

① 전폭은 포크의 길이를 나타낸다.
② 전장은 전륜 중심에서 후륜 중심까지의 거리이다.
③ 최소 회전 반경은 무부하 상태에서 외측 앞바퀴가 회전하는 원의 반지름이다.
④ 최저 지상고는 지면에서 차체 중 가장 낮은 부분까지의 수직 높이이다.

★★
02 지게차 운전 중 작업자가 포크에 실린 화물을 올리기 위해 리프트 레버를 몸쪽으로 당겼지만, 포크가 정상적으로 상승하지 않았다. 이 상황에서 점검해야 할 원인으로 가장 거리가 먼 것은?

① 리프트 실린더의 작동유 누유
② 유압 펌프의 출력 저하
③ 리프트 체인의 걸림
④ 틸트 레버의 오작동

★★★
03 지게차에서 마스트를 전후로 기울이기 위한 틸트 실린더에 가장 적합한 유압 실린더 형식과 그 이유로 옳은 것은?

① 단동식 실린더이며, 하중에 의해 자연스럽게 복귀되므로 틸트 조작에 적합하다.
② 복동식 실린더이며, 양방향 모두 유압 작용이 가능해 정밀한 틸트 제어가 가능하다.
③ 다단식 실린더이며, 마스트의 연속 회전을 위한 구조이다.
④ 편동식 실린더이며, 틸트 동작 중 편심 하중을 보정하기 위해 사용된다.

★★
04 다음 지게차의 작업장치와 운반 대상의 조합 중 올바른 것은?

① 힌지드 포크 – 모래나 곡물 같은 가루 화물을 퍼서 운반한다.
② 사이드 클램프 – 종이 뭉치나 천 등을 눌러서 운반한다.
③ 푸시 풀 장치 – 벽돌이나 콘크리트 블록을 집어 들어 운반한다.
④ 하이 마스트 – 포크를 회전시켜 원형 화물을 쏟아낸다.

★★
05 다음 중 지게차 작업 전 점검 항목과 설명이 올바르게 짝지어진 것은?

① 유압오일 – 계기판 적산계로만 점검한다.
② 경고등 확인 – 시동 후 꺼지는 경고등만 확인하면 된다.
③ 후진 경보장치 – 작동 여부를 점검해야 한다.
④ 안전벨트 – 장착 유무는 중요하지 않다.

★
06 지게차 리프트 레버를 조작해 포크를 상승시킬 때, 포크가 일정 높이까지는 상승하지만, 그 이상부터 멈추는 현상이 발생하였다. 이때 점검해야 할 가장 적절한 항목은?

① 엔진오일의 부족 여부
② 유압유 탱크의 오일량
③ 냉각수의 수온과 수량
④ 틸트 레버의 조작 상태

★★
07 지게차 포크를 하강시키기 위한 조작으로 가장 적절한 것은?

① 가속 페달을 밟고, 리프트 레버를 당긴다.
② 가속 페달을 밟지 않고, 리프트 레버를 앞으로 민다.
③ 가속 페달을 밟고, 리프트 레버를 앞으로 민다.
④ 가속 페달을 밟지 않고, 리프트 레버를 뒤로 당긴다.

★
08 다음 중 지게차로 적재 작업을 수행할 때 주의 사항으로 가장 부적절한 것은?

① 화물 가까이 접근할수록 속도를 줄이고 조심스럽게 정지한다.
② 팔레트에 실린 물건이 안정적인지 시각적으로 확인한다.
③ 포크는 물체와 평행하게 삽입되도록 조작한다.
④ 화물을 빠르게 들어 올린 후 시야를 확보하려고 포크를 눈높이까지 올려 운반한다.

★
09 작업 중인 지게차가 적재물을 실은 상태로 좁은 출입구를 후진하여 진입해야 하는 상황에서 가장 부적절한 조치는?

① 후진 진입 전 출입구의 높이와 폭을 충분히 확인한다.
② 시야 확보가 어려운 경우 유도자의 도움을 받는다.
③ 운전자는 고개를 돌려 후방을 육안으로 확인하면서 조작한다.
④ 포크를 들어 올려 전방 시야를 확보한 뒤 그대로 후진한다.

★★
10 경사로를 주행 중인 지게차가 화물을 적재한 상태에서 반드시 지켜야 할 사항으로 옳지 <u>않은</u> 것은?

① 저속으로 운행한다.
② 화물은 경사의 위쪽을 향하게 한다.
③ 전진 주행으로 하강한다.
④ 엔진 브레이크를 사용한다.

★★
11 4행정 사이클 엔진과 비교했을 때, 2행정 사이클 엔진의 장점으로 <u>틀린</u> 것은?

① 구조가 간단하다.
② 마력 당 엔진의 부피가 작다.
③ 엔진의 수명이 길며, 경제적이다.
④ 플라이 휠이 소형, 경량이어도 된다.

★★
12 디젤 엔진의 흡기 밸브를 빨리 열고, 늦게 닫는 이유로 옳은 것은?

① 공기의 와류를 증가시켜 발생 마력을 증가시키기 위하여
② 공기의 흡입량을 증가시켜 발생 마력을 증가시키기 위하여
③ 공기의 와류를 증가시켜 회전 속도를 증가시키기 위하여
④ 공기의 흡입량을 증가시켜 회전 속도를 증가시키기 위하여

★
13 엔진의 커넥팅 로드가 부러질 경우 직접 영향을 받는 곳은?

① 밸브   ② 오일팬
③ 실린더   ④ 실린더 헤드

14 ★ 밸브가 닫혀 있는 동안 밸브 면과 밸브 시트를 밀착시켜 기밀 작용을 하는 장치는?

① 밸브 헤드
② 밸브 스프링
③ 밸브 스템 엔드
④ 밸브 리테이너

15 ★ 엔진오일 양을 측정할 때의 엔진 상태로 옳은 것은?

① 정지 상태
② 공전 운전 상태
③ 중속 운전 상태
④ 고속 운전 상태

16 ★★★ 구동 벨트(팬 벨트)의 장력이 너무 느슨할 때 발생하는 현상으로 옳은 것은?

① 과충전된다.
② 엔진이 과열된다.
③ 점화시기가 빨라진다.
④ 베어링의 마모가 심해진다.

17 ★★ 디젤 엔진에서 흡입 공기를 과급했을 때의 장점으로 틀린 것은?

① 배기 압력 감소
② 체적 효율 증가
③ 엔진의 출력 증가
④ 연료 소비량 감소

18 ★★ 디젤 엔진에서 노킹이 발생되었을 때 엔진에 미치는 영향이 아닌 것은?

① 엔진이 과열된다.
② 출력이 저하된다.
③ 흡기 효율이 저하된다.
④ 엔진 회전수가 증가한다.

19 ★★ 예연소실식 연소실에 대한 설명으로 틀린 것은?

① 분사 압력이 낮다.
② 예열 플러그가 필요하다.
③ 사용 연료의 변화에 민감하다.
④ 예연소실은 주연소실보다 작다.

20 ★★★ 커먼레일 디젤 엔진의 수온 센서 고장 시 발생하는 현상으로 틀린 것은?

① 엔진 출력 증가
② 냉간 시동성 불량
③ 공회전 시 엔진 부조
④ 주행 중 엔진 꺼짐 발생

21 ★ 퓨즈에 대한 설명 중 틀린 것은?

① 퓨즈는 정격용량을 사용한다.
② 퓨즈는 철사로 대용해도 된다.
③ 퓨즈 용량은 암페어(A)로 표시한다.
④ 퓨즈는 표면이 산화되면 끊어지기 쉽다.

22 ★★★ 같은 용량, 같은 전압의 축전지를 병렬로 연결하였을 때 옳은 것은?

① 용량과 전압 모두 2배로 된다.
② 용량과 전압 모두 변화가 없다.
③ 용량은 2배가 되고, 전압은 1개일 때와 같다.
④ 용량은 1개일 때와 같으나 전압은 2배로 된다.

23 ★ 시동 전동기의 고장 원인으로 틀린 것은?

① 회전으로 인한 고장
② 진동으로 인한 고장
③ 축전지 용량 저하로 인한 고장
④ 열 또는 부식 등으로 인한 고장

24 ★★ 건설기계에 교류 발전기를 사용하는 이유로 옳은 것은?

① 전류 조정기를 사용하기 때문에
② 대형·중량으로 제작되어 있기 때문에
③ 다이오드를 사용하여 정류하기 때문에
④ 카본 브러시와 정류자를 사용하기 때문에

25 ★★ 전조등 회로에 대한 설명으로 옳은 것은?

① 전조등 회로는 단선식 배선이다.
② 전조등 회로는 직렬로 연결되어 있다.
③ 전조등 회로는 병렬로 연결되어 있다.
④ 전조등 회로는 직·병렬로 연결되어 있다.

26 ★★★ 다음 중 유성 기어 장치(Planetary Gear Set)에 대한 설명으로 가장 적절하지 않은 것은?

① 주요 구성 요소로는 선 기어, 유성 기어, 링 기어, 유성 캐리어가 있다.
② 유성 기어가 핀과 융착되면 회전이 멈추고, 결과적으로 바퀴가 움직이지 못한다.
③ 유성 기어 장치는 고속에서는 변속 효율이 낮고, 저속에서만 사용된다.
④ 유성 기어는 선 기어를 중심으로 자전과 공전이 가능한 기어 구조이다.

27 ★★ 동력전달장치에서 구동축의 길이 및 각도 변화를 보상하기 위한 장치로 올바르게 짝지어진 것은?

① 슬립 이음–각도 변화 / 자재 이음–길이 변화
② 자재 이음–각도 변화 / 슬립 이음–길이 변화
③ 자재 이음–진동 방지 / 슬립 이음–회전수 조정
④ 슬립 이음–진동 방지 / 자재 이음–회전수 조정

28 ★★ 파워 스티어링이 장착된 지게차에서 핸들이 지나치게 무겁고 조작이 어려운 경우 가장 먼저 점검해야 할 사항은?

① 핸들의 유격 여부
② 조향 펌프의 작동 상태와 오일의 양
③ 바퀴의 정렬 상태
④ 브레이크 오일의 점도

29 다음 중 제동장치의 구비 조건으로 적절하지 않은 것은?

① 작동이 신속하고 확실해야 한다.
② 외부 충격에는 강하지만 마찰면의 내마모성은 낮은 편이 바람직하다.
③ 제동력 확보를 위해 충분한 마찰력이 요구된다.
④ 유지·보수 및 점검이 용이해야 한다.

30 타이어식 건설기계에서 추진축 또는 구동 계통에 이상이 있을 때 나타날 수 있는 현상으로 가장 적절하지 않은 것은?

① 스플라인 마모로 인해 주행 중 소음과 진동이 발생할 수 있다.
② 유니버셜 조인트가 파손되면 구동축의 회전이 전달되지 않아 주행이 불가능해질 수 있다.
③ 주차 브레이크가 잠긴 상태이면 차량이 움직이지 않는다.
④ 조향 장치의 토인 간격이 맞지 않으면 엔진 출력이 저하되어 주행이 불가능하다.

31 밀폐된 용기 속에 있는 액체의 일부에 가해진 압력은 어떻게 전달되는가?

① 각 부분에 다른 세기로 전달된다.
② 홈 부분에서 약한 세기로 전달된다.
③ 돌출 부분에 강한 세기로 전달된다.
④ 모든 부분에 동일한 세기로 전달된다.

32 유압회로 내에 과도적으로 발생하는 이상 압력의 최댓값은?

① 대기 압력   ② 절대 압력
③ 서지 압력   ④ 컨트롤 압력

33 작동유의 온도가 과도하게 높을 때 나타나는 현상으로 틀린 것은?

① 점도의 증가
② 작동유의 누출 증대
③ 기계적인 마모 발생
④ 작동유의 산화작용 촉진

34 유압장치에 사용되는 기어 펌프에서 소음이 발생하는 원인으로 틀린 것은?

① 작동유의 과부족
② 펌프의 저속 회전
③ 펌프의 베어링 마모
④ 펌프 흡입 라인의 막힘

35 다음 중 유압 펌프가 작동유를 토출할 수 없는 경우는?

① 작동유의 점도가 낮을 때
② 펌프의 회전이 너무 빠를 때
③ 릴리프 밸브의 설정압이 낮을 때
④ 흡입관으로 공기가 혼입되고 있을 때

36 유압 계통의 압력 조절 밸브 스프링 장력이 강하게 조절되었을 때의 현상으로 옳은 것은?

① 회로의 유압이 낮아진다.
② 회로의 유압이 높아진다.
③ 펌프 토출량이 감소한다.
④ 펌프 토출량이 증가한다.

37 유압장치에서 작동유를 한쪽 방향으로는 저항없이 흐르게 하고, 그 반대 방향으로는 흐르지 못하게 하는 밸브는?

① 체크 밸브
② 셔틀 밸브
③ 릴리프 밸브
④ 카운터밸런스 밸브

38 유압 실린더의 작동 속도가 느릴 경우의 원인으로 옳은 것은?

① 유압회로 내의 유량이 부족할 때
② 엔진오일 교환 시기가 경과되었을 때
③ 릴리프 밸브의 셋팅 압력이 높을 때
④ 운전실에 있는 가속 페달을 작동시켰을 때

39 지게차의 유압 호스가 자주 파열되는 원인으로 맞는 것은?

① 작동유의 점도 저하
② 유압 모터의 고속 회전
③ 유압 펌프의 고속 회전
④ 유압을 너무 높게 조정한 경우

40 [보기]의 유압 기호가 나타내는 것은?

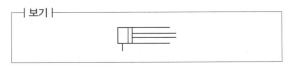

① 단동 실린더
② 복동 실린더
③ 차동 실린더
④ 텔레스코프형 실린더

41 다음 중 건설기계로서 지게차에 대한 설명으로 가장 적합한 것은?

① 무한궤도식 또는 타이어식 주행장치를 말한다.
② 전동식은 모두 제외된다.
③ 들어올림장치와 조종석이 있어야 한다.
④ 도로 주행이 불가능한 것만 포함된다.

42 다음 중 건설기계의 등록신청 기간으로 옳은 것은?

① 건설기계를 취득한 날부터 15일 이내
② 판매를 목적으로 수입한 날부터 30일 이내
③ 건설기계 취득일 또는 판매일로부터 2개월 이내
④ 건설기계 사용 시작일부터 3개월 이내

43 등록번호표 "004"에서 "04" 기종번호가 의미하는 건설기계는?

① 불도저
② 지게차
③ 덤프트럭
④ 타워크레인

★★★
44 다음 중 검사소에서 검사받아야 할 기계는?

① 노상안정기
② 3톤 미만 지게차
③ 무한궤도식 불도저
④ 트럭지게차

★★
45 건설기계 면허 취소 후 계속해서 조종한 경우 처벌은?

① 300만원 이하 과태료
② 1년 이하 징역 또는 1천만원 이하 벌금
③ 2년 이하 징역 또는 2천만원 이하 벌금
④ 3년 이하 징역 또는 3천만원 이하 벌금

★
46 일시정지에 대한 설명으로 가장 적합한 것은?

① 3분 이상 정지
② 바퀴 완전 정지
③ 엔진 정지
④ 운전자 하차

★★
47 신호등이 고장난 교차로에서 통행 방법으로 가장 적절한 것은?

① 경찰공무원의 지시에 따른다.
② 무조건 정지한다.
③ 우측 차량에 양보한다.
④ 경음기를 울리며 통과한다.

★
48 회전교차로 통행 방향은?

① 시계 방향
② 반시계 방향
③ 직진 후 유턴
④ 자유 선택

★★★
49 정차 또는 주차의 방법으로 적당하지 않은 것은?

① 차도의 오른쪽 가장자리에 정차
② 오른쪽 가장자리로부터 30cm 이상 거리를 둔다.
③ 버스는 정차 후 승객이 타거나 내린 즉시 출발
④ 다른 교통에 방해가 되지 않도록 한다.

★★
50 운전면허증을 반납해야 하는 사유로 적합하지 않은 것은?

① 운전면허 취소 처분을 받은 경우
② 운전면허 효력 정지 처분을 받은 경우
③ 운전면허증을 잃어버린 경우
④ 운전면허증 갱신을 받은 경우

★
51 산업재해율 분석 시 사용되지 않는 항목은?

① 도수율
② 신속율
③ 연천인율
④ 강도율

52 재해 발생 직후 가장 먼저 수행해야 할 조치는?

① 사고 유형 분석
② 피해자 상태 확인 및 후송
③ 사진 촬영 및 기록
④ 관계자 진술 확보

53 안전모의 주요 기능으로 볼 수 없는 것은?

① 충격 흡수　　② 감전 방지
③ 시력 보호　　④ 두부 보호

54 안전화를 반드시 착용해야 하는 작업 환경은?

① 비계 해체 작업
② 전동지게차 운전
③ 절단 또는 중량물 취급
④ 전기배선 점검

55 회전부(기어, 벨트 등)의 접촉 방지를 위한 방호 장치는?

① 급정지 장치
② 과부하 방지 장치
③ 자동 전격 방지 장치
④ 안전 덮개

56 작업장 내 안전수칙으로 가장 올바른 것은?

① 바닥은 기름 등으로 먼지의 흩날림을 방지한다.
② 기름걸레나 인화물질은 철재 상자 등에 보관한다.
③ 작업장 내 조도는 가장 낮게 유지한다.
④ 바닥에는 일부 공구 등이 떨어져 있어도 무방하다.

57 작업 중 사고 발생 시 가장 먼저 할 일은?

① 사고 조사　　② 119 신고
③ 기계 전원 차단　④ 피해자 구조

58 다음 중 화재 발생 원인에 해당하지 <u>않는</u> 것은?

① 전기적 요인　② 기계적 요인
③ 심리적 요인　④ 부주의 요인

59 다음 중 작업장 내 화재 예방 대책으로 적절한 것은?

① 피난 훈련은 실제 화재 발생 후에 실시한다.
② 용접 작업 시 불꽃 비산 방지망을 설치한다.
③ 가연성 가스는 밀폐된 공간에서 저장한다.
④ 화재 예방은 소방시설 설치만으로 충분하다.

60 C급 화재 대응 시 가장 먼저 해야 할 행동은?

① 물을 뿌려 초기 진화를 시도한다.
② 전기 공급을 먼저 차단한다.
③ 소방서에 신고 후 대피한다.
④ 주변 가연물을 먼저 제거한다.

제1회 | 기출복원 모의고사 정답

본문 P.280

01	02	03	04	05	06	07	08	09	10
③	③	③	③	④	④	③	②	②	②
11	12	13	14	15	16	17	18	19	20
④	④	④	④	②	②	②	①	④	②
21	22	23	24	25	26	27	28	29	30
②	③	④	①	④	②	④	③	③	④
31	32	33	34	35	36	37	38	39	40
③	④	②	③	②	①	①	①	④	①
41	42	43	44	45	46	47	48	49	50
④	③	②	④	④	④	②	②	②	④
51	52	53	54	55	56	57	58	59	60
③	③	④	①	③	③	③	①	③	④

01 ③
핵심테마 01

지게차는 일반적으로 앞바퀴로 동력을 전달(구동)하고, 뒤쪽 바퀴로 방향을 전환(조향)하는 '전륜 구동, 후륜 조향' 구조를 채택한다. 이는 좁은 공간에서 회전 반경을 줄이기 위한 설계이다.

02 ③
핵심테마 02

핑거보드는 포크를 마스트에 연결하여 고정하는 부품이지만, 마스트와 함께 상하로 이동하므로 고정된 부품은 아니다.

보충 ② 포크의 기울임 제어가 틸트 실린더와 연결된다는 점에서 타당하다.

①, ④ 마스트의 구성과 작동 원리에 대한 정확한 설명이다.

03 ③
핵심테마 02

①, ② 포크 상승 시에는 레버를 당겨야 하며, 하강 시에는 전방으로 밀어야 한다. 이때, 가속 페달은 사용하지 않는다.

④ 리프트 레버는 포크의 상승과 하강을 제어하는 조작장치이다. 마스트의 기울기는 틸트 레버와 틸트 실린더가 담당한다.

04 ③
핵심테마 02

슬립시트 화물을 밀어서 처리하는 것은 푸시 풀(Push Pull) 장치이며, 로테이팅 클램프는 원형 또는 박스형 화물을 회전시키는 작업에 사용한다.

05 ④
핵심테마 03

리프트 체인의 강도 측정(인장 강도 등)은 정밀 점검이나 정기 정비 시에 전문 장비로 측정하는 항목이다.

06 ④
핵심테마 03

보기의 지시등은 엔진 예열 표시등이다.

07 ③
핵심테마 04

운반 중 포크가 너무 높으면 시야가 방해되고 중심이 높아져 전도 위험이 커진다. 포크는 지면에서 20~30cm 정도로 유지하는 것이 가장 안전하고 안정적이다.

08 ②
핵심테마 04

틸트 레버는 마스트를 앞으로(전경) 또는 뒤로(후경) 기울이는 기능을 한다.

① 포크의 상승·하강 조절, ③ 속도 조절(저속·고속), ④ 주행 방향 조절

09 ②
핵심테마 04

얼굴이나 팔을 지게차 차체 밖으로 내미는 것은 접촉 사고 및 부상 위험이 있으므로 금지된다. 출입 전에는 차폭, 입구 높이, 장애물 등을 확인한 뒤, 운전자는 항상 차체 안에서 시야를 확보하거나 유도자(신호수)의 유도를 따라야 한다.

10 ②
핵심테마 04

운전 시야를 방해할 경우 마스트를 전경시키면 화물 낙하 위험이 커진다. 이 경우에는 유도자를 배치하거나 후진으로 서행 운전해야 하며, 마스트는 후경(4~6도) 상태로 운반하는 것이 원칙이다.

11 ④ 핵심테마 05

디젤 엔진은 공기만을 흡입한 후 고온·고압으로 압축하여, 그 압축된 공기 속에 고압의 연료를 안개처럼 미세하게 분사하면, 연료가 고온의 공기와 접촉해 스스로 연소(자기 착화)된다.

12 ④ 핵심테마 05

합성(복합) 사이클은 정적 및 정압 사이클을 합성한 사이클이다. 일반적으로 고속 디젤 엔진이 이에 해당하며, '사바테 사이클'이라고도 한다.

13 ④ 핵심테마 06

오일이 너무 많으면 문제를 일으킬 수는 있으나, 직접적인 피스톤 고착의 원인이라고 볼 수는 없다. 오히려 윤활은 충분하게 되지만, 과잉 오일은 연소실로 유입되어 배기가스 문제 등을 일으킬 수 있다.

14 ④ 핵심테마 06

크랭크 축은 엔진에서 피스톤의 왕복운동을 회전운동으로 바꾸는 부품으로, 주로 메인 저널, 크랭크 핀, 크랭크 암, 평형추 등으로 구성된다. 플라이 휠은 크랭크 축의 회전을 원활히 유지하기 위한 부속 부품으로 크랭크 축에 연결되지만, 크랭크 축 자체의 구성 요소로 볼 수는 없다.

15 ② 핵심테마 07

윤활유는 마멸방지, 밀봉, 냉각, 방청, 응력분산 등의 기능을 수행한다.

16 ② 핵심테마 07

강제 순환식 냉각장치는 냉각수를 물 펌프를 이용하여 강제로 순환시켜 냉각하는 방식이다. 냉각 효율이 높고 엔진 과열을 방지하는 데 효과적이므로, 대부분의 디젤 엔진은 강제 순환식 냉각 방법이 적용되고 있다.

17 ② 핵심테마 07

건식 공기청정기는 압축 공기를 이용하여 안쪽에서 바깥쪽으로 불어 먼지를 제거한다.

18 ① 핵심테마 08

가솔린 엔진에 비해 회전수가 낮다.

보충 디젤 엔진의 단점
• 소음과 진동이 크다.
• 정밀한 분사장치로 인해 제작 비용이 높고, 따라서 가격이 비싸다.

• 고압 압축과 높은 폭발 압력으로 인해 엔진 무게가 무겁다.
• 압축비가 높아 시동 전동기(스타터 모터)의 출력이 커야 한다.

19 ④ 핵심테마 08

디젤 엔진은 점화 플러그가 아니라 자기 착화 방식으로 연소가 이루어진다. 디젤 엔진의 연소실 구성 요소는 흡기 밸브, 배기 밸브, 분사 노즐 등이 포함된다. 반면, 점화 플러그는 가솔린 엔진에서 사용되며, 디젤 엔진에는 필요하지 않다.

20 ② 핵심테마 08

커먼레일식 디젤 엔진에는 분사 펌프가 없다.

보충 커먼레일식 디젤 엔진의 연료장치는 연료 탱크, 연료 여과기, 저압 펌프, 고압 펌프, 커먼레일, 인젝터 등으로 구성된다.

21 ② 핵심테마 09

전류의 자기작용은 발전기, 전류계, 전동기, 솔레노이드 기구 등에 이용되고 있다.
①, ④ 발열작용, ③ 화학작용

22 ③ 핵심테마 09

건설기계용 납산 축전지는 양극판(+)은 과산화납(PbO_2), 음극판(−)은 해면상납(Pb), 전해액은 묽은 황산(H_2SO_4)을 사용한다.

23 ④ 핵심테마 09

축전지 온도가 낮으면 엔진의 회전 저항은 증가한다.

24 ① 핵심테마 09

② 전자 유도 법칙: 유도 기전력의 크기를 설명한다(방향 ×).
③ 플레밍의 왼손 법칙: 전동기에서 힘의 방향을 설명한다.
④ 플레밍의 오른손 법칙: 발전기에서 전류 방향을 설명한다.

25 ④ 핵심테마 09

광속(Luminous Flux)은 광원에서 사방으로 퍼지는 빛의 총량을 의미하며, 단위는 루멘(lumen, lm)이다. 빛의 양을 수치적으로 표현한 개념이다.
② 광도(Candela, cd): 특정 방향으로 나아가는 빛의 강도를 측정하며, 단위는 칸델라(cd).
③ 조도 (Illuminance, lx): 빛이 비춰진 면의 밝기를 의미하며, 단위는 럭스(lux, lx).

26 ② 핵심테마 10

유압조작식 지게차는 파워시프트(Power Shift, 다판식 클러치)

장치를 사용하여 기계식 클러치 없이 유압으로 변속을 수행한다. 반면, 토크 컨버터식 지게차는 토크 컨버터와 자동 변속기 조합을 통해 파워시프트 기능을 간접 대체한다고 볼 수 있다.
① 자동 변속기: 토크 컨버터식에서 사용
③ 토크 컨버터: 토크 컨버터와 자동 변속기 두 방식 모두 사용 가능
④ 유압작동 실린더: 대부분의 지게차 작업장치에서 공통적으로 사용

27 ④ 핵심테마 10

클러치 디스크는 높은 온도와 마찰이 반복되는 부품이므로 내열성, 내마멸성이 뛰어나야 하며, 마찰계수도 적절해야 한다. 마찰면이 빠르게 마모되면 클러치 디스크의 수명을 단축시켜 효율적인 동력 전달을 방해하므로 적절하지 않다.

28 ③ 핵심테마 10

동력 조향장치에는 핸들의 움직임을 좌우로 균형 있게 전달할 수 있는 복동식 실린더가 사용되며, 특히 더블 로드형은 좌우 양쪽에 로드가 있어 균형 있게 작동한다.
보충 단동식은 단방향 작동에 적합하고, 텔레스코픽 실린더(Telescopic Cylinder)는 망원경처럼 다단으로 겹쳐서 확장 및 수축하는 구조의 유압 실린더로 일반 실린더로 구현할 수 없는 높은 리프트 거리를 제공할 수 있다.

29 ③ 핵심테마 10

브레이크 드럼은 회전운동을 하며 마찰로 제동력을 발생시키는 부품이다. 따라서 가볍고 강성이 높아야 한다. 중량이 크면 관성 증가로 반응 속도가 느려지고 열 발산도 어려워져 불리하다.

30 ④ 핵심테마 10

추진축의 스플라인은 동력을 변속기에서 종감속 장치로 전달하는데 중요한 역할을 한다. 이 부분이 마모되면 회전 전달 시 유격이 발생하여 주행 중 소음, 충격, 진동 등이 나타날 수 있다. 특히 일정한 회전이 이루어지지 않아 떨림이 생기고, 장시간 방치하는 경우 축 파손으로 이어질 수 있다.

31 ③ 핵심테마 11

유압장치는 유온의 영향이 있으면 정밀한 속도제어가 불가능하다는 단점이 있다. 즉, 오일은 온도가 올라가면 점도가 낮아지고, 온도가 내려가면 점도가 높아져서 작동기의 속도를 정확히 제어하는 것이 어렵다.

32 ④ 핵심테마 11

유로가 수평하고 유량이 일정할 때 파이프의 단면적이 작은 곳에서는 (유속)이 증가하지만 (압력)은 낮아진다.

33 ② 핵심테마 11

유압 작동유의 주요 기능
- 윤활작용
- 냉각작용
- 동력 전달 기능
- 누유 방지 기능

34 ③ 핵심테마 12

유압 펌프는 엔진의 플라이 휠 또는 전동기의 구동축에 직결되어 구동된다.

35 ② 핵심테마 12

베인 펌프의 펌핑작용과 관련된 주요 구성 요소에는 로터, 베인, 캠링(펌프 내면)이 있다.

36 ① 핵심테마 12

유압시스템에서 유압 밸브는 펌프에서 토출된 작동유(오일)의 압력, 유량, 방향을 제어하여 작동기로 보낸다. 점도는 제어하지 않는다.

37 ① 핵심테마 12

유압장치에서 주 회로의 압력보다 낮은 압력으로 작동기를 동작시키고자 할 때 사용하는 밸브는 감압(리듀싱) 밸브이다.

38 ① 핵심테마 12

지게차의 리프트 유압 실린더는 피스톤, 피스톤 로드, 실린더 튜브, 커버, 패킹 등으로 구성되어 있다.

39 ④ 핵심테마 13

드레인 플러그(Drain Plug)는 오일 탱크 내의 오일을 전부 배출시킬 때 사용한다.

40 ① 핵심테마 14

① 정용량형 유압 펌프
② 정용량형 유압 모터
③ 가변용량형 유압 펌프
④ 가변용량형 유압 모터

41 ④ 핵심테마 15

기중기 중 '궤도(레일)식'은 건설기계에서 제외된다.

42 ③ 핵심테마 15

건설기계 등록은 특별시장·광역시장·특별자치시장·도지사 또

는 특별자치도지사(시·도지사)에게 신청한다.

43 ② 핵심테마 15

건설기계의 소유자는 건설기계 등록사항에 변경이 있는 때에는 그 변경이 있는 날부터 30일(상속의 경우에는 상속개시일부터 6개월) 이내에 건설기계 등록사항 변경신고서를 등록한 시·도지사에게 제출해야 한다. 다만, 전시·사변 기타 이에 준하는 국가비상사태 하에서는 5일 이내에 해야 한다.

44 ④ 핵심테마 15

20년 이하 연식의 무한궤도식 건설기계의 검사 유효기간은 3년이다. ①, ②, ③의 20년 이하 연식 건설기계의 검사 유효기간은 1년이다.

45 ② 핵심테마 15

①, ③, ④ 과실이나 재산상의 피해를 입힌 경우 면허 정지의 사유에 해당한다.

46 ③ 핵심테마 16

도로교통법은 도로에서 일어나는 교통상의 모든 위험과 장해를 방지하고 제거하여 안전하고 원활한 교통을 확보함을 목적으로 한다(도로교통법 제1조).

47 ④ 핵심테마 16

우회전 삼색등이 적색이 아니고 다른 교통을 방해하지 않는 경우에 한하여 적색등화일 때 우회전이 허용된다.

48 ② 핵심테마 16

모든 차의 운전자는 다른 차를 앞지르려면 앞차의 좌측으로 통행해야 한다.

49 ② 핵심테마 16

최고속도의 100분의 20을 줄인 속도로 운행하여야 하는 경우
- 비가 내려 노면이 젖어있는 경우
- 눈이 20mm 미만 쌓인 경우

50 ④ 핵심테마 16

긴급자동차 운전자는 해당 자동차를 그 본래의 긴급한 용도로 운행하지 않는 경우에는 「자동차관리법」에 따라 설치된 경광등을 켜거나 사이렌을 작동하여서는 안 된다. 다만, 대통령령으로 정하는 바에 따라 범죄 및 화재 예방 등을 위한 순찰·훈련 등을 실시하는 경우에는 그러하지 아니하다.

51 ③ 핵심테마 17

산업안전관리의 핵심 목표는 '인간존중'이며, 근로자의 생명과 건강을 보호하는 것이 최우선이다.

52 ③ 핵심테마 17

중대재해
- 사망자가 1명 이상 발생
- 3개월 이상 요양이 필요한 부상자가 동시에 2명 이상 발생
- 부상자 또는 질병자가 동시에 10명 이상 발생

53 ④ 핵심테마 17

산업재해의 직접적 원인은 사고를 즉각적으로 유발하는 요인으로, 주로 불안전한 행동과 불안전한 상태로 구분할 수 있다.
① 불안전한 행동
② 불안전한 상태
③ 불안전한 행동

54 ② 핵심테마 18

소음이 85dB 이상에서는 청력 손상을 예방하기 위한 청력보호구가 필요하다.

55 ① 핵심테마 18

해당 표지는 '출입금지' 표지이다.
보충 금지 표지의 바탕색은 적색이다. →금경지안-적황청녹

56 ③ 핵심테마 19

방호장치

급정지장치	기계 작동 중 긴급 정지가 필요할 때 사용
역화방지장치	가스용접기에서 화염이 역류하는 것을 방지
자동전격방지장치	전기용접 작업 시 감전 방지를 위해 자동으로 전압을 낮추는 장치
안전 덮개(가드)	회전부(기어, 벨트, 체인, 연삭기) 등의 접촉 방지

57 ③ 핵심테마 19

회전하는 드릴에 장갑이 말려 들어가 끼임 사고가 발생할 수 있는 위험이 크다.

58 ① 핵심테마 20

A급 화재는 일반 가연성 고체 물질(목재, 종이 등)의 연소에 해당한다.

59 ③

유류 화재 시 물을 뿌리면 유류가 퍼지면서 화재가 확산할 수 있는 위험이 있다.

보충 ①, ②, ④ B급 화재에 적합한 소화기이다.

60 ④

C급 화재(전기 화재)는 전기절연성이 있고 감전 위험이 없는 이산화탄소나 분말 소화기를 사용해야 한다.

보충 ① D급 화재 – 특수 소화제(건조사, 금속 화재 전용 소화기)
② A급 화재 – 냉각 소화(물, 포말 소화기)
③ B급 화재 – 질식 소화(포말, 이산화탄소, 분말 소화기)

제2회 | 기출복원 모의고사 정답									본문 P.288
01	02	03	04	05	06	07	08	09	10
③	②	③	②	②	④	④	④	③	②
11	12	13	14	15	16	17	18	19	20
②	②	①	③	④	③	②	②	①	①
21	22	23	24	25	26	27	28	29	30
①	③	④	②	③	③	②	④	③	④
31	32	33	34	35	36	37	38	39	40
①	③	②	④	①	①	④	②	②	②
41	42	43	44	45	46	47	48	49	50
③	②	②	②	④	②	③	②	④	①
51	52	53	54	55	56	57	58	59	60
④	④	②	④	④	②	④	②	④	③

01 ③

윤간거리(Tread)
좌우 바퀴의 중심선 간의 거리로, 조향 안정성과 회전 시의 균형에 영향을 미친다. 윤간거리가 넓을수록 좌우 안정성은 증가하지만, 좁을수록 좁은 공간에서 기동성이 좋아진다.

02 ②

지게차는 화물 적재 중 안정성이 가장 중요하므로, 지게차는 노면 충격을 흡수하기보다 안정성을 중심으로 설계되어 있다. 판스프

링, 코일 등의 현가장치에 의해 주행 중 롤링이나 진동이 발생하면 화물이 낙하할 위험이 있기 때문에 지게차에는 현가장치를 사용하지 않는다.

03 ③

틸트 레버는 마스트의 앞·뒤 기울기를 조절하는 조작장치이며, 이때 작동되는 틸트 실린더는 복동식 유압 실린더이다. 전방으로 밀면 마스트는 앞으로(전경), 몸 쪽으로 당기면 뒤로(후경) 기울어진다. 단동식 실린더는 포크를 위아래로 움직이는 리프트 실린더에 사용된다.

04 ②

힌지드 버킷은 포크 대신 버킷이 장착되어 있어 분말류 화물(곡물, 비료 등)을 담아 운반하는 데 적합하다.
① 로테이팅 클램프에 해당하는 설명이다.
③ 하이 마스트는 고층 적재용이다.
④ 타이어 클램프는 원통형 타이어를 측면에서 클램핑하는 장치이다.

05 ②

작업 전 난기운전은 유압 작동유, 엔진오일, 냉각수 등의 온도를 서서히 정상 범위까지 올려주는 절차이다. 따라서 전·후진 주행은 반드시 저속으로 2~3회 반복해야 하며, 특히 기온이 낮은 겨울철에는 횟수를 늘려 실시한다. 고속 주행은 기계에 무리를 줄 수 있으므로 지양해야 하며, 리프트 및 틸트 동작은 전행정으로 예열을 돕는다

06 ④

낮은 압력은 오히려 작동유의 에너지 전달량이 낮아져 발열량이 적다. 작업 효율은 떨어질 수 있으나, 온도 상승의 직접적 원인으로 보기 어렵다.

07 ④

주차 시 포크는 반드시 지면에 완전히 내려놓아야 한다. 포크가 지면에서 띄워져 있으면 사람이나 차량에 위험을 초래할 수도 있다.

08 ④

화물 근처에서는 브레이크로 속도를 줄이며 서서히 접근해야 한다. 가속 페달을 밟는 것은 충돌, 낙하, 전복의 위험이 있으며, 기본적인 안전 수칙에 어긋난다.

09 ③

지게차 작업 중 화물이 불안정하게 적재되어 있다면 화물이 떨어지거나 전도될 위험이 높아질 수 있으므로, 반드시 고정해야 한다.

① 지게차의 무게중심이 올라가 전복의 위험이 커진다.
② 지게차는 사람의 승차용 장비가 아니며, 특히 포크 위에 작업자를 태우는 행위는 매우 위험하다.
④ 서두르면 오히려 사고 위험이 증가한다.

10 ②　　　　　　　　　　　　　　　　　　핵심테마 04

유도자는 혼선 방지를 위해 1명만 배치하며, 운전자의 시야가 확보되는 위치에서 수신호를 명확하게 제공해야 한다. 또한 전복 시에는 지게차에서 탈출하지 않고, 핸들을 잡고 내부에 고정되어야 생명을 보호할 수 있다.

11 ②　　　　　　　　　　　　　　　　　　핵심테마 05

엔진의 구비 조건
• 진동과 소음이 작아야 한다.
• 출력당 질량 및 부피가 작아야 한다.
• 연료 소비가 적고 경제적이어야 한다.
• 취급이 쉽고 점검과 수리가 편리해야 한다.

12 ②　　　　　　　　　　　　　　　　　　핵심테마 05

디젤 엔진의 압축 온도는 450~550℃ 정도이다.

13 ①　　　　　　　　　　　　　　　　　　핵심테마 06

피스톤 링은 일반적으로 압축 링 2개, 오일 링 1개로 구성된다.

14 ③　　　　　　　　　　　　　　　　　　핵심테마 06

밸브 헤드(Valve Head)는 높은 온도와 압력에 노출되며, 흡입 효율을 높이기 위해 흡기 밸브 헤드의 지름이 배기 밸브 헤드의 지름보다 크다.

15 ④　　　　　　　　　　　　　　　　　　핵심테마 07

디젤 엔진에 사용되는 윤활유는 마찰열을 방출하는 냉각 작용, 압축가스의 누출을 방지하는 밀봉(기밀 유지) 작용, 충격적인 부분 압력을 분산시키는 응력 분산 작용, 금속 부품 간의 마찰을 줄여 마모를 방지하는 윤활 작용을 한다.

16 ③　　　　　　　　　　　　　　　　　　핵심테마 07

워터 재킷(Water Jacket)은 실린더 헤드 및 실린더 블록과 일체 구조로, 엔진 블록 내부에 냉각수가 순환하는 통로를 말한다. 라디에이터의 부품이 아니며, 엔진 자체의 냉각 회로에 속한다.

17 ②　　　　　　　　　　　　　　　　　　핵심테마 07

배기관이나 소음기 내부에 본(탄소 찌꺼기)이 쌓이면 배출 경로가 좁아지고, 배기가스의 흐름이 방해를 받아 배압(Back Pressure)이 상승한다.

18 ②　　　　　　　　　　　　　　　　　　핵심테마 08

오일 펌프의 높은 토출 유압과 디젤 엔진의 진동은 관계없다.

보충 **디젤 엔진의 진동 원인**
• 피스톤 및 커넥팅 로드의 무게 차이 → 회전·왕복 질량의 불균형으로 진동 발생
• 분사 시기 및 분사 간격 불균형 → 연소 타이밍이 다르면 실린더별 출력 차이 발생
• 분사 압력과 분사량의 차이 → 실린더 간 출력 불균형, 진동 및 소음 유발

19 ①　　　　　　　　　　　　　　　　　　핵심테마 08

점화코일은 가솔린 엔진 연료장치의 구성품이다.

보충 디젤 엔진의 연료장치는 연료 탱크, 연료 공급 펌프, 연료 여과기(필터), 분사 펌프, 분사 노즐로 구성된다.

20 ①　　　　　　　　　　　　　　　　　　핵심테마 08

• 저압 계통: 연료 탱크, 연료 여과기, 저압 연료 펌프
• 고압 계통: 고압 펌프, 커먼레일, 인젝터

21 ①　　　　　　　　　　　　　　　　　　핵심테마 09

저항(Resistance)은 도체 내에서 전류(전자의 흐름)를 방해하는 성질을 말하며, 단위는 옴(Ω)이다.

22 ③　　　　　　　　　　　　　　　　　　핵심테마 09

축전지(배터리)의 전해액은 황산(H_2SO_4)과 물(H_2O)로 구성되어 있으며, 사용 중 물(H_2O)이 증발하여 자연적으로 전해액이 감소하게 된다. 이 경우 증류수(불순물이 제거된 순수한 물)를 보충해야 한다.

23 ④　　　　　　　　　　　　　　　　　　핵심테마 09

시동장치 설계 시 고려 사항
• 크랭킹 저항
• 시동 한계온도
• 최저 크랭킹 속도
• 시동장치의 전격전압

24 ③　　　　　　　　　　　　　　　　　　핵심테마 09

건설기계에 사용되는 발전기는 대부분 3상 교류 발전기(Three-phase AC Generator)이다. 그 이유는 효율이 높고 출력이 커서 대형 장비에도 적합하고, 전압의 파형이 안정적이므로 배터리 충전과 전기장치 작동에 유리하다. 또한 직류 발전기보다 구조가 간단하고 내구성이 뛰어나기 때문이다.

25 ②

핵심테마 09

예열장치는 디젤 엔진에만 설치되는 장치로서 겨울철 등 추운 곳에서 시동 시 압축 공기를 미리 가열하여 시동을 쉽게 하도록 보조해 주는 장치이다.

26 ③

핵심테마 10

클러치는 기관(엔진)과 변속기 사이에 설치되어 있으며, 클러치 페달 조작을 통해 동력을 차단하거나 다시 연결하는 역할을 한다. 이를 통해 변속 시 충격을 줄이고 차량의 정지 및 출발을 부드럽게 수행할 수 있다.

27 ②

핵심테마 10

가이드 링은 유체 클러치 내부에서 유체의 흐름을 제어하는 장치로, 펌프에서 나오는 오일이 효율적으로 터빈으로 전달되도록 유도한다. 이를 통해 불필요한 와류를 줄이고 회전력의 손실을 방지한다.

28 ④

핵심테마 10

동력 조향장치는 운전자의 조작을 가볍게 해주는 장치로, 노면 충격 완화, 시미(Shimmy) 현상 감소, 자유로운 기어비 설정 등의 장점이 있다. 그러나 조작 미숙으로 인해 시동이 꺼지는 기능은 없고, 이는 기계 안전성과는 무관하다.

29 ③

핵심테마 10

정적 평형은 브레이크 드럼이 멈춰 있을 때 무게중심이 일정한 상태를 의미하고, 동적 평형은 회전 중에도 균형이 맞아 떨림이나 진동 없이 회전할 수 있는 상태를 의미한다. 브레이크 드럼은 회전 부품이므로, 평형이 맞지 않으면 고속 주행 시 흔들림이나 소음이 발생하고, 이는 브레이크 성능 저하뿐 아니라 차량 전체의 진동 유발로 이어질 수 있다.

30 ④

핵심테마 10

조향장치의 토인 간격은 조향 불량이나 핸들 쏠림과 관련된 것이다. 타이로드 또는 토인 조정은 조향 계통에 해당하므로, 주행이 안 되는 직접적인 원인으로 볼 수 없다.

31 ①

핵심테마 11

압력의 종류

• 대기압력: 절대압력 – 계기압력
• 계기압력: 대기압을 기준으로 한 압력
• 절대압력: 완전진공을 기준으로 한 압력
• 진공압력: 대기압 이하의 압력, 즉 음(−)의 계기압력

32 ③

핵심테마 11

릴리프 밸브는 압력이 설정값을 초과할 때 압력을 방출해 시스템을 보호하는 장치이다.

① 페이드(Fade) 현상: 유압기기나 브레이크에서 장시간 사용 시 성능이 감소하는 현상
② 노킹(Knocking) 현상: 엔진 내부에서 연료가 비정상적으로 폭발하여 발생하는 충격음
④ 베이퍼 록(Vapor Lock) 현상: 연료 라인이나 유압 라인 안에 기포가 생겨 유량이 차단되는 현상으로, 소음보다는 작동 불능의 문제가 발생함

33 ②

핵심테마 11

작동유 첨가제의 종류

• 방청제: 금속표면에 수분으로 인한 녹 발생을 방지하기 위한 첨가제
• 유성 향상제: 윤활성을 향상시켜 금속의 고체마찰 및 늘어붙음을 방지하는 첨가제
• 유동점 강하제: 저온일 때 왁스분이 석출하는 것을 방지하여 유동성을 높여 주는 첨가제
• 점도지수 향상제: 점도지수를 높게하여 온도 변화에 따른 점도 변화를 줄이기 위한 첨가제

34 ④

핵심테마 12

플런저 펌프는 구조상 스트로크 길이나 경사판 각도 등을 조절해 회전수는 같아도 토출량을 자유롭게 변경할 수 있는 대표적인 가변용량형 펌프이다.

① 기어 펌프: 기어의 크기와 회전수로 고정된 일정한 토출량을 내는 정용량형 펌프
② 프로펠러 펌프: 주로 유체를 대량 이송하는 데 쓰이는 축류 펌프로, 구조상 회전수에 따라 유량이 거의 결정됨
③ 정용량형 베인 펌프: 베인이 고정된 구조로, 회전수에 따라 일정한 토출량을 유지하는 정용량형 펌프

35 ①

핵심테마 12

셔틀 밸브는 방향 제어 밸브의 일종이다.

36 ①

핵심테마 12

분류 밸브(Divider Valve)

분류 밸브는 2대의 실린더에 같은 유량이 공급되어야 같은 속도로 움직일 수 있으므로, 정확한 유량 분배가 필요한 경우에 사용한다.

② 스풀 밸브: 방향 제어 밸브
③ 교축 밸브: 유량 제어 밸브

④ 스로틀 밸브: 유량을 줄이거나 제어하는 밸브(분배 기능은 없음)

37 ④
핵심테마 12
유압 작동기(Actuator; 엑추에이터)는 유압유의 유체 에너지(압력 에너지+속도 에너지)를 기계적 에너지로 변환시키는 유압기기이다.

38 ②
핵심테마 12
얇은 가죽이나 V패킹으로 교환하는 것은 누유 검사 방법이 아니라 교환 방법이므로 틀린 내용이다.

보충 유압 실린더의 누유 검사 방법
• 정상적인 작동온도에서 실시한다.
• 얇은 종이를 펴서 로드에 대고 앞뒤로 움직여 본다.
• 각 유압 실린더를 몇 번씩 작동 후 점검한다.

39 ②
핵심테마 13
기체식 축압기(Accumulator; 어큐뮬레이터)에 압입되는 기체는 질소가스이다.

40 ②
핵심테마 14
유압 기호의 표시 방법
• 기름 탱크의 기호는 수평 위치로 표시한다.
• 축압기와 보조 가스용기는 항상 세로형으로 표시한다.
• 기호는 부품의 기능, 조작 방법, 외부 접속구를 표시한다.
• 기호는 원칙적으로 통상의 운휴상태 또는 기능적인 중립 상태를 나타낸다.

41 ③
핵심테마 15
덤프트럭은 적재 용량 12톤 이상이어야 하며, 12~20톤 중 자동차로 등록된 것은 제외된다.

42 ②
핵심테마 15
건설기계 등록신청은 전시·사변 등 국가비상사태 하에서는 2개월 대신 5일 이내에 신청해야 한다.

43 ②
핵심테마 15
시·도지사는 등록을 말소하려는 경우에는 미리 그 뜻을 건설기계의 소유자 및 이해관계인에게 알려야 하며, 통지 후 1개월(저당권이 등록된 경우에는 3개월)이 지난 후가 아니면 이를 말소할 수 없다.

44 ②
핵심테마 15
타이어식 굴착기는 연식과 관계없이 1년마다 정기검사를 받아야 한다.

45 ②
핵심테마 15
덤프트럭은 건설기계 조종사면허 특례에 따라 운전면허를 받아 조종할 수 있다.

보충 건설기계 조종사 면허의 특례
• 덤프트럭
• 아스팔트살포기
• 노상안정기
• 콘크리트믹서트럭
• 콘크리트펌프
• 천공기(트럭적재식)
• 특수건설기계 중 국토교통부장관이 지정하는 건설기계

46 ④
핵심테마 16
중앙선은 차량 통행 방향 구분이 주목적이며, 보행자 횡단용이 아니다.

47 ②
핵심테마 16
차량 신호등이 황색 등화의 점멸일 때 차마는 다른 교통 또는 안전표지의 표시에 주의하면서 진행할 수 있다.

48 ③
핵심테마 16
고속도로 직선 구간은 앞지르기가 허용된다.

보충 앞지르기 금지 장소
• 교차로
• 터널 안
• 다리 위
• 도로의 구부러진 곳(도로의 모퉁이)
• 앞지르기를 금지하는 안전표지로 지정한 곳(비탈길의 고갯마루 부근 또는 가파른 비탈길의 내리막 등)

49 ④
핵심테마 16
일반 주택가 도로는 특별한 규제가 없는 한 주차가 허용된다.

50 ①
핵심테마 16
자동차전용도로에서 자동차등(개인형 이동장치는 제외)과 노면전차의 도로 통행 속도는 최고속도 매시 90km, 최저속도 매시 30km이다.

51 ④
핵심테마 17
하인리히의 안전 3요소
• 관리적 요소: 안전 규정 수립, 교육, 관리 시스템 구축
• 기술적 요소: 기계·설비의 방호장치 및 안전장비 개선
• 교육적 요소: 근로자 대상 안전교육 및 훈련 강화

52 ④
핵심테마 17

추락 재해 방지를 위해 추락방지망 설치, 안전대 착용, 안전난간 설치는 필수적인 요소이다. 보호구 없이 이동하는 것은 추락 재해 위험을 증가시키므로, 유의해야 한다.

53 ②
핵심테마 17

산업재해의 직접적 원인은 사고를 즉각적으로 유발하는 요인으로, 주로 불안전한 행동과 상태로 나뉜다. 근로자의 불안전한 행동에는 안전 수칙 미준수, 기계 조작 실수, 작업자의 부주의, 위험한 작업 방법의 사용 등이 있다.

①, ③, ④ 산업재해의 간접적 원인에 해당한다.

54 ②
핵심테마 18

해당 표지는 경고 표지 중 '산화성물질 경고'에 해당한다.

보충 비슷한 표지인 '인화성물질 경고'와 구분할수 있어야 한다.

55 ②
핵심테마 18

'매달린 물체 경고' 표지는 경고 표지에 해당하며, 바탕색은 황색이다.

56 ④
핵심테마 19

연삭기 사용 시 받침대와 숫돌의 간격은 좁게 유지해야 한다.

숫돌과 받침대의 간격을 좁게 유지하는 이유
• 공작물이 틈새에 끼는 것 방지
• 넓은 간격에 손 끼임 사고 예방
• 정확한 연삭 작업
• 숫돌 파손 방지

57 ②
핵심테마 19

가스 용접(산소-아세틸렌) 작업 시 역화 방지기는 화염이 역류하는 것을 방지하는 장치로 가스용기와 용접 토치 사이에 설치해야 한다.

58 ④
핵심테마 19

산업안전보건기준에 관한 규칙에서는 다음과 같이 사다리식 통로 기준을 명시하고 있다.
• 견고한 구조
• 발판의 간격을 일정하게 유지

• 넘어짐 및 미끄러짐 방지 조치
• 10m 이상일 경우 5m마다 계단참(계단 등의 도중에 설치되는 수평면 부분으로 발을 디딜 수 있는 넓고 평편한 부분) 설치

59 ③
핵심테마 20

질식 소화는 공기(산소)와의 접촉을 차단하여 연소를 멈추는 방식이며, 연소에 필요한 3요소 중 '산소'를 차단함으로써 불을 끄는 방법이다.

① 냉각 소화, ②, ④ 제거 소화

60 ③
핵심테마 20

D급 화재는 나트륨, 마그네슘, 알루미늄 등 금속 물질의 화재로 건조사나 특수 소화제를 사용하여 화재를 진압한다. 따라서 일반적인 분말 소화기는 사용하지 않는다.

제3회 | 기출복원 모의고사 정답
본문 P.296

01	02	03	04	05	06	07	08	09	10
③	①	②	③	②	④	④	③	④	④
11	12	13	14	15	16	17	18	19	20
②	③	①	②	③	④	③	②	③	④
21	22	23	24	25	26	27	28	29	30
③	④	②	①	④	③	③	③	②	③
31	32	33	34	35	36	37	38	39	40
③	①	③	①	①	③	①	①	②	①
41	42	43	44	45	46	47	48	49	50
③	②	③	②	②	③	②	②	③	④
51	52	53	54	55	56	57	58	59	60
④	①	②	②	③	③	②	①	④	①

01 ③
핵심테마 01

지게차는 하중을 전륜이 받기 때문에 정격하중 초과 시 중심이 앞으로 쏠리면서 뒷바퀴가 들리는 전도의 위험이 발생할 수 있다.

보충 ① 후륜은 오히려 가벼워져서 들릴 수 있다.
② 윤거(바퀴 간 거리)는 기구적으로 고정되어 있다.

④ 마스트는 운전자가 틸트 레버로 조작하지 않는 이상 자동으로 기울어지지 않는다.

02 ①

마스트를 뒤로 완전히 젖히는 것은 부품의 변형이나 스트레스를 증가시키고, 통행자의 안전에 위험을 증가시킬 수 있다. 일반적으로 포크를 지면에 내린 후 전방으로 약간 기울여 선단이 땅에 닿게 한다.
②, ③, ④ 올바른 안전 주차 방법이다.

03 ②

틸트 록 밸브는 마스트를 기울이는 중 엔진이 갑자기 정지했을 때, 마스트가 급격하게 경사되지 않도록 현재 상태를 유지시켜 주는 안전 장치이다. 이는 작업 중 낙하나 전도 위험을 방지하는 데 매우 중요한 구성 요소이다.

04 ③

푸시 풀(Push Pull) 장치는 슬립 시트가 필수인 장치로, 회전 기능은 없다.

05 ②

오일 압력 경고등은 시동 전(키 ON)에 잠시 점등되었다가, 시동이 걸리면 즉시 꺼져야 정상이다. 계속 점등되어 있다면 오일 압력 부족 또는 윤활 계통의 이상을 의미하므로 즉시 점검이 필요하다.
보충 ① 연료 게이지의 E는 Empty(빈 상태)를 나타낸다.
③ 히터 시그널은 디젤 엔진의 예열기(글로우 플러그) 작동 상태를 표시한다.
④ 암페어미터(−) 지침은 발전기가 충전하지 못하고 있다는 표시로, 전기 계통 점검이 필요하다.

06 ④

유압탱크의 정확한 오일량을 점검하려면 유압 실린더 안의 작동유가 모두 탱크로 회수된 상태여야 한다. 따라서 포크를 완전히 내린 상태에서 점검해야 유압탱크 내 실제 잔량을 정확히 확인할 수 있다.

07 ④

주차 시에는 포크를 반드시 지면에 내려놓아야 하며, 하중 유지 목적이라도 들고 있는 것은 안전 기준 위반에 해당한다.

08 ③

지게차는 후륜 조향 방식이므로 회전 시 뒷바퀴의 회전 반경을 중심으로 방향을 전환해야 한다. 이를 무시하면 주변 구조물이나 인원과 충돌 위험이 커진다.

09 ④

전방 시야 확보가 어려운 경우, 가장 안전한 방법은 후진 주행 또는 유도자 유도에 따라 이동하는 것이다.
보충 포크를 높이는 행위는 중심 상승으로 전복의 위험이 증가하므로 금지된다.

10 ④

지게차의 포크는 화물을 찍어 고정하거나 찔러서 운반하는 용도로 사용해서는 안 된다. 이는 화물 파손, 기계 손상, 전도 위험을 유발한다.
보충 ① 마스트는 후경이 원칙이다.
② 화물이 불안정할 경우 결속 도구(슬링 와이어, 로프 등)를 사용해야 한다.
③ 시야 확보가 어려울 경우 유도자를 배치하거나 후진 주행해야 한다.

11 ②

디젤 엔진에는 점화장치가 없다.
보충 디젤 엔진을 구성하는 주요 장치
• 예열장치: 추운 날씨에서 연료가 원활하게 연소되도록 돕기 위해 사용
• 연료장치: 연료를 고압으로 분사하여 연소실에 공급하는 장치
• 윤활장치: 엔진 부품 간의 마찰을 줄여주는 역할

12 ③

블로 바이(Blow By)로 인해 오일의 오염, 엔진 효율 저하, 고온에서의 부식 등이 발생할 수 있다.
보충 ① 블로 백(Blow Back): 연소가스가 실린더 밖으로 역류하는 현상
④ 블로 다운(Blow Down): 배기 과정에서 연료 및 배기가스의 배출과 관련된 용어

13 ①

상사점(TDC; Top Dead Center) 부근은 피스톤이 최고점에 도달할 때로, 고온·고압 상태에서 실린더 벽과 피스톤의 마찰이 가장 크게 발생하여 마멸이 심하다.

14 ②

피스톤 링의 작용
• 압축링: 기밀 작용, 열전도 작용
• 오일링: 오일 제어 작용

15 ③

착화점 향상제는 윤활유 첨가제에 포함되지 않는다.

16 ③
핵심테마 07
가압식 라디에이터의 장점
- 냉각수의 손실이 적다.
- 방열기를 작게 할 수 있다.
- 냉각수의 비등점을 높일 수 있다.

17 ③
핵심테마 07
냉각수가 빙결되면 체적이 증가하여 실린더 블록이나 라디에이터, 엔진 등이 동파(균열)할 수 있다. 이를 방지하기 위해 겨울철에 부동액을 사용한다.

18 ②
핵심테마 08
옥탄가는 가솔린 엔진 연료의 노킹 저항성(자발 점화 저항성)을 나타내는 수치로, 디젤 엔진과는 관련이 없다.

19 ③
핵심테마 08
디젤 엔진은 연료 라인에 공기가 있으면 시동 불량이 발생할 수 있으므로 프라이밍 펌프를 작동시키면서 '연료 공급 펌프 → 연료 여과기 → 분사 펌프'의 순서로 공기 빼기 작업을 해야 한다.

20 ④
핵심테마 08
전자제어식 커먼레일 디젤 엔진은 고압으로 연료를 정밀하게 분사하고, 전자제어 방식으로 분사 시기와 분사량을 정밀하게 조절할 수 있다. 따라서 연소 효율이 높고 불완전연소가 줄어 매연 발생량도 감소한다.

21 ③
핵심테마 09
과충전이 발생하면 축전지 내부에서 물의 전기분해가 일어나면서 수소와 산소가 발생하고, 그로 인해 전해액의 증류수가 증발하거나 감소하게 된다. 과충전은 축전지의 수명을 단축시키고, 전해액의 수위를 떨어뜨리므로, 배터리의 충전 상태를 적절히 관리해야 한다.

22 ④
핵심테마 09
축전지 충전 시 주의 사항
- 충전 시간을 가능한 짧게 할 것
- 충전 중 축전지에 충격을 가하지 말 것
- 전해액의 온도가 45℃ 이상이 되면 충전을 중지할 것
- 충전 중 수소가스가 발생하므로 통풍이 잘되는 곳에서 충전할 것
- 급속 충전은 삼가할 것

23 ②
핵심테마 09
플레밍의 왼손법칙(Fleming' Left Hand Rule)
"왼손의 엄지, 인지, 중지를 서로 직각이 되게 펴고 검지를 자력선의 방향으로, 중지를 전류의 방향으로 향하게 하면 도체에는 엄지의 방향으로 힘이 작용한다"는 법칙으로 시동 전동기, 전류계, 전압계 등에 사용된다.

24 ①
핵심테마 09
교류발전기는 정류자가 아닌 다이오드로 정류한다.

25 ④
핵심테마 09
건설기계에서 사용되는 유압계, 연료계, 수온계 등은 전기식 방식이 일반적이다. 전기식 계기들은 전자 신호를 이용해 측정값을 출력하며, 계기부와 유닛부로 구성되어 있어 정확하고 효율적인 측정을 제공한다.

26 ③
핵심테마 10
클러치는 사용자의 조작에 따라 연결과 차단이 수동으로 이루어진다.
보충 클러치 작동 시 자동으로 동력을 차단하는 기능은 클러치의 기본 구조에 포함되지 않는다. 이와 관련된 내용은 보호 장치나 안전 장치에서 다루어야 한다.

27 ③
핵심테마 10
클러치 디스크(판)는 변속기 입력축의 스플라인에 끼워져 회전하며, 엔진에서 발생한 동력을 변속기로 전달하는 기능을 한다. 스플라인 구조는 디스크가 축 방향으로 미끄러지며 회전은 함께할 수 있도록 설계된 홈 구조로, 변속 시 디스크가 잠시 이탈했다가 다시 연결되는 원리를 통해 기어 변속을 가능하게 한다.

28 ③
핵심테마 10
지게차는 일반적으로 후륜 조향 방식이며, 조향 각도는 안쪽 바퀴가 약 65도, 바깥쪽은 약 75도까지 회전한다. 이때 회전 반경은 1.8~2.5m 범위로 설정되며, 협소한 공간에서도 회전할 수 있도록 설계된다.

29 ②
핵심테마 10
급경사에서 엔진 브레이크 없이 풋 브레이크를 계속 사용하면, 브레이크 라이닝이 과열되어 페이드(Fade) 현상이 발생하고, 브레이크 오일이 고온에 의해 기화되면 베이퍼 록(Vapor Lock) 현상이 발생할 수 있다.
보충
- 페이드: 마찰 재료(라이닝)가 고온에 의해 마찰력을 상실하는 현상
- 베이퍼 록: 브레이크 유압 라인 내의 유압이 기화되어 제동력이 상실되는 현상

30 ③
핵심테마 10
타이어의 구성 요소 중 '카커스(Carcass)'는 타이어의 뼈대이자

기본 구조를 담당한다. 여러 겹의 코드가 고무로 덮여 있으며, 하중을 지지하고 충격을 완화하는 역할을 한다.
① 트레드: 노면과 직접 접촉하는 마모 방지용 층
② 비드: 림에 밀착하여 고정하는 역할
④ 사이드 월: 타이어의 측면을 보호하고 정표를 표시하는 역할

31 ③ 핵심테마 11
유량(Q)이란 액체가 관로 내에서 단위시간 동안 이동한 양을 말하며, 사용하는 단위에는 GPM, LPM 등이 있다.
보충 RPM은 펌프나 모터 등 회전기기의 분당 회전수를 나타내는 기호이다.

32 ① 핵심테마 11
유압유에 요구되는 성질
• 발화점이 높을 것
• 산화 안정성이 있을 것
• 윤활성과 방청성이 있을 것
• 넓은 온도 범위에서 점도 변화가 적을 것

33 ③ 핵심테마 11
필요 시 일부 오일을 보충할 수는 있지만, 오일 전량 교환은 하지 않는다.
보충 유압 액추에이터를 교환한 후에는 ①, ②, ④ 작업을 이어서 실시해야 한다.

34 ④ 핵심테마 12
유압발생장치는 엔진(전동기), 유압 펌프 및 오일 탱크(유압 탱크)로 구성된다. 유압 밸브는 유압장치의 주요 기본요소 중 유압제어장치에 속한다.

35 ① 핵심테마 12
제트 펌프
높은 에너지를 가진 구동유체(驅動流體)를 세차게 뿜어서 흡입구로부터 낮은 압력을 가진 유체를 운반하고, 이 유체에 에너지를 주어 송출부로 내보는 펌프로 '분사 펌프'라고도 한다.

36 ③ 핵심테마 12
유압 펌프에서 토출된 작동유의 압력을 점검하는 것으로써 유압 펌프와 제어(Control) 밸브 사이에서 점검한다.

37 ① 핵심테마 12
감속 밸브는 유압 작동기의 운동 위치에 따라 캠(Cam) 조작으로 회로를 개폐시켜 작동기의 움직임을 서서히 감속 또는 가속시키기 위한 밸브로서 유량 제어 밸브와 함께 사용된다.

38 ① 핵심테마 12
유압 모터의 장점
• 관성력이 작다.
• 작동이 신속·정확하다.
• 신호 시에 응답이 빠르다.
• 무단변속이 가능하다.

39 ② 핵심테마 13
오일 여과기는 필터를 통한 오일 흐름을 제한하지 않아야 한다.

40 ① 핵심테마 14
미터 인 회로(Meter-in Circuit)는 유량 제어 밸브를 유압 실린더의 입구 쪽에 직렬로 설치하여 피스톤의 속도를 제어하는 회로이다.
보충 • 미터 아웃 회로(Meter-out Circuit)는 유량 제어 밸브를 유압 실린더의 출구쪽에 직렬로 설치하여 피스톤의 속도를 제어하는 회로이다.
• 블리드 오프 회로(Bleed-off Circuit)는 유량 제어 밸브를 유압 실린더의 입구쪽에 병렬로 설치하여 피스톤의 속도를 제어하는 회로이다.

41 ③ 핵심테마 15
건설기계는 건설공사에 사용할 수 있는 기계로서 대통령령으로 정하는 것으로 정의된다.

42 ② 핵심테마 15
트럭적재식 콘크리트펌프는 「자동차손해배상 보장법」에 따른 보험 또는 공제의 가입을 증명하는 서류를 첨부하여 제출하여야 한다.

43 ③ 핵심테마 15
건설기계 등록번호표 일련번호 1000~5999는 자가용, 0001~0999는 관용, 6000~9999는 대여사업용이다.

44 ② 핵심테마 15
정기검사 신청을 받은 시·도지사 또는 검사대행자는 신청 접수 후 5일 이내에 검사일시를 통지해야 한다.

45 ② 핵심테마 15
3톤 미만 건설기계(굴착기, 로더, 지게차)는 6시간의 조종실습이 필수이다.

46 ③ 핵심테마 16
자동차전용도로는 자동차만 다닐 수 있도록 설치된 도로로, 자동

차는 자동차관리법에 따른 승용자동차, 승합자동차, 화물자동차, 특수자동차, 이륜자동차가 있다. 이때, 원동기장치자전거는 자동차에 포함되지 않는다.

47 ②
핵심테마 16

신호등 성능
- 등화의 밝기는 낮에 150m 앞쪽에서 식별할 수 있도록 할 것
- 등화의 빛의 발산각도는 사방으로 각각 45도 이상으로 할 것
- 태양광선이나 주위의 다른 빛에 의하여 그 표시가 방해받지 않도록 할 것

48 ②
핵심테마 16

보행자는 보도와 차도가 구분된 도로에서는 언제나 보도로 통행해야 한다.

49 ③
핵심테마 16

긴급자동차만 버스전용차로 통행이 허용된다.

50 ④
핵심테마 16

견인자동차가 아닌 자동차로 다른 자동차를 견인하여 도로를 통행하는 때의 속도는 총중량 2천kg 미만인 자동차를 총중량이 그의 3배 이상인 자동차로 견인하는 경우에는 매시 30km 이내, 그 외의 경우 및 이륜자동차가 견인하는 경우에는 매시 25km 이내여야 한다.

51 ④
핵심테마 17

하인리히의 사고 예방 원리 5단계

1단계	안전관리조직	안전책임자 지정 및 체계적인 관리 시스템 구축
2단계	사실의 발견	사고 발생 원인 및 위험 요소 분석
3단계	분석 · 평가	위험도 평가 및 예방 조치 마련
4단계	시정책의 선정	효과적인 재해 예방 대책 수립
5단계	시정책의 적용	실질적인 개선 조치 실행 및 지속적인 모니터링

52 ①
핵심테마 17

산업재해 예방의 4원칙
- 예방가능의 원칙
- 손실우연의 원칙
- 원인연계의 원칙
- 대책선정의 원칙

53 ③
핵심테마 17

회사 내에서 발생한 모든 사고가 산업재해가 되는 것은 아니며, 예를 들어 개인적 사유(사적 행위, 개인 행동)로 인한 사고는 산업재해로 인정되지 않는다.
① 회사 내에서 일어나는 모든 사고가 산업재해는 아니다.
② 현장 밖에서 일어난 사고라도 업무와 연관성이 있거나 출퇴근 시 발생한 재해에 포함된다.
④ 육체적 · 정신적 사고 모두 산업재해에 포함된다.

54 ②
핵심테마 18

해당 표지는 지시 표지 중에서 '방진마스크 착용' 표지이다.
보충 비슷한 표지인 '방독마스크 착용'과 구분할 수 있어야 한다.

55 ③
핵심테마 18

안내 표지는 비상구, 대피로, 응급처치 장소, 세안대 등 안전하게 대피하거나 이용해야 할 위치를 알려주는 표지로서, 바탕색은 녹색이다.

56 ③
핵심테마 19

전기용접 작업 시 감전 위험을 방지하기 위하여 자동 전격 방지장치를 설치해야 한다.
보충 위험 기계 · 기구 방호장치

급정지장치	기계 작동 중 긴급 정지가 필요할 때 사용
역화 방지장치	가스용접기에서 화염이 역류하는 것을 방지
자동전격 방지장치	전기용접 작업 시 감전 방지를 위해 자동으로 전압을 낮춤
안전 덮개(가드)	회전부(기어, 벨트, 체인, 연삭기) 등의 접촉 방지

57 ②
핵심테마 19

가스용접 작업 시 산소통의 메인 밸브가 얼었을 경우 폭발이나 화재의 위험이 따르기 때문에 절대로 불을 사용해서는 안 된다. 60℃ 이하의 따뜻한 물로 녹이는 것이 올바른 방법이다.

58 ①
핵심테마 20

B급 화재는 유류나 가연성 액체로 인해 발생하는 화재로, 주요 연소 물질에는 휘발유, 알코올 등이 있다.
②, ③, ④ A급 화재의 주요 연소 물질이다.

59 ④

핵심테마 20

화재의 발생원인

• 전기적 요인: 누전, 과부하, 합선(단락), 전기 스파크 등
• 기계적 요인: 마찰열, 기계 과열, 불꽃 발생 등
• 화학적 요인: 자연발화, 폭발성 화학물질 등
• 부주의 요인: 담배꽁초, 용접 불꽃 등

60 ①

핵심테마 20

제거 소화는 가연물을 제거하여 연소를 방지하는 것으로, 가스 밸브 차단, 화재 주변 물건을 제거하는 것 등이 있다.
① 산소를 차단하여 연소를 중단시키는 질식 소화에 해당한다.

제4회 | 기출복원 모의고사 정답

본문 P.304

01	02	03	04	05	06	07	08	09	10
②	④	③	④	④	③	②	③	④	③
11	12	13	14	15	16	17	18	19	20
①	④	④	④	①	②	③	②	②	④
21	22	23	24	25	26	27	28	29	30
③	③	④	④	①	②	④	④	③	③
31	32	33	34	35	36	37	38	39	40
②	①	①	④	①	③	②	②	④	③
41	42	43	44	45	46	47	48	49	50
④	②	④	②	③	③	②	④	②	④
51	52	53	54	55	56	57	58	59	60
④	④	③	④	③	③	③	②	②	③

01 ②

핵심테마 01

지게차는 후방에 엔진이 탑재되어 있으며, 이를 통해 전방의 하중을 상쇄하는 카운터밸런스(Counter Balance) 역할을 한다. 그 이유는 포크에 적재된 화물로 인해 무게가 전방에 쏠리는 것을 방지하기 위함이다. 따라서 무게중심도 상대적으로 후방에 위치하는 구조이다.

02 ④

핵심테마 02

플로우 레귤레이터(Flow Regulator)는 유압 회로 내에서 유체의

흐름 속도를 일정하게 유지시켜 포크의 상승과 하강, 마스트 작동 등 유압장치의 작동 속도를 안정적으로 제어하는 역할을 한다.

보충 브레이크 제동력 유지 및 완충기능은 보통 브레이크 부스터나 댐퍼 계통에서 담당한다.

03 ③

핵심테마 02

틸트 레버(Tilt Lever)는 지게차 마스트(포크가 달린 기둥 부분)의 기울기를 조절하는 장치이다. 틸트 레버를 뒤로 당기면 마스트는 후방, 즉 운전자 쪽으로 기울어지며, 이는 화물 낙하 방지와 안정성 확보를 위한 동작이라고 할 수 있다. 반대로 전방으로 밀면 마스트는 전경되며, 이는 화물을 놓거나 위치를 조절할 때 사용한다.

04 ④

핵심테마 02

원통형 화물을 조이거나 회전시켜 적재하는 기능은 로테이팅 클램프(Rotating Clamp)의 역할이며, 힌지드 버킷은 분산되기 쉬운 비료, 곡물 등의 분말류를 운반하는 데 사용된다. 포크에 부착이 가능한 구조로, 일반 작업도 병행할 수 있다.

05 ④

핵심테마 03

지게차의 계기판에는 냉각수 온도 게이지, 연료 게이지, 충전경고 등 등 주요 작동 상태를 알려주는 장치가 포함되어 있다. 하지만 일반 자동차와 달리 운행거리 적산계(주행거리계)는 장착되지 않는 경우가 대부분이다. 유지·관리도 운행시간 단위나 사용 시간 누적으로 관리한다.

06 ③

핵심테마 03

엔진오일은 적당한 점도를 유지해야 윤활 기능을 수행할 수 있다. 오일이 묽거나 점성이 없으면 윤활력이 떨어져 마모를 유발하므로 교환이 필요하다.

07 ②

핵심테마 04

포크는 지면에 닿도록 완전히 내리고, 마스트는 전방으로 약간 경사시키는 것이 지게차의 일반적인 안전 주차 절차이다.

08 ③

핵심테마 04

화물을 적재한 상태에서 가속 주행하면 제동거리 증가, 회전 불안정, 낙하 및 전복 위험 등 여러 위험을 초래할 수 있으므로 항상 안전 기준 내의 속도로 주행해야 한다.

09 ④

핵심테마 04

팔레트는 화물 아래에 포크가 들어갈 수 있는 구조를 가진 받침대로, 지게차가 화물을 쉽게 삽입·인양·이동할 수 있도록 설계되어 물류 운반 시 가장 보편적으로 사용된다.

10 ③

핵심테마 04

지게차는 일반적으로 1~2단(저속, 고속)의 단순 변속 구조를 갖는다. 다단 변속기(3단 이상)는 주로 자동차나 고속주행이 요구되는 기계에 적용된다.

보충 정차 중 엔진이 작동하는 상태에서는 가속 페달에서 발을 떼어 공회전 또는 저속 위치로 두는 것이 기계 보호 및 안전에 적절하다.

11 ①

핵심테마 05

실린더 안에서 위아래로 직선 왕복 운동을 하는 피스톤의 위 지점의 한계점을 상사점(TDC; Top Dead Center)이라고 한다.

12 ④

핵심테마 05

디젤 엔진 시동 시 엔진이 시동되면 즉시 스타트 스위치에서 손을 떼야 한다. 스타트 스위치를 계속 누르면 스타터 모터의 과열이나 손상이 발생할 수도 있다.

13 ④

핵심테마 06

디젤 엔진에서 피스톤 링이 마모되면, 실린더와 피스톤 사이의 밀폐성이 떨어져 압축가스가 누출되고, 이로 인해 압축압력이 크게 저하된다.

14 ④

핵심테마 06

크랭크 축에 진동 댐퍼를 설치하면 비틀림 진동이 감쇄된다.

15 ①

핵심테마 07

겨울용 엔진오일은 여름용 엔진오일보다 표준 온도(15℃)에서의 점도가 낮은 것을 사용해야 한다. 낮은 점도의 오일이 차가운 날씨에서 더 잘 흐를 수 있게 해준다. 반대로 여름용 엔진오일은 고온에서도 안정적으로 작동할 수 있도록 점도가 높은 오일을 사용하는 것이 좋다.

16 ②

핵심테마 07

압력식 라디에이터 캡의 압력 밸브는 내부 압력이 규정보다 높아지면 열리고, 진공 밸브는 내부 압력이 진공(부압)이 되면 열린다.

17 ③

핵심테마 07

공기청정기는 엔진에 공급되는 흡입 공기의 청결도를 높여 연소 효율을 개선하고, 엔진 내부 부품의 마모를 줄이며, 배기가스의 질을 향상시키는 역할을 한다.

18 ②

핵심테마 08

디젤 엔진에서 실린더 수가 많으면 진동이 분산되기 때문에 진동이 적게 발생하여 정숙 운전이 가능하다. 분사량이 각 실린더마다

다를 때, 분사 압력 차이, 4기통 엔진에서 한 개의 분사 노즐이 막혔을 때는 진동을 유발할 수 있다.

19 ②

핵심테마 08

직접 분사식 연소실은 디젤 노크가 발생하기 쉽다. 노크는 연료가 빨리 연소되지 않고 폭발적으로 연소되는 현상으로, 직접 분사 방식에서는 노크가 발생하기 쉬운 구조이다.

보충 직접 분사식 연소실의 단점
· 가격이 비싸다.
· 노크를 일으키기 쉽다.
· 분사 압력이 높아 분사 노즐의 수명이 짧다.

20 ④

핵심테마 08

디젤 엔진의 연료장치에서 연료를 압축하여 분사 노즐로 이송시키는 장치는 연료 분사 펌프이다.
① 유압 펌프는 유압 시스템에서 사용된다.
② 프라이밍 펌프는 연료 계통에 공기가 들어갔을 때 공기를 빼는 역할을 한다.
③ 연료 공급 펌프는 연료를 탱크에서 연료 분사 펌프에 공급하는 역할을 한다.

21 ③

핵심테마 09

전압(E)이 24V, 출력전류(I)가 30A이므로 출력(W)은 P=EI에서 구할 수 있다.
P=24V×30A=720W

22 ③

핵심테마 09

축전지 커버 위에 있는 부식물은 산에 의한 것이므로, 탄산나트륨(소다) 용액으로 닦으면 깨끗이 닦아진다.

23 ④

핵심테마 09

시동 전동기의 마그넷 스위치는 전자석을 이용하여 스위칭을 수행하는 장치로, 시동 전동기가 작동하도록 전기적 연결을 담당한다. 이 스위치는 시동 전동기를 회전시키기 위해 전자석의 자력으로 피니언 기어를 링 기어와 맞물리게 하여 엔진을 구동할 수 있게 한다.

24 ④

핵심테마 09

교류 발전기의 발전기 조정기는 전압 조정기뿐이다. 즉, 전류 조정기는 교류 발전기의 부품에 포함되지 않는다.

25 ①

핵심테마 09

$$조도(lx)=\frac{광속(lm)}{[거리(m)]^2}$$ 이므로

$$조도(lx) = \frac{광속}{거리^2} = \frac{100lm}{(2m)^2} = \frac{100lm}{4m^2} = 25lx$$

26 ②
핵심테마 10
클러치 페달의 유격은 릴리스 베어링이 릴리스 레버에 닿기 전까지의 자유 움직임 범위를 말한다. 유격이 너무 작으면 클러치 디스크가 항상 미끄러지는 상태가 되어 마찰면이 빠르게 마모된다. 반대로 유격이 너무 크면 동력 차단이 완전하게 되지 않아 변속이 어려워지고 기어가 손상될 수 있다. 따라서 적정 유격을 유지함으로써 클러치 미끄러짐과 동력 차단 불량을 방지할 수 있다.

27 ④
핵심테마 10
추진축 정밀 정렬
추진축은 변속기에서 종감속장치로 동력을 전달하는 부품으로 출력 저하의 직접적인 원인은 아님(출력 저하는 주로 엔진, 오일, 토크 컨버터 등 자체적 문제에서 발생) → 우선적 점검 대상 아님
보충 ① 유압오일의 적정량: 유압 작동을 위한 필수 요소. 부족하면 토크 전달 불량 발생 → 점검 대상
② 토크 컨버터 내부 손상: 출력 전달 핵심 부품 → 점검 대상
③ 엔진 출력 저하: 출력 원천 문제 → 점검 대상

28 ④
핵심테마 10
종감속장치는 주행 시 회전력을 증가시키는 장치이며, 조향력과는 관련이 없다. 조향력을 원활하게 유지하기 위해서는 동력 조향 장치, 적절한 타이어 공기압 유지, 바퀴 정렬 상태 등을 확인해야 한다.

29 ③
핵심테마 10
진공식 제동 배력 장치는 진공과 대기압의 압력차를 이용해 브레이크 작동력을 보조하는 장치이다. 일부 부품이 고장 나더라도 제동은 가능하나, 운전자가 직접 작동력을 더 많이 가해야 하므로 브레이크 페달이 무겁게 느껴진다.

30 ③
핵심테마 10
접지압은 타이어가 지면에 가하는 실제 압력을 의미하며, '공차 상태의 차량 중량(kgf) ÷ 타이어의 접지면적(cm^2)'으로 계산한다. 접지압이 높으면 손상이 우려되고, 반대로 너무 낮으면 마찰력이 부족해진다. 따라서 작업장의 지반 상태에 따라 적절한 공기압을 조정해야 한다.

31 ②
핵심테마 11
압력은 면적에 수직으로 작용하는 힘을 말한다.

32 ①
핵심테마 11
유압회로에서 공동 현상이 발생하면 유압 작동기의 효율은 감소한다.

33 ①
핵심테마 11
점도란 점성의 정도를 표시하는 값으로, 온도가 내려가면 점도는 높아지고, 온도가 상승하면 점도는 저하된다.

34 ①
핵심테마 12
유압 펌프는 직접 엔진이나 기어에 의해 연결되어 구동되며, 건설기계에서는 큰 힘과 신뢰성이 요구되므로 벨트 구동 방식은 거의 사용되지 않는다. 벨트는 미끄러짐, 손상 위험이 있어 적합하지 않다.
보충 유압 펌프는 엔진이 작동되는 동안 계속 회전하며 유압을 공급한다.

35 ①
핵심테마 12
플런저 펌프의 특징
• 구조가 복잡하다.
• 효율이 양호하다.
• 토출 압력이 높다.
• 토출량의 변화 범위가 크다.

36 ③
핵심테마 12
① 언로드 밸브: 시스템 압력이 일정 수준에 도달하면 펌프의 출력을 탱크로 우회시켜 에너지 낭비를 줄이는 밸브로 순서 제어와는 관련이 없다.
② 리듀싱 밸브: 일부 회로에 낮은 압력을 유지시키기 위한 밸브이다. 특정 액추에이터에 낮은 압력 공급이 필요할 때 사용된다.
④ 메이크업 밸브: 유압 모터 등의 흡입 측에 오일이 부족할 때 오일을 보충해주는 밸브이다. 주로 폐쇄 회로(Closed Circuit)에서 사용된다.

37 ②
핵심테마 12
① 체크 밸브: 한 방향으로만 유압을 흐르게 하고 반대 방향은 차단함
③ 집류 밸브: 여러 유압 회로를 하나로 모으는 집합체
④ 디셀러레이션 밸브: 실린더 등의 작동 속도를 점진적으로 줄이는 감속 밸브

38 ②
핵심테마 12
복동식 유압 실린더는 실린더 헤드 쪽과 버텀 쪽(즉, 피스톤의 양쪽) 2곳에 작동유의 입출구를 설치하고 여기에 서로 번갈아 작동유를 유입 및 토출하여 왕복 운동을 한다.

39 ④
핵심테마 13
밀봉장치는 작동유에 대해 화학적으로 안정성이 있어야 한다.

40 ③

핵심테마 14

① 냉각기
② 온도조절기
④ 2/2 way 방향 제어 밸브

41 ④

핵심테마 15

「건설기계관리법 시행령」에 따라 건설기계로 분류되는 기계는 도로에서 운행하거나, 도로나 건설현장에서 직접 사용하는 중장비이다. 펌프식, 바켓식, 딥퍼식, 그래브식으로 작업하는 자항식 준설선은 선박으로 분류되며, 건설작업에 사용되기는 하지만 건설기계관리법에 적용되지 않는다.

42 ②

핵심테마 15

고객 시승은 일시적 운행 사유에 포함되지 않는다.

보충 **미등록 건설기계의 임시운행 허가 사유**
• 등록신청을 위해 건설기계를 등록지로 운행하는 경우
• 신규등록검사 및 확인검사를 받기 위해 검사장소로 운행하는 경우
• 수출을 위해 선적지로 운행하는 경우
• 신개발 건설기계를 시험운행하는 경우
• 기타 시장·군수 또는 구청장이 특히 필요하다고 인정하는 경우

43 ②

핵심테마 15

대여사업용은 주황색 바탕 검은색 문자, 비사업용(관용/자가용)은 흰색 바탕에 검은색 문자이다.

44 ③

핵심테마 15

구조변경검사는 건설기계의 주요 구조나 성능에 영향을 미치는 변경이 있을 때 필요하다. 동력전달장치 등 주요 구조 변경 시 20일 이내에 구조변경검사를 받아야 한다.

보충 ② 엔진오일 교환: 정비 항목(검사 불필요)
④ 타이어 공기압 조정: 유지·관리 수준(검사 불필요)

45 ②

핵심테마 15

경상 1명마다 면허 효력 정지 5일이므로, 2명 경상 시 10일 동안 면허 효력이 정지된다.

46 ③

핵심테마 16

법에 따라 고속도로는 자동차의 고속 운행을 위해 지정된 도로이다.

보충 ①, ④ 고속도로에서는 보행자, 자전거, 원동기장치자전거 등은 통행 금지
② 고속도로는 최저속도 제한이 있으며, 최저속도 미만 주행 시 단속 대상

47 ③

핵심테마 16

보행 신호등이 녹색 등화의 점멸 시 보행자는 횡단을 시작하여서는 안 되고, 횡단하고 있는 보행자는 신속하게 횡단을 완료하거나 그 횡단을 중지하고 보도로 되돌아와야 한다.

48 ②

핵심테마 16

「도로교통법」에 따라 차량이 보도를 횡단할 경우, 보행자의 안전이 최우선이다. 차마의 운전자는 보도를 횡단하기 직전에 일시정지하여 좌측과 우측 부분 등을 살핀 후 보행자의 통행을 방해하지 아니하도록 횡단해야 한다.

49 ④

핵심테마 16

비가 내려 노면이 젖어있는 경우는 최고속도의 100분의 20을 줄인 속도로 운행해야 한다.

보충 **최고속도의 100분의 50 이하로 줄여서 운행해야 하는 경우 (「도로교통법 시행규칙」 제19조)**
• 폭우·폭설·안개 등으로 가시거리가 100m 이내인 경우
• 노면이 얼어 붙은 경우
• 눈이 20mm 이상 쌓인 경우

50 ④

핵심테마 16

운전 중에는 휴대용 전화(자동차용 전화를 포함)를 사용하지 아니할 것(단, 다음의 경우 제외)
• 자동차등 또는 노면전차가 정지하는 경우
• 긴급자동차를 운전하는 경우
• 각종 범죄 및 재해 신고 등 긴급한 필요가 있는 경우
• 안전운전에 장애를 주지 아니하는 장치로서 대통령령으로 정하는 장치를 이용하는 경우

51 ④

핵심테마 17

안전교육의 목적과 필요성
• 표준 작업 절차의 숙달
• 작업자의 주의력, 안전의식 향상
• 위험 요소에 대한 인식 및 대처 능력 향상

52 ④

핵심테마 17

기계 조작 실수는 근로자의 불안전한 행동에 해당하며, 산업재해의 직접적 원인이다.

산업재해의 원인

직접적 원인	불안전한 행동	• 안전수칙 미준수 • 기계 조작 실수 • 작업자의 부주의 • 위험한 작업 방법의 사용
	불안전한 상태	• 기계·설비의 결함 • 작업장의 위험 요소 • 보호장치 미설치 • 환기 부족, 유해물질 노출
간접적 원인	관리적 요인	• 안전교육 부족 • 작업 감독 소홀 • 적절한 절차 및 규정 미비 • 근로자의 피로 누적
	환경적 요인	• 열악한 근무 환경 • 조명 및 환기 불량 • 작업 공간 협소 • 위험물 저장 미흡

53 ③
핵심테마 18

보호구는 작업장에서 근로자의 눈, 얼굴, 호흡기, 손, 발 등 신체를 보호하기 위해 착용하는 장비로, 인체 보호에 목적이 있다.

54 ④
핵심테마 18

해당 표지는 안내 표지로, 응급구호표지이다. 비슷한 표지인 '녹십자 표지'와 구분할 수 있어야 한다.

55 ③
핵심테마 19

줄 작업 시에는 작업 표면에 쇳가루가 남게 되는데, 이 쇳가루는 날카로워서 피부나 눈에 위험할 수 있다. 따라서 브러시를 사용하여 안전하게 제거해야 한다.

56 ③
핵심테마 20

C급 화재는 전기 화재로 분류되며, 주로 전기기기, 변압기, 배전반 등이 화재 원인이 된다.

57 ③
핵심테마 20

연소의 3요소는 화재가 발생하기 위해 반드시 동시에 존재해야 하는 세 가지 요소로 가연물, 산소, 점화원이다.

수분은 연소를 억제하는 물질로, 오히려 냉각 소화의 주요 수단이다.

58 ②
핵심테마 20

A급 화재는 일반 가연물(목재, 종이, 섬유 등)에서 발생하는 화재로, 냉각 소화가 가장 적절하다.

• 냉각 소화 – A급 화재
• 질식 소화 – B급 화재
• 절연성 소화 – C급 화재
• 특수 소화 – D급 화재

59 ②
핵심테마 20

목재 화재는 A급 화재로 물을 사용하여 냉각 소화할 수 있다.

• 유류 화재 – 유류 확산 위험
• 전기 화재 – 전기 감전 위험
• 금속 화재 – 폭발성 반응 위험

60 ③
핵심테마 20

화재 발생 전 사전 점검 사항
• 비상구의 위치나 대피 경로는 사전에 숙지해 두어야 한다.
• 소화기, 방화셔터, 방화문 위치는 사전에 확인해 두어야 한다.

제5회 | 기출복원 모의고사 정답
본문 P.312

01	02	03	04	05	06	07	08	09	10
④	③	③	④	④	②	③	③	④	④
11	12	13	14	15	16	17	18	19	20
③	①	③	③	②	④	③	④	③	④
21	22	23	24	25	26	27	28	29	30
①	③	②	①	①	③	④	②	③	④
31	32	33	34	35	36	37	38	39	40
①	①	④	②	④	②	①	②	④	①
41	42	43	44	45	46	47	48	49	50
①	②	④	③	④	②	③	②	②	④
51	52	53	54	55	56	57	58	59	60
③	②	④	③	①	①	③	②	②	③

01 ④
핵심테마 01

① 카운터밸런스형 지게차는 일반적으로 넓은 공간이나 야외작업에 적합하다.

② 리치형 지게차는 좁은 실내 공간에 적합하도록 제작된 구조이다.
③ 화물 적재 시 하중은 전륜에 집중된다.

02 ③
핵심테마 02
① 틸트 실린더: 마스트를 앞뒤로 기울이기 위한 장치
② 오버 헤드 가드: 상부 낙하물로부터 운전자의 머리를 보호하
는 장치
④ 포크: 화물을 직접 들어 올리는 부품

03 ③
핵심테마 02
틸트 레버를 밀면 틸트 실린더의 로드가 팽창하면서 마스트는 전
방(전경)으로 기울어진다. 반대로 레버를 몸쪽으로 당기면 로드가
수축하면서 마스트는 후방(후경)으로 기운다.
보충 복동식 실린더는 양방향 유압 작용이 가능하며 정밀한 기울
기 조절에 사용된다.

04 ④
핵심테마 02
① 좁은 출입구 전용 구조는 아니다.
② 포크의 좌우 이동 기능은 사이드 시프트 기능에 해당한다.
③ 하이 마스트의 포크 상승 속도는 일반 마스트와 유사하며, 고
하중보다는 고상승 적재용에 적합하다.

05 ④
핵심테마 03
배출가스 상태의 점검과 조정은 기관 작동 중, 즉 시동이 걸린 후
에 이루어져야 한다. 기관의 정지 상태에서는 배출가스가 나오지
않기 때문에 색깔 확인이 불가능하다.

06 ②
핵심테마 03
유면계는 탱크 외부에서 내부 유압유의 높이(수위)를 시각적으로
확인할 수 있는 장치이다. 유압 탱크의 유량 확인은 반드시 유면
계를 통해 정지 상태 또는 안정된 상태에서 확인해야 한다.
① 유량계: 유압 회로 내의 유량 측정 장치
③ 압력계: 유압 시스템의 압력 상태 측정 장치
④ 온도계: 유압 오일 또는 엔진 온도 측정 장치

07 ③
핵심테마 04
주행 시 포크를 높이면 시야를 방해하고, 중심이 올라가 전복 위
험이 증가한다. 항상 20~30cm 유지와 후경 경사가 안전하다.

08 ③
핵심테마 04
지게차 포크에 사람을 태우는 행위는 안전장비 착용 여부와 관계
없이 산업안전보건기준에 의해 명백히 금지되어 있으며, 이는 중
대한 재해로 이어질 가능성이 높기 때문이다. 포크는 사람을 위한

승강 구조물이 아니며, 낙하·추락 시 심각한 인명 피해가 발생할
수 있다.

09 ④
핵심테마 04
지게차 운행 중 안전 확보는 최우선 원칙으로, 특히 시야 확보가
어려운 상황에서는 반드시 유도자(신호수)를 배치해야 한다. 작업
전 사전 조치는 중대한 사고를 예방하는 핵심 수칙이다.
① 중량물을 추가하거나 사람을 장비에 태우는 것은 법적으로 금
지된 위험 행위
② 포크 끝으로 화물을 지지하면 화물의 낙하 위험이 높음
③ 혼자 작업하면 운전 중 시야 확보가 어려워져 사고 위험이 높
아지고, 돌발 상황에 대한 즉각적인 대응에도 어려움이 있음

10 ④
핵심테마 04
지게차가 경사로를 내려갈 때는 기어를 저속으로 고정하고, 엔진
브레이크를 활용하여 제동력을 확보해야 한다. 기어를 중립에 놓
거나 시동을 끄고 타력으로 내려가는 것은 매우 위험하며, 제동이
제대로 되지 않아 사고로 이어질 수 있다.

11 ③
핵심테마 05
4행정 사이클 엔진이 1사이클을 완성하면 크랭크 축은 2회전하
고 캠 축은 1회전하므로 크랭크 축 기어와 캠 축 기어의 지름의
비는 1:2이고, 회전비는 2:1이다.

12 ①
핵심테마 05
블로 백(Blow Back)이란 피스톤의 압축 행정에서 흡기 밸브와 밸
브 시트 사이의 틈새로 압축 공기가 누출되는 현상을 말한다. 엔
진의 성능에 악영향을 미칠 수 있으며, 연료 효율성 및 엔진의 전
반적인 작동에 문제를 일으킬 수 있다.

13 ③
핵심테마 06
피스톤 링 중 오일 링은 실린더 벽에 오일을 바르고, 그 오일을 긁
어내는 오일 제어 역할을 한다. 만약 피스톤 링이 마모되면, 엔진
오일이 연소실로 올라가게 되어 불완전 연소를 유발하고, 이로 인
해 엔진의 성능 저하나 오일 소모가 발생할 수 있다.

14 ③
핵심테마 06
플라이 휠은 엔진의 부하 변동을 제한하고 진동을 흡수한다.

15 ②
핵심테마 07
윤활유의 점도가 기준보다 높으면 유동성이 떨어져 윤활유가 원
활하게 흐르지 않게 된다. 이로 인해 윤활유 공급이 제대로 이루
어지지 않아 엔진의 마찰 부위에 적절한 윤활이 되지 않아 엔진
손상이나 성능 저하를 일으킬 수 있다.

16 ④ 핵심테마 07

엔진오일 여과 방식에는 분류식, 전류식, 샨트식이 있다. 합류식은 엔진오일 여과 방식에 해당하지 않는다.

17 ③ 핵심테마 07

라디에이터 캡의 스프링이 파손되면 캡이 제 역할을 하지 못하고 냉각 시스템 내 압력이 유지되지 않는다. 이로 인해 냉각수의 비등점이 낮아져 냉각수가 과열되거나 증발이 일어난다.

18 ④ 핵심테마 08

디젤 엔진에서 착화 지연을 방지하려면 세탄가가 높은 연료를 사용해야 한다. 세탄가는 연료의 착화 속도를 나타내며, 세탄가가 높을수록 연료가 빠르게 착화되어 착화 지연이 줄어들고, 세탄가가 낮은 연료를 사용하면 착화 지연이 발생할 수 있다.

19 ③ 핵심테마 08

연료의 분사 압력은 분사 노즐에서 결정되며, 펌프가 아닌 분사 노즐 내부의 스프링 압력 등으로 조정되므로, 연료 분사 펌프에서는 직접 조정할 수 없다.

20 ④ 핵심테마 08

고압 펌프가 연료를 고압으로 압축해 커먼레일에 공급하는 것이지, 저압 펌프가 고압 펌프의 출력을 조정하거나 커먼레일로 직접 보내는 기능은 없다.

21 ① 핵심테마 09

퓨즈는 전기회로에서 회로 보호를 위해 설치되며, 회로에 직렬로 연결하여 사용해야 한다. 직렬 연결은 전류가 퓨즈를 통해 흐르도록 하여, 과전류가 발생할 경우 퓨즈가 끊어져 회로를 차단함으로써 과부하나 단락으로부터 회로를 보호한다.

22 ③ 핵심테마 09

12V용 납산 축전지의 방전종지전압은 10.5V이다. 즉, 셀당 1.75V이다.

23 ② 핵심테마 09

시동 전동기의 무부하 시험에서 필요한 장치
- 축전지, 전류계, 전압계, 가변저항, 회전계
- 전압계(A)는 병렬로 연결하고, 전류계(B)는 직렬로 연결한다.

24 ① 핵심테마 09

교류 발전기(AC 발전기)는 도체(스테이터 코일)를 고정시키고 자력(로터)을 회전시켜 교류 전류를 발생시킨다.

25 ① 핵심테마 09

연소실에 직접 열선이 노출되어 있어 수명이 짧다.

26 ③ 핵심테마 10

유압 오일이 규정량보다 많을 경우, 내부 압력이 비정상적으로 상승해 실(Seal) 부위에서 누유가 발생하거나 오일 표면에서 기포가 형성되어 장치 내 작동 불안정(캐비테이션 현상)으로 이어질 수 있다. 이는 오히려 성능 저하 및 장비 손상의 원인이 된다.

보충 ① 오일 과다 시 열이 제대로 배출되지 않아 과열이 발생할 수 있다.
② 오일 과다는 토크 컨버터의 정상 작동을 방해할 수 있다.
④ 오일 과다 시 기포와 유압 손실로 인해 동력 손실이 증가할 수 있다.

27 ④ 핵심테마 10

약간의 오일 과잉은 대부분의 경우 과열로 이어지지 않으며, 오히려 오일 부족이나 메인 압력 과다, 냉각 장치의 불량이 주요 원인이다. 따라서 오일이 규정량보다 약간 많은 경우는 보기 중에서 과열 가능성이 가장 낮다.

보충 ① 냉각 성능 저하로 직접적 과열 원인
② 부하에 따라 마찰과 열 발생이 많아지며 과열 가능성 높음
③ 유압 계통에 무리가 가고 내부 마찰이 증가하여 과열 원인

28 ② 핵심테마 10

③ 드래그링크: 조향기와 조향 너클을 연결하는 직선형 링크지만, 운동을 변환하지는 않음
④ 로드 스태빌라이저: 서스펜션의 흔들림을 억제하는 장치

29 ③ 핵심테마 10

마스터 실린더의 리턴 구멍(유압 작동 후 작동유가 되돌아가는 통로)이 이물질로 막히면 브레이크 페달에서 발을 떼더라도 유압이 해제되지 않아 브레이크가 계속 작동된 상태로 유지된다. 이로 인해 바퀴가 풀리지 않으며 마찰로 과열될 수 있다.

보충 ①, ④ 제동력이 약해질 수는 있으나, 제동이 걸리지 않게 되는 것은 아니다.
② 점도가 낮아지면 반응이 빨라질 수는 있지만, 낮은 점도가 제동이 유지되는 주원인은 아니다.

30 ④ 핵심테마 10

타이어 트레드는 노면과 직접 접촉하며 구동력, 조향성, 제동 성능을 좌우하는 핵심 요소이다. 트레드가 마모되면 물결무늬나 홈이 사라져 배수 능력이 떨어지고, 지면과의 미끄러짐이 커지면서 제동거리는 증가한다. 또한 회전 시 미끄러짐이나 진동이 커지고,

열 발산이 어려워져 타이어 과열로 이어질 수 있다. 트레드 마모는 마찰력을 감소시키기 때문에 제동성능은 오히려 저하된다.

31 ① 핵심테마 11
파스칼의 원리(Pascal's Principle)
유체 정역학의 기본 원리로, 밀폐된 용기 속에서 유체의 한 부분에 가한 압력이 전체에 균등하게 전달된다는 법칙으로, 유압장치의 기초 원리로 사용된다.

32 ① 핵심테마 11
유압 감소는 유압 계통의 소음과는 관련이 없다.

33 ④ 핵심테마 11
유압 관로의 방향은 회로 압력의 높고 낮음에 영향을 주지 않으며, 이는 유압 회로 설계 시 고려 대상이 아니다.

보충 회로 압력에 영향을 주는 요소
• 유체의 점도: 점도가 높으면 압력이 상승한다.
• 유체의 흐름량: 흐름량이 적으면 압력은 낮아진다.
• 관로 직경의 크기: 직경이 작을수록 유속은 빨라지고, 마찰 저항이 커져 압력 손실이 증가한다.

34 ② 핵심테마 12
유압 펌프의 크기는 주어진 압력과 그때의 토출량으로 표시한다.

35 ④ 핵심테마 12
① 유량 제어 밸브: 작동유가 흐르는 양(속도)을 조절하는 밸브로, 실린더나 모터의 이동 속도를 조절함
② 압력 제어 밸브: 회로 내의 압력을 일정하게 유지하거나 제한하는 밸브
③ 점도 제어 밸브라는 것은 없다.

36 ② 핵심테마 12
① 시퀀스 회로(Sequence Circuit): 두 개 이상의 작동기(예 실린더)를 순차적으로 작동시키는 회로로, 압력 설정값에 도달하면 다음 작동기가 움직인다.
③ 블리드 오프 회로(Bleed-Off Circuit): 유량 제어 방식 중 하나로, 일부 유량을 외부로 빼내어 실린더로 들어가는 유량을 줄이는 방식이다.

37 ① 핵심테마 12
지게차 리프트 실린더는 포크 상승 시에만 유압이 작용하는 단동식 유압 실린더를 사용한다.

38 ② 핵심테마 12
유압모터의 특징
• 관성력이 작다.
• 무단변속이 가능하다.
• 작동이 신속하고 정확하다.
• 출력당 소형·경량이다.
• 신호 시에 응답이 빠르다.
• 기동 시 원활한 운전이 곤란하다.

39 ④ 핵심테마 13
오일은 온도가 올라가면 팽창하고, 온도가 내려가면 수축한다. 따라서 오일 탱크의 유량 측정은 정상 작동 온도 범위일 때 시행해야 한다.

40 ① 핵심테마 14
개방 회로(Open Circuit)의 작동유 흐름은 '유압 펌프 → 제어 밸브 → 작동기 → 제어 밸브 → 오일 탱크 → 유압 펌프'의 경로를 구성한다.

41 ① 핵심테마 15
아스팔트커터는 건설기계 27종에 포함되지 않는다. 일반적으로 소형 장비 또는 전동·소형 공구로 취급되며, 건설기계관리법상 등록 대상에 해당하지 않는다.

42 ③ 핵심테마 15
인감증명서는 제출 서류가 아니다. 도로를 주행하는 건설기계인 지게차, 덤프트럭 등 특정 기계는 자동차손해배상보장법에 따라 자동차보험 가입증명서가 필요하다.

43 ④ 핵심테마 15
건설기계 등록 말소 신청은 건설기계가 더 이상 국내에서 사용되지 않거나, 물리적으로 존재하지 않거나, 등록 자체가 무효화될 사유가 있을 때 필요하다. 소유자 변경은 말소가 아닌 등록사항 변경 신고가 필요하다.

44 ③ 핵심테마 15
수시검사 명령을 받은 소유자는 '명령서를 받은 날부터 31일 이내'에 검사를 신청해야 한다.

45 ② 핵심테마 15
미등록 건설기계 사용 시 2년 이하 징역 또는 2천만원 이하 벌금이 부과된다.

46 ③
핵심테마 16

긴급자동차는 긴급한 상황에서 우선 통행, 신호 무시 등이 허용되는 특별 차량으로 지정된 차량이다. 학교 버스는 응급상황 대응이나 우선 통행의 목적을 가진 차량이 아니므로, 긴급자동차에 포함되지 않는다.

47 ②
핵심테마 17

노면 표시 중 황색 실선(노란색 연속선)은 차로 간 진로 변경이 금지되는 구간임을 나타낸다.
① 주차 가능 구역: 흰색 점선
③ 버스 전용차로: 청색 실선 또는 별도 노면 표시
④ 일시정지 구역: 표지판이나 정지선

48 ②
핵심테마 18

차마의 운전자는 도로(보도와 차도가 구분된 도로에서는 차도)의 중앙(중앙선이 설치되어 있는 경우에는 그 중앙선) 우측 부분을 통행해야 한다.

49 ②
핵심테마 19

승차 인원 제한은 자동차 구조 및 등록사항에 따라 다르며, 무조건 5명으로 제한되지 않는다. 예 9인승 승합차, 45인승 버스 등

50 ④
핵심테마 20

3톤 미만 굴착기는 해당 종목의 소형 건설기계 조종사면허나 굴착기 조종사면허 소지자만 운전(조종)할 수 있다.
보충 제1종 대형면허로 운전 가능한 차량에는 승용자동차, 승합자동차, 화물자동차, 특수자동차 등이 있다. 또한 원동기장치자전거(125CC 이하)는 별도 면허 없이도 운전할 수 있다.

51 ③
핵심테마 17

하인리히의 사고 예방 5단계
• 안전관리 조직
• 사실의 발견
• 분석 · 평가
• 시정책의 선정
• 시정책의 적용

52 ②
핵심테마 17

3개월 이상 요양자 1명만으로는 중대재해에 해당하지 않는다.
보충 **중대재해의 기준**
• 사망자 1명 이상 발생
• 동시에 2명 이상 3개월 이상의 요양이 필요한 부상자 발생
• 동시에 10명 이상 부상자 발생(요양 기간 무관)

53 ④
핵심테마 17

재해조사는 재해의 원인 규명하고 예방 대책을 세우며 유사 재해를 방지하기 위한 것이다. 재해 책임자 추궁은 목적에 해당하지 않는다.

54 ③
핵심테마 18

분진이 있는 환경에서는 폐로 유해 물질이 들어가는 것을 막기 위해 방진마스크 착용이 필수다.
보충 ① 절연화: 전기 작업
② 방염복: 화재 위험 작업
④ 귀마개: 85dB 이상 소음 환경

55 ①
핵심테마 18

차량통행금지는 금지표지로 적색 바탕이다.
보충 ② 황색: 경고 표지
③ 녹색: 안내 표지
④ 청색: 지시 표지

56 ①
핵심테마 19

역화방지장치는 가스 용접 시 화염이 역류하여 폭발이나 사고를 일으키는 것을 방지하는 안전장치이다.
보충 ② 과부하 방지장치: 기계장치에 정격 이상 하중 부하 등이 발생하면 자동으로 작동 차단 또는 경고
③ 자동전격 방지장치: 전기 용접기 감전 위험 방지장치
④ 안전 가드: 회전부 등의 접촉방지

57 ③
핵심테마 19

렌치 사용 시 볼트 · 너트의 크기에 맞는 렌치를 사용하고, 렌치가 헛돌지 않도록 정확하게 끼워서 사용해야 한다. 또한 볼트를 풀 때 렌치를 밀게 되면 손이 미끄러져 위험해질 수가 있다.

58 ③
핵심테마 19

해머 작업 시 장갑을 착용하면 미끄러져 손에서 빠질 위험이 있어 위험하다.
보충 ① 타격 시는 처음에는 약하게, 서서히 강한 힘을 주어야 한다.
② 작업 범위 내에 타인이나 장애물이 있는지 확인하면서 타격하는 것이 원칙이다.
④ 해머는 손잡이, 머리의 고정 상태 등을 자주 점검해야 한다.

59 ②
핵심테마 19

급격한 조작으로 신속히 체인블록을 내리는 것은 위험한 행동으로 사고를 유발할 수 있다.

올바른 체인블록 사용법

- 부드럽게 당겨 천천히 조작해야 하며, 급격한 동작은 고장 및 사고의 원인이 된다.
- 체인블록 아래에 근로자 접근을 제한한다.
- 과도한 힘을 가하거나 충격을 주지 않아야 하며, 사용하중에 맞는 체인블록을 사용한다.

60 ③
핵심테마 20

C급 화재는 전기기기의 화재로, 전기절연성이 필요한 이산화탄소, 분말, 할론 소화기 등을 사용한다.

물, 포말, 강화액 소화기 등은 감전 위험이 있으므로 사용해서는 안 된다.

제6회 | 기출복원 모의고사 정답									본문 P.320
01	02	03	04	05	06	07	08	09	10
③	③	③	④	③	③	②	③	③	③
11	12	13	14	15	16	17	18	19	20
③	①	③	④	④	②	②	④	②	④
21	22	23	24	25	26	27	28	29	30
③	①	④	②	③	④	②	④	②	③
31	32	33	34	35	36	37	38	39	40
④	③	②	④	②	④	②	③	④	②
41	42	43	44	45	46	47	48	49	50
②	③	②	②	④	②	①	③	②	②
51	52	53	54	55	56	57	58	59	60
④	③	①	④	②	④	③	④	④	①

01 ③
핵심테마 01

③은 축간거리(축거)에 대한 설명이다.

02 ③
핵심테마 02

전·후진 레버는 지게차의 주행 방향(전진/후진)을 전환하는 기능이다. 포크의 좌우 회전 제어 기능은 해당 사항이 아니다.

03 ③
핵심테마 02

리프트 실린더는 포크의 상하 동작을 유도하는 장치로, 유압은 상승 시에만 작용하며 하강은 중력에 의해 이루어지는 단동식 유압 실린더가 일반적으로 사용된다. 마스트의 기울기는 틸트 실린더가 담당하며 복동식이다.

① 포크를 전후로 기울이는 데 사용되는 것은 틸트 실린더이다.
② 마스트의 좌우 이동을 담당하는 것은 사이트 시프트 실린더로, 복동식이다.
④ 회전식 실린더는 일반적인 지게차 구조에는 적용되지 않는다.

04 ④
핵심테마 02

모래, 곡물처럼 흐트러지기 쉬운 화물을 퍼서 옮길 때에는 힌지드 버킷을 사용한다.

블록 클램프는 콘크리트 블록이나 벽돌처럼 단단하고 고정된 형태의 화물을 양쪽에서 눌러 집어 운반하는 장치이다.

05 ③
핵심테마 03

지게차를 안전하게 주차하기 위해서는 포크를 지면에 완전히 내려놓고, 마스트를 살짝 전방 경사시키는 것이 기본이다. 포크를 공중에 띄워 놓으면 예기치 못한 하강이나 충돌 위험이 발생할 수 있다. 주차 브레이크 작동, 기어 중립 위치 설정, 시동키 제거 등은 모두 필수적인 주차 조치이다.

06 ③
핵심테마 03

엔진오일이 우유색을 띨 경우, 이는 냉각수(물)가 오일에 혼입되어 유화(乳化)된 상태를 의미한다. 일반적으로 실린더 헤드 가스켓 손상, 냉각수 누유 등이 원인일 수 있으며, 즉시 정비가 필요하다.

07 ②
핵심테마 04

포크는 주행 중 20~30cm 높이 유지가 원칙이다. 상승 시에는 가속 페달을 밟고 상승하며, 클러치는 주행 제어용이다. 경사면에서는 화물이 항상 위쪽(상향 방향)을 향하도록 조작한다.

08 ③
핵심테마 04

지게차는 작업자 1인 탑승이 원칙이며, 뒷좌석에 보조자를 태우는 것은 산업안전규정 위반이다. 사각지대 보완은 후방 카메라, 미러 설치, 경음기 사용 등으로 보완하며, 보조 인력은 지상 유도자로 배치해야 한다.

09 ③
핵심테마 04

오르막에서도 급가속은 하중 이탈과 전복의 위험을 높인다. 경사로에서는 항상 저속으로 운행하며, 하중의 무게중심이 지게차 안쪽(운전자 쪽)으로 유지되도록 마스트 각도를 조절해야 한다.

10 ③   핵심테마 04

경사로에서 화물이 언덕 위쪽을 향하게 해야 하중 중심이 차체 안쪽에 있어 전복 위험이 줄어든다. 올라갈 때는 전진, 내려갈 때는 후진이 원칙이다. 화물이 경사 아래를 향하면 추락 위험이 있다.

11 ③   핵심테마 05

연소실 체적은 피스톤이 상사점(TDC)에 도달했을 때, 피스톤 상부와 실린더 헤드 사이에 남아 있는 부피를 말한다. 간극 체적이라고도 한다.
① 피스톤이 하사점에서 상사점까지 이동하며 만든 체적
② 일반적으로 사용되지 않는 용어(혼동 유발용 보기)
④ 피스톤 자체의 물리적 부피로, 연소실 체적과는 무관함

12 ①   핵심테마 05

2행정 사이클 엔진은 피스톤의 2행정으로 흡입, 압축, 폭발, 배기의 1사이클을 완성하며, 이때 크랭크 축은 1회전 한다.

13 ③   핵심테마 06

실린더 마모 시 나타나는 대표적인 현상은 압축 누설(출력 저하, 압축 효율 저하), 오일 제어 불량(윤활유 오염 및 소모 증가)이 있다. 조속기 작동 불량은 연료 분사량 조절 장치와 관련이 있으며, 실린더 마모와는 직접적인 연관이 없다.

14 ④   핵심테마 06

피스톤 링의 마모로 인하여 엔진오일이 연소실로 올라가 연료와 함께 연소될 때의 배기가스 색은 회백색(또는 백색)이다.
보충 ① 소음기가 막히면 배기 저항이 생겨 출력이 떨어지고 진동이 생기지만, 배기가스 색과는 관련이 없다.
② 노즐이 막히면 연료 분사가 불량해져 검은 연기가 나온다.
③ 흡기 필터가 막히면 공기 부족으로 인해 검은 연기가 발생한다.

15 ④   핵심테마 07

비산 압송식 윤활장치에서는 크랭크 축, 캠 축, 밸브 기구 등은 압송식 방식으로 윤활된다. 반면, 실린더 벽과 피스톤 핀은 비산식으로 윤활된다.

16 ②   핵심테마 07

수온조절기가 열린 상태로 고장이 나면 냉각수 온도가 정상적으로 상승하지 않는다. 이는 냉각수가 엔진의 열을 충분히 흡수하지 못하고 즉시 냉각되기 때문이다.

17 ②   핵심테마 07

배기가스의 주성분은 무해 물질인 수증기(H_2O), 질소(N), 이산화탄소(CO_2)이며, 유해 물질로는 일산화탄소(CO), 탄화수소(HC), 질소 산화물(NO_x)과 약간의 납산화물, 탄소 입자(흑연) 등이 있다.

18 ②   핵심테마 08

연료 속에 포함되어 있는 유황은 산소와 결합하여 연소할 때 아황산가스를 발생($S + O_2 \rightarrow SO_2$)시키며, 이때 약 2,212kcal/kg의 열량이 발생한다.

19 ②   핵심테마 08

디젤 엔진에서 타이머(분사 시기 조정기)는 엔진의 회전 속도 또는 부하에 따라 연료의 분사 시기를 조절한다. 분사 시기를 적절히 조정함으로써 연료가 최적의 시점에 분사되어 연소 효율을 높이고 엔진 성능을 최적화하는 데 중요한 역할을 한다.

20 ④   핵심테마 08

압력 제어 밸브가 열리면 연료의 일부는 탱크로 회송되며, 인젝터로 들어가지 않는다.

21 ③   핵심테마 09

납산 축전지의 용량은 주로 극판의 크기, 극판의 수, 전해액의 양에 의해 결정된다. 극판의 크기와 수는 축전지의 저장 용량에 영향을 미치며, 전해액의 양은 전기 화학적 반응을 통해 축전지의 용량을 결정하는 데 중요한 역할을 한다.

22 ①   핵심테마 09

납산 축전지는 완전히 방전되기 전에 충전해야 한다.
보충 **납산 축전지의 특징**
• 화학 에너지를 전기 에너지로 변환하는 장치이다.
• 전해액 면이 낮아지면 증류수를 보충하여야 한다.
• 전압은 셀의 수와 셀 1개 당의 전압에 의해 결정된다.

23 ④   핵심테마 09

시동 전동기의 전기자 코일을 시험하는 데 사용되는 시험기는 그로울러 시험기로, 전기자 코일의 절연 상태나 코일의 단락 여부 등을 확인하는 데 사용된다.

24 ②   핵심테마 09

교류 발전기의 스테이터 코일에서 발생한 교류 전류를 직류로 변환하는 부품은 다이오드이다. 다이오드는 교류를 직류로 변환하는 정류 역할을 하며, 이를 통해 발전기에서 발생하는 전류를 축전지 및 전기장치에 적합한 형태로 변환한다.

25 ②

핵심테마 09

난방장치는 조종실 내를 따뜻하게 하고, 동시에 앞 유리가 수분 등에 흐려지는 것을 방지한다.

26 ③

핵심테마 10

스테이터는 펌프와 터빈 사이에 위치하며, 오일의 역류를 방지하고 흐름을 재조정하여 회전력을 증대시키는 핵심 부품이다. 한 방향으로만 회전하는 구조로 되어 있어, 토크 변환 효율을 높이는 데 중요한 역할을 한다.

27 ③

핵심테마 10

펌프는 엔진의 플라이 휠과 기계적으로 연결되어 있어 엔진 회전 수와 항상 동일하게 회전한다. 이 펌프가 회전하면서 내부 유체를 터빈으로 전달하고, 터빈은 다시 회전운동을 받아 변속기로 동력을 전달하게 된다.

28 ③

핵심테마 10

마스터 실린더의 체크 밸브는 전반적인 제동 압력을 유지하는 역할로 오작동 시 양쪽 브레이크 전체 작동에 영향을 줄 수 있지만, 핸들 쏠림과는 직접적인 관련이 없다.

29 ④

핵심테마 10

베이퍼 록은 브레이크 오일이 끓어 생긴 기포로 인해 유압 전달이 안 되는 현상이다. 이를 예방하기 위해 엔진 브레이크와 병행 사용이 권장된다. 오히려 풋 브레이크만 계속 사용할 경우 오일 온도가 급격히 상승하여 베이퍼 록이 발생할 수 있다.

보충 **베이퍼 록 방지 방법**
• 브레이크 오일 주기 교환
• 연속 제동 자제
• 엔진 브레이크 등 보조제동 병행

30 ③

핵심테마 10

솔리드 타이어는 내부에 공기가 없고 전부 고무로 이루어진 구조로, 타이어 펑크가 발생하지 않으며 큰 하중에도 견딜 수 있다. 다만, 쿠션성이 떨어져 충격 흡수력이 낮기 때문에 포장이 잘 된 평탄한 실내 환경에서 주로 사용된다. 전동 지게차나 창고용 운반 장비에 적합하며, 실외 비포장 도로에는 사용이 제한된다.

31 ④

핵심테마 11

온도 민감성은 유압장치의 단점에 해당한다.

보충 ① 유압 회로에 릴리프 밸브 등을 설치해 압력 초과 시 자동으로 우회시켜 과부하를 방지할 수 있다.

② 유압 밸브를 이용하여 실린더나 모터의 작동 방향을 간단히 전환할 수 있다.

③ 유압은 압력 전달 효과로 인해 작은 모터나 엔진으로도 큰 출력을 낼 수 있다.

32 ③

핵심테마 11

유압유의 점도가 너무 낮으면
• 오일의 누설
• 계통 내의 압력 저하
• 펌프 효율의 저하

유압유의 점도가 너무 높으면
• 시동 저항 증가
• 펌프의 흡입 저항 증가
• 동력 손실 증가
• 기계효율 저하

33 ②

핵심테마 11

사용 중인 작동유를 가열한 철판 위에 떨어뜨렸을 때, 수분을 함유하고 있으면 수분이 증발한 다음에 발화하지만 수분을 함유하지 않은 오일은 그대로 발화한다.

34 ②

핵심테마 12

유압 펌프는 엔진, 전동기 등의 원동기의 기계적 에너지를 이용하여 작동유에 유체 에너지를 부여해 주는 기기로서 기어 펌프, 베인 펌프, 플런저 펌프가 있다.

보충 ① 유압 탱크: 작동유를 저장하는 용기로, 에너지를 부여하지는 않는다.

③ 유압 밸브: 유압 작동유의 유량, 방향, 압력을 제어하지만, 에너지를 직접 부여하지는 않는다.

④ 유압 작동기: 유체 에너지를 기계 운동으로 바꾸는 장치로 실린더, 모터 등이 있다.

35 ②

핵심테마 12

유압 실린더의 피스톤 이동속도(실린더 작동 속도)는 회로 내의 유량으로 제어한다. 즉, 유량을 많이 보내주면 실린더 내의 피스톤 이동속도가 빨라지고, 조금 보내주면 피스톤 이동속도가 느려진다.

보충 **유압 실린더의 피스톤 속도**

$$속도(V) = \frac{유량(Q)}{단면적(A)}$$

36 ④

핵심테마 12

유압 회로 내의 최고 압력을 제한하여 과도한 압력으로부터 회로를 보호하는 밸브는 릴리프 밸브이다.

보충 ① 셔틀 밸브: 두 개 이상의 입력 중 하나의 유로만 선택하는 데 사용됨
② 릴레이 밸브: 주로 공압 회로에서 사용되는 신호 제어용 밸브
③ 리듀싱 밸브: 일부 회로에 정해진 낮은 압력을 유지하도록 조절함

37 ② 핵심테마 12

① 스풀 밸브: 포트 간의 연결을 조절하는 방향 제어 밸브
③ 디셀러레이션 밸브: 실린더의 운동을 감속할 때 사용하는 유량 제어 밸브
④ 카운터밸런스 밸브: 무거운 하중이 갑자기 떨어지지 않도록 제어하는 밸브

38 ③ 핵심테마 12

엔진식 지게차의 동력 조향장치에는 일반적으로 복동식 더블 로드형 유압 실린더가 사용된다.

39 ③ 핵심테마 13

오일 냉각기(Oil Cooler)는 일반적으로 릴리프 밸브의 배유 포트 관로 또는 유압 회로의 복귀관(제어 밸브와 탱크 사이)에 설치하여 오일의 온도가 과도하게 올라가는 것을 방지한다.

40 ② 핵심테마 14

감압 밸브 유압 기호이다.

41 ② 핵심테마 15

굴착기(무한궤도식 또는 타이어식)는 자체 중량 1톤 이상이어야 건설기계에 해당한다. 즉, 0.8톤 무한궤도식 굴착기는 1톤 미만이므로 건설기계에 해당하지 않는다.

42 ③ 핵심테마 15

변경 발생일부터 30일 이내에 신고해야 하며, 상속 시에는 6개월 이내에 신고해야 한다.

43 ③ 핵심테마 15

시·도지사는 등록을 말소한 날부터 10년간 등록원부를 보존해야 한다.

44 ② 핵심테마 15

정기검사에서 부적합 판정을 받은 건설기계의 소유자는 부적합 판정을 받은 날부터 10일 이내에 해당 항목을 정비하고 재검사를 신청해야 한다. 정비명령을 이행하지 않은 경우 건설기계의 사용이 제한되거나 등록이 말소될 수 있다.

45 ④ 핵심테마 15

건설기계관리법에 따라 정비명령을 받고도 이를 이행하지 않은 자에게는 1년 이하 징역 또는 1천만원 이하 벌금이 부과된다.

46 ② 핵심테마 16

서행이란 운전자가 즉시 정지할 수 있을 정도의 매우 느린 속도로 운전하는 것을 말한다.

47 ① 핵심테마 16

흰색 점선은 차선 변경이 허용되는 구간을 표시한 것이다.
보충 ② 황색 실선 또는 복선
③ 파란색 실선 또는 점선
④ 굵은 흰색 실선

48 ③ 핵심테마 16

모든 차의 운전자는 교차로에서 우회전을 하려는 경우에는 미리 도로의 우측 가장자리를 서행하면서 우회전하여야 한다. 이 경우 우회전하는 차의 운전자는 신호에 따라 정지하거나 진행하는 보행자 또는 자전거등에 주의하여야 한다.

49 ② 핵심테마 16

건설기계도 도로에서 정차하거나 주차할 때는 차폭등과 미등을 켜야 한다. 번호등은 법정 의무사항이 아니다.
보충 ① 자동차(이륜자동차는 제외): 자동차안전기준에서 정하는 미등 및 차폭등
③ 이륜자동차 및 원동기장치자전거: 미등(후부 반사기를 포함)
④ 노면전차: 차폭등 및 미등

50 ② 핵심테마 16

공동위험행위(도로에서 여럿이 위협적·난폭하게 주행)로 형사입건된 때는 벌점 40점으로 면허 정지 대상이며, 취소는 아니다.

51 ④ 핵심테마 17

위험예지훈련(KYT; Kiken Yochi Training) 4단계
• 현상 파악: 작업 장면에서 어떤 위험이 있는지 파악한다.
• 본질 추구: 위험의 본질이나 원인을 분석한다.
• 대책 수립: 위험 요소를 제거하거나 통제할 수 있는 방법을 정한다.
• 목표 설정: 모두가 실철할 수 있는 안전 행동 목표를 정한다.

52 ③ 핵심테마 17

협착은 기계나 설비의 움직이는 부위에 신체 일부가 끼이는 사고이다. 롤러, 벨트, 기어, 체인 등에 손이나 옷이 끼이는 경우가 있다.

② 금속(나트륨, 칼륨): D급 화재
③ 목재, 종이: A급 화재

60 ①
물 소화기는 불이 난 물체의 온도를 낮추는 냉각 작용으로 소화한다.

01	02	03	04	05	06	07	08	09	10
④	④	②	②	③	②	②	④	④	③
11	12	13	14	15	16	17	18	19	20
③	②	③	②	①	②	①	④	③	①
21	22	23	24	25	26	27	28	29	30
②	③	③	③	③	③	②	②	②	④
31	32	33	34	35	36	37	38	39	40
④	③	①	③	②	④	①	①	④	③
41	42	43	44	45	46	47	48	49	50
③	③	②	②	③	②	①	②	②	④
51	52	53	54	55	56	57	58	59	60
②	②	②	③	④	②	③	③	②	②

01 ④
① 전폭은 지게차의 좌우 폭
② 전장은 포크의 앞 끝부터 차량 후단까지 전체 길이
③ 최소 회전 반경은 무부하 상태에서 외측 뒷바퀴가 그리는 원의 반지름

02 ④
틸트 레버는 마스트를 앞뒤로 기울이는 역할을 하므로, 포크의 상하 작동과는 무관하며 이 경우 점검 우선순위에서 벗어난다.

03 ②
① 단동식 실린더는 한 방향만 유압 작용, 반대 방향은 하중 등으로 복귀한다. 양방향 제어가 필요한 틸트에 부적합하다.

---

② 낙하: 물체가 위에서 아래로 떨어지는 사고
④ 충돌: 기계나 차량 등이 사람이나 다른 물체에 부딪히는 사고

53 ①
사고 직후에는 현장을 보존하는 것이 원칙이다. 현장을 정리하면 사고 흔적을 없애거나 훼손하여 조사의 정확성을 떨어뜨릴 수 있으므로 현장 정리는 조치 및 사고 조사가 끝난 후에 실시한다.

54 ④
산업재해 발생 시에는 2차 피해 방지와 신속한 구조, 그리고 재해 조사를 위한 현장 보존이 중요하다.

55 ②
부적절한 보호구는 오히려 불편함을 초래하여 작업 효율을 떨어뜨리고 사고 위험을 증가시킬 수 있으므로, 보호구는 반드시 작업 효율성도 고려하여 선택해야 한다.

56 ④
산업안전보건법령상 안전보건표지는 작업장에서 위험을 예방하고 작업자에게 안전 수칙을 인식시키기 위해 사용하는 시각적 표지이다.
안전보건표지의 종류
• 금지 표지: 하지 말아야 할 행동을 나타냄
• 경고 표지: 위험 요소의 존재를 경고
• 지시 표지: 반드시 따라야 할 행동을 지시
• 안내 표지: 비상구나 구급장비의 위치 등을 나타냄

57 ③
안전모는 지시 표지로, 반드시 착용해야 함을 지시한다.
안내 표지는 작업장 내에서 비상시 또는 안전상 필요한 위치나 시설을 안내하기 위한 표지로, 피난·구급·비상 관련 위치를 표시하는 표지가 있다. ①, ②, ④ 안내 표지에 해당한다.

58 ④
수공구는 무겁고 날카로운 경우가 많기 때문에 던질 경우 상해나 사고로 이어질 수 있다. 공구는 반드시 직접 손으로 안전하게 전달해야 한다.

59 ④
C급 화재는 전기기기, 배전반, 변압기 등의 전기 화재로 분류된다.
① 고체연료: A급 화재

③ 다단식 실린더는 길게 뻗는 구조로 리프트 상승용이며, 마스트 기울임(틸트)과는 무관하다.
④ 편동식 실린더는 일반적인 실린더 명칭이 아니며, 편심 하중 보정은 틸트 실린더 기능과 관련이 없다.

04 ②

① 힌지드 버킷에 대한 설명이다.
③ 블록 클램프에 대한 설명이다.
④ 로테이팅 클램프에 대한 설명이다.

05 ③
핵심테마 03

후진 경보장치는 작업자 및 주변 인원의 안전 확보를 위한 필수 점검 항목이다.

보충 ① 오일 점검은 계기판이 아닌 유면계 또는 게이지를 통해 시각적으로 직접 확인해야 한다.
② 경고등은 시동 전후에 모두 점검해야 하며, 점멸 여부 외에도 지속 점등 등의 이상 신호까지 확인해야 한다.
④ 안전벨트는 지게차 작업 전 반드시 상태와 장착 여부를 확인해야 하는 필수 점검 대상이다.

06 ②
핵심테마 03

포크가 일정 높이까지는 상승하다가 그 이상에서 멈추는 현상은 유압 작동유 부족의 대표적인 증상이다. 유압유가 부족하면 실린더 내 전행정 작동이 어려워져, 후반부에서 오일 압력이 떨어지고 상승이 멈추는 현상이 발생한다. 이 문제는 유압 탱크 내 오일량을 우선 확인하고 보충하는 것이 가장 기본적인 조치이며, 그 외 오일 누유, 필터 막힘 등의 원인도 함께 점검할 수 있다.

07 ②
핵심테마 04

지게차의 리프트 실린더는 단동식으로, 포크 하강 시에는 중력에 의해 자연 하강된다. 따라서 가속 페달을 밟지 않고 리프트 레버를 앞으로 밀어야 하며, 밟거나 당기는 것은 상승 또는 불안정한 조작에 해당한다.

보충 ① 상승 조작, ③ 가속 필요 없음, ④ 포크 상승

08 ④
핵심테마 04

포크를 눈높이까지 올려 운반하는 것은 매우 위험하다. 주행 중에는 포크를 지면에서 20~30cm 정도로 유지해야 하며, 시야 확보가 어려운 경우 후진 운행을 원칙으로 한다. 화물은 들어 올린 후 곧바로 안전한 주행 높이로 내린 후 이동해야 한다.

09 ④
핵심테마 04

전방 시야를 확보하기 위해 포크를 상승시키는 것은 오히려 후방 시야 확보를 막아 출입구와 충돌하거나 지게차의 무게중심이 높

아져 전도의 위험을 초래할 수 있다. 후진 시에는 포크를 적정 높이(20~30cm)로 유지하고, 유도자를 배치하거나 사이드미러를 사용하는 등의 보조수단을 활용하여 안전하게 작업해야 한다.

10 ③
핵심테마 04

화물을 적재한 상태에서 경사로를 하강할 때는 후진이 원칙이다. 전진으로 하강하면 주행 시 화물이 경사 아래쪽으로 향하게 되어 추락 위험이 크다. 따라서 반드시 저속으로 후진하면서 엔진 브레이크를 병행하여 사용한다.

11 ③
핵심테마 05

2행정 사이클 엔진은 구조가 간단하고, 마력 당 부피가 작으며, 플라이 휠이 소형이고 경량이어도 되지만, 일반적으로 엔진의 수명이 짧고 연료 효율이 낮아 경제적이지 않다. 반면, 엔진의 수명이 길며 경제적이라는 것은 4행정 사이클 엔진의 장점에 해당한다.

12 ②
핵심테마 05

디젤 엔진의 흡기 밸브를 빨리 열고, 늦게 닫는 이유는 공기의 흡입량을 증가시켜 효율적인 연소가 이루어지고, 그 결과 발생 마력을 증가시키기 위함이다.

13 ③
핵심테마 06

커넥팅 로드의 소단부가 피스톤 핀에 연결되어 있기 때문에 커넥팅 로드가 절단되면, 피스톤이 왕복 운동하고 있는 실린더가 직접 영향을 받는다.

14 ②
핵심테마 06

① 밸브 헤드: 밸브 면의 일부로, 밸브가 닫혀 있을 때 밸브 시트와 맞물려 기밀을 유지하는 역할을 한다.
③ 밸브 스템 엔드: 밸브 스템의 끝부분으로, 밸브가 회전하거나 슬라이딩하는 데 도움이 된다.
④ 밸브 리테이너: 밸브 스프링을 고정하는 부품

15 ①
핵심테마 07

엔진이 운전 중일 때는 오일이 순환하면서 유면이 변동하므로, 정확한 오일 양을 측정하기 어렵다. 따라서, 엔진이 정지 상태일 때 오일 양을 측정해야 한다.

16 ②
핵심테마 07

구동 벨트(팬 벨트)의 장력이 너무 느슨하면 냉각 팬의 회전 속도가 떨어져 엔진 냉각이 제대로 이루어지지 않아 엔진이 과열될 수 있다.

17 ①
핵심테마 07

디젤 엔진에서 흡입 공기를 과급하면 체적 효율이 증가하고, 이로 인해 엔진의 출력이 증가하며 연료 소비량이 감소하는 장점이 있다. 하지만 배기 압력과는 직접적인 관계가 없으므로 배기 압력 감소는 틀린 설명이다.

보충 ② 흡입 공기를 과급하면 더 많은 공기를 실린더로 밀어 넣을 수 있어 체적 효율이 증가한다.
③ 공기량이 증가하면 연료와 함께 연소되는 양도 증가하므로 엔진의 출력이 증가한다.
④ 과급된 공기로 더 효율적인 연소가 이루어져 연료 소비량이 감소할 수 있다.

18 ④
핵심테마 08

디젤 엔진에서 노킹이 발생하면 엔진의 흡기 효율이 저하되고, 출력 저하와 엔진 과열이 발생할 수 있다. 노킹으로 인해 엔진 회전수가 감소할 수 있으며, 심한 경우 엔진 손상으로 이어질 수 있다.

19 ③
핵심테마 08

예연소실식 연소실의 특징은 사용 연료의 변화에 둔감하다. 예열된 연료가 연소되기 전에 예열 플러그에 의해 일정한 조건을 유지하므로, 연료의 특성 변화에 민감하지 않다는 특징이 있다.

20 ①
핵심테마 08

수온 센서가 고장 나면, 엔진의 냉각 상태를 정확히 파악할 수 없어 엔진의 출력이 감소하는 경우가 많다. 고장이 나면 정상적인 냉간 시동과 공회전 조정이 어려워지는 등의 문제가 발생하며, 이는 출력 증가가 아닌 감소로 이어질 수 있다.

21 ②
핵심테마 09

퓨즈는 정해진 규격과 용량을 기준으로 사용해야 하며, 반드시 퓨즈용 재질과 설계에 맞는 퓨즈를 사용해야 한다. 철사로 대체하는 것은 안전하지 않으며, 퓨즈의 기능을 제대로 수행할 수 없다.

22 ③
핵심테마 09

12V 100AH의 축전지 2개를 병렬 연결하면 전압은 동일하고 (12V), 용량은 2배(200AH)가 된다.

23 ③
핵심테마 09

시동 전동기의 경우 축전지 용량 저하로 인한 고장은 거의 발생하지 않는다.

보충 **시동 전동기의 고장 원인**
• 회전으로 인한 고장
• 진동으로 인한 고장
• 열 또는 부식 등으로 인한 고장

24 ③
핵심테마 09

교류 발전기는 다이오드를 사용하여 발생한 교류 전기를 직류로 정류할 수 있기 때문에 건설기계에서 주로 사용된다. 다이오드를 사용하면 회전 속도나 부하에 관계없이 일정한 직류 전압을 공급할 수 있어 안정적인 전력 공급이 가능하다.

보충 **교류 발전기의 장점**
• 발전기 조정기는 전압 조정기뿐이다.
• 출력에 비해 소형이며 경량이다.
• 카본 브러시와 정류자가 없어 수명이 길다.

25 ③
핵심테마 09

전조등 회로는 복선식으로 배선되어 있으며, 각각의 전조등이 병렬로 연결되어 있다.

26 ③
핵심테마 10

유성 기어 장치는 고속에서도 높은 효율로 사용되며, 고속·저속 모두 사용된다.

보충 유성 기어 장치는 고속·저속 모두에서 유연한 동력 전달이 가능하도록 설계되어 있으며, 특히 컴팩트한 구조와 다단 변속이 가능한 장점 때문에 자동 변속기 등 다양한 구동계에 사용된다. 저속에서만 사용되는 것은 아니며, 토크 배분과 방향 변경에도 활용된다.

27 ②
핵심테마 10

슬립 이음과 자재 이음

슬립 이음 (Slip Joint)	• 구동축의 길이 변화를 보상하기 위해 사용된다. • 차량의 서스펜션 운동 등으로 인해 구동축의 길이가 변할 때, 이를 흡수하여 원활한 동력 전달이 가능하게 한다.
자재 이음 (Universal Joint)	• 구동축과 구동 대상 사이의 각도 변화를 보상한다. • 구동축이 일정한 각도로 꺾여 있어도 회전력을 효율적으로 전달할 수 있게 한다.

28 ②
핵심테마 10

파워 스티어링의 핵심은 유압을 이용한 핸들 조작 보조이다. 조작이 무거워졌다면 조향 펌프에 공급되는 오일의 부족 또는 펌프의 작동 불량이 주요 원인일 가능성이 크다. 오일이 부족하면 유압이 형성되지 않아 보조력이 떨어진다.

29 ②
핵심테마 10

제동장치는 지게차나 건설기계의 안전한 정지 및 제어를 위한 핵심 장치로, 다음과 같은 기본 조건을 갖추어야 한다.
• 충분한 마찰력: 제동 시 필요한 제동력을 확보하기 위해 마찰 계수가 높고 안정적이어야 한다.

- 내마모성 확보: 마찰력이 유지되기 위해 브레이크 라이닝 등의 마찰재는 마모가 적고 내열성이 높아야 한다.
- 구조적 강성 및 내충격성: 외부 충격에도 제동 성능이 변하지 않도록 견고해야 한다.
- 신뢰성과 정비 편의성: 고장이 적고 점검·조정이 쉬운 구조가 바람직하다.

30 ④
조향 장치의 토인 간격은 조향 정렬에 영향을 주는 항목으로, 핸들이 한쪽으로 쏠리거나 조향 불안정 등의 문제를 일으킬 수 있다. 하지만 주행 자체를 불가능하게 만드는 직접적인 원인은 아니다.
보충 추진축의 스플라인 마모, 구동축 파손, 브레이크 잠김 등은 주행 불능을 유발할 수 있는 주요 원인이다.

31 ④
핵심테마 11
파스칼의 원리에 관한 문제로, 밀폐된 용기 속에 있는 액체의 일부에 가해진 압력은 모든 부분에 동일한 세기로 전달된다.

32 ③
핵심테마 11
유압회로 내에 과도하게 발생하는 이상 압력 변동의 최대치를 서지 압력이라고 한다.
보충 ① 대기 압력: 대기의 압력으로, 약 1기압(101.3 kPa)
② 절대 압력: 진공을 기준으로 한 전체 압력
④ 컨트롤 압력: 제어 신호로 사용하는 압력

33 ①
핵심테마 11
작동유의 온도가 상승하거나 과도하게 높을 때 점도는 감소한다. 이로 인해 윤활성이 떨어지고, 누유가 쉬워지며, 마모가 증가한다. 또한 고온 상태는 작동유 내 산소와의 화학 반응을 가속시켜 산화 작용이 촉진된다.

34 ②
핵심테마 12
기어 펌프는 고속 회전할 때보다 저속 회전할 때 소음이 줄어드는 경향이 있다.

35 ④
핵심테마 12
유압 펌프가 회전할 때 펌프 흡입관으로 공기가 혼입되면, 작동유 (유압유) 대신 공기를 흡입하게 되어 작동유를 토출하지 못한다.

36 ②
핵심테마 12
압력 조절 밸브(Pressure Control Valve; 압력 제어 밸브)의 스프링 장력이 강하게 조절되면 유압 회로 내의 압력이 높아진다.

37 ①
핵심테마 12
② 셔틀 밸브: 두 입력 중 더 높은 압력을 출력으로 연결한다.
③ 릴리프 밸브: 설정 압력 초과 시 오일을 배출하여 압력을 제한한다.
④ 카운터밸런스 밸브: 하중으로 인한 급강하를 방지하고, 유압을 지지한다.

38 ①
핵심테마 12
유압 실린더의 작동 속도는 회로 내의 유량으로 제어한다. 즉, 유량을 많이 보내주면 실린더의 작동 속도가 빨라지고, 조금 보내주면 실린더의 작동 속도가 느려진다.
보충 ② 엔진 및 윤활 관련 보기로, 유압과는 관련이 없다.
③ 회로의 압력이 상승한다(실린더의 작동 속도와는 무관하다).
④ 펌프의 토출량이 증가하여 실린더의 작동 속도가 빨라진다.

39 ④
핵심테마 13
유압 호스는 설계된 최대 압력을 초과하면 내구 수명이 급격히 줄어들고 파열이 발생한다. 따라서 유압을 과도하게 조정하면 호스가 자주 파열하는 원인이 될 수 있다.

40 ①
핵심테마 14
보기의 기호는 「KS B 0054_유압·공기압 도면 기호」에서 단동 실린더를 나타낸다.

41 ③
핵심테마 15
지게차는 타이어식으로 들어올림장치와 조종석을 가진 것. 다만, 전동식으로 솔리드타이어를 부착한 것 중 도로가 아닌 장소에서만 운행하는 것과 「농업기계화 촉진법」에 따른 농업기계에 해당하는 것은 제외한다(건설기계관리법 시행령 별표 1).
보충 ① 주행장치의 형태만 설명한 것이다.
② 전동식 지게차도 포함된다.
④ 도로 주행 가능 여부와는 관련이 없다.

42 ③
핵심테마 15
건설기계 등록신청은 건설기계를 취득한 날(판매를 목적으로 수입된 건설기계의 경우에는 판매한 날)부터 2개월 이내에 해야 한다. 다만, 전시·사변 기타 이에 준하는 국가비상사태 하에 있어서는 5일 이내에 신청하여야 한다.

43 ②
핵심테마 15
건설기계의 등록번호는 기종 코드+일련번호 순으로 구성되며, 지게차의 기종번호는 04이다.
① 불도저: 01, ③ 덤프트럭: 06, ④ 타워크레인: 12

제7회 정답 및 해설 365

44 ④
핵심테마 15

트럭지게차는 도로에서 주행이 가능하며, 도로교통법에 따라 검사소에서 정기검사를 받아야 한다.

45 ②
핵심테마 15

면허 취소 후 조종 시 무면허 조종과 동일한 처벌(1년 이하 징역 또는 1천만원 이하 벌금)이 적용된다.

46 ②
핵심테마 16

일시정지란 차 또는 노면전차의 운전자가 그 차 또는 노면전차의 바퀴를 일시적으로 완전히 정지시키는 것을 말한다.

47 ①
핵심테마 16

신호등이 고장난 교차로에서 통행할 때는 경찰공무원의 지시에 따라야 한다.

48 ②
핵심테마 16

회전교차로는 교차로 중 차마가 원형의 교통섬을 중심으로 반시계 방향으로 통행하도록 한 원형의 도로를 말한다. 모든 차의 운전자는 회전교차로에서는 반시계 방향으로 통행해야 한다.

49 ②
핵심테마 16

차도와 보도의 구별이 없는 도로의 경우에는 도로의 오른쪽 가장자리로부터 중앙으로 50cm 이상의 거리를 두어야 한다.

50 ③
핵심테마 16

단순히 운전면허증을 잃어버린 경우에는 반납 대상이 아니며, 잃어버린 면허증은 다시 찾은 경우에만 반납한다.

51 ②
핵심테마 17

신속율은 존재하지 않는 항목이다.

보충 **산업재해 분석 시 주요 지표**
① 도수율: 100만 근로시간 당 재해 발생 건수
③ 연천인율: 1,000명당 재해자 수
④ 강도율: 1,000시간당 손실 일수

52 ②
핵심테마 17

재해 발생 직후 1차 조치는 인명 구조 및 응급처치이며, 사고 조사나 기록 등은 인명 안전 확보 후에 시행한다.

53 ③
핵심테마 18

안전모는 머리의 충격 흡수 및 감전 방지용으로 사용하며, 시력 보호는 보안경이 담당한다.

54 ③
핵심테마 18

비계 작업 시에는 안전대와 안전설비의 활용이 필수이며, 전기 작업에는 절연장갑과 절연화 등의 보호구 착용이 필요하다. 지게차 운전 작업의 경우 법령상 안전화 착용이 필수는 아니지만, 운전자가 작업 중 하차하여 이동할 수 있는 상황이 발생하므로 안전화 착용이 권장된다. 특히 절단 작업이나 중량물 취급 등 낙하, 충격, 찔림, 절단 등의 위험이 있는 작업에서는 안전화를 반드시 착용해야 한다.

55 ④
핵심테마 19

회전체에 가장 일반적인 방호장치는 안전 덮개(안전가드)이다.

보충 ① 급정지 장치: 기계작동 중 긴급 정지가 필요한 경우 작동
② 과부하 방지 장치: 기계장치에 정격 이상 하중 부하 등이 발생 시 자동으로 작동 차단 또는 경고
③ 자동 전격 방지 장치: 전기 용접기 감전 위험 방지장치

56 ②
핵심테마 19

① 바닥에 기름을 뿌리는 것은 미끄럼 사고를 유발할 수 있어 매우 위험하다.
③ 조도는 충분히 확보해야 안전하게 작업할 수 있다.
④ 공구 등이 바닥에 있으면 넘어짐 등의 산업재해 위험이 커진다.

57 ③
핵심테마 19

작업 중 사고 발생 시 가장 먼저 기계 전원을 차단하는 이유는 피해자를 신속하게 구조하고 기계로 인한 2차 재해를 방지하기 위함이다.

58 ③
핵심테마 20

화재 발생 원인에는 전기적 요인, 기계적 요인, 화학적 요인, 부주의 요인이 있다.

보충 심리적 요인은 산업재해의 간접원인에는 해당하나 화재 원인과 직접적 관련이 없다.

59 ②
핵심테마 20

작업장 내 화재 예방을 위해서는 피난 훈련을 사전에 실시해야 하며, 가연성 가스는 환기가 잘되고 서늘한 장소에 보관해야 한다. 또한, 화재 예방은 소방 시설 설치만으로 충분하지 않으며, 인적 요인에 대비한 화재 훈련과 정기적인 안전점검이 함께 이루어져야 한다.

60 ②
핵심테마 20

C급 화재는 전기 화재이므로, 감전을 예방하기 위해 먼저 전기를 차단해야 하며, 물은 감전 위험이 있으므로 사용을 삼가야 한다.

김앤북 카페 활용법

메가스터디교육그룹 '아이비김영'의 출판 브랜드
김앤북 공식 커뮤니티
: 무료 강의 동영상 / 질문 & 답변 / 다양한 학습 자료 제공

편입 | 자격증 | 취업

| 카페정보 | 나의활동 |

김앤북 매니저
2025.02.25. 개설
카페소개

씨앗3단계
22홈   초대

카페 가입하기

■ 김앤북 신간안내

무료 초보자 특강, 기출 CBT 모의고사 3회 제공!
2026 초보자도 가능한
전기기능사 필기 CBT 기출마스터

전기
기능사

cafe.naver.com/kimnbook

01   신간 이벤트 및 학습 자료 제공

- 신간 이벤트 등 다양한 이벤트에 참여하고, 상품을 받아보세요.

- 무료로 제공되는 자격증 관련 학습 자료를 받아보고, 활용해 보세요.

- 교재 구매 후 구매자에게만 제공되는 서비스를 받아 볼 수 있어요.

02   자격증에 대한 정보 교류

- 준비하고 계시는 자격증에 대한 궁금증을 올리고, 답변을 들어보세요.

- 시험 후기 정보를 공유하면서 기출에 대한 정보를 얻어보세요.

- 자격증 취득 및 같은 관심사를 가진 사람들과 교류해 보세요.

2026

단 한 권으로 빠르게 합격

지게차
운전기능사 필기

핵심테마
OX
오답노트

활용꿀팁

STEP 1
빈출 지문
OX 문제로 마무리

STEP 2
틀린 지문
직접 제대로 고치기

STEP 3
시험장까지 가지고 가는
나만의 오답노트 완성

01 | 지게차의 개요와 종류

01 지게차는 일반적으로 뒷바퀴 조향 방식을 사용한다.   O I X

02 지게차는 일반 자동차처럼 앞바퀴로 조향하는 것이 일반적이다.   O I X

03 지게차에서 적재 하중은 주로 앞바퀴에 집중된다.   O I X

04 지게차의 후륜은 대부분 구동축 역할을 한다.   O I X

05 자유 인상 높이는 마스트를 확장하지 않고 포크가 오를 수 있는 최대 높이다.   O I X

06 최대 인상 높이는 마스트 전체를 완전히 확장했을 때 포크가 도달하는 최고 높이다.   O I X

07 마스트 높이는 지게차의 최소 회전 반경에 직접적인 영향을 준다.   O I X

08 지게차의 회전 반경은 차체 길이가 길수록 커진다.   O I X

09 지게차의 등판 능력은 구동력과 밀접한 관계가 있다.   O I X

10 자유 인상 높이가 높을수록 지게차의 등판 능력은 향상된다.   O I X

11 최저 지상고는 차량 바닥과 지면 사이의 가장 낮은 거리를 의미한다.   O I X

12 최저 지상고가 낮을수록 험지에서의 운행 능력이 높아진다.   O I X

13 지게차 제원에는 전장, 전폭, 자유 인상 높이 등이 포함된다. O I X

14 지게차 제원에는 최대 하중, 자체 중량, 제동패드의 마모량 등이 O I X
있다.

15 리치형 지게차는 마스트가 전후로 이동할 수 있는 구조다. O I X

정답														
01	02	03	04	05	06	07	08	09	10	11	12	13	14	15
O	X	O	X	O	O	X	O	O	X	O	X	O	X	O

THEME 02 | 지게차의 구조와 작업 장치

01 지게차 마스트에는 백레스트, 롤러, 틸트 실린더 등이 포함된다. O I X

02 포크는 핑거보드에 고정되어 있는 L자형 구조물이다. O I X

03 지게차 마스트 조작 레버의 일반적인 순서는 '부수장치 → 틸트 → 리프트 레버'이다. O I X

04 리프트 실린더는 포크를 상승 및 하강시키며, 복동식 실린더가 사용된다. O I X

05 지게차 포크를 하강시킬 때는 가속 페달을 밟고 리프트 레버를 앞으로 밀어야 한다. O I X

06 틸트 록 밸브는 엔진 정지 시 마스트의 갑작스러운 움직임을 방지한다. O I X

07 틸트 레버를 앞으로 밀면 마스트가 뒤로 기울어진다. O I X

08 카운터밸런스형 지게차의 일반적인 전경각은 약 5~6도이다. O I X

09 복동식 실린더는 유압유를 피스톤의 한쪽에만 공급하여 작동시킨다. O I X

10 지게차 작업 시 인칭 페달을 사용하면 포크 및 마스트를 빠르게 작동시킬 수 있다. O I X

11 플로우 프로텍터는 리프트 회로 배관 파손 시 포크가 급격히 하강하는 것을 방지한다. O I X

12 지게차의 평형추는 차량의 앞쪽에 설치된다.   O I X

13 지게차는 현가 스프링이 없어도 화물의 안전한 운반에 지장이   O I X
        없다.

14 블록 클램프는 둥근 목재나 파이프 운반에 적합한 장치이다.   O I X

15 로드 스태빌라이저는 포크 상단에 압력판이 달려 있어 불안정한   O I X
        화물의 낙하를 방지한다.

정답														
01	02	03	04	05	06	07	08	09	10	11	12	13	14	15
O	O	X	X	X	O	X	O	X	O	O	X	O	X	O

THEME 03 | 지게차의 작업 전후 점검

01 지게차의 일일 점검 항목에 배터리 전해액의 비중 측정은 포함 O | X
된다.

02 자동 변속기를 장착한 지게차를 주차할 때 시동 스위치를 'ON' O | X
위치에 놓는 것은 안전한 방법이다.

03 지게차를 주차할 때 포크를 완전히 지면에 내리고, 경사지 바퀴 O | X
에 고임목을 설치하며, 시동키는 열쇠함에 보관하는 것은 올바
른 절차이다.

04 크랭크샤프트의 구조적 결함을 점검하는 것은 지게차 작업 장치 O | X
의 작업 전 점검사항에 포함된다.

05 지게차 운행 전 마스트를 후방으로 기울인 상태로 주행 대기를 O | X
하는 것은 적절하다.

06 지게차 조종석 계기판에 진공계는 일반적으로 포함되지 않는다. O | X

07 충전 경고등 정상 작동 여부는 엔진 작동 중에 점검해야 한다. O | X

08 오일압력 경고등은 시동 후 일정 시간 이상 켜져 있어야 한다. O | X

09 엔진 급가속은 엔진오일 압력 경고등의 점등 원인에 해당한다. O | X

10 지게차 난기운전(워밍업) 시 포크를 움직여 유압 작동유 온도를 O | X
높이고 공기를 제거한다.

11 지게차의 리프트 체인에 주유할 때 적합한 오일은 엔진오일이다. O I X

12 지게차의 포크 한쪽이 낮아졌을 때의 주된 원인은 윤활유가 부족하기 때문이다. O I X

13 지게차의 포크 상승 속도가 느린 원인은 작동유의 부족, 조작 밸브의 마모 때문이다. O I X

14 틸트 레버를 당길 때 좌우 마스트 중 한쪽이 늦게 움직이는 주된 원인은 좌·우 틸트 실린더 작동거리가 다르기 때문이다. O I X

15 유압작동부 오일 누유 시 가장 먼저 점검해야 할 부위는 오일 실 (Seal)이다. O I X

16 유압탱크의 유량 점검 전 포크의 위치는 지면에 내려놓는 것이 적절하다. O I X

17 기관이 작동 중일 때에는 엔진오일의 양을 점검할 수 있다. O I X

정답														
01	02	03	04	05	06	07	08	09	10	11	12	13	14	15
X	X	O	X	X	O	O	X	X	O	O	X	O	O	O
16	17													
O	X													

THEME **04** | # 지게차의 하역작업과 주행

01 박스로 포장된 화물은 무게가 균일하고, 포크 삽입 방향이 명확　O I X
하여 취급이 용이하다.

02 팔레트는 포크 삽입이 용이한 구조로 되어 있어 운반 작업 시의　O I X
효율이 높다.

03 박스로 포장된 화물은 일반적으로 원형 구조로 되어 있으며,　O I X
주로 컨테이너 단위로 구성된다.

04 길이가 긴 자재는 포크 간격을 좁게 하고 속도를 높여 신속하게　O I X
운반한다.

05 지게차는 경사진 곳에서 전후 및 좌우 안정성을 유지해야 한다.　O I X

06 팔레트를 들어올릴 때 지게차 포크 간격은 팔레트 폭의 1/2에서　O I X
3/4 정도 간격이 되도록 조정한다.

07 지게차 운행 시 화물을 적재하면 포크를 지면에 가깝게 위치　O I X
시켜 중심을 낮추는 것이 안전하다.

08 지게차 운전 중 포크를 하강할 때는 리프트 레버를 앞으로 밀고　O I X
가속 페달은 밟지 않는다.

09 화물을 하역할 때는 틸트 실린더를 후경시켜 빠르게 전진하면서　O I X
내린다.

10 짐이 불안정하게 실려 있을 경우, 그대로 이동하지 않고 포크를　O I X
다시 하강시켜 재정비해야 한다.

11 무거운 화물일 경우 밸런스를 맞추기 위해서 인력을 태우거나 O I X
중량물을 후미에 올려놓는다.

12 화물을 실은 상태로 경사지를 내려갈 때는 시야 확보를 위해 O I X
전진으로 주행한다.

13 지게차로 화물을 운반하는 중에는 마스트를 뒤로 4° 정도 경사 O I X
시켜 운반하는 것이 적절하다.

14 좁은 공간에서 지게차의 방향 전환 시에는 조향 바퀴인 뒷바퀴 O I X
의 회전에 주의하며 회전한다.

15 지게차가 주행 중 속도를 변경하려고 할 때 가속 페달에서 발을 O I X
뗀 후 변속 레버를 조작하는 것이 적절하다.

정답														
01	02	03	04	05	06	07	08	09	10	11	12	13	14	15
O	O	X	X	O	O	O	O	X	O	X	X	O	O	O

05 | 지게차 엔진 개요

01 열 에너지를 기계적 에너지로 변환시키는 장치는 엔진이다. O I X

02 내연 엔진의 종류에는 증기 엔진이 포함된다. O I X

03 엔진에서 피스톤 행정이란 상사점과 하사점 사이의 이동 거리를 O I X
의미한다.

04 디젤 엔진은 압축 착화 방식으로 작동한다. O I X

05 디젤 엔진은 점화장치 내에 배전기가 있다. O I X

06 엔진의 열효율이 높다는 것은 연료를 적게 소비하면서 큰 출력 O I X
을 낸다는 뜻이다.

07 4행정 사이클 엔진의 행정 순서는 '흡입, 압축, 동력, 배기'이다. O I X

08 4행정 사이클 엔진에서 크랭크 축이 4회전할 때 흡입 밸브는 O I X
2번 개폐된다.

09 디젤 엔진의 압축 행정 시에는 흡입 밸브와 배기 밸브가 모두 O I X
닫힌다.

10 실린더 내 자체 압력에 의해 배기가스가 배기 밸브를 통해 배출 O I X
되는 현상은 블로 다운이다.

11 연소실 내에서 연소가 완료되기 전에 불꽃이 소멸하는 현상을 O I X
실화라고 한다.

12 4행정 사이클 엔진에서 밸브 오버랩은 엔진 효율을 높이기 위해 사용한다.　　O I X

13 내연 엔진의 열역학적 사이클 중 일정한 압력 상태에서 연소가 되는 것은 정압 사이클이다.　　O I X

14 밸브 오버랩은 배기가스를 감소시키기 위해 시행한다.　　O I X

15 엔진에서 기통 수가 많을수록 구조가 간단하고 제작비가 저렴하다.　　O I X

정답														
01	02	03	04	05	06	07	08	09	10	11	12	13	14	15
O	X	O	O	X	O	O	O	O	O	O	O	O	X	X

06 | 엔진 본체의 구조와 기능

01 연료가 가지고 있는 화학 에너지를 동력으로 변환시키는 장치는 O I X 엔진이다.

02 실린더 벽이 마멸되면 엔진의 오일 소모량이 증가한다. O I X

03 엔진 냉각수 통로인 워터 재킷은 실린더 블록과 실린더 라이너 O I X 사이에 있다.

04 엔진 냉각장치 중 라디에이터는 냉각수 통로 역할을 한다. O I X

05 실린더 안에서 직선왕복운동을 하는 엔진 부품은 크랭크 축이다. O I X

06 피스톤이 상사점이나 하사점에서 운동 방향을 바꿀 때, 크랭크 O I X 축의 회전력에 의해 실린더 벽에 압력을 가하는 현상을 피스톤 측압이라고 한다.

07 피스톤과 실린더 사이 간격이 커지면 블로 바이가 생긴다. O I X

08 피스톤 링의 작용에는 완전연소 억제 작용이 포함된다. O I X

09 커넥팅 로드의 소단부는 피스톤 핀과 연결된다. O I X

10 크랭크 축은 직선운동을 회전운동으로 변환시키는 장치이다. O I X

11 크랭크 축은 원운동을 직선운동으로 변환시키는 장치이다. O I X

12 서로 이웃한 실린더를 연이어 폭발시키는 것은 다기통 엔진의 폭발 순서를 결정하는 조건에 해당한다.   O I X

13 크랭크 축에 의해 구동되는 장치에는 캠 축, 발전기, 워터 펌프, 와이퍼 모터가 모두 포함된다.   O I X

14 엔진에서 밸브 개폐를 돕는 장치는 로커 암이다.   O I X

15 실린더 벽에 마멸이 발생하면 엔진의 열효율이 증가한다.   O I X

정답

01	02	03	04	05	06	07	08	09	10	11	12	13	14	15
O	O	O	X	X	O	O	X	O	O	X	X	X	O	X

THEME

07 | 엔진 부속장치

01 엔진오일의 윤활 작용에는 냉각, 밀봉, 방청 작용이 포함되며, 응력 증가 작용은 포함되지 않는다.　　O I X

02 엔진에서 윤활유 사용 목적은 마찰을 적게 하기 위함이며, 발화성을 좋게 하기 위함은 아니다.　　O I X

03 SAE 점도 번호가 클수록 윤활유의 점도가 낮다.　　O I X

04 윤활 방식 중 오일 펌프로 급유하는 방식은 압송식이다.　　O I X

05 오일 레벨 게이지의 정상 오일 양은 MAX와 MIN 선의 중간이다.　　O I X

06 오일 압력을 규정보다 낮게 하려면 유압 조절 밸브를 조여야 한다.　　O I X

07 윤활장치에서 오일 여과기는 오일의 세정 작용을 한다.　　O I X

08 디젤 엔진의 정상적인 냉각수 온도는 75~90℃이다.　　O I X

09 냉각수 순환용 워터 펌프 고장은 엔진 과열을 유발한다.　　O I X

10 라디에이터는 코어 막힘률이 20% 이상이면 교환한다.　　O I X

11 압력식 라디에이터 캡의 목적은 냉각수의 비점을 높이는 것이다.　　O I X

12 부동액의 주요 성분은 에틸렌글리콜이다. O I X

13 공기청정기는 공기를 여과하고 소음을 방지한다. O I X

14 터보차저는 공기를 압축하여 실린더에 공급하는 장치이다. O I X

15 배기가스에 포함된 유해물질에는 CO, HC, NOx, H_2O 등이 있다. O I X

정답

01	02	03	04	05	06	07	08	09	10	11	12	13	14	15
O	O	X	O	O	X	O	O	O	O	O	O	O	O	X

THEME

08 | 디젤 엔진의 연료장치

01 디젤 엔진에 사용되는 연료유는 휘발유이다. O I X

02 디젤 연료의 착화성을 정량적으로 표시하는 것은 세탄가이다. O I X

03 디젤 연료는 인화점과 착화점이 모두 높아야 한다. O I X

04 프로펠러 샤프트의 불균형은 디젤 엔진의 진동과 직접적인 관련이 없다. O I X

05 디젤 엔진의 연소 과정 중 연료 분사부터 자기 착화 전까지 기간을 착화 지연 기간이라 한다. O I X

06 연료 분사가 끝난 후에 연소되지 않은 연료가 연소하는 기간은 후기 연소 기간이다. O I X

07 착화 지연 기간이 길어져 동시 착화되면서 엔진에서 소음과 진동이 발생하는 현상은 노크이다. O I X

08 디젤 엔진의 노크를 방지하기 위해 압축비를 높게 한다. O I X

09 엔진 출력 저하 원인에는 클러치 불량도 포함된다. O I X

10 디젤 엔진의 복실식 연소실의 종류에 직접 분사식은 해당하지 않는다. O I X

11 겨울철 연료 탱크를 가득 채우는 이유는 공기 중 수분 응축을 방지하기 위해서이다.　　O | X

12 디젤 엔진 연료는 미립화된 상태로 연소실에 분사된다.　　O | X

13 커먼레일 디젤 엔진의 연료 공급 순서는 '연료 탱크 → 연료 필터 → 저압 펌프 → 고압 펌프 → 커먼레일 → 인젝터'이다.　　O | X

14 커먼레일 디젤 연료 분사장치의 고압 펌프에 부착된 것은 압력 조절 밸브이다.　　O | X

15 커먼레일 연료 압력 센서(RPS)가 고장 나면 급발진 현상이 발생할 수 있다.　　O | X

정답														
01	02	03	04	05	06	07	08	09	10	11	12	13	14	15
X	O	X	O	O	O	O	O	X	O	O	O	O	O	X

09 | 전기장치(축전지, 시동장치, 충전장치)

01 전류의 작용에는 발열작용, 화학작용, 자기작용이 포함된다.　　O I X

02 교류는 도선에 부식이 쉽게 일어나지 않는다.　　O I X

03 반도체는 고온·고전압 환경에서도 매우 강한 특성을 가진다.　　O I X

04 전압이 24V, 저항이 2Ω일 경우 전류는 12A이다.　　O I X

05 축전지는 시동장치에 전기를 공급하는 역할을 한다.　　O I X

06 12V용 납 축전지는 6개의 셀이 직렬로 연결되어 구성된다.　　O I X

07 전해액을 만들 때는 반드시 황산을 증류수에 부어야 한다.　　O I X

08 축전지는 화학작용을 통해 충전과 방전을 반복한다.　　O I X

09 같은 축전지를 직렬 연결하면 전압은 증가하고 용량은 그대로다.　　O I X

10 시동장치는 외부 에너지를 이용해 엔진을 최초로 회전시키는
장치이다.　　O I X

11 건설기계에서 가장 큰 전류가 흐르는 장치는 시동모터이다.　　O I X

12 지게차의 시동 전동기는 일반적으로 분권식 전동기이다.　　O I X

13 디젤 엔진의 시동장치에서 링 기어를 회전시키는 구동 피니언은 플라이 휠에 부착되어 있다.   O I X

14 디젤 엔진 시동 전동기에서 정류자를 통해 전기자 코일에 전류를 공급하는 부품은 컷아웃 릴레이다.   O I X

15 발전기는 캠축의 회전에 의해 구동된다.   O I X

정답														
01	02	03	04	05	06	07	08	09	10	11	12	13	14	15
O	O	X	O	O	O	O	O	O	O	O	X	X	X	X

10 | 섀시장치

01 전동 지게차의 동력 전달 순서는 '축전지 → 제어기구 → 구동모 터 → 변속기 → 종감속기어 및 차동장치 → 앞바퀴'이다.　O l X

02 클러치의 주된 역할은 엔진의 동력을 항상 유지하는 것이다.　O l X

03 클러치가 미끄러지면 동력 전달이 불안정해진다.　O l X

04 클러치 페달을 밟으면 플라이 휠과 클러치판이 밀착된다.　O l X

05 클러치를 반쯤 밟은 채로 오래 사용하면 디스크 과열 및 마모가 발생할 수 있다.　O l X

06 오버러닝 클러치는 마찰 클러치의 구성요소에 해당된다.　O l X

07 웜과 웜 기어의 마모는 지게차 수동 변속기 이상음의 일반적인 원인이다.　O l X

08 록킹 볼 이상 시 주행 중 기어가 저절로 빠질 수 있다.　O l X

09 오일 필터의 막힘 현상으로 인해 자동 변속기에서 메인 압력이 저하될 수 있다.　O l X

10 토크 컨버터에서 스테이터는 유체 흐름을 되돌려 토크를 증가 시킨다.　O l X

11 펌프 임펠러는 엔진 크랭크 축과 직접 연결되어 회전한다.　O l X

12 추진축의 앞뒤에 자재 이음을 설치하는 이유는 회전 각속도의 차이를 보정하기 위해서이다. O I X

13 종감속 기어는 바퀴에 전달되는 회전수를 줄여 토크(구동력)를 증가시키는 주요 장치이다. O I X

14 폭 12인치, 안지름 20인치, 플라이 수 18의 저압 타이어는 '12.00-20-18PR'로 표기한다. O I X

15 지게차 타이어의 카커스는 하중과 충격을 지지하는 골격 역할을 한다. O I X

정답														
01	02	03	04	05	06	07	08	09	10	11	12	13	14	15
O	X	O	X	O	X	X	O	O	O	O	O	O	O	O

THEME 11 | 유압 일반 및 작동유

01 유압 펌프는 외부의 기계적 에너지를 유체 에너지로 변환한다. O | X

02 유압장치는 소형 장치로 큰 출력을 낼 수 있다는 장점이 있다. O | X

03 유압장치는 구조가 복잡하고 고장 원인을 찾기 어렵다. O | X

04 유압 실린더는 파스칼의 원리를 응용한 장치이다. O | X

05 유량은 단위 시간당 이동한 유체의 체적을 말한다. O | X

06 유압장치 내의 캐비테이션(공동 현상)은 국부적인 고온·고압 발생으로 진동과 소음을 유발한다. O | X

07 릴리프 밸브의 스프링 장력이 약해지면 서징 현상이 발생할 수 있다. O | X

08 유압유는 압축이 가능한 성질을 가지고 있다. O | X

09 작동유를 고를 때 가장 중요하게 고려할 점은 점도이다. O | X

10 넓은 온도 범위에서 사용되는 작동유는 점도지수가 높아야 한다. O | X

11 작동유의 점도가 높으면 과열되기 쉬워진다. O | X

12 플러싱은 유압 회로 내의 오염물질을 제거하여 회로를 깨끗하게 하는 것이다. O | X

13 지게차에서 사용하는 유압 작동유의 적정 온도 범위는 10~20℃이다.　　O I X

14 유압 실린더 교환 후에는 엔진을 저속 공회전시킨 후 공기 빼기를 실시한다.　　O I X

15 작동유에 공기나 물과 같은 이물질이 혼입되면 유압장치 고장의 원인이 될 수 있다.　　O I X

정답														
01	02	03	04	05	06	07	08	09	10	11	12	13	14	15
O	O	X	O	O	O	X	X	O	O	O	O	X	O	O

THEME 12 | 유압기기

01 유압장치의 기본적인 구성요소에는 유압발생장치, 유압제어   O I X
장치, 유압구동장치가 포함된다.

02 유압축적장치는 유압장치의 기본 구성요소에 포함된다.   O I X

03 유압장치의 작동유 순환은 '유압 탱크 → 유압 펌프 → 컨트롤   O I X
밸브 → 유압 실린더 → 컨트롤 밸브 → 유압 탱크' 순서로 이루
어진다.

04 차동장치는 유압장치의 주요 유압기기에 포함된다.   O I X

05 유압 펌프의 제원에서 GPM은 분당 토출하는 작동유의 양을 뜻   O I X
한다.

06 가변용량형 플런저 펌프는 회전수가 같을 때 펌프의 토출량이   O I X
변한다.

07 제트 펌프는 건설기계에 사용되는 유압 펌프의 종류이다.   O I X

08 리듀싱 밸브, 시퀀스 밸브, 언로더 밸브는 압력 제어 밸브의   O I X
종류에 해당한다.

09 릴리프 밸브는 유압 회로 내 압력이 설정값에 도달하면 작동유   O I X
일부 또는 전부를 리턴측으로 보내 압력을 유지시킨다.

10 유압 조정 밸브에서 조정 스프링의 장력이 클 때 회로 내 유압은 낮아진다.   O I X

11 카운터 밸런스 밸브는 한 방향 흐름에 배압을 발생시키고, 반대 방향 흐름은 자유롭게 흐르도록 한다.   O I X

12 유압 펌프는 기름의 유체 에너지를 이용하여 외부에 기계적인 일을 하는 유압기기이다.   O I X

13 유압 실린더는 직선왕복운동만을 하는 유압 작동기이다.   O I X

14 단동 실린더, 복동 실린더, 다단 실린더는 유압 실린더에 해당한다.   O I X

15 권선형 모터는 유압 모터의 종류에 해당한다.   O I X

정답														
01	02	03	04	05	06	07	08	09	10	11	12	13	14	15
O	X	O	X	O	O	X	O	O	X	O	X	O	O	X

THEME

13 | 유압 부속기기

01 작동유 탱크의 기능에는 릴리프 스프링 장력 유지가 포함된다. O I X

02 작동유 탱크는 계통 내에 필요한 작동 유량을 확보한다. O I X

03 작동유 탱크는 차폐장치에 의해 기포 발생을 방지하고 기포를 소멸시킨다. O I X

04 작동유 탱크 외벽의 냉각 작용은 적정 온도 유지를 돕는다. O I X

05 유압 탱크에는 오일 냉각을 위한 쿨러가 반드시 설치되어야 한다. O I X

06 유압 탱크에는 드레인 밸브와 유면계가 설치되어야 한다. O I X

07 유압 탱크는 반드시 밀폐되어야 하며, 이물질 혼입을 방지해야 한다. O I X

08 오일 탱크의 부속장치에는 배플, 유면계, 주입구 캡, 피스톤 로드가 있다. O I X

09 유압 에너지의 저장과 충격 흡수는 오일 탱크의 역할이다. O I X

10 어큐뮬레이터는 대유량의 작동유를 고정적으로 공급한다. O I X

11 어큐뮬레이터의 종류에는 중량식, 기체식, 스프링식이 있다. O I X

12 유압장치 수명 연장에 가장 중요한 요소는 오일 필터의 점검 및 교환이다. O I X

13 유압 호스 연결 부분에 가장 많이 사용되는 것은 유니언 조인트 이다. O I X

14 오일 쿨러는 유압유 온도를 적정하게 유지해 주는 기기이다. O I X

15 지게차 작동유의 적정 사용온도 범위는 40~60℃이다. O I X

정답														
01	02	03	04	05	06	07	08	09	10	11	12	13	14	15
X	O	O	O	X	O	O	X	X	X	O	O	O	O	O

14 유압 기호 및 회로도

01 유압 기호는 정상 상태 또는 중립 상태를 표시한다.   O I X

02 유압 기호는 어떠한 경우에도 회전하거나 뒤집어서는 안 된다.   O I X

03 기호 회로도는 회로도 중에서 일반적으로 가장 많이 사용된다.   O I X

04 탠덤 회로, 오픈 회로, 클로즈 회로는 유압의 기본회로에 속한다.   O I X

05 블리드 아웃 회로는 유압 실린더 속도 제어 방법에 해당하지 않는다.   O I X

06 블리드 오프 회로는 실린더 입구 측에 유량 제어 밸브를 실린더와 병렬로 연결하는 방식이다.   O I X

07 클로즈 회로는 유압의 기본회로 중 하나이다.   O I X

08 전동기를 나타내는 유압 기호는 다음과 같다.   O I X

     Ⓜ━━━

09 원동기를 나타내는 유압기호는 다음과 같다.   O I X

     [M]━━━

10 필터를 나타내는 유압기호는 다음과 같다. O I X

11 다음 유압 기호는 릴리프 밸브를 나타낸다. O I X

12 다음 유압 기호는 체크 밸브를 나타낸다. O I X

13 다음 유압 기호는 단동 실린더를 나타낸다. O I X

정답														
01	02	03	04	05	06	07	08	09	10	11	12	13		
O	X	O	O	O	O	O	O	O	O	X	O	O	X	

15 | 건설기계관리법

01 건설기계관리법의 목적은 건설기계의 효율적인 관리에 있다.　O I X

02 현재 건설기계의 종류는 특수건설기계를 포함해 총 28종이다.　O I X

03 20kW 이상의 원동기를 가진 이동식 쇄석기는 건설기계에 해당 O I X
한다.

04 건설기계 등록 시 경우에 따라 해당하는 건설기계제작증, 매수 O I X
증서, 수입면장을 제출해야 한다.

05 건설기계 도난 시 소유자는 3개월 이내에 등록 말소 신청을 O I X
해야 한다.

06 자가용 건설기계의 등록번호판은 흰색 바탕에 검은색 문자이다.　O I X

07 등록번호표 제작 통지서를 받은 소유자는 30일 이내에 제작 O I X
신청을 해야 한다.

08 정기검사를 연기할 수 있는 최대 기간은 2개월 이내이다.　O I X

09 건설기계의 검사 유효기간이 끝난 후에 계속하여 운행하려는 경 O I X
우 정기검사를 받아야 운행할 수 있다.

10 건설기계의 기종 변경은 구조 변경 범위에 포함된다.　O I X

11 건설기계 형식의 승인은 국토교통부장관이 한다.　O I X

12 건설기계사업을 영위하고자 하는 자는 시장·군수·구청장에게 사업 등록을 해야 한다.   O I X

13 노상안정기는 도로교통법에 따라 운전면허를 받아야 조종할 수 있다.   O I X

14 건설기계 조종 중 고의로 사망 1명의 인명피해를 입힌 때 조종사 면허는 취소된다.   O I X

15 소형 기계 중 5톤 미만의 불도저 조종 실습시간은 12시간이다.   O I X

정답														
01	02	03	04	05	06	07	08	09	10	11	12	13	14	15
O	X	O	O	X	O	X	X	O	X	O	O	O	O	O

THEME

16 | 도로교통법

01 안전지대는 도로를 횡단하는 보행자나 차마의 안전을 위해 안전   O I X
표지 등으로 경계를 표시한 도로의 부분이다.

02 횡단보도는 도로를 횡단하려는 보행자를 위해 안전표지로 표시   O I X
한 도로의 부분이다.

03 황색등화 점멸 신호는 일시정지 후 진행하라는 의미이다.   O I X

04 안전표지는 주의표지, 규제표지, 지시표지, 보조표지, 노면표시   O I X
가 있다.

05 보도와 차도가 구분된 도로에서 중앙선이 있을 경우에 차마는   O I X
중앙선의 좌측으로 통행해야 한다.

06 굴착기와 지게차는 편도 4차로 자동차 전용도로에서 4차로를   O I X
주행해야 한다.

07 교차로, 터널 안, 다리 위에서 앞지르기가 금지된다.   O I X

08 팔을 차체 밖으로 내어 아래로 45도 펴서 위아래로 흔드는 신호   O I X
는 정지신호다.

09 교통정리가 없는 교차로에서 우선순위가 같을 경우, 좌측 도로   O I X
차량이 우선이다.

10 긴급자동차는 항상 우선권과 특례가 적용된다.   O I X

11 긴급자동차가 우선권을 가지려면 경광등을 켜고 경음기를 울려   O I X
야 한다.

12 도로교통법상 음주운전은 혈중 알코올농도 0.03% 이상부터 해   O I X
당된다.

13 어린이 보호구역에서는 주·정차가 허용된다.   O I X

14 주정차는 도로의 우측 가장자리에는 가능하다.   O I X

15 교통사고처리특례법상 '통행 우선순위 위반'은 예외 항목에 포함   O I X
되지 않는다.

정답														
01	02	03	04	05	06	07	08	09	10	11	12	13	14	15
O	O	X	O	X	O	O	X	X	X	O	O	X	O	O

THEME 17 | 산업안전관리

01 산업안전관리의 궁극적인 목표는 인간존중의 가치 실현과 근로 O I X
자의 생명 보호이다.

02 하인리히의 안전 3요소에는 관리적 요소, 기술적 요소, 교육적 O I X
요소가 포함된다.

03 안전교육은 초급자에게만 실시하는 것이 원칙이다. O I X

04 하인리히의 사고 예방 원리에는 '사고기록 보존'이 포함된다. O I X

05 산업재해 예방 4원칙에는 '복구우선의 원칙'이 포함된다. O I X

06 업무와 관련된 사망, 부상 또는 질병은 산업재해에 해당한다. O I X

07 산업재해는 건설업과 제조업에만 해당된다. O I X

08 재해율 측정 지표에는 도수율, 강도율, 연천인율이 포함된다. O I X

09 높은 곳에서 사람이 아래로 떨어지는 사고는 낙하 사고라고 한다. O I X

10 기계나 구조물 사이에 신체가 끼이는 사고는 협착 사고라고 O I X
한다.

11 작업자의 부주의는 산업재해의 직접적 원인이다. O I X

12 열악한 근무환경은 산업재해의 간접적 원인이다. O I X

13 산업재해 조사는 재해 직후가 아닌 일정 시간이 지나고 나서 하는 것이 원칙이다.   O I X

14 산업재해 조사 시에는 재해 현장의 물리적 흔적을 수집하는 것이 중요하다.   O I X

15 산업재해 발생 시 조치 순서는 '기계 · 설비 정지 → 피해자 구조 → 응급처치 및 119 후송 → 보고 및 현장 보존'이다.   O I X

정답														
01	02	03	04	05	06	07	08	09	10	11	12	13	14	15
O	O	X	X	X	O	X	O	X	O	O	O	X	O	O

THEME **18** | 안전보호구 및 안전표지

01 감전 위험이 있는 작업을 할 때는 절연 장갑을 착용해야 한다.　O I X

02 눈을 비산물로부터 보호하기 위한 보호구에는 보안경 또는 고글　O I X
이 있다.

03 소음이 심한 환경에서는 방진 마스크를 착용해 청력을 보호해야　O I X
한다.

04 먼지가 많은 작업 환경에서는 방진 마스크를 착용해야 한다.　O I X

05 안전화는 전자파 차단 기능이 기본적으로 포함되어 있다.　O I X

06 고온에서 작업할 때는 방열복을 착용하는 것이 적절하다.　O I X

07 회전기계를 다룰 때 일반 장갑은 착용해도 안전하다.　O I X

08 용접 작업 시에는 차광 보안경이나 차광면을 반드시 착용해야　O I X
한다.

09 작업복은 작업자의 신체를 재해로부터 보호하기 위해 착용해야　O I X
한다.

10 화학물질을 다룰 때는 내화학 장갑을 착용해야 한다.　O I X

11 비상구 표지는 녹색 바탕의 안내 표지이다.　O I X

12 화기 금지를 나타내는 표지의 바탕색은 적색이다.　O I X

13 인화성 물질이 있는 장소에는 '고온 경고' 표지를 설치해야 한다. O I X

14 금지 표지에는 출입 금지, 차량 통행 금지, 낙하물 경고, 화기 엄 O I X
금 등이 있다.

15 안전모 착용을 나타내는 표지는 지시 표지에 해당한다. O I X

| 정답 |
01	02	03	04	05	06	07	08	09	10	11	12	13	14	15
O	O	X	O	X	O	X	O	O	O	O	O	X	X	O

19 | 기계, 기구, 공구 사용 안전

01 기계의 회전 부위에 신체 접촉을 막기 위해서 안전 덮개(가드) 를 설치한다. O | X

02 하중 측정 장치는 기계의 위험 요소로부터 작업자를 보호하는 방호장치이다. O | X

03 연삭기의 숫돌 파손을 방지하기 위해 안전 덮개(가드)를 설치해 야 한다. O | X

04 급정지장치는 기계 작동 중 기계 작동 중 긴급 접지 사에 사용한 다. O | X

05 수공구를 사용할 때에는 공구의 이상 유무를 확인하지 않아도 된다. O | X

06 줄 작업 후 쇳가루는 브러시로 제거하는 것이 올바르다. O | X

07 드릴 작업 시 보안경을 착용하면 위험하므로 착용하지 않아야 한다. O | X

08 렌치는 손잡이를 당기는 방향으로 사용해야 안전하다. O | X

09 렌치를 사용할 때 연장대를 끼워 사용하는 것이 안전하다. O | X

10 동력 공구 사용 시 비산물 사고 예방을 위해 보호구를 착용해야 한다. O | X

11 해머 작업 시에는 장갑을 착용하는 것이 안전하다.   O I X

12 드릴 작업 중 장갑을 착용하는 것은 위험한 행동이다.   O I X

13 가스 용접 시 안전기는 가스 용기와 용접 토치 사이에 설치해야   O I X
    한다.

14 작업장 내 사다리식 통로는 높이가 10m 이상일 경우에 반드시   O I X
    접이식으로 설치해야 한다.

15 작업장 바닥에 폐유를 뿌려 먼지가 날리지 않게 하는 것은 안전   O I X
    한 방법이다.

| 정답 | | | | | | | | | | | | | | |
01	02	03	04	05	06	07	08	09	10	11	12	13	14	15
O	X	O	O	X	O	X	O	X	O	X	O	O	X	X

20 | 화재 안전

01 A급 화재는 일반적인 가연물(목재, 종이, 섬유 등)이 연소하며, 재가 남는다.   O I X

02 알코올은 B급 화재에 해당하지 않는다.   O I X

03 C급 화재 시에는 전기절연성이 있는 소화제를 사용해야 한다.   O I X

04 D급 화재는 고온에서 자체 연소하며, 물과 반응하여 폭발 위험이 있다.   O I X

05 종이, 목재, 섬유 등의 화재는 A급 화재에 해당한다.   O I X

06 B급 화재는 연료성 액체나 기체가 연소하며, 질식 소화가 필요하다.   O I X

07 연소의 3요소는 가연물, 산소 공급원, 점화원이다.   O I X

08 연소 생성물도 연소의 3요소에 포함된다.   O I X

09 화재 예방을 위해 가연물을 제거하는 것이 가장 효과적이다.   O I X

10 인화성 물질은 화기와 가까운 곳에 보관해도 안전하다.   O I X

11 전기 설비는 정기적으로 점검하고 절연 상태를 확인해야 한다.   O I X

12 냉각 소화는 온도를 낮춰 연소를 억제하는 방법이다.   O I X

13 B급 화재 진압 시 물을 뿌리는 것이 가장 적절하다.　　　　　O I X

14 자연발화성 물질은 나트륨, 칼륨, 알킬나트륨 등이 있다.　　O I X

15 전기 화재 시 물을 뿌려 소화하는 것은 안전하다.　　　　O I X

정답														
01	02	03	04	05	06	07	08	09	10	11	12	13	14	15
O	X	O	O	O	O	O	X	O	X	O	O	X	O	X

유압 기호

※ 다음 표의 유압 기호를 보고, 각 기호의 명칭을 빈칸에 쓰시오.

경고등 및 표시등

※ 다음 표의 경고등 및 표시등을 보고, 각 기호의 명칭을 빈칸에 쓰시오.

(P)	TILT LOCK	OP SS	↔	N
F_1	F_2	R_1	R_2	

도로교통법 안전표지

※ 다음 표의 도로교통법 안전표지를 보고, 각 기호의 명칭을 빈칸에 쓰시오.

산업안전보건 표지

※ 다음 산업안전보건 표지를 보고, 각 기호의 명칭을 빈칸에 쓰시오.

▶ 김앤북 카페
바로가기

핵심테마 OX 오답노트의 X해설과 빈칸 채우기 문제 정답을 추가한 버전은
김앤북 카페에 업로드되어 있습니다. 헷갈리는 것이 있다면, 확인 후 나만의
오답노트를 완벽하게 정리할 수 있습니다.

MEMO